Josef Wenzig

Der Böhmerwald

Josef Wenzig

Der Böhmerwald

ISBN/EAN: 9783337214319

Hergestellt in Europa, USA, Kanada, Australien, Japan

Cover: Foto ©berggeist007 / pixelio.de

Weitere Bücher finden Sie auf **www.hansebooks.com**

Der Böhmerwald.

Natur und Mensch.

Geschildert

von

Josef Wenzig und Johann Krejčí.

Mit einem Vorworte

von

Geheimrath **Carl Ritter** in Berlin.

Nebst fünfundfünfzig Holzschnitten nach Zeichnungen von
Eduard Herold.

Prag.
Carl Bellmann's Verlag.
1860.

Druck und Papier von Carl Bellmann in Prag.

Vorwort.

Es gehört zu den erfreulichen Erscheinungen, wenn bei den großen sehr allgemein gewordenen Bestrebungen der Zeitgenossen in die Weltfernen besonnene wissenschaftliche Forscher auch der Heimat ihre Kräfte zuwenden, in welcher noch so viele Lücken der Erkenntniß vorherrschen, ohne deren Ermittelung die gewonnene Kenntniß des Auslandes dem Inlande doch nicht den Gewinn verschaffen kann, der aus derselben sonst recht wohl hervorgehen könnte. Das deutsche Vaterland, ganz Mitteleuropa in seinem großen noch unübersehbaren Natur- und Formen-Reichthum bietet solcher Lücken in bedeutenden Erdstrecken noch sehr viele dar, welche für das Ganze von größter Ergiebigkeit sich entfalten würden, wenn eine größere Aufmerksamkeit auf ihre innere Mitgift, als bisher, verwendet würde. Eine solche ist unstreitig auch in vieler Beziehung der Böhmerwald, der in folgendem Werke von Meisterhand bearbeitet wird.

Die Unvollkommenheit unserer wissenschaftlichen Zustände zeigt sich wohl kaum irgendworin mehr, als darin, daß wir noch keine gründliche, des wissenschaftlichen Namens würdige, klassische Geographie unserer Heimat, Centraleuropa's und Deutschlands, besitzen, während so viele ferne Weltgegenden durch großartige Forschungen und geistvoll gewonnene Anschauungen ihrer Beobachter Meisterstudien erzeugten und in strahlendem Lichte segensreich für ihre Bevölkerungen und Staatenverhältnisse hervor gehoben werden.

Vieles Einzelne ist zwar in vielen verschiedenen Zweigen des Wissens auch für die Heimat geschehen, aber viele Strecken liegen noch völlig vergessen und verkannt, und viele Beobachtungen liegen noch unfruchtbar für das charakteristische Lebensbild des Ganzen, wie für die hohe Bedeutung dieser Erdballscholle für Natur und Menschenwohl, für Volksleben, Geistesentwickelung und Staatenglück zerstreut, ohne den wesentlichen Inhalt, den in diese Stellen gelegten göttlichen Kern, in dem großen Kausalzusammenhange der Specialitäten zusammen zu fassen.

Mag auch die Zeit noch nicht reif sein, ein solches klassisches Werk zur Reife bringen zu können, da die Fülle und Tiefe der Beobachtungen, wie der Monographien noch zu gering ist, aber bei ihrer zahlreichen Mehrung in der jetzigen Zeit möchte es doch wohl an der Zeit sein, an die Lösung einer solchen Aufgabe zu erinnern. Nur aus tüchtigen Monographien können die Individualitäten der Landschaften und ihrer Bevölkerungen hervor treten; denn wenn auch die Natur in jedem Winkel der Erde, wie Humboldt sehr wahr sagt, ein Abglanz des Ganzen ist, so tritt doch erst durch die Individualitäten der Wunderreichthum ihrer Formen und charakteristisch sprechenden, nie sich wiederholenden Erscheinungen in seiner vollen Lebendigkeit in der denkenden Seele des Beschauers hervor.

Wir begrüßen daher die Monographie des Böhmerwaldes als ein zeitgemäßes Bedürfniß um so freudiger, da sie einen so inhaltreichen Erdstrich, der bisher wissenschaftlich fast gänzlich verödet lag, durch Erforschungen heimischer Männer der Wissenschaft zu erleuchten verheißt, eine Gebirgsstrecke, die auf der Gränze so verschiedener Länder= und Völker=Abtheilungen von großer Bedeutung in ihrer Eigenthümlichkeit in physikalischer, wie kulturhistorischer Beziehung werden mußte. Manche Versuche zu ihrer Erforschung waren bisher, wenige Anstrengungen ausgenommen, ohne Erfolg und die Unbekanntschaft mit ihr fast seit Jahrhunderten geblieben, wie sie in früheren fabelhaften Zeiten gewesen. Desto dankenswerther das

Unternehmen der Herren J. Wenzig und J. Krejči, die durch ihre patriotischen Arbeiten in ihrem Werke „Die Umgebungen Prags" 1857 sich schon nicht geringe Verdienste um ihr Vaterland erworben haben, und nun bemüht sind, diesen dunklen Flecken aus ihrem Vaterlande durch ihre angestrengten Bemühungen zu vertilgen und der wissenschaftlichen Welt zur Belehrung zu übergeben. Nach der in der Prager Morgenpost vom August 1859 gegebenen Ueber=sicht über die Behandlung des Gegenstandes kann man nur mit dem lebhaftesten Interesse dem Erscheinen des angekündigten Werkes entgegen sehen.

Berlin, den 7. September 1859.

Carl Ritter.

Begleitendes Schreiben an die Herren J. Wenzig und J. Krejči:

Mit Freuden erfülle ich durch beiliegende Zeilen Ihren Wunsch, möge es nur auf die rechte Weise geschehen! Längst ist meine Sehnsucht nach einer solchen Arbeit gewesen, wie die Ihrige, auf die nicht nur der Unterzeichnete, sondern gewiß die ganze geographische Welt sich freuen wird.

Ich bedauere, daß ich noch nicht mein Krankenbett habe verlassen können, um Ihnen vollständige Nachricht auf Ihre gütigen Zuschriften zu geben: ich bin erst Rekonvalescent von einer langwierigen Abschwächung. Herr Hansen in Budweis weiß, daß ich selbst das größte Interesse an dem Gegenstande Ihrer Arbeit nahm, als ich mich zur Bereisung des Böhmerwaldes dort aufhielt, aber vergeblich, da mir das Wetter ungünstig war, und seitdem Kraft und Zeit fehlte, in meinem 80. Jahre, das ich jetzt schon erreicht habe, den Versuch noch einmal zu wiederholen c. c.

Berlin, den 7. September 1859.

Carl Ritter.

Laut Zeitungsnachricht ist Geheimrath Carl Ritter am 28. September gestorben und dürften vorstehende Zeilen in literarischer Beziehung das letzte von der Hand des hoch-berühmten Mannes Geschriebene sein.

Einleitung

von

J. W.

Der Böhmerwald, im Böhmischen Šumava genannt (von dem alt=
böhmischen šuma Wald, šuměti sausen, ava Bezeichnung für Wasser), d. h.
derjenige Theil Böhmens, der sich von Tauß an der Gränze Baierns in
einer durchschnittlichen Breite von etwa 5 Meilen bis Oesterreich hinab er=
streckt, ist einer der merkwürdigsten Theile des Landes, an Merkwürdigkeit
weder den Gegenden des Erzgebirges, noch denen des Riesengebirges nach=
stehend. Mit wahrhaft großartigem Charakter stellt sich hier die Mutter
Natur dar. Das Gebirge ist Urgebirge, ist älter als die gigantischen
Alpen. Als diese das Licht der Welt noch nicht erblickt hatten, erhob sich
bereits nebst dem Theile Böhmens, den wir in den „Umgebungen von
Prag" bezeichneten, das Böhmerwaldgebirge mit den skandinavischen und
schottischen Gebirgen über die Wogen des Wassers. Zwar ragen die höchsten
Gipfel des Gebirges, der Osser, die Seewand, der Arber, der
Rachel, der Lusen, der Kubani, der Hohenstein, Dreisessel=
berg und Plöckelstein nicht über 5000 Fuß empor, das Gebirge
besitzt auch nicht die Kühnheit der Formen und die Mannigfaltigkeit der
Alpen, dafür zeichnet es sich vor den übrigen Gebirgen Mittel=Europa's
durch das Kolossale seiner Massen und Massengliederungen aus. Aber
man findet hier auch des Schönen, Lieblichen und Reizenden in Fülle.
Zwar trifft man hier weitausgedehnte Filze, die mit ihrem traurigen
Aussehen betrüben, aber es erfreuen auch lachende Thäler, die herrlichsten
Fernsichten, rauschende Bergwasser, stille Seen, kräuterduftende Wiesen
und Triften. Es ist, als ob die Natur im Schaffen entzückender Scenen

Der Böhmerwald.　　　　　　　　　　　　　　　　　　1

hier Vorübungen angestellt hätte. Was man jedoch nirgend so bald wiederfindet, das ist unter den unermeßlichen Wäldern der von der Art des Menschen noch nicht berührte Urwald mit seinem magischen Dunkel, mit seinem geheimnißvollen Schweigen, mit all den Wundern seiner riesigen Pflanzenwelt. Hat man von dem Urwald im fernen transatlantischen Amerika gelesen und ihn in Gedanken angestaunt, hier kann man ihn mit eigenen Augen schauen.

Merkwürdig ist der Böhmerwald auch durch das, was der Mensch dort ist und leistet, und was er in vergangenen Zeiten dort vollbracht. Zwei Volksstämme bewohnen ihn, Deutsche und Slawen, die ersteren mehr im Inneren, die letzteren mehr an den Vorbergen nach dem ebenen Lande zu. Beide gesund und kräftig, urwüchsiger Art, haben in Sprache, Tracht und unverdorbener Sitte noch viel Eigenthümliches. Und welch gewaltige Industrie herrscht unter ihnen, eine Industrie, die nicht erkünstelt, sondern natürlich, die hinsichtlich der Stoffe, welche sie benützt, nicht erst vom Auslande abhängig, sondern selbständig ist, indem sie verarbeitet, was dort die Natur selbst liefert — die Industrie in Holz und Glas! Ganze Länder versorgt der Böhmerwald mit seinem Holze, über die ganze Erdkugel wandert das Glas, das dort erzeugt wird. Und der Böhmerwald hat auch seine bedeutungsvolle Geschichte. Hier wurden schon in grauen Tagen entscheidende Schlachten geschlagen; hier leitete einst der goldene Steig und entwickelte sich das böhmische Kalifornien; hier lebte der heilige Guntherus, wurden Hus und Chelčický, der Vater der böhmischen Brüder, geboren; hier waltete das mächtige, kunstsinnige Geschlecht der Rosenberge, hatten noch so manche andere berühmte Adelsgeschlechter ihre Sitze.

Und dennoch war der Böhmerwald bei all seinen Merkwürdigkeiten bis auf die neuere Zeit beinahe eine terra incognita, und fehlt es jetzt gleich nicht an schätzbaren Arbeiten, die Einzelnes aus ihm hervorheben, so existirt noch immer kein Werk, das ein Gesammtbild desselben liefern, das ihn in allen seinen merkwürdigen Beziehungen darstellen würde. Wir bieten hiermit dem Publikum ein solches. Ein streng wissenschaftliches Werk zu schaffen, lag nicht in unserer Absicht, auch wäre es vor der Hand nicht ausführbar gewesen, da zur strengwissenschaftlichen Beleuchtung des Böhmerwaldes, besonders was Ethnographie und Ge-

schichte betrifft, noch viele Studien gemacht werden müssen. Wir beab=
sichtigten, dem gebildeten Freunde der Natur und des Menschen ein
interessantes, auch für die Reise brauchbares Buch in die Hand zu geben.

Die Einrichtung des Werkes ist folgende. Es zerfällt in zwei
Abtheilungen, wovon die erste die Natur in orographisch = geologischer,
botanischer und zoologischer, die zweite den Menschen in ethnographi=
scher, industrieller und historischer Hinsicht schildert. Während die erste
Abtheilung den Weg von Süden nach Norden nimmt, verfolgt ihn die
zweite in der umgekehrten Richtung, von Norden nach Süden. Die erste
geht von Süden nach Norden vor, weil sich so das, was sie bietet,
besser auffassen läßt; die zweite schlägt die umgekehrte Richtung ein, weil
sich das Interesse, das sie zu wecken vermag, auf diese Art steigert. Sie
schreitet so vorwärts, wie der Reiselustige, nachdem er sich in der ersten
Abtheilung topisch orientirt hat, seine Wanderung selbst am besten voll=
bringen kann. Indem sie planmäßig ein Reisebild auf das andere folgen
läßt, bezeichnet sie zugleich die Hauptpunkte, wo der Reisende bequem
weilen, und von wo er Ausflüge unternehmen kann. Jeder Abtheilung
sind Holzschnitte beigegeben, die zur Versinnlichung und zum Schmucke
dienen sollen. Gern hätten wir zu dem Ganzen auch eine Landkarte
hinzugefügt, allein es war unmöglich, das Detail, in welches wir ein=
gehen, in einen engen Raum zusammen zu drängen. Vor allen zu em=
pfehlen sind die Karten des k. k. österreichischen Generalstabs, von
welchen über den Böhmerwald 8 Blätter erschienen sind, die mit geogno=
stischer Illumination bei der k. k. geologischen Reichsanstalt, ohne sie im
gewöhnlichen Buchhandel bezogen werden können. Die nach den General=
stabskarten gearbeiteten Karten von Kummersberg sind ohne Terrain=
formen. Die Karten von Kreibich kamen zu ihrer Zeit erwünscht, sind
jedoch bloß à la vue aufgenommen.

Bei der Verfassung des Werkes benützten wir, um ihm den mög=
lichsten Grad der Vollkommenheit zu verleihen, auch viele, zum Theil
noch nicht veröffentlichte, Arbeiten Anderer. Besonders seien hier genannt:

Bohusl. Balbini. Miscellanea historica regni Bohemiæ, Prag 1679.
Enthalten einige, allerdings sehr verworrene, Notizen über die Natur des
Böhmerwaldes.

Preyßler, Lindacker und Hofer. Beobachtungen über Gegenstände der

Natur auf einer Reise durch den Böhmerwald im Sommer 1791. In Mayer's Sammlung physikalischer Aufsätze, Band III. Prag. Eine für die damalige Zeit vortreffliche naturhistorische Schilderung des Böhmerwaldes.

Graf Kaspar Sternberg. Botanische Wanderung in den Böhmerwald. Nürnberg 1806.

Joh. Pfund. Bericht über eine Exkursion in den Böhmerwald. In den neuen Beiträgen zur Medicin und Chirurgie v. Dr. W. Weitenweber. Prag 1842.

J. G. Sommer. Das Königreich Böhmen, statistisch-topographisch dargestellt. Die Bände 7, 8, 9, den klatauer, prachiner und budweiser Kreis enthaltend, mit werthvollen orographischen und geognostischen Bemerkungen von F. X. M. Zippe. Prag 1839—1841.

Jahrbuch der k. k. geologischen Reichsanstalt IV., V., VI., VII. Jahrg. 1853—1856. Mit ausgezeichneten geognostischen Detailbeschreibungen von Dr. K. Peters, J. Czjzel, Cepharovich, namentlich aber vom geistreichen Dr. Ferd. Hochstetter.

Dr. Ferd. Hochstetter. „Aus dem Böhmerwalde." In der Augsburger allgemeinen Zeitung 1855. Enthält treffliche Skizzen aus dem Böhmerwalde: „Der Urwald, die Thierwelt, das Holz und seine Verwendung, Filze und Auen, die Hochgipfel und die Gebirgsseen, die Moldau, Geologisches, der frühere Goldreichthum."

Otto Sendtner. Ansichten aus dem bairischen Walde. In den Beilagen der neuen Münchner Zeitung 1855. Schließt sich in Form und Inhalt an die Hochstetter'schen Skizzen an und enthält Notizen über den bairischen Wald: „Der Boden, der Wald im Walde, der Wäldler, Heigl, Wirthschaftliches."

Müller und Grueber. Der bairische Wald und seine Bewohner. Regensburg 1846. Mit 37 Stahlstichen. Enthält hauptsächlich ethnographische und historische Schilderungen aus dem bairischen Walde.

L. Winneberger. Geognostische Beschreibung des bairischen und neuburger Waldes. Passau 1851. Mit einer geognostischen Detailbeschreibung des bairischen Waldes.

J. Krejčí. Horopis český (Orographie Böhmens) im Časopis českého Musea. 1846. Enthält eine ausführliche Orographie des Böhmerwaldes.

Em. Purkyně. Cesta do Šumavy (Reise in den Böhmerwald) in der naturhistorischen böhmischen Zeitschrift Živa. 1853. Enthält die Beschreibung einer botanischen Exkursion in den Böhmerwald mit vielen neuen Bemerkungen über die Flora daselbst.

Em. Purkyně. Květena Šumavská (die Flora des Böhmerwaldes) in der naturhistorischen böhmischen Zeitschrift Živa. 1859. Enthält eine ausgezeichnete Skizze der Böhmerwaldflora auf Grundlage neuer Exkursionen. Zugleich sind die Grundzüge einer Klimatologie von Böhmen beigefügt.

Fr. Špatný. Zábavy myslivecké (Unterhaltungen für Jäger). Prag 1858. Enthält eine lebendige Beschreibung der letzten Bärenjagd im Böhmerwalde.

Franz Palacký. Geschichte von Böhmen. Bis jetzt 7 Theile. Prag 1836—1857. Ein Werk, das europäischen Namen besitzt.

F. A. Heber. Böhmens Burgen, Vesten und Bergschlösser. 7 Bände. Prag 1844—1849. Ein verdienstvolles Sammelwerk, mit vielen Abbildungen.

Album des Königreiches Böhmen, in C. Hölzel's Verlag zu Olmütz. Ein treffliches Bilderwerk mit erklärendem Text von F. Milowec. 12 Hefte. 1858.

Mittheilungen der k. k. Central-Kommission in Wien zur Erforschung und Erhaltung der Baudenkmähler. Von hohem Werthe, mit kostbaren Abbildungen. Enthalten im 3. Jahrg. 1858 Nr. 7 eine kunstarchäologische Reise von C. Wocel mit Notizen über Goldenkron, Krumau, Rosenberg, Hohenfurt, Budweis und Prachatic.

Památky archæologické a místopisné (Archäologische und topographische Denkmähler) mit Abbildungen, herausgegeben von der archäologischen Sektion des Museums des Königr. Böhmen. Redakteur K. W. Zap. 5 Jahrg. 1854—1858. Wichtig besonders für Böhmens Kulturgeschichte und von dem sorgsamsten Sammlerfleiße zeugend.

Berichte der Handels- und Gewerbekammern von Pilsen und Budweis aus den letzten Jahren. Höchst gehaltvolle Arbeiten.

Bericht der ökonomisch-forstwissenschaftlichen Versammlung in Prag 1857. Voll interessanter Aufschlüsse.

J. A. Höffele, Pfarrer zu Gutwasser. Ein Baum, gepflanzt an den Wasserbächen d. i. Stt. Guntherus. Prag 1751.

F. X. Twrdý. Pragmatische Geschichte der Freisassen. Prag 1804. Sehr ausführliches und gediegenes Werk.

C. L. Klaudi. Die Freisassen in Böhmen, als Inauguraldissertation. Prag 1844. Mit Geist auf Twrdý und Palacký fußend.

Dr. Kostecký. Staatsverfassung des Königreiches Böhmen. Prag 1816. Handelt in einem eigenen Abschnitt mit Scharfsinn von den Freisassen und Freibauern.

Prof. Millauer. Ueber den Ursprung des Cistercienserstiftes Hohenfurt. Prag 1814. (Aus den Abhandlungen der k. böhm. Gesellschaft der Wissenschaften.) Ferner dessen Artikel über Maidstein, in der Monatschrift des Museums, Aprilheft 1827. Schätzbare Arbeiten.

F. J. Slama. Zlatá stezka (der goldene Steig). Im Časopis českého Musea. 1837. Werthvoller Beitrag zur Geschichte des böhmischen Handels. Ferner desselben „Obraz minulosti starožitného města Prachatic" (Bild der Vergangenheit der alterthümlichen Stadt Prachatic). Prag 1858. Eine gleichfalls werthvolle Arbeit.

Dr. J. A. Gabriel. Interessante Notizen über die Grafen von Bogen, über Schüttenhofen sammt Umgegend, und über Rabi, in den Jahrg. 1853—1859 der böhmischen Zeitschrift Lumír. Ferner desselben „Ausflug nach der Kusl" im „Poutník od Otavy" (Pilger von der Watawa). Pisek 1858. Ferner desselben „Hrad Kašperk" (Burg Karlsberg). Prag 1857. Eine historisch-topographische Skizze. Sehr zu wünschen wäre, daß der kenntnißreiche Schriftsteller seine begonnene Topographie von Schüttenhofen bald zu Stande brächte.

K. J. Erben. Ueber die Choden bei Tauß, in gebogenen schriftlichen Mittheilungen, deren Veröffentlichung gleichfalls sehr zu wünschen wäre.

Dr. Pecz. Die Wallinger im südwestlichen Böhmen. In der deutschen Zeitschrift „Erinnerungen". Prag 1857. Eine werthvolle ethnographische Detailstudie.

Urban von Urbanstadt. Geschichte der Stadt Krumau. Im Manuskript. Eine sehr fleißige und gründliche Arbeit, die dem Publikum nicht vorenthalten werden sollte, da sie, zweckmäßig gekürzt, gewiß von allgemeinem Interesse und Nutzen wäre.

Das Forstmuseum im fürstl. Schwarzenberg'schen Jagdschlosse Wohrad bei Frauenberg. Budweis 1849. Enthält nebst Beschreibung der Lokalitäten des Museums eine getreue Aufzählung der Schätze desselben, die jedoch nicht mehr vollständig ist, da die Sammlungen seitdem vermehrt wurden.

V. Hausgirg. Ein Ausflug nach dem Böhmerwalde. In der deutschen Prager Zeitung. 1858. Interessante Skizze einer Reise durch einen Theil des nördlichen Böhmerwaldes.

K. Müller. Některé staré příběhy, které se staly v Třeboni aneb na panství Třeboňském. (Einige alte Vorfälle theils in Wittingau selbst, theils auf der Herrschaft Wittingau.) Im Časopis českého Musea, 3. Heft 1858. Sehr charakteristische Notizen.

Wohlan denn! Besucht auch einmal den Böhmerwald! Es ist dort nicht mehr, wie vor Jahrhunderten, auch nicht wie vor einem halben Jahrhundert. Laßt Euch nicht schrecken von der Wäldernacht: sie wird von vielen Wegen durchschnitten und gelichtet, auf denen Ihr sogar die ganze Reise zu Wagen zurücklegen könnt. Habt keine Angst vor wilden Thieren: zwar wurde im Böhmerwalde noch im J. 1856 ein Bär geschossen, allein es war seit geraumer Zeit der letzte. Fürst Schwarzenberg hält in seinem Zwinger zu Krumau keine Bären mehr aus dem Böhmerwalde, sondern aus Siebenbürgen. Noch weniger scheut Euch vor den Menschen: sie sind die ehrlichsten, biedersten, bravsten Leute von der Welt, die Euch überall auf das gastfreundlichste empfangen. Den Komfort der Residenzstädte dürft Ihr nicht suchen; doch findet Ihr wohleingerichtete Gasthäuser, wo Ihr gut, zum Theil vortrefflich, bewirthet werdet, und, was mit zu veranschlagen kommt, für wohlfeiles Geld leben könnt. Wein wird weniger genossen, als Bier; dafür ist dieses nicht selten ausgezeichnet. Reiset aber erst im August und September; denn der Schnee weicht spät und es treten dann in jenen Regionen beinahe fortwährender Verdampfung häufige Regen ein. Ueberrascht Euch irgendwo das üble Wetter, so haltet geduldig lieber einen oder mehrere Tage aus, als daß Ihr weiter zöget, sonst würde Euch im Wettergrau eine Menge des Kostbaren aus der Schatzkammer der Natur entgehen. Versehet Euch mit dauerhaft schützenden Kleidern! Starke Stiefel mit Doppelsohlen sind an= zurathen, da die zarten oft nach einem Gange durch den Wald dahin sind. Vergeßt auch nicht, einen Stock zur Hand zu nehmen, der Euch an sumpfigen Stellen zum Fühlhorn und beim Bergsteigen zum Hebel und zur Stütze diene. Und nun frisch! In den merkwürdigen Böhmer= wald! Glück auf den Weg!

9 DF 61

Die Natur.

Geschildert von Johann Krejči.

Allgemeine Uebersicht des Böhmerwaldes.

Aus dem flächeren Hügellande ragt mitten in Europa ein bergiges Terrain empor, welches größtentheils von dem Königreiche Böhmen, theilweise auch von Mähren, Oesterreich, Baiern, Sachsen und Schlesien eingenommen wird. Die orographische Beschaffenheit dieses Terrains hängt vor allem von drei Urgebirgsmassen ab, welche inselförmig über die neueren, das Flachland zusammensetzenden Felsenschichten sich erheben.

Die größte dieser Urgebirgsinseln umfaßt das böhmisch = mährische Plateau, den Böhmerwald, das Fichtel= und Erzgebirge, die kleinere Insel besteht aus dem Lausitzer Plateau, dem Iser= und Riesengebirge, die kleinste Insel endlich aus dem Adler= und Glatzergebirge, so wie aus dem mährisch=schlesischen Urgebirgsstock des Schneeberges und Altvaters.

Die Buchten zwischen dem böhmisch=mährischen Plateau, dem Böhmerwald und den südlichen Ausläufern des Erzgebirges erfüllt ein System von langgedehnten, koncentrischen Schiefer=Rücken, welche bis über Prag sich ausdehnen und zu den ältesten Sedimenten (der Silurformation) gehören; der übrige Raum ist größtentheils von Sandsteinschichten ange= füllt, die eine mehr flache Hügellandschaft bilden, längs dem Erz= und Riesengebirge aber von malerischen Basalt= und Melaphyrkuppen durch= brochen sind.

Wir wollen es versuchen, im Folgenden den interessantesten Theil der genannten Urgebirgsinseln, den Böhmerwald, zu schildern, der zwar in seinem südöstlichen und nördlichen Theile innig mit dem böh= misch = mährischen Plateau zusammenhängt, aber durch seinen Charakter auffallend von demselben sich unterscheidet.

Während das böhmisch = mährische Plateau ein sanft gewelltes, von engen und kleinen Felsenthälern durchfurchtes Terrain darstellt, welches nur stellenweise die durchschnittliche Höhe von 1500 — 2000' übersteigt, erhebt sich der Böhmerwald als ein mächtiges 3000 — 4000' hohes

Rückengebirge, welches längs der westlichen böhmischen Gränze von Ober=
österreich aus bis nahe zum Egerthale in der Länge von 30 Meilen sich
ausdehnt.

Ein niedriger nur 1200′ erreichender Hügelzug zwischen Neugedein
und Neumarkt theilt den Böhmerwald in zwei beinahe gleiche Hälften,
in die südliche Hälfte oder den eigentlichen Böhmerwald, von
den Böhmen Šumava genannt, und die nördliche Hälfte, böhmisch
Český Les (der böhmische Wald).

Beide Hälften unterscheiden sich sowohl durch ihre Höhe als ihre
Richtung. Die nördliche Hälfte, von den Baiern das Oberpfälzer
Waldgebirge genannt, beginnt im Norden mit dem Dillenberge
(2895′) südlich von Eger und endet mit dem Cerchow (3282′) bei
Tauß, der dazwischen liegende unterbrochene 10 Meilen lange Rücken
erreicht im Mittel nur 2200′. Die Richtung dieses Gebirgstheiles geht
gegen Nord=Nordwest und der steilere Abfall ist gegen Böhmen gerichtet,
indem er böhmischerseits gegen ein kaum 1500′ hohes Flachland abfällt.
Obwohl dieses Gebirge zum größten Theile mit Wald bewachsen ist und
einzelne wildromantische Partien aufzuweisen hat, so entbehrt es doch
vollständig jedes Hochgebirgscharakters und erscheint von Weitem aus dem
Innern Böhmens gesehen nur als ein einförmiger den Horizont begrän=
zender Waldstreifen, gegen den die südliche Hälfte großartig über ihre
Umgebung emporragt.

Die südliche Hälfte oder der eigentliche Böhmerwald (Šumava)
beginnt im Norden gegenüber dem Cerchow mit dem Osserberge (4050′)
und dehnt sich als ein massiges, aus mehreren Rücken bestehendes Gebirge
bis zum Paß von Unterwuldau aus, oberhalb dessen der Granitrücken
des Plöckelsteines 4350′ erreicht. Die höchsten Bergspitzen des Böhmer=
waldes gehören diesem Gebirgszuge an, eben so die großartigsten Thäler
und die ausgedehntesten Wälder. Die Richtung der durchschnittlich 3500—
4000′ hohen Rücken geht gegen Nordwest, der steilere Abfall gegen
Baiern; gegen Böhmen hängt das Gränzgebirge mit einer ausgedehnten
Berglandschaft zusammen, die bis zum Wotawathal bei Strakonic und
bis zur Budweiser Ebene sich ausdehnt. Diese südliche Hälfte des Böh=
merwaldes, der eigentliche hohe Böhmerwald ist es, den wir hier be=
handeln wollen, indem wir die Beschreibung der nördlichen Hälfte für
eine spätere Zeit uns vorbehalten.

Die Gränzen, die wir diesem uns beschäftigenden Gebirge ziehen,
sind durch natürliche Verhältnisse selbst angezeigt. Gegen Böhmen zu
wird es von der Budweiser Ebene, einem ehemaligen Süßwasserbecken,
dann durch das Thal der Blánice und Wotawa bis Horazdowic, weiter
durch die Einsenkung bezeichnet, über welche die Straße von Horazdowic
nach Klatau führt; jenseits dieser ganzen Gränze beginnt das Urgebirgs=

plateau von Mittelböhmen. Von der nördlichen Hälfte, dem Oberpfälzi-
schen Waldgebirge, trennt es der große Paß von Neugedein; gegen Baiern
fällt das Gebirge steil gegen eine thalartige Einsenkung ab, welche durch
den Cham- und Regenfluß bewässert wird und jenseits deren sich ein
langer Gebirgsrücken, der bairische Wald, erhebt. Südöstlich an der
Gränze zwischen Böhmen und Oberösterreich trennt es der Paß von
Unterwuldau, so wie das Moldauthal vom böhmisch-mährischen Gebirge.

Das so umgränzte Terrain nimmt den Raum von beiläufig 100
☐ Meilen ein und ist komplicirt genug, um bei dem ersten Eintritte in
dasselbe den Eindruck einer chaotischen Wirrniß zu machen. Diese schein-
bare Unregelmäßigkeit und Unübersehbarkeit des Gebirges löst sich in die
einfachste Ordnung auf, wenn man den geologischen Bau desselben und
die Abhängigkeit der Bergformen von den geologischen Verhältnissen
erkennt.

Das herrschende Gestein des ganzen Gebirges ist der Gneiß. Es
besteht aus demselben der ganze mächtige plateauartige Centralkern des
Gebirges zwischen Eisenstein und Kuschwarta mit den höchsten Bergkuppen, dem Arber, Rachel und Kubani, welche sämmtlich 4000' über-
ragen, so wie die Zone des niedrigeren Vorgebirges, welche den Raum
zwischen der bezeichneten Gränzscheide des Böhmerwaldes vom inneren
böhmischen Urgebirgsplateau und zwischen dem Fuße des eigentlichen
Hochgebirges einnimmt. Die Linie, welche den Fuß des Hochgebirges
bezeichnet, geht aus dem Angelthale von Neuern aus gegen Drosau,
Tachrau, Hlawnowic, Petrowic, Langendorf, Strašin, Přečin, Ctyn,
Wällischbirken, Hracholust bis gegen Netolic, wo die Budweiser Ebene
nur durch eine kleine Reihe von Hügeln vom höheren Gebirge getrennt wird.

Das Streichen der Gneißschichten ist im Allgemeinen nordwestlich,
dieselbe Richtung haben demnach auch die Rücken und Kuppen. Das
Einfallen der Schichten ist im Allgemeinen gegen Nordost, also gegen
das Innere von Böhmen gerichtet, der steilere Abfall der Berge geht
gegen Südwest, der sanftere gegen Nordost.

Im südöstlichen Theile des Böhmerwaldes zwischen Prachatic und
Krumau ist in dem Gneiß eine mächtige Weißsteinmasse eingelagert,
welche durch ihre besondere Entwickelung einen ausgezeichneten Antheil an
der Konfiguration des Gebirges nimmt. Das Streichen der Weißstein-
und der sie begleitenden Gneißschichten wendet sich gegen Osten und endlich
gegen Nordost und vermittelt so den Uebergang zu dem mährisch-böhmischen
Gebirge, dessen Gesteinschichten im Allgemeinen gegen Nordost streichen und
ein nordwestliches Einfallen haben. Uebereinstimmend mit diesem Streichen
haben auch alle Berg- und Hügelzüge des mittelböhmischen Urgebirgsplateau's eine nordöstliche Richtung und unterscheiden sich dadurch von dem

— 14 —

Gebirgssysteme des Böhmerwaldes, mit dem sie längs der angezeigten Gränzlinie zusammenstoßen.

Südlich von dem Gneißcentralplateau des Böhmerwaldes ist in dem Gneiß eine kolossale Granitmasse eingelagert, welche an der bairisch-böhmischen Gränze einen scharfbegränzten 4000' hohen Rücken bildet, mit den malerischen Kuppen des Plöckelsteines und Dreisesselberges. Aber auch das wilde Salnauergebirge jenseits der Moldau gegenüber diesem Gränzrücken besteht aus Granit, so wie dem Gneiße noch viele einzelne Granitpartien eingelagert sind, welche den mehr einförmigen Charakter des Gneißterrains mannigfach modificiren.

Nordwestlich von dem Gneißcentralplateau liegt auf dem Gneiße Glimmerschiefer, der an der bairisch-böhmischen Gränze als sogenannter künischer Wald zwischen Eisenstein und Skt. Katharina gegen 4000' hoch sich erhebt und durch die zackige Form des Osserberges von dem ihn umgebenden Gneißrücken sich auffallend unterscheidet. Der Raum zwischen dem Osser und Cerchow, welche gleichsam als zwei kolossale Pfeiler des großen Böhmerwaldpasses von Neugedein sich erheben, ist von Amphibolgesteinen ausgefüllt, welche namentlich den schönen hohen Bogen in Baiern, einen 3000' übersteigenden Rücken und eine Reihe von kegelförmigen Bergen bilden, die sich weit ins Innere von Böhmen ziehen.

Faßt man nun alle diese Verhältnisse zusammen, um sie zu einer naturgemäßen Eintheilung des Gebirges zu benützen, so ergeben sich folgende Partien desselben:

1. Die Budweiser Ebene.
2. Das Vorgebirge.
3. Das Centralplateau.
4. Das Prachatic-Krumauer Gebirge.
5. Der Plöckensteiner Rücken mit dem Salnauer Gebirge.
6. Der künische Wald.
7. Der Hohebogen mit den Neugedeiner Bergen.

Das zweite Element der Terraingestaltung ist die Thalbildung. Die Hauptthäler des Böhmerwaldes sind Längenthäler, ursprüngliche schon bei der Bildung des Gebirges entstandene Furchen, welche analog dem Streichen der Gebirgsschichten gegen Nordwest laufen. Das Moldauthal von seinem Ursprung bis Friedberg, das obere Angelthal im Glimmerschiefergebirge, so wie eine Menge anderer von kleineren Flüßchen bewässerten Thäler gehören hieher. Gewöhnlich haben diese Thäler einförmige Lehnen, welche weniger von anstehenden Felsen unterbrochen, dem Hochwald einen passenden Boden gewähren.

Diese Längenthäler werden von Querthälern durchschnitten, die offenbar eines späteren Ursprunges, als die kolossalen Spuren von

Erdumwälzungen zu betrachten sind, durch welche die neueren Sedimentär-
formationen am Fuße des Urgebirges ihre jetzige Lagerung erhielten. Die einen dieser Querthäler gehen von Süd nach Nord und beschränken sich nicht bloß auf den Böhmerwald, sondern erstrecken sich als
ein weitverbreitetes Spaltensystem durch ganz Böhmen, indem sie nicht
bloß das Urgestein, sondern auch die silurischen Schichten durchbrechen
und mit den Klüften und Verwerfungen zusammenhängen, welche unsere
Steinkohlenbecken von Süd nach Nord durchsetzen. Erst der Quader-
sandstein und Pläner, der Kreideformation angehörend, welche das Flachland nördlich von Prag bildet, wird von denselben nicht afficirt. Wir
können demnach schließen, daß diese Querthalbildung und die mit derselben zusammenhängenden das Gebirgsgestein durchsetzenden Spalten nach
der Steinkohlen- und vor der Kreideperiode entstanden sind.

Das großartigste Beispiel dieser Thalbildung ist das Moldauthal
von Hohenfurt bis Kralup unterhalb Prag; im Böhmerwalde gehören
hieher noch das Thal der Blánice, der Wolinka, des Wydrabaches und
der Wotawa bis Schüttenhofen, der Angel, so wie die Thäler vieler
anderer Flüßchen und Bäche.

Diese Thäler sind gewöhnlich eng und felsig und geben, da sie die
Gebirgsschichten quer durchbrechen, die beste Gelegenheit zum Studium
des Gebirgsbaues.

Ein anderes System von Querthälern hat die Richtung gegen
Nordost parallel mit der Längenthalbildung des silurischen Systems
im Innern Böhmens. Dieses System ist das am wenigsten entwickelte,
indem nur kleinere und von anderen Thalrichtungen unterbrochene Ter-
rainfurchen hieher gehören.

Das deutlichste Beispiel gibt das Wotawathal zwischen Schüttenhofen und Horaždowic; ähnliche Thäler bewässert der Prečiner, Muté-
nicer, Cehnicer, der Pořešter Bach bei Netolic u. a.

Indem ein fließendes Gewässer aus einem Thalsystem in ein anderes
übertritt, entsteht eine wechselnde Mannigfaltigkeit der Landschaftsbilder,
welche im höheren Theile des Gebirges vereint mit den verschiedenen
Bergformen den Eindruck einer labyrinthischen Gebirgslandschaft her-
vorbringen.

Nebst den Terrainformen erhält unser Gebirge noch einen eigenthümlichen Charakter durch seine immensen Waldungen. Der Böhmerwald ist ein Waldgebirge im vollen Sinne des Wortes. Das Vorgebirge zwar ist schon seit langer Zeit zum größten Theil von Wald entblößt und in Ackerland verwandelt worden, das höhere Gebirge, namentlich
aber das Gränzgebirge, deckt noch immer ein üppiger Wald, der die
Hochrücken bis zu 4000' Höhe bekleidet. Ein großer Theil der Waldungen ist noch wahrer Urwald, unberührt von der Axt und kaum erst

der Benützung aufgeschlossen. Vor fünfzig Jahren waren die Urwaldungen allerdings noch viel ausgedehnter, ja sie zogen sich theilweise bis weit ins Vorgebirge hinein. Die großartig entwickelte Glasindustrie hat aber ungeheuere Waldstrecken vernichtet und schreitet vom Thal aus sengend und brennend bis in die verstecktesten Gebirgswinkel vor. Gute Straßen und bequeme Waldwege durchziehen jetzt einen großen Theil der Gebirgs= waldungen und verbinden die verschiedenen Industrieanstalten. Die Zahl der Bewohner hat sich mehr als verzehnfacht, so daß der geheimnißvolle Schauer, der den Wald ehemals bedeckte, fast gänzlich verschwunden ist.

Trotzdem ist der Böhmerwald eine der eigenthümlichsten Gebirgs= landschaften in Europa und bei weitem nicht so bekannt, als er es seiner malerischen Großartigkeit nach verdiente. Der Bewohner der Hauptstadt oder des Flachlandes hat keine Ahnung davon, daß ihn bloß zwei Tag= reisen von einem Gebirgswalde trennen, in welchem er einen großen Theil der Eigenthümlichkeiten wiederfindet, die er den Beschreibungen nach nur in den Urwäldern Nordamerika's vermuthet.

Wir wollen nun versuchen, nach der angedeuteten Ordnung dem Naturfreunde als Wegweiser in diesem Gebirge zu dienen.

1. Die Budweiser Ebene.

Nähert man sich dem Böhmerwalde auf der Piseker Straße, die über Granit = und Gneißhügel gegen Wodňan sich zieht, so erblickt man vom letzten Hügel, der gegen die Stadt Wodňan abfällt, eine ausge= dehnte nur von kleinen Unebenheiten unterbrochene Ebene, die gegen Süden von einem Waldrücken begränzt wird. Dieß ist die Budweiser Ebene und der Waldrücken ist der Schöninger, dem Weißsteingebirge an= gehörend.

Nirgend ist der Fuß des Böhmerwaldes so scharf begränzt wie hier, wo eine 10 Quadratmeilen große Niederung das Plateau des mittleren Böhmens von den Hochrücken des Gränzgebirges scheidet. Einen herrlichen Anblick gewährt die Ebene von den sie umsäumenden Höhen an einem hellen Sommermorgen. An den blaugrünen Waldsaum des malerischen Schöningers (3416'), der den südlichen Horizont abschließt, reihen sich niedrigere Hügel (1500') im Osten, an diese die bis 2000' hohen Waldberge im Norden, und eben so hohe Berge im Westen. Zwischen den grünenden Acker= und Wiesenflächen erglänzen im Sonnen= scheine die Wasserspiegel der zahlreichen großen Teiche und eine Unzahl von Dörfern liegt vor uns zerstreut, während am Saume der Ebene die Städte Wodňan, Netolic, Kramstadt, Rudolphstadt und Budweis durch ihre höheren Kirchen und Thürme erkennbar werden. Die alte königliche Stadt Wodňan liegt am westlichen Saume der Ebene, da wo dieselbe von der Blánice umflossen wird, die Stadt Netolic, im Lande weit bekannt wegen ihrer großen Pferdemärkte, liegt am Poděřišterbache, wo dieser aus den Gneißhügeln am Fuße des Weißsteingebirges in die Ebene tritt; Adamstadt (Malé hory) und Rudolphstadt (Rudolfov) sind zwei kleine Bergstädtchen am östlichen Hügelsaume gelegen, wo auf Gängen, welche den Gneiß durchsetzen, silberhältiger Bleiglanz gewonnen wird; Budweis (Budějovice) endlich, die bedeutendste Stadt und der Hauptsitz der Industrie und Intelligenz des ganzen südlichen Böhmens, liegt im südöstlichen Theile der Ebene bei der Vereinigung der Malsch mit der Moldau.

Am Nordrande erglänzt von einem Felsenvorsprung die mit königlicher Pracht aufgebaute Burg Frauenberg, welche die ganze Ebene beherrscht, während gegenüber am Südwestrande unter dem mit einer Wallfahrtskirche gekrönten Waldhügel Lomec das Schloß zu Libějic aus schönen Baumanlagen hervorleuchtet, beides beliebte Sommersitze des Schwarzenberg'schen Fürstenhauses, welches nicht bloß über die Ebene, sondern über den größten Theil des Böhmerwaldes gebietet. Die Kirchdörfer Chelčic, berühmt als der ehemalige Sitz des tiefen Denkers Chelčický, Pištin zwischen dem großen Plastowicer und Bestrewer Teiche und Mákři heben sich über die anderen Ortschaften hervor, während die Lage des großen Hofes Rabin mit der vortrefflichen Ackerbauschule am Fuße des Lomec von sternförmig zusammenlaufenden Obstalleen angedeutet wird.

Die ganze Ebene ist vortreffliches Ackerland, obwohl stellenweise etwas naß. Von Budweis (1210') erhebt sich das Terrain in sanften Wellen allmälig gegen Nordwest, übersteigt aber nirgend 1400'. Die tiefsten Stellen sind am Südostrande, wo die Moldau dieselbe bewässert und zahlreiche Teiche sich ausdehnen.

Den Gesteinen nach erweist sich die Budweiser Ebene als ein trocken gelegtes Süßwasserbecken. Die ganze Ebene war in vorhistorischen Zeiten ein See, in welchem sich allmälig verschiedene sandige und lettige Schichten absetzten, die man nun da von Steinkirchen, Jamles und Prabich im Süden von Budweis bis Radomilic und Ujezdec östlich bei Wodňan abgelagert findet. Dieser See hing wahrscheinlich zusammen mit einem gleichen aber größeren See, der die jetzige 8 Meilen lange und 4 Meilen breite Ebene von Wittingau bedeckte, welche nur durch die Gneißhügelreihe bei Adamstadt und Rudolphstadt von der Budweiser Ebene getrennt ist. Der Höhenunterschied beider Ebenen beträgt beiläufig 180', indem die Wittingauer Ebene um so vieles höher ist.

Anstehende Gesteine sind nur in den tieferen Einrissen, namentlich am Rande der Ebene, wo das höhere Gebirge beginnt, zu finden; nebstdem geben zahlreiche Eisengruben oder offene Eisensteinbrüche Gelegenheit, die Gesteinsformation zu untersuchen. Diesem nach besteht der Boden der Ebene aus beinahe horizontal abgelagerten thonigen und sandigen Schichten, die in eine tiefere und mächtigere eisensteinführende und deßwegen meist rothgefärbte, und in eine obere kohlenführende Abtheilung zerfallen.

Die Schichten der unteren Abtheilung enthalten rothe, weiße oder bunte Thone im Wechsel mit minder mächtigen Sand- und Sandsteinablagerungen. Diese Schichten erstrecken sich aber nicht gleichförmig durch das ganze Gebiet, sondern verändern sich dem Streichen nach mannigfach, so daß die Profile an verschiedenen Orten verschiedene Schichtenfolgen zeigen. Die Sandsteine sind gewöhnlich grobkörnig und eisenschüssig und werden an den Rändern der Ebene als Bausteine gebrochen; die weißen Thone sind stellenweise sehr rein und feuerfest und geben ein treffliches Material der Hardtmuth'schen Steingutfabrik in Budweis. Die Thonschichten sind da, wo sie nahe zu Tage ausgehen, die Ursache der Nässe an vielen Stellen des Ackerlandes. Zwischen den Thonschichten, theilweise auch im Sande, kommen dünne 2—8 Zoll mächtige Schichten von rothen, braunen, manchmal auch gelben Thoneisensteinen vor, mit einem durchschnittlichen Eisengehalte von 20—30%. Sie werden in seichten Gruben am südöstlichen Theile der Ebene bei Biba, Gutwasser, Zabáji und Přehow abgebaut und auf den Eisenwerken zu Adolphsthal, Gabrielenthal, Hermannsthal und Franzensthal verschmolzen.

Die obere Abtheilung der abgesetzten Schichten bedeckt die Ebene nicht ununterbrochen fort, sondern ist an vielen Orten abgeschwemmt, so daß sich nur an einzelnen Hügeln und am Saume der Ebene, namentlich in den zur Ebene einmündenden Thälern einzelne Partien erhalten haben.

Die rothen Thone und eisenschüssigen Sandsteine der unteren Abtheilung fehlen hier ganz; dafür bestehen die tieferen Schichten aus dunklen Thonen mit eingelagerten unreinen erdigen Braunkohlenflötzen, über diesen ist eine Schichte von sandigem Grus und Schotter abgelagert, die an vielen Orten auch die untere eisenführende Abtheilung unmittelbar bedeckt.

Die Hoffnungen, die man vor einigen Jahren auf einen erfolgreichen Abbau der erschürften Braunkohlenflötze setzte, haben sich bisher nicht bewährt. Der Abbau wird durch großen Wasserandrang und durch die geringe Mächtigkeit und Unreinheit der Kohle vereitelt und es sind deßhalb die Versuchsbaue bei dem Hofe Rabin, so wie in der Umgebung von Budweis und Wodňan aufgelassen worden, nur im höheren Hügellande bei Steinkirchen (Kamenný Újezd) und Jamles (Jamné) südlich von Budweis, wo die gegen das Flachland geneigte Lage der Schichten eine natürliche Entwässerung bewirkt, wird der Kohlenabbau mit besserem Erfolge betrieben. Kohlenausbisse findet man nebstdem am Nordrande der Ebene bei Myhlowar.

Wobñan.

2*

Einzelne abgerissene Partien dieser Sedimentär = Bildungen ziehen sich von Steinkirchen südwärts noch bis Kaplic und von Wodňan längs der Plánice bis Strunkowic, so wie abwärts bis zur Wotawa; auch im Wotawathale findet man ähnliche Ablagerungen bis gegen Strakonic und Horažďowic. In einer solchen Ablagerung bei Čehnic an der Straße von Wodňan nach Strakonic wird ein 6 Fuß mächtiges Flötz von erdiger Braunkohle zur Alaunfabrikation benützt; Kohlenausbisse sieht man auch bei Pracowic unweit Strakonic und bei Hlíněný Ujezd unweit Horažďowic.

Abdrücke und Petrefakten sind in den Gesteinen äußerst selten; nur die Thoneisensteine enthalten manchmal Blattabdrücke, welche mit den in der Wittingauer Ebene häufiger in ähnlichen Verhältnissen vorkommenden Abdrücken übereinstimmen und auf eine Torfflora (Vaccinium, Arbutus, Andromeda, Salix) hinweisen, nach denen die Formation der Budweiser Ebene der jüngsten tertiären Periode gehört, oder wenigstens einer jüngeren als die Braunkohlenformation des nördlichen Böhmens, deren Pflanzenabdrücke auch subtropische Formen aufzuweisen haben.

Einer viel älteren Periode, nämlich der Steinkohlenperiode, gehört das Hügelland am östlichen Saume der Ebene an, da wo die Straße von Budweis nach Rudolphstadt und Adamsstadt aufsteigt. Auf dem Gneiße der genannten Bergstädtchen ruht hier zwischen Brod, Hůry, Lhotic und Oselno eine Sandsteinablagerung, die ein kleines von einigen Bächen durchschnittenes Hügelland bildet und von Südwest nach Nordost aufsteigt. Die Länge von Südwest nach Nordost beträgt eine Meile, die Breite etwas weniger als eine halbe Meile. Sowohl am Nord= als am Südende · ist diese Sandsteinbildung von der tertiären Formation bedeckt und zwar am Nordrande von den Sanden der Wittingauer, am Süd= rande von den Thonen der Budweiser Ebene.

Die Ablagerung der Schichten ist muldenförmig, dieselben treten namentlich am südlichen, theilweise zerstörten Rande zu Tage. Die tiefsten unmittelbar auf Gneiß ruhenden Schichten enthalten lichte Quarzsand= steine mit Feldspathkörnern in Wechsellagerung mit grünlich=grauen san= digen Schiefern, dann folgen dunkelgraue und schwarze Schieferthone mit einem 1—2 Fuß mächtigen Flötze einer anthracitischen Steinkohle, und endlich mächtige rothbraune Sandsteine mit grünlichen Lagen und schmalen Schichten eines thonigen grauen und röthlichen Kalksteines. Das Flötz wurde schon in früheren Jahren bei Hůry und Lhotic aufgeschlossen, aber der Bau wegen zu geringer Mächtigkeit des Flötzes wieder aufge= lassen, in neuerer Zeit wurde aber der Abbau wieder aufgenommen und zwar am Südrande der Mulde bei Brod, wo die Kohle eine Mächtigkeit von 2—4 Fuß zeigt.

Im Hangenden des Kohlenflötzes finden sich häufige Abdrücke von Farrenwedeln, während die unsere mächtigen Kohlenflötze bei Radnic und Kladno begleitenden Lepidobendron - und Stigmaria-Stämme gänzlich fehlen.

Die beschriebene kleine Steinkohlenmulde ist die südlichste unter den böhmischen Kohlenmulden, deren größte Entwickelung in die Mitte des Landes zwischen Rakonic, Kladno und Kralup fällt.

Topographische Notizen. Die Bewohner der Budweiser Ebene sind Böhmen (Cechen) und Deutsche. Die Bewohner der Stadt Budweis selbst sind größtentheils beider Sprachen mächtig, die Dorfbewohner der Umgebung bilden aber mitten im Böhmischen eine deutsche Spracheninsel, welche nebst dem Städtchen Rudolphstadt die Dörfer Brod, Hlinz, Dubiken, Bacharten, Hodowec, Lodus, Dürnfellern, Strobenic, Plan, Hummeln, Gauendorf, Schindelhöf, Leitnowic, Pranischen, Vierhöf und Hackelhöf enthält.

Die merkwürdigeren Ortschaften sind:

Budweis (Budějovice), die bedeutendste Stadt des südlichen Böhmens mit 10.000 Einwohnern. Die Lage der Stadt in der Ebene an der schiffbaren Moldau und am Endpunkte der Linz-Gmundner Eisenbahn erhöht die Wichtigkeit der Stadt namentlich in kommerzieller Beziehung. Der Holzhandel des Böhmerwaldes in das Innere Böhmens und das nordwestliche Europa wird zum größten Theil durch Budweis vermittelt, so wie auch das Salz ausschließlich über diese Stadt von Gmunden her für ganz Böhmen verführt wird. Die Stadt ist nebstdem Sitz der Kreisregierung, eines Bischofes, hat ein Obergymnasium mit einem priesterlichen Seminarium und überhaupt ein regeres gesellschaftliches Leben als alle anderen Städte des südlichen Böhmens.

Rudolphstadt und Adamstadt sind zwei kleine Bergstädtchen nordöstlich von Budweis an den Gneißhügeln gelegen, welche die Budweiser von der Wittingauer Ebene trennen. Der Bergbau auf Silber und Blei, der hier betrieben wird, ist unbedeutend. (Siehe Mineralien des Böhmerwaldes.)

Gutwasser (Dobrá Voda), ein Dorf in anmuthiger Lage auf den Hügeln südlich von Rudolphstadt mit einem Badehause.

Frauenberg (Hluboká) mit dem Marktflecken Podhrad, ein prachtvoll restaurirtes Schloß des Fürsten Schwarzenberg, in früheren Jahrhunderten der Sitz der Rosenberge. Das Schloß beherrscht von seinem Felsen die ganze Budweiser Ebene. In Podhrad ist ein sehenswerthes Forstmuseum des Fürsten Schwarzenberg und ausgezeichnete Baumanlagen mit einer großen Menge von akklimatisirten außereuropäischen Bäumen.

Zbudow, ein Dorf an der großen Hutweide Blata, auf welcher nebst diesem Dorfe auch die Dörfer Nowé Sedlo, Prásiwá Lhota, Pustin, Myblowary, Plastowice, Seice und Hlawatec freies Weiderecht haben. Im vorigen Jahrhunderte war dieses Weiderecht die Veranlassung großer Zwistigkeiten zwischen den Herrschaftsbesitzern und den Landleuten und noch heute erinnert der häufig gehörte Spruch: „Kubata dal hlavu za blata" (Kubata gab seinen Kopf für Blata) an diesen nun längst geschlichteten Zwist.

Netolice, eine Stadt westlich von Budweis am Podřistbache, hat die bedeutendsten Pferdemärkte im südlichen Böhmen.

Rabin, ein großer Fürst Schwarzenberg'scher Meierhof, am südöstlichen Fuße des mit einer Wallfahrtskirche gekrönten Hügels Lomec gelegen, ist der Sitz einer vortrefflichen böhmischen Ackerbauschule.

Libějice, ein Dorf am nordwestlichen Fuße des Lomec gelegen, hat ein schönes Schloß des Fürsten Schwarzenberg mitten in anmuthigen Parkanlagen. Von der Höhe des Hügels, auf dem die Wallfahrtskirche der heil. Mutter Gottes steht, überblickt man die ganze Budweiser Ebene.

Chelčice, ein Pfarrdorf, anmuthig auf einem Hügel eine halbe Stunde südlich von Wodňau gelegen, der Geburtsort oder Sitz des Gründers der böhmischen Brüdergemeinde, Peter Chelčický. Im Orte ist nebstdem eine ergiebige Quelle, die mit einer Kapelle überbaut ist und deren Wasser in ein Badehaus geleitet wird.

Wodňany, eine alte königliche Stadt am Blánicflusse, deren Einwohner hauptsächlich von der Landwirthschaft sich ernähren. Die Stadt war wie viele andere böhmische Landstädte vor dem dreißigjährigen Kriege viel bedeutender und war namentlich der Geburtsort einiger ausgezeichneten Gelehrten, z. B. des Wenzel Nikolaides, eines Freundes von Melanchthon, des Philologen Campanus, des Arztes Thomas Husinec u. a.

2. Das Vorgebirge.

Südlich von der Budweiser Ebene steigt das Hügelland mit einigen wellenartigen Erhebungen rasch zum 3416′ hohen Schöninger auf, den wir jedenfalls zum Hochgebirge rechnen müssen. An der Westseite der Ebene beginnt aber ein beiläufig 1500 — 2000′ hohes Mittelgebirge, welches von dem Städtchen Strunkowic über Wällischbirken, Čkyň, Přečin, Strašin und Schüttenhofen den Raum zwischen dem Hochgebirge und dem breiten Wotawathal bei Stěkna, Strakonic und Horažďowic einnimmt und von den schönen Querthälern der Blánice, Wolinka und Wotawa zwischen Schüttenhofen und Horažďowic durchfurcht wird. Ein ähnliches aber mehr kupirtes Terrain erstreckt sich an der Westseite des Wotawathales bis zum Angelthale bei Neuern und Janowic und nimmt den Raum zwischen dem Fuße der höheren Gebirge bei Drosau, Čachrau, Hlawňowic, Petrowic, Schüttenhofen und zwischen der von Horažďowic nach Klatau führenden Straße ein.

Dieses Gebiet bildet böhmischerseits das Vorgebirge des Böhmerwaldes, indem es sich innig an dasselbe anschließt, von den ausgedehnten Plateaus des inneren Böhmens aber durch seine unregelmäßigere Gestaltung sich auffallend unterscheidet. Obwohl an malerischer Schönheit dem Hochgebirge weit nachstehend, zeigt es doch in seinen Thälern häufig eine liebliche Abwechselung und gewährt von seinen höheren Kuppen eine schöne Ansicht des hohen Gränzgebirges und des flacheren Landes gegen Norden.

Die Querthäler der Blánice, Wolinka, Wotawa und Angel theilen uns dieses Gebiet zur bequemeren Uebersicht in drei Partien:

a. In die Partie zwischen der Blánice und Wolinka.
b. In die Partie zwischen der Wolinka und Wotawa.
c. In die Partie zwischen der Wotawa und Angel.

a. Die Partie zwischen der Blánice und Wolinka.

Geht man von Wodňan gegen Barau im wiesenreichen Blánicthale hinauf, so sieht man sich rechts und links von Bergen umgeben,

Rabi.

welche einem wellenförmig gefurchten Terrain angehören. Am höchsten erhebt sich unter diesen Bergen die Kuppe, welche die malerische Ruine der Helfenburg trägt. Man steigt von dem Städtchen Barau, von dessen böhmischer Benennung Bavorov das berühmte Herrengeschlecht der Baworowský von Strakonic den Namen führte, auf einem Landwege bis zur steilen Waldlehne des Burgberges, der die Höhe von 2016' erreicht. Die Ruine ist weitläufig und ziemlich wohl erhalten, man erkennt den ehemaligen Wallgraben, die Brücke zum Hauptthor, zwei Höfe, das Hauptgebäude mit einer Kapelle, zwei Thürme, einen Felsenbrunnen u. a. Eine ausgedehnte Aussicht dehnt sich vor uns aus. Gegen Südwest erhebt sich der mächtige Gebirgsstock des Kubani (4294') und Schreiners (3936'), das fernere Gränzgebirge verdeckend, während gegen Nordost das Auge bis zu den silurischen Waldrücken bei Rožmital über das Urgebirgs-plateau schweift.

Das Plateau zwischen der Wolinka und Blánice selbst stellt sich als ein Hügelland dar, welches längs der Wolinka etwas höher ist als längs der Blánice und von zwei größeren Bergwellen durchzogen wird, die parallel mit dem Gränzgebirge von Südost nach Nordwest laufen. Breite Längenthäler trennen diese Bergwellen von einander, so das Thal von Dub, das Thal von Bilsko und die Einsenkung von Sločic, zwischen denen letzteren der 2000' hohe Hradberg sich erhebt; endlich senkt sich das Terrain gegen das breite Thal der Blánice bei Heřman und das Thal der Wotawa bei Stěkna und Strakonic ab.

Die südlichere Bergwelle, auf der die Helfenburg selbst steht, beginnt mit dem Hosticerberg (1814') nördlich von Wolin und wird zwischen Strunkowic und Barau von der Blánice durchbrochen, jenseits deren es gegen Netolic fortsetzt. Die nördlichere Bergwelle beginnt mit dem Srbsko-Wald (1652') an der Mündung der Wolinka in die Wotawa bei Strakonic und zieht sich als ein Waldrücken bis zum Hradberg (2000') bei Sločic westlich von Wodňan. Längs der Nordostlehne dieses Rückens zieht sich die Straße von Strakonic nach Wodňan. Jenseits der Blánice bei Wodňan setzt sich dieser Rücken noch bis Lomec bei Libějic fort und bildet die westliche Umsäumung der Budweiser Ebene; er führt hier nach der Arbeiterkolonie Svobodné Hory den Namen Freigebirge und erreicht daselbst die Höhe von 1925'.

Die Bäche dieses Terrains fließen zu Folge der erwähnten Neigung durch die Wellenfurchen desselben in südöstlicher Richtung zur Blánice, nur der nördlichere Srbsko-Hradrücken wird von zwei nach Nordnordost gerichteten Querthälchen durchschnitten, durch welche die Bäche von Jinin und Cehnic zur Wotawa abfließen.

Der größte Theil der beschriebenen Gegend ist Ackerland von mittlerer, in den Thälern theilweise von guter Beschaffenheit. Größere Waldungen sind bloß auf den zwei genannten Rücken, sonst sind dieselben nur in kleinen Partien über das Terrain zerstreut, so daß der Ackerboden bei weitem vorherrscht.

Obwohl die Terrainformen keineswegs ausgezeichnet sind, so ist doch ihre Abhängigkeit von dem wechselnden Gestein und die damit verbundene Mannigfaltigkeit des Ackerbodens leicht zu erkennen. Das herrschende Gestein ist Gneiß in zahlreichen Varietäten. Für die Terrainformen und die Beschaffenheit des Ackerbodens ist vorzüglich der Glimmergehalt des Gneißes entscheidend, indem die glimmerreichen Varietäten viel leichter verwittern und einen lehmig sandigen Boden bilden, während die glimmerarmen, in denen Feldspath und Quarz vorherrscht, ein festeres Gestein bilden. Man findet demnach diese vorzüglich in den Thalfurchen, jene mehr auf den Höhen, wo zum Theil auch anstehende Felsen und zerstreute Gneißblöcke anzutreffen sind.

Die Schichtung des Gneißes richtet sich nach zwei Richtungen, die den Richtungen zweier Gebirgssysteme, nämlich des Böhmerwaldes und des mittelböhmischen silurischen Waldrückens entsprechen. An den genannten höheren zwei Rücken, welche von Nordwest nach Südost das Terrain durchsetzen, herrscht ein analoges Streichen der Schichten von Nordwest nach Südost mit dem Einfallen gegen Nordost; von Wodňan über Barau wird diese herrschende Gebirgsrichtung des Böhmerwaldes aber von einem nach Nordost laufenden Streichen interferirt, wobei die Schichten gegen Nordwest einfallen.

Im Gneiße sind einige Lager von Urkalkstein eingeschlossen, welche aber wegen ihrer verhältnißmäßig geringen Mächtigkeit von keinem Einfluß auf die Terrainformen sind. Ihr Streichen und Einfallen hängt von dem Gneiße ab.

Man findet solche Kalklager am westlichen Fuße des Freigebirges, wo es zur Blánice abfällt, bei Dub, Wällischbirken und Twrzic, hier überall mit nordöstlichem Streichen und nordwestlichem Einfallen, dann zwischen Cepřowic und Mětynec am Helfenburger Gebirgsrücken, dann bei Jinin am Srbsko-Hradrücken, hier mit nordwestlichem und westlichem Streichen und nordöstlichem und nördlichem Einfallen.

Den bedeutendsten Einfluß auf die Gestaltung und Beschaffenheit des Bodens hat der Granit, von dem hier eine kleinkörnige, ziemlich glimmerarme Varietät vorherrscht, die häufig schwarzen Turmalin eingemengt enthält. Das Granitterrain verräth sich alsogleich, sobald man es betritt, durch eine Menge von größeren und kleineren Blöcken, welche dasselbe bedecken. Der Granit bildet hier, wie überhaupt im Böhmerwald, Einlagerungen im Gneiße. Die bedeutendste bildet den Helfenburger Rücken von Cepřowic bis Blánic, wo derselbe von der Blánice durchbrochen wird, jenseits derer er bis Hracholusk und Klein-Bor fortsetzt und eine niedrigere von dem Goldbach durchfurchte Bergpartie zu-sammensetzt.

Eine ähnliche Granitvarietät bildet das hügelige Terrain zwischen Blsko und Swinĕtic nördlich von Barau, dann die Höhen zwischen Paračow und Mladĕjowic am Erbsto-Hrabrücken. Derselbe Granit bildet die Hügel und Berge an der Mündung der Blánice in die Wotawa an beiden Ufern der Blánice bei Heřman und bei Putim.

Eine große Verbreitung hat dieser Granit in dem kupirten Terrain am rechten Ufer der Wolinka zwischen Swatá Mářa, Bohumilic, Malenic und Bušanowic, von wo er sich zu beiden Seiten der Wolinka gegen Norden ausdehnt. Die Bergkuppen am Südrande dieser Granitpartie bei Štitbor erreichen 2782' Höhe. Ein nicht breiter Gneißstreifen zwischen Předslawic und Marcowic trennt hier am rechten Ufer die erwähnte Granitpartie von den Granitbergen zwischen Marcowic und Milewic, unter denen die mit Kirchlein gekrönten Berge des heil. Schutzengels und der heil. Anna gegenüber von Wolin zum Wolinka-Thale abfallen. Kleine Querthäler, die zur Wolinka einmünden, durchfurchen dieses Terrain. Nebstdem wird der Gneiß noch an vielen Orten von Granitgängen durchsetzt, die aber auf das Terrain keinen Einfluß üben.

Nebst dem Urgebirge kömmt in dieser Gegend nur noch die tertiäre Formation vor, welche, wie schon erwähnt wurde, mit der Budweiser Ebene zusammenhängt und die Thalsohle der Blánice und Wotawa aus-füllt. Ihrer Beschaffenheit nach stimmt sie mit der oberen Abtheilung der Budweiser Tertiärschichten überein und führt wie dieselben erdige Braunkohlenflötze. Wie erwähnt wurde, wird bei Cehnic ein solches Flötz zur Alaunbereitung benützt.

Topographische Notizen. Das besprochene Terrain wird durchgehends von Böhmen slawischer Zunge bewohnt.

Die merkwürdigeren Ortschaften sind:

Südlich vom Helfenburger Bergrücken: Blánice im Thal der Blánice am Fuße des mit unzähligen Granitblöcken besäeten Hájekberges, ein Dorf mit einer uralten Kirche zum heil. Egydius. An der Straße nach Strunkowic sieht man alte Grabsteine, welche vielleicht von den Gräbern der Tempelritter ab-stammen, die hier ehemals gesiedelt haben sollen.

Strunkowice, ein kleiner Marktflecken, ebenfalls mit einer alten Kirche zum heil. Dominikus, die schon 1367 als Pfarrkirche bestand.

Dub, westlich von Blánice im Thale des Duberbaches gelegen, mit einem schönen im gothischen Style aufgebauten Schlosse des Ritters von Henik-stein und einem musterhaften landwirthschaftlichen Hofe.

Wlachowo Březi (Wälischbirken), Städtchen und Hauptort einer Fürst Dittrichstein'schen Fideikommißdomaine, hat seinen Namen nach dem italienischen Grafen Millesimo, den ehemaligen Besitzer dieser Domaine erhalten, zum Unter-schiede eines gleichnamigen Ortes bei Pretiwin.

Bohumilice, Dorf nahe an der Wolinka am östlichen Gehänge des Wolinkathales, mit dem Schlosse Skalic. Bei diesem Orte wurde im Jahre

Wethartic.

1829 eine 103 Pfund schwere Masse von Meteoreisen im Felde aufgeackert. Sie wird jetzt im böhmischen Museum zu Prag aufbewahrt.

Malenice im Wolinkathale mit einer alten Pfarrkirche. Ueber diesem Dorfe erhebt sich der Berg Winec mit einem uralten ringförmigen Steinwalle. Man genießt von da eine schöne Aussicht.

Helfenburg, nördlich von Dub, eine großartige Burgruine auf einem 2016' hohen Granitrücken. Sie wurde von den Rosenbergen im J. 1360 erbaut, aber als Burgruine schon nebst dem angrenzenden Dominium im J. 1593 von der Stadt Prachatic erkauft. Nach der Unterdrückung des Protestantismus in Böhmen wurde diese Besitzung der Stadt Prachatic von den Fürsten Eggenberg, den Nachfolgern der Rosenberge, abgenommen.

Nördlich vom Helfenburger Bergrücken liegen: **Baworow** (Barau), Markt im Blanicethale, der Stammsitz des schon längst ausgestorbenen Herrengeschlechtes der Bawor von Stratonic, von denen einer im J. 1243 das noch bestehende Malteser-Konvent in Stratonic gründete und der letzte derselben im J. 1336 die Herrschaft Stratonic dem Malteser-Orden vermachte, der sie bis jetzt besitzt.

Jinín, Dorf mit einer alten Kirche im Querthale des Jininerbaches, mit Kalksteinbrüchen.

Tehnice, Dorf, ebenfalls in einem Querthälchen, mit Alaunwerken.

Stošice, am nördlichen Fuße des 2000' hohen Ocadberges, von dem man eine herrliche Aussicht über die Budweiser Ebene, so wie über den Böhmerwald und das Gebirge bei Pisek genießt, hat eine Wallfahrtskirche mit einem Gnadenbilde der Mutter Gottes.

Im Blanicethale nördlich von Wodňan liegt **Protiwin**, ein Marktflecken und Hauptort einer großen Fürst Schwarzenberg'schen Domaine.

Heřman, ein ehemaliges Städtchen, nun Dorf. Es wurde wie viele andere Ortschaften von den Schweden im dreißigjährigen Kriege zerstört.

Im breiten Wotawathale liegt **Kestřau** an der Wotawa, ein Stapelplatz für die Holzschwemme in der Wotawa. Zu diesem Zwecke ist hier quer über den Fluß ein Holzrechen errichtet und zwei mit dem Flusse verbundene Teiche als Holz-Reservoirs verwendet. Das im Frühjahr hier angesammelte Holz wird theils in Scheiten, theils auf Flößen in die Moldau bis Prag verschwemmt.

Steken, gewöhnlich Štěkna genannt, am linken Ufer der Wotawa, ein Marktflecken und Hauptort einer fürst Windischgrätz'schen Domaine mit einem großen Schlosse und einem schönen Parke, von dessen Terrassen man einen herrlichen Anblick des gegenüberliegenden Berglandes und der Gebirgskette des Böhmerwaldes genießt.

b. Die Partie zwischen der Wolinka und Wotawa.

Bei Stratonic öffnet sich zum breiten Wotawathal, welches von West nach Ost sich erstreckt, das schöne Querthal der Wolinka, es durchfurcht das beschriebene Terrain von Süd nach Nord. Malerisch erhebt sich im Hintergrunde der große Kubani, an den sich andere ansehnliche Hochrücken anschließen, von denen das Terrain in mannigfachen Wellenbiegungen bis zur Wotawa abfällt.

Steigen wir von Stratonic aus auf die südlichen Gehänge des Wotawathales hinauf zur Skt. Annakirche bei Krasilow, welche weithinein in's Thal herabsieht, so erreichen wir daselbst die Höhe von 1854' und übersehen von da die Gegend, welche westlich und nördlich von der Wotawa umflossen und östlich durch das Wolinkathal vom vorigen Plateau getrennt wird, während sich im Süden das höhere Gebirge längs einer Linie von Čkyně, Předín, Stračin bis Schüttenhofen erhebt. Eminente Bergrücken gibt es hier nicht, sondern das mannigfach gewellte Plateau senkt sich allmälig von Ost gegen West aus der Gegend von Krasilow und Němčic gegen Zihobec und Nezamyslic, erhebt sich aber am rechten Ufer der Wotawa ansehnlich und bildet die Berge Kalow (2005') bei Schüttenhofen, den Zimicerberg (1902') und Pučankaberg (1879') gegenüber von Rabi, dem Maučanka= (1686') und Prachynberge (1563') südlich von Horažďowic. Diese letzteren Berge, so wie das höhere östliche Plateau umgränzen die thalartige Depression zwischen Zihobec, Zihowic, Nezamyslic und Frymburg.

Das Plateau selbst bietet demnach mit Ausnahme der Aussichten auf das Hochgebirge und in das innerböhmische Flachland wenig landschaftliche Reize, das Thal der Wolinka und Wotawa gehört aber zu den schönsten Partien des Vorgebirges. Nebst diesen Thälern wird das Terrain noch von einigen kleineren Thälchen durchfurcht, welche zur Wolinka und Wotawa sich ziehen.

Der größte Theil der Gegend ist Ackerland, nur die Höhen sind mit Wald bewachsen, der gegen das Gebirge zu größer und zusammenhängender wird.

Das herrschende Gestein ist wieder Gneiß, indem die anderen Gebirgsarten mehr untergeordnete Partien bilden. Auch hier bestehen die Höhen aus festeren an Glimmer ärmeren, die Niederungen aus glimmerreichen Gneißvarietäten.

Das Streichen der Gneißschichten ist vorherrschend nordöstlich mit einem nordwestlichen Einfallen und darnach richtet sich auch im Allgemeinen der Höhenzug. Dieses Streichen stimmt mit dem Streichen der innerböhmischen Gneißplateaus überein und es ist demnach diese ganze Partie als ein gegen den Böhmerwald vorgeschobenes Stück des mittelböhmischen Urgebirges zu betrachten.

Lager von Urkalk sind hier sehr häufig und theilweise ziemlich mächtig. Man findet sie bei Strunkowic an der Wolinka, südlich von Krasilow, namentlich aber an den Bergen längs der Wotawa zwischen Schüttenhofen und Horažďowic, so wie am Schutzengelberge bei Schüttenhofen, am Zimicer Berge, an der Pučanka, bei Hydčic und am Berge Prachyn.

Der Gneiß führt an einigen Stellen zahlreiche Graphitschuppen, so daß er sich in eine Art von Graphitschiefer verwandelt, Lager von reinem Graphit sind hier aber bisher nicht aufgefunden worden.

Man findet diesen graphitführenden Gneiß am Katowicer Berge, westlich von Strakonic am linken Ufer der Wotawa, dann ebenfalls am rechten Ufer dieses Flusses zwischen Klabruby und Wolenic, dann am Malenic= berge südlich von Wolin, an der Spitze des Schutzengelberges gegenüber von Schüttenhofen und bei Zimic.

Kleinkörniger G r a n i t kömmt am linken Ufer der Wolinka vor und hängt mit der schon früher besprochenen Granitmasse südlich von Wolin zusammen. Er bildet hier ein unregelmäßiges ziemlich hohes Terrain, welches am Naboŕanberge 2322′ Höhe erreicht und nimmt den Raum zwischen Elcowic, Wacowic und Nemětic ein.

Eine große Zone von vorherrschend grobkörnigem Granit, die gegen 20 Meilen lang und 3—5 Meilen breit ist, zieht sich zwischen den siluri= schen Bergrücken des mittleren Böhmens und den Gneißplateaus des böhmisch=mährischen Gebirges aus der Gegend von Böhmisch=Brod bis zum Fuße des Böhmerwaldes. Sie bildet ein durch zahllose abgerundete Kuppen ausgezeichnetes Terrain, welches man von den Höhen des Böh= merwaldvorgebirges weit gegen den nördlichen Horizont sich ziehen sieht. Bei Hostic im Wotawathale greift diese Granitzone über die Wotawa und entsendet von da eine nicht breite Hügelreihe, welche bei Zihobec endet; doch wird der Granit gegen Zihobec zu wieder feinkörnig.

Ein ähnlicher grobkörniger mit feinkörnigem abwechselnder Granit bildet die waldige Hügelpartie mitten im Gneiß zwischen Boubin, Wěře= chow und dem Karlowic=Teiche. Eine andere aber mit Ackerland bedeckte Granitpartie ist zwischen Nezamyslic, Domoraz und der Zimicer Mühle ausgebreitet, eine dritte höhere, waldbewachsene bildet den Bergrücken zwischen dem Podmokler und Nezdicer Bache, und schließt sich dem Zimicer Berge an.

Die tertiären Schotter=, Sand= und Thonablagerungen im Wo= tawathale bei Strakonic und Horazdowic sind schon erwähnt worden. Das Wotawathal ist nebstdem mit Alluvialgrus und Sand angefüllt, der ehemals zur Goldwäscherei benützt wurde. Doch wollen wir darüber im Zusammenhange mit anderen Verhältnissen später ausführlicher sprechen.

Topographische Notizen. Das ganze besprochene Terrain wird von Böh= men slawischer Zunge bewohnt, deren fast ausschließliche Beschäftigung Ackerbau ist. Größere Ansiedelungen sind bloß im Wotawathale, das Plateau selbst ent= hält bloß zahlreiche Dörfer.

Die merkwürdigeren Ortschaften sind:
Im Wotawathale: S t r a k o n i c e, eine alte Stadt mit 4000 Einwohnern, zu beiden Seiten der Wotawa und auf einer Insel derselben gelegen, seit 1336 im ununterbrochenen Besitze des Malteserordens, dem sie der letzte aus dem Herrengeschlechte der Bawor von Strakonic vermachte; der jeweilige Grandprior des Ordens ist der Nutznießer der hiezu gehörigen Domaine. Merkwürdig ist das alte, nun aber halb verfallene ehemals feste Schloß und die damit verbun= dene alte Kirche zum heil. Prokop. Die Stadt ist der Hauptsitz einer in dieser

Alenau.

Gegend verbreiteten Industrie, nämlich der Fabrikation von rothen orientalischen Kappen, die von hier nach dem Oriente verschickt werden. Auch in der Geschichte der böhmischen Volksmusik hat Strakonic einen in Böhmen weitverbreiteten Ruf, indem dasselbe der Hauptsitz von Dudelsackpfeifern war, von denen einer, Namens Swanda, noch heutzutage im Volksmunde lebt. Tam byla švanda bedeutet heutzutage noch so viel als: dort war's lustig.

Střela (Strahl), Dorf mit der Ruine einer alten Burg, welche ehemals die Gestalt eines Bogens gehabt hat und wahrscheinlich von den Bawor von Strakonic erbaut wurde, da diese einen Bogen im Wappen führten. Das neue Schloß wurde von den Jesuiten gebaut, denen die Domaine ehemals gehörte.

Katowice, Markt. Auf dem Berge über demselben befindet sich ein verschlackter Wall aus vorgeschichtlicher Zeit, ähnlich wie bei Bukowec unweit Pilsen.

Horazdějowice (Horažďovice), Stadt mit 2000 Einwohnern, der Hauptort einer Fürst Kinsky'schen Domaine, mit einem Schlosse und schönem Parke längs der Wotawa. Am rechten Ufer des Flusses, da wo er seinen nordöstlichen Lauf in einen östlichen verändert, erhebt sich der Berg Prachyn mit den Ruinen der uralten Burg Pracheň, nach welcher der Prachiner Kreis bis zur neuesten Zeit den Namen führte. Am südwestlichen Abhange des Berges liegt die uralte Skt. Klemenskirche.

Žichowice, der Hauptort einer Fürst Lamberg'schen Domaine mit einem Schlosse von alter Bauart.

Im Wolinkathale: Mutěnice, Dorf südlich von Strakonic, in der Nähe ist ein Quarzgang im Gneiße mit schönen grasgrünen großen Flußspathoktaëdern.

Am Plateau liegt: Krasilow, Dorf, der Sitz der alten Familie der Freiherren Chanowský Krasilowský von Langendorf. In der Kirche steht ein alter stark mit Eisen beschlagener Kasten von Lindenholz, worin Kaiser Karl IV. die jetzt im Prager Dome aufbewahrten Reliquien aus Rom nach Prag gebracht hat.

Lhota, Dorf mit einer weithin sichtbaren Wallfahrtskirche zur Skt. Anna und einem Badehause.

Straßin, am Fuße des höheren Gebirges, hat ebenfalls eine Wallfahrtskirche.

Dobř, ein 2200' hoch gelegenes Dorf, ebenfalls am Saume des höheren Gebirges, mit einem alten Schlosse, dem Stammhause des noch blühenden Geschlechtes der Freiherren Koc von Dobř.

c. Die Partie zwischen der Wotawa und Angel.

Am linken Ufer der Wotawa zwischen Horazbowic und Schüttenhofen erhält die Gegend ein ganz verändertes Aussehen. Die Straße von Horazbowic über Silberberg gegen Klatau führt durch ein wenig gewelltes Hügelland und hat nur zwischen Planička und Mochtin einen höheren Rücken zu übersteigen, der sich von Südwest nach Nordost zieht. Südlich von einer Linie über Rabi, Hrádek, Kolinec, Běšin und Janowic beginnt ein mehr bergiges Terrain, welches längs der Linie von Drosau, Cachrau, Hlawňowic, Petrowic bis gegen Schüttenhofen an das höhere Gebirge sich anlehnt. Das Terrain zerfällt demnach in eine hügelige nördliche und eine bergige südliche Hälfte.

Dieser Eintheilung entspricht auch vollkommen die verschiedene Ge-
steinsbeschaffenheit der Gegend, indem die nördliche Partie aus Granit,
die südliche aus Gneiß besteht.

Der hier herrschende Granit ist grobkörnig und bildet das süd-
westliche Ende des früher erwähnten mittelböhmischen 20 Meilen langen
Granitzuges, der von Böhmisch-Brod bis Janowic bei Klatau sich zieht
und durch die abgerundete Form seiner zahlreichen Kuppen und durch eine
Menge von zerstreuten Blöcken sich auszeichnet.

Er dehnt sich hieher als eine kuppige Hügellandschaft vom nördlichen Wotawaufer oberhalb Horaždowic gegen Wlkonic, Tedražic und
Žbynic aus, zwischen welchem Orte und Kolinec ihn der Gneißrücken
Wilhošt in nordöstlicher Richtung bis gegen Zamletau über das Granitterrain unterbricht. Von Kolinec geht die Scheidegränze des mittelböhmischen Granitterrains und des Böhmerwaldgneißes gegen Jindřichowic,
Povol, Chlistau, von wo er bis Duboržto bei Neuern jenseits der Angel
abermals von Gneiß unterbrochen wird, indem von Čachrau aus in
nordöstlicher Richtung ein nicht breiter aber langer über 2000' hoher
Gneißrücken mitten durch den Granit bis Kasejowic streicht und sich auffallend von dem niedrigen Granitterrain unterscheidet. Die Straße von
Horaždowic nach Klatau übersteigt, wie erwähnt wurde, diesen Rücken
zwischen Planička und Mochtin. Jenseits der Stadt Klatau, welche noch
auf Granitboden steht, beginnen schon bei Stěpanowic die langgedehnten
Rücken der Silurformation.

Das ganze Gebiet gehört noch zum innerböhmischen Urgesteinplateau
und wir berücksichtigen es hier auch nur insoweit, als es zur Erläuterung
der eigentlichen Böhmerwaldgränze dient.

Das Gneißgebiet dehnt sich südöstlich und südlich von dem
Granitterrain aus und bildet längs der Wotawa von Rabi aus ansehnliche Berge, welche mit dem gegenüberliegenden Zimicer und Karlowberge
das Wotawathal malerisch umsäumen.

Ueber dem mit der großartigen Ruine von Rabi gezierten Berge
erhebt sich der Čepicberg (2104'), dann zwischen dem Ostružna- und
Olšowkathal bei Schüttenhofen der malerische Swatobor (2520'), den
ein wellenförmiger breiter Rücken über Libětic und Swojšic mit dem
Borelberg (2699') unweit Welhartic verbindet. Langgedehnte durch die
Längenthäler von Drosau und Běšin getrennte Rücken dehnen sich von
da nordwestlich gegen das breite Angelthal aus, zu dem sie allmälig
abfallen; hier hat der oben erwähnte das Granitterrain nordöstlich durch-
setzende Gneißrücken seine Wurzeln.

Der Zahrádkaberg zwischen Čachrau und Běšin hat 2573' Höhe,
Čachrau selbst am Saume des höheren Gebirges liegt 2161' hoch, an
den Ausläufern des Rückens zwischen dem Drosau- und Běšinthale liegt

endlich die malerische Ruine Klenau oberhalb Janowic und das vom Angelthale weithin sichtbare Schloß Teinic.

Die Gneißschichten haben hier wie in den früheren Vorgebirgs=partien ebenfalls ein zweifaches Streichen. Am Südostsaume des großen Granitterrains zwischen Horažbowic und Schüttenhofen streichen sie wie dieses nach Nordost mit dem Einfallen gegen Nordwest und es entwickelt sich hier längs des Granites eine Zone von grobkörnigem Gneiß, der den Uebergang zum Granit vermittelt.

Große Lager von Urkalk, ganze Berge bildend, begleiten hier den Gneiß, und es bestehen die Berge zwischen Hliněný Oujezd und Boja=nowic, dann der Schloßberg zu Rabi und der Čepicberg größtentheils aus Kalkstein. Südlich von dem Granitterrain stimmt das Streichen der Gneißschichten mit dem Zuge des Böhmerwaldes überein und geht nach Nordwest mit einem Einfallen gegen Nordost; auch hier sind an vielen Orten Kalklager zu sehen, so am Swatobor bei Wobolenka, bei Hrádek, bei Přeštanic u. a., so wie an einigen Orten der Gneiß zahlreiche Gra=phitschuppen führt, so am Swatobor bei Schüttenhofen, Wobolenka und bei Lukawec unweit Trojau.

Untergeordnete Gänge und Lager von Hornblendegraniten, welche den Gneiß namentlich zwischen Hartmanic, Lukau, Swojšic bis gegen Bergstädtl durchziehen, haben auf die orographischen Verhältnisse keinen Einfluß.

Die beschriebene Gegend gehört zu den schönsten Theilen des Böh=merwald=Vorgebirges. Das schöne Wotawathal führt uns von Horaž=bowic bei der großartigen Burgruine von Rabi vorbei zu der Stadt Schüttenhofen, welche schon in einem malerischen Gebirgsthale am Fuße des Swatobor und Stráž gelegen ist. Oberhalb dieser Stadt mündet in die Wotawa die Wolšowka, beide sind hier von unzähligen Seifen=hügeln der ehemaligen Goldwäschen begleitet; das Thal der Wotawa zieht sich südlich in's hohe Gebirge hinein, das Thal der Wolšowka geht westlich gegen Petrowic, begränzt von den waldigen Höhen des Swatobor und Stráž. Petrowic liegt schon am Fuße des eigentlichen Hochgebirges, dessen Lehnen zwischen Hartmanic und Čachrau eine Menge von kleinen Schlössern (Körnsalz, Tešau, Lukau, Kněžic, Hlawňowic, Čachrau u. a.) tragen, welche die Gegend angenehm beleben.

Längs des Fußes des Hochgebirges gelangen wir weiter über Hlawňowic zwischen dem Vorek und dem ansteigenden höheren Gebirge nach dem Städtchen Welhartic im Thale der Ostružna, wo auf einem steilen Felsen die Ruinen der ehemals berühmten Burg Welhartic liegen.

Ein Weg über dem schluchtenartigen Thal der Wostružna führt uns nach Čachrau und von da ein bequemer Weg durch das Drosauerthal in's weite prächtige Angelthal, das zwischen Neuern und Klatau im Vor=

Das Stubenbacher Gebirge vom Akt. Güntherfelsen aus. (Granitterrain.)

gebirge sich hinzieht, oberhalb Neuern aber in den schönsten Theil des Hochgebirges tritt.

Am östlichen Thalgehänge der Angel sehen wir hier die großen Ruinen der Burg Klenau, im Thale selbst das prächtig restaurirte Schloß Byſtřic und gelangen über Janowic in die freundliche Stadt Klatau, welche in einer heiteren Thalweitung am Fuße der runden Granitkuppe Hůrka liegt.

Wollen wir von Klatau aus auf dem Rückwege nach Schüttenhofen den nördlichen Theil des Vorgebirges kennen lernen, so haben wir zwischen Sobětic und Hradiště erst den oben erwähnten Gneißrücken, der mitten im Granit sich erhebt, zu übersteigen und gelangen bei Hradiště auf ein hügeliges mit unzähligen Blöcken bestreutes Granitterrain, auf dem wir über Mlázow gegen Kolinec schreiten und da abermals auf Gneißboden gelangen. Der Oſtružnabach, der von Welhartic in nordöstlicher Rich= tung in einem schönen Thale fließt, wendet sich hier gegen Südost und führt uns durch ein tiefes Thal am Fuße des Wilhoſt gegen Hrádek, das nur durch einen Bergrücken von Schüttenhofen getrennt ist.

Die Höhen des beschriebenen Terrains sind fast durchgehends mit Wald bewachsen, während die tieferen Stellen mit Ackerland bedeckt sind, das auf dem Gneißboden offenbar eine bessere Beschaffenheit hat, als auf dem Granitboden. Dieser Wechsel von Feld und Wald, verbunden mit den mannigfachen Berg= und Thalformen, gibt der Gegend einen heiteren Charakter, der im Gegensatze zu dem wellenförmigen Granitplateau des inneren Böhmens den Böhmerwaldreisenden freundlich überrascht.

Topographische Notizen. Auch diese Partie des Vorgebirges ist durch= gehends von Böhmen slawischer Zunge bewohnt. Die Sprachgränze hält sich an den Fuß des höheren Gebirges und geht von Stachau über Nizru, Sosum, Albrechtsried, Langendorf, Lukau, Tišow, Mohau, Kochanow, Žešen, Cachrau, Opálka bis Ouborſko. Die Hauptbeschäftigung ist Ackerbau, obwohl in den mehr ausgedehnten Waldungen eine beträchtliche Zahl von Arbeitern Beschäf= tigung findet.

Merkwürdigere Ortschaften sind:

Im Wotawathale: Rabi, ein Städtchen am Fuße des Čepicberges, mit den großartigen Ruinen der Burg Rabi, bei deren Belagerung im J. 1421 der berühmte Huſſitenführer Žižka sein zweites Auge durch einen Pfeilschuß verlor, trotzdem aber noch der siegreiche Feldherr verblieb.

Schüttenhofen (Sušice), eine Stadt von 4000 Einwohnern. Ihren Namen soll sie von den hier ehemals schwunghaft betriebenen Goldwäschereien erhalten haben, indem man denselben auf das Trocknen (sušiti) des Goldsandes bezieht. Wahrscheinlicher bezieht sich aber der Name auf das hier ebenfalls schwunghaft betriebene Malzdörren, indem von hier aus in Konkurrenz mit Prachatic ein bedeutender Handel mit Malz geführt wurde. Jetzt ist bei der Stadt die größte Zündhölzchenfabrik Böhmens unter der Firma Fürth's Söhne. Am Fuße des Swatobor iſt das Bad Wodolenka.

Im Wolſowkathale: Petrowic, Dorf mit einer uralten Kirche.

Im Oſtružnathale: Welhartic, Städtchen mit den malerischen Ruinen der Burg Welhartic, in der man noch das Gewölbe zeigt, worin während des Hussitenkrieges die böhmische Krone aufbewahrt wurde.

Kolinec, ein Städtchen, in dessen Umgebung ehedem ein Silberbergbau in Betrieb war. Zwischen Hrádek und Welhartic bei Bergstadtl (Hory Matky Boži) wurde ehemals ebenfalls Bergbau auf Silber und Gold betrieben. Man sieht einen langen Halden- und Pingenzug östlich von Bergstadtl, die Bergwerke sind aber schon längst eingegangen. Im J. 1530 betrug der jährliche Ertrag 4000 Mark Silber.

Ein ebenfalls auf Silbergewinnung gerichteter Bergbau war ehedem im Granitterrain bei dem Städtchen Silberberg (Hory Naležovské), dessen Spuren man namentlich auf dem mit einer isolirten Kirche gezierten Berge außerhalb des Städtchens findet. Im J. 1536 war die Ausbeute 8676 Mark Silber; aber schon im 16. Jahrhunderte wurde der Bergbau aufgelassen.

Malonic, ein Dorf westlich von Kolinec, als Fundort von schwarzem Titanerz (Nigrin) den Mineralogen bekannt.

Im Angelthale liegt: Bystřic, mit einem schönen Schlosse des Fürsten Hohenzollern und einem Kloster der Schulschwestern.

Janowic, ein Städtchen mit einer alten Burg. Auf dem Berge oberhalb Janowic liegen die Ruinen der großen Burg Klenau, die theilweise als bewohnbares Schloß hergestellt sind. Man genießt von da eine herrliche Ansicht des Angelthales und des Hochgebirges.

Teinic (Týnec), Dorf mit einem Graf Kolowrat'schen Schlosse.

Klatau (Klator), eine freundliche, gut gebaute Stadt mit 6000 Einwohnern, hat eine alte Kirche mit einem berühmten Marienbilde und ein großes ehemaliges jetzt als Kaserne benütztes Stiftsgebäude der Jesuiten mit einer schönen Kirche. Es besteht hier ein Gymnasium. Die Stadt baute ehedem viel Hopfen an und man findet noch jetzt ziemlich ausgedehnte Hopfengärten im Angelthale bei Beňow.

3. Das Gneißcentralplateau des Böhmerwaldes.

Als lange waldbewachsene Rücken sehen wir das höhere Gränzgebirge vor uns sich erheben. Ersteigen wir den äußeren gegen das Vorgebirge abfallenden gegen 3000' hohen Gebirgswall, so breitet sich vor uns eine waldige Wildniß aus, die in auf- und absteigenden Wellen unübersehbar vor uns sich ausdehnt und nur an der bairisch-böhmischen Gränze von noch höheren Waldrücken und Kuppen umsäumt wird. Der Feldbau ist bloß auf einzelne Flächen der weniger steilen Gehänge beschränkt, sumpfige Wiesen und dunkler Nadelwald nehmen allen Raum ein, so weit das Auge reicht. Die veränderte Bauart der Häuser, die zerstreut an den Bergabhängen oder zu kleineren Dörfern vereint auf den Waldblößen erblickt werden, die mannigfachen Anzeichen einer großartigen Holzindustrie, die großen Fabriksgebäude an den Glashütten, alles vereint sich, um ein eigenthümliches Bild einer Waldlandschaft darzustellen, das an Großartigkeit alle Gebirgslandschaften Böhmens übertrifft.

Den Mittelpunkt dieser Gebirgsgegend nimmt das hohe waldige Plateau von Außer- und Innergefild ein, an das sich im Südost der

koloſſale Rücken des Kubani anſchließt; im Südweſten von dieſem Plateau
erhebt ſich die wildeſte und höchſte Gebirgspartie des Böhmerwaldes,
zwiſchen dem Rachel= und Arberberge, im Nordweſten ſchließt ſich aber
an dasſelbe ein ähnliches, aber weniger waldiges und weniger hohes Gebirgsplateau bei Gutwaſſer, Haydl und Seewieſen an, das von den ſogenannten küniſchen (königlichen) Freibauern bewohnt wird. Nordöſtlich
endlich, gegen das Innere von Böhmen zu, erhebt ſich, durch eine Depreſſion von den genannten Plateaus getrennt, der mit dem Gränzgebirge
parallele Gebirgsrücken des Jawornik= und Soſumberges, der ſchon zum
niedrigeren Vorgebirge abfällt.

Der leichteren Ueberſicht wegen wollen wir in dieſem ausgedehnten
Gebirge demgemäß die angedeuteten Partien unterſcheiden und dieſelben
folgenderweiſe benennen:

a. Das Waldplateau der küniſchen Freibauern.
b. Das Gränzgebirge des Arber= und Rachelberges.
c. Das Waldplateau von Inner= und Außergefild.
d. Der Gebirgsſtock des Kubaniberges.
e. Der Waldrücken des Jawornik= und Soſumberges.

a. Das Waldplateau der küniſchen Freibauern.

Dieſes Plateau erhebt ſich ſüdweſtlich von dem Welharticer und
Schüttenhofner Vorgebirge und wird weiter gegen die Gränze von dem
hohen Glimmerſchieferrücken des küniſchen Waldes begränzt, ſüdöſtlich hängt
es mit dem Außergefilder Plateau zuſammen.

Gegen das Angelthal ſenkt ſich das Plateau als ein breiter Waldrücken, in welchen die Thäler von Deſenic und von Dorrſtadt eingefurcht
ſind, welche ins Angelthal münden. Am Bauholzberg oberhalb Deſenic
erreicht dieſer Rücken die Höhe von 2424'. Steigen wir von Dorrſtadt
hinauf gegen das Dorf Jenewelt (Nový svět), welches ſchon durch ſeinen
ironiſchen Namen die hochgelegene Gegend andeutet, ſo gelangen wir zu
dem von feuchten ſumpfigen Thälchen durchfurchten Plateau von Seewieſen (Kirche 2477'), wo der forellenreiche Oſtružnabach, den wir bei
Welhartic und Hrádek kennen lernten, ſeinen Urſprung hat. Das ganze
Plateau iſt hauptſächlich Wieſen= und Waldland und von einzelnen Höfen
wie beſäet, unter denen der anſehnliche Poſchingerhof (2219') in der
Thalfurche des Baches liegt; rings um das Plateau ragen höhere Rücken
auf, ſo die Platte (2902') nordweſtlich von Jenewelt, der Glimmer=
ſchieferrücken des Brückelberges (3898') im Weſten, der Ahornberg (3435')
im Süden. Gegen Hlawnowic, Petrowic und Hartmanic fällt das Plateau
mit ſteilen, tief durchfurchten Abhängen zum Vorgebirge ab und erreicht
am Oſek (Woſſekerberg) bei Kochanow beinahe noch 3000' (2995').

Steigt man von Seewieſen auf den Ahornberg, ſo erblickt man

Ausflug von Gutwasser gegen Böhmen.

jenſeits deſſelben abermals ein Plateau, welches in der Mitte von Nordoſt
nach Südoſt von der Thalfurche des Haydler Baches durchzogen wird.
Gegen Südweſt von dieſem Plateau dehnen ſich die mit dichten Forſten
bedeckten Stubenbacher Gränzgebirge mit dem Steindlberg und Mittagsberg und das mit Urwald bewachſene Neubrunner und Maderer Gränz-
revier mit dem Rachel-, Plattenhauſen-, Luſen- und Marberg aus. Hoch
am Luſenberg entſpringt der Maderbach, der nach ſeiner Vereinigung mit
dem Müllerbache bei Mader den Namen des Wydrabaches führt und
durch ein von Süd nach Nord ſich ziehendes enges Felſenthal brauſt,
weiter nördlich bei Hirſchenſtein ſich mit dem nun den Namen Kiesling
führenden Haydler Bache vereinigt und als Wotawafluß gegen Unterreichenſtein, Langendorf und Schüttenhofen fließt.

Dieſe von Süd nach Nord gerichtete Flußſpalte trennt dieſes Plateau von der Außer- und Innergefilder Waldwildniß.

Im Norden und Nordweſten umſäumt es ein breiter Waldrücken
unter dem Namen des Hochbruckberges (3399'), der vom Ahornberg gegen
Gutwaſſer läuft und mit dem Babilon- und Kiesleitenberg (3435') zur
Wotawa und zum Kieslingbache abfällt.

Eine unbegränzte Ausſicht nach Böhmen hinein öffnet ſich von
dieſem Hochrücken, während der weſtliche und ſüdliche Horizont durch das
hohe Gränzgebirge beſchränkt wird. Namentlich genießt man die Ausſicht
ſchön von dem oberhalb Gutwaſſer im Walde aufragenden Granitfelſen,
St. Güntherberg (3154') genannt, von wo der Blick bis zum fernen Erzgebirge und zu den ſiluriſchen Waldrücken bei Rozmital ſchweift.

Ueber das Plateau ſelbſt führt die Straße von Gutwaſſer nach
Hurkenthal und Eiſenſtein; an dem Haydlerbache, da wo ihn die Straße
überſetzt, beträgt die Höhe bloß 2213'. Ueberhaupt ſenkt ſich das Plateau
gegen den Haydler- und Kieslingbach zu und hat die Form eines großen
unregelmäßigen Thalgrundes, deſſen nordöſtliche Lehnen der St. Gün-
thers- und Kiesleitenberg bilden, während die Südweſtſeite von den
wellenförmig auf- und abſteigenden, dem hohen Gränzgebirge vorliegenden
Waldberge umſäumt wird, ſo bei dem Zollhauſe an der Straße (2925')
von Hurkenthal nach Eiſenſtein, bei den Glasfabriken von Neu- und Alt-
Hurkenthal (Kirche 3133'), zwiſchen Stubenbach (Kirche 2580') und Neubrunn (Forſthaus 2367'), zwiſchen Mader (3106', Adamsberg 3395')
und Rehberg (Kirche 2695', Sattelberg 2914').

Die tieferen Stellen längs dem Haydler- und Kieslingbache ſind
großentheils entwaldet und mit ſumpfigen Wieſen bedeckt, nur ſtellenweiſe
wird Getreide gebaut, den größeren Theil bedeckt aber Wald, namentlich
die zuletzt genannten Bergpartien zwiſchen Hurkenthal und Mader. Um
das Holz dieſer und namentlich der Urwaldungen im Gränzgebirge ver-
ſchwemmen zu können, iſt hier ein 7600 Klafter langer Schwemmkanal

angelegt, welcher aus dem Wydrabache unterhalb Tettau anfangend, eine
Strecke im Thale dieses Baches fortläuft, dann beim Antiglhof sich westlich gegen Schützenwald wendet, von wo er dann nördlich läuft und durch
den Seckerbach unterhalb Rehberg in den Kieslingbach mündet. Von da
gelangt das Holz in die Wotawa nach Langendorf, wo es bis zur weiteren
Verflößung nach Prag aufgestapelt wird. Mehr als 30000 Klafter Holz
werden auf diese Art in diesem Kanale jährlich verflößt.

Das herrschende Gestein der beschriebenen Gegend ist Gneiß und
Granit, doch nimmt der Gneiß einen viel größeren Raum ein. Das
Seewiesener Plateau, mit dem Ahornberg, dem Hochbruckrücken, Babilon
und Kiesleiten, so wie der Gneißrücken, der vom Kiesleiten gegen den
Mittagsberg über Grünberg läuft und überhaupt das höhere Terrain
besteht aus Gneiß.

Dieses Gestein ist hier durchgehends quarzreich, ja der Quarz bildet
große Lager, die zum Behufe der Glasfabrikation abgebaut werden, wie
bei der Einöde am Sкt. Günthersberge an der Gränze des Granites und
Gneißes. Der Quarz dieses Gesteines ist als das wahre Muttergestein
des gediegenen Goldes zu betrachten, das ehemals in allen Bächen, die
aus diesem Terrain fließen, gewaschen wurde. Er stimmt in dieser Hinsicht vollkommen mit dem Gesteine bei Bergreichenstein überein, welches
so wie die alten Goldwäschereien wir später besprechen werden. Am Sкt.
Güntherberge werden manchmal noch immer Quarzstücke mit gediegenem
Golde aufgefunden.

Das Streichen der Gneißschichten geht durchgehends nach Nordwest,
das Einfallen nach Nordost. Lager von Urkalk findet man in demselben
bei Hartmanic und Bezděkau, bei Theresiendorf unweit Petrowic, bei
Kochanow, Zеžen u. a. a. Orten.

Granit findet man hier in zwei Partien, zwischen Gutwasser,
Hurkenthal und Neubrunn, dann zwischen Rehberg und Mader. Die
erstere Partie nimmt einen dreiseitigen Raum ein und ist alsogleich an
den zahlreichen großen Blöcken zu erkennen, die überall zerstreut liegen.
Dieser Granit, der vorherrschend grobkörnig ist und große ausgeschiedene
Feldspathkrystalle enthält, bildet den Sкt. Günthersfelsen und zieht sich
von da, das tiefere Terrain bildend, längs dem Gneißrücken des Hochbruck
bis zum Ursprung des Regenbaches am Fuße des Panzerberges; die
Straße von Gutwasser nach Eisenstein durchzieht die Granitpartie hier
der ganzen Breite nach; er herrscht überall längs dem Kieslingbache und
seinen Zuflüssen und bildet die waldigen Berge bei Neu- und Alt-Hur-
kenthal, so wie den Rücken, der vom Schörlhof am Kieslingbache bis zum
Stubenbacher See sich zieht.

Man kann zu diesem See von Stubenbach aus leicht in $1\frac{1}{2}$
Stunden gelangen, indem man längs dem Seebache ins Gebirge hinein

durch ein Waldthal wandert, das zum 4087' hohen Mittagsberge führt.
Das Bett des Baches ist mit unzähligen Granit= und Gneißblöcken bedeckt und endlich erreicht man einen 30 Fuß hohen aus kolossalen Blöcken
aufgemauerten Wall, den man erklettern muß, um dann vor sich plötzlich
die schwarze Fläche eines kleinen Sees zu erblicken (3353'). Rings um
den See erheben sich hohe Waldberge und schließen das Thal ab, südlich
der aus Gneiß bestehende Mittagsberg, westlich die Ausläufer desselben,
die mit steilen Felswänden zum See abfallen, östlich der granitische See-
rücken (3992'). Wir werden im Böhmerwalde noch einige solcher Seen
kennen lernen, sie sind eine Eigenthümlichkeit des hohen Gebirges und
erinnern an die sogenannten Meeresaugen des Tatragebirges. Wie diese
erfüllen sie schluchtartige Thalanfänge hoch im Gebirge und werden durch
das von den Berglehnen niederrieselnde Wasser oder durch Quellen, welche
unter dem Wasserspiegel liegen, genährt. Das Wasser ist dem Anscheine
nach dunkelbraun oder beinahe schwarz, obwohl ins Glas geschöpft es rein
erscheint. Diese Farbe rührt zum Theil von fein vertheiltem Moder, zum
Theile auch von der schattigen Lage und der bedeutenden Tiefe der Seen her.
    Die zweite Granitpartie bildet zwischen den höheren Gneißbergen
ebenfalls ein etwas mit großen Blöcken bedecktes niedriges Terrain. Sie
breitet sich bei dem Dorfe Rehberg am Fuße des Sattelberges von der
Einmündung des erwähnten Flößkanals in den Seckerbach bis zum Wydrabache aus, zieht von da als ein Rücken längs diesem großen Bache, an
dessen linkem Ufer der Granit mit mauer= und thurmähnlichen Felsmassen
auftritt, bis gegen Mader, wo der Adamsberg sich erhebt. Der Schwemmkanal durchschneidet dieses Granitterrain zweimal, beim Antiglhof und
westlich bei Rehberg. Der Granit ist ebenfalls grobkörnig und bildet hier
wie in der erstgenannten Partie eine stockförmige Einlagerung im Gneiß.

    Topographische Notizen. Der größte Theil der beschriebenen Gegend
gehört zu dem Gebiete der sogenannten königlichen Freibauern, der östliche Theil
zur Fürst Schwarzenberg'schen Domäne Stubenbach. Das Gebiet dieser Freibauern umfaßt zwar auch das Glimmerschiefergebirge zwischen Eisenstein und
Neuern, ein Theil liegt auch am Nordabhange des Innergefilder Plateau's, doch
fällt der größte Theil in die besprochene Gegend. Das Gebiet führt auch den
halb deutschen, halb böhmischen Namen Waldhwozd (Wald = Hvozd), der aus
einem deutschen und böhmischen Worte von gleicher Bedeutung zusammengesetzt
ist, die Einwohner selbst nennen aber ihr Gebiet „im Künischen" und sich selbst
„die Künischen" (d. h. die königlichen Freibauern). (Siehe näheres darüber im
zweiten Theile.)
    Das ganze Gebiet war ehedem ganz mit Wald bedeckt, in diesem Jahr-
hundert ist derselbe aber so gelichtet worden, daß meilenlange Strecken nichts
als verkümmertes Gestrüpp zeigen. Die Bauern rodeten nämlich den Wald
aus, ohne an neue Kulturen zu denken, welche nebstdem auch wegen der fast
allgemeinen Viehweide unmöglich gedeihen könnten. Man wird deßwegen namentlich am Seewiesener Plateau durch die Kahlheit der hohen Berge unange-
nehm überrascht und es wäre jetzt schon die höchste Zeit, an eine systematische

Uetzberg. (Granitterrain.)

— 44 —

Kultivirung der entblößten Gebirgsrücken zu denken, bevor nicht alles Erdreich von den Höhen abgeschwemmt wird.

Die Einwohner sind sonst ein kräftiger Menschenschlag mit ziemlich entwickeltem Selbstgefühl, man sieht auch an den einzelnen gut gebauten Höfen, welche über die ganze Gegend zerstreut sind, überall die Spuren eines ehemaligen Wohlstandes, der von der Zeit herrührt, als der weite und üppige Wald noch hinreichende Einkünfte gewährte. Der Wald war auch die Basis einer ausgedehnten Glasindustrie, die noch immer im Schwunge ist. Auch jetzt noch bildet die Waldnutzung die vorherrschende, aber bei weitem nicht mehr so reichliche Nahrungsquelle als ehemals, nebstdem wird auch Viehzucht (aber mit einem unansehnlichen Viehschlage) und Ackerbau betrieben, der an den tiefer und wärmer gelegenen Strecken immer mehr an Ausdehnung gewinnt.

Die einzelnen Bauer-Güter sind ziemlich ausgedehnt. Die Wohnungen liegen zerstreut auf den waldentblößten Berglehnen; jeder Hof hat seinen eigenen Namen (Poschingerhof, Gerlhof, Stiglhof, Simandlhof, Scherlhof u. s. w.), welcher gewöhnlich vom ersten Besitzer herrührt und bleibend ist, wenn auch der Besitzstand seine Eigenthümer gewechselt hat; bei den größeren Höfen sind gewöhnlich noch kleinere Häuser angebaut, die von Hintersassen, Handwerkern und Taglöhnern bewohnt werden. Die Häuser sind fast durchgehends von Holz erbaut und haben keine eigenthümliche Bauart, wie bei Eisenstein, bloß das Dach des Hofgebäudes ist gewöhnlich durch einen kleinen Glockenthurm geziert. Im Ganzen macht das Gebiet der Freibauern einen guten Eindruck auf den Wanderer, da er eigentlich nirgend eine solche bedauernswerthe Noth wie im Erz- und Riesengebirge erblickt, wo die Uebervölkerung, der aufgelassene Bergbau und der zersplitterte Grundbesitz die jammervolle, ausgehungerte Bevölkerung erzeugte, welche durch eine undankbare Industrie ihr Leben fristet. Bewahre man den Böhmerwald vor Uebervölkerung, wende man einer rationellen Forstkultur die erforderliche Aufmerksamkeit zu und pflege man die auf der Waldwirthschaft basirende naturgemäße Holzindustrie, so wird er fröhlich und rüstig weiter gedeihen und das ehrenwerthe Geschlecht der Freibauern auch in der Zukunft kräftig erhalten.

Merkwürdigere Ortschaften sind:

Seewiesen, aus einzelnen zerstreuten Höfen bestehend, worunter der Gerlhof, Eisnerhof und Poschingerhof die größten sind. Die Mitte dieser Ansiedelungen nimmt die Seewiesener Pfarrkirche ein.

Die Schürerhütte, Border- und Hinter-Schmauserhütte, die Paterlhütte sind eingegangene Glashütten, in Neubrunst besteht aber eine Spiegelglashütte und die Gerlhütte fabricirt Hohl- und Tafelglas.

In Haydl (Zhuri) ist ebenfalls eine Pfarrkirche (2906').

Neuhurkenthal, an der Straße von Gutwasser nach Eisenstein, hat eine großartige Spiegelglasfabrik, wo seit dem Jahre 1836 Spiegeltafeln gegossen werden. Jetzt gehört dieses ehemalige Waldgut zur Fürst Hohenzollernschen Domaine Eisenstein, die Fabrik aber ist an die Firma Ziegler verpachtet.

Gutwasser, ein am Saume des Plateau's hoch gelegenes vom Vorgebirge aus weithin sichtbares Dorf (Kirche 2728') mit einer Pfarrkirche des heil. Günther, der hier am St. Günthersfelsen im 11. Jahrhunderte als Einsiedler lebte und der Sage nach im Jahre 1045 vom Herzog Bretislaw sterbend angetroffen wurde. Eine Kapelle am St. Günthersfelsen steht an der Stelle der Einsiedelei. Bei der Kirche entspringt eine reine sehr starke Quelle, welche in einem Badehause benützt wird. Dem Besucher des Böhmerwaldes ist dieser Ort seiner Lage und der Freundlichkeit und Bereitwilligkeit des Gastwirthes wegen als Stationspunkt zu weiteren Ausflügen sehr zu empfehlen.

Nicht weit vom Ott. Günthersfelien ist bei dem Hofe Einöde der früher erwähnte Quarzbruch, der ein zur Spiegelfabrikation vorzüglich taugliches Material gibt.

Rehberg, Dorf mit einer Pfarrkirche, nahe am Fürst Schwarzenberg- schen Schwemmkanal.

Stubenbach, am Fuße des hohen Gränzgebirges, ehemals eine Glas- hütte, nun ein Dorf mit dem Fürst Schwarzenberg'schen Forstamte der ausge- dehnten Stubenbacher Waldungen.

Mader am Fuße des Aramsberges, hat eine Resonanzbretterfabrik des um die Holzindustrie des Böhmerwaldes hoch verdienten Herrn Bienert, wo ein bedeutender Theil des hochstämmigen feinjährigen Holzes zu Brettern für Re- sonanzböden der Musik-Instrumente verschnitten und weit ins Ausland ver- führt wird.

b. Das Gränzgebirge am Arber= und Rachelberge.

Dieses Gebirge ist der wildeste und unwegsamste Theil des Böh- merwaldes, bestehend aus kolossalen mit Wald und Sümpfen bedeckten Rücken, die längs der Landesgränze sich hinziehen und steil gegen Baiern zu abfallen, gegen Böhmen zu aber mit dem hochgelegenen Gebirgsplateau von Stubenbach und Mader zusammenhängen. Die beiden Endpunkte dieses Gebirgszuges sind nordwestlich der Arberberg, schon ganz in Baiern stehend, und südöstlich der Lusen, bei Pürstling an der Landesgränze sich erhebend.

Wir gelangen am bequemsten ins Innere dieses Gebirges auf der Eisensteiner Straße. Indem wir von der Neuhurkenthaler Spiegelfabrik aus durch den Wald gegen die Gerlhütte wandern, verlassen wir bei der Pampferhütte das Hurkenthaler Granitterrain und das Stromgebiet der Elbe und steigen von dem Plateau ins Thal des Regenbaches herab, der hier zwischen dem Panzer (3437') und Fallbaum (3917') entspringt und schon zum Gebiet der Donau gehört. Beide Berge so wie das ganze Thal bis Eisenstein besteht aus Glimmerschiefer, der von hier aus dem Gneiß aufgelagert in langen Hochrücken gegen Nordost westreicht.

Bei Eisenstein verläßt das Regenthal den Glimmerschiefer und tritt in die Gneißregion ein, die hier einen wahrhaft alpinischen Charakter annimmt. Rechts und links erheben sich hohe Waldberge, während vor uns der höchste Berg des Böhmerwaldes, der imposante Arber, majestä- tisch bis über die Baumgränze sich erhebt.

Um auf den Berg zu gelangen, verlassen wir bei der Glasfabrik Elisenthal die böhmische Gränze und steigen entweder nach Bairisch- Eisenstein, welches auf der rechten Berglehne gelegen ist, oder wandern längs dem Regenflusse bis zum Arberbach, der bei den Arber Glashütten und der Sackmühle vorbei uns in einen herrlichen unten aus Fichten und Buchen, höher bloß aus Buchen bestehenden Wald führt, der beinahe den ganzen Berg bedeckt. Immer längs dem Bache uns haltend treten wir endlich aus dem Walde heraus und steigen eine steile theilweise mit Ackerland bedeckte Graslehne hinauf zu den Brennethöfen, die auf einem Querrücken stehen, durch welchen der Arber mit dem Seewandberg an der böhmischen Gränze verbunden wird. Ueber diesem Querrücken erhebt sich die Spitze des Arberberges als ein stumpfer Kegel. Wir steigen hinauf längs dem Walde, in welchem die Buche in einer Höhe von 3500′ ihre obere Gränze erreicht, während die Fichte im vollkommenen Längenwuchs bis 4000′ reicht. Höher hinauf bis 4200′ zeigt sich die Fichte bloß im konischen niedrigen Wuchse und erreicht streifenweise als verkrüppelter Baum 4400′. Noch höher sieht man zwischen den einzelnen Steinblöcken nur kriechendes Knieholz, welches bis auf die Bergspitze sich verbreitet. Der Berggipfel selbst besteht aus vier kahlen Felsenkuppen, von denen die zwei höchsten an der Ostseite, die zwei niedrigeren aber an der Westseite sich erheben. Zwischen den zwei größeren Arberkuppen steht eine kleine gemauerte Kapelle der heil. Anna (4557·6′) und eine hölzerne Hütte, in welcher der verspätete Wanderer übernachten und zur Erwärmung am Steinherde Feuer anmachen kann.

Die höchste Kuppe des Arbers, die ein Kreuz trägt, hat 4604·4′ Höhe. Er hängt gegen Nordwest mit dem viel niedrigeren kleinen Arber zusammen, ist gegen Ost und Südost von Vorbergen umlagert, daher nur gegen Eisenstein, das Lammthal und Bodenmais frei. Der kahle Gipfel stürzt sich östlich in steiler unzugänglicher Felsenwand gegen den großen Arbersee ab. Am nördlichen Abhange befindet sich der kleine Arbersee, der Ursprung des weißen Regen. Südlich unter dem Gipfel liegt eine abhängige sumpfige Fläche, dann öffnet sich zum Abflusse des Wassers gegen Bodenmais eine wilde, tiefe, mit Felsentrümmern bedeckte Schlucht, das Rißloch.

Vom Arber aus setzt ein hoher Seitenast dem Ossergebirge parallel und von diesem nur durch das Thal des weißen Regens getrennt fort, als ununterbrochener Rücken mit steilem südwestlichen und schwächerem nordöstlichen Abfalle bis Kötzting, wo er den Fuß zum weißen Regen senkt.

Eine prachtvolle Aussicht öffnet sich von der höchsten Bergkuppe auf das ganze Gebirge und weit gegen Südwest nach Baiern hinein. Gegen Norden gerade zu unseren Füßen erglänzt am kleinen Arber nahe an dem Sattel bei den Brennethöfen der schwarze Spiegel des kleinen Arbersees, dessen Abfluß den weißen Regenfluß bildet, der ein großartiges gegen Nordwest sich ziehendes Gebirgsthal bewässert und jenseits dessen der kolossale Seewandrücken und der zackige Osserberg an der Landesgränze sich hinziehen. Weiter gegen Nordwest erkennen wir die in perspektivischer Verkürzung hintereinander gereihten Berge des oberpfälzer Waldgebirges, den hohen Bogen und den Cerchow bei Tauß. Gegen Westen erblicken wir parallel dem Böhmerwalde den Waldrücken des bairischen Waldes, von

Arber.

demselben durch eine breite Bodeneinsenkung getrennt. Gegen Osten be=
schränken die hohen Waldrücken bei Eisenstein die Aussicht, gegen Süd=
osten reiht sich aber ein Berg an den andern, wir erkennen den Rachel,
den Lusen, den Dreisesselberg, dann mehr südlich das bairische Flachland,
welches mit dem fernen Horizont verschwimmt und über dem die zackigen
Konturen der Kalkalpen wie ein Wolkengebilde emportragen. Die näheren
Berge sind alle, so weit das Auge reicht, mit Wald bewachsen und es
wird wohl in Europa nirgend einen solchen Punkt geben, von dem man
eine solche immense Strecke des üppigsten Hochwaldes übersehen könnte.

Zum Herabsteigen wählen wir die Südostseite des Berges und ge=
langen allerdings beschwerlich und auf einem Umweg durch den weglosen
Wald in die große Schlucht, wo zwischen hohen Felsen und hochstämmi=
gem Wald der große Arbersee in tiefer Einsamkeit versteckt ist. Der See
ist dem bei Stubenbach beschriebenen ähnlich, aber größer, indem er gegen
40 Joch einnimmt. Seinen Abfluß bildet der Seebach, der in einer
wilden Schlucht braust und einen Wasserfall bildet. Wir gelangen längs
der Schlucht abermals ins Regenthal und können von da nach einem
Abstich in die durch ihre schönen Mineralvorkommnisse bekannten Eisen=
kiesbergwerke bei Bodenmais am südwestlichen Fuße des Arbers durch das
Regenthal über das bairische Städtchen Zwiesel den Rückweg wieder nach
Böhmen einschlagen.

Bei Zwiesel, wo sich der große und kleine Regen vereinigen, bilden
der Arber, der Fallenstein, das Gränzgebirge zwischen diesem und dem
Rachel und der vom letzteren ausgehende Rinchnacher Hochwald einen
überall von Gebirgen umschlossenen anderthalb Stunden breiten und zwei
Stunden langen Kessel, Zwiesler Winkel genannt, der von vielen Bächen
durchflossen, durch Hügel unterbrochen, mit seinen abwechselnden Laub=
wäldern, Wiesen, Feldern und Ortschaften eine heitere Gebirgslandschaft
darstellt. In diesem Kessel liegen der Markt Zwiesel, die Glashütten
Rabenstein, Theresienthal, Oberzwieselau, Oberfrauenau und einige Dörfer.

Von Zwiesel aus führt ein Weg über den ungeheueren Waldrücken
des Lindberges nach Stubenbach und Hurkenthal. Wir gelangen von
Zwiesel aus dem Regenthal nach Zwieselau und steigen über die Jung=
maierhütte ununterbrochen durch einen prachtvollen Fichtenwald, in dem
einige lichtere Strecken den eingemischten Buchenbestand andeuten, nun
höher hinauf bis zum 4000' hohen Rücken, dessen Flanken noch wahrer
Urwald bedeckt. Im wilden Chaos stehen hier uralte bis 6 Fuß im
Durchmesser haltende Fichten neben jüngeren Bäumen, welche aus den in
allen Richtungen umgeworfenen vermoderten Baumleichen üppig empor=
wachsen. Niedriges Gesträpp, saftiggrüne Farrenwedel, kriechende Bär=
lappe und dichte Büsche von Heidel= und Preißelbeeren erfüllen die Lücken
zwischen den Bäumen überall, wo nur etwas Luft Zutritt hat. Indessen ist es

nicht räthlich, sich vom Wege ab weit in den Wald allein vorzuwagen, bald versinkt man in einem kolossalen vermoderten Baumstamm, den man übersteigen wollte, bald hat man sich den Weg durch dichtes Gestrüpp zu bahnen, oder gelangt auf die trügerische Moosdecke eines Sumpfes, die unversehens unter unseren Füßen nachläßt, so daß wir mit Mühe die Füße aus dem schwarzen Torfsumpf befreien. Eine solche Beschaffenheit hat der ganze Wald, der die breiten Gränzrücken zwischen dem Arber- und Rachelberge bedeckt. Diese schluchtenartige mit dem wildesten Wald erfüllte Thäler durchfurchen die Rücken von Nord nach Süd und trennen dieselben in einzelne Partien, welche durch besondere Namen unterschieden werden. So erhebt sich dem Arber gegenüber bei Bairisch-Eisenstein am linken Regenufer der Hochberg und der Falkenstein, weiter südwestlich der am Rücken mit Sumpf bedeckte Schleicherberg, dann der Steindelberg, der schon in Böhmen steht und mit dem bairischen Lindberg zusammenhängt. Vom Rücken des Lindberges führt der von uns eingeschlagene Weg herab gegen Gsänget in Böhmen und nach Stubenbach, wir können aber auch vom Rücken aus den Weg verfolgen, der rechts durch die Urwaldung auf den Steindelberg führt. Dieser Berg (4127') erhebt sich an der Gränze und fällt mit steilen Lehnen und Ausläufern gegen Stubenbach und Hurkenthal ab. Nordwestlich von ihm erhebt sich gerade an der Gränze der eben so hohe Lakaberg, der schon zum Glimmerschieferterrain gehört, und zwischen beiden ist eine Schlucht eingefurcht, in deren oberem Ende der kleine Lakasee (3370') in wilder Waldeseinsamkeit erglänzt. Der Abfluß desselben führt durch ein Waldthal nach Hurkenthal zum Fuße dieses wilden Gebirges. Doch wollen wir wieder zurückkehren, um den Gebirgstheil am Rachel kennen zu lernen. Wir begeben uns vorerst nach Stubenbach und steigen von da aus durch die schon früher beschriebene Schlucht zum Stubenbacherssee, der eine tiefe Schlucht am westlichen Fuße des Seerückens erfüllt. Ueber die steilen Abhänge der westlichen Seite führt ein Fußweg hinauf über den See zum Mittagsberge (4214'), der als ein gegen Westen steil abfallender Gneißrücken gegenüber dem von uns früher überstiegenen Lindberge sich über die waldige Wildniß erhebt. Ringsum erblicken wir nichts als kolossale Waldberge, indem der Horizont durch den Arber, die Außergefilder Wälder und den Skt. Günthersberg beschränkt wird. Südöstlich längs der Gränze dehnt sich ein mit Urwald und Sümpfen bedecktes Hochplateau aus, das Stubenbacher, Neubrunner und Maderer Revier enthaltend, aus dem nur die kahle Felsenkuppe des Rachelberges emporragt. Ein sonst nur von Holzhauern benützter Fußweg führt uns in südöstlicher Richtung durch den Wald und über einige kleinere Sümpfe zum großen Weitfällenfilz, einem großen mit Sumpfmoos, Knieholz und Zwergbirken bewachsenen und mitten im Walde liegenden Torfmoor in einer Höhe von 3341'.

Der Böhmerwald. 4

Die Torfsümpfe werden hier überhaupt Filze genannt und geben
der ohnehin düsteren Waldgegend ein schauerliches Ansehen. Sie lassen
sich nur in den trockenen Sommermonaten besuchen und auch dann nur
mit Vorsicht, indem man von einem Knieholzbusch zum andern springt
und trotzdem nicht selten im Sumpfe einsinkt. Diese Torfsümpfe sind für
den Böhmerwald die bedeutendsten Wasseransammler, sie saugen sich wie
ein Schwamm mit Wasser an und geben es wieder allmälig den in
ihnen entspringenden Bächen ab. Das Wasser erhält im Sumpf eine
bräunliche Färbung, die selbst noch in Prag das Moldauwasser charakterisirt. Am Weitfällenfilz wird das abfließende Wasser im Frühjahre in
einem eingedämmten Wasserreservoir (Holzriese) angesammelt und zum
Verschwemmen des Holzes benützt, eben so werden auch andere Torfsümpfe,
so wie die Seen, wie wir später sehen werden, benützt. Ein vortrefflicher
gebahnter Fahrweg führt vom Weitfällenfilz gegen Mader und Pürstling,
wir lenken aber von ihm am Rachelhause, einer einsamen Holzhauerhütte,
ab, um zum Rachelberg zu gelangen, der südlich vom Filze sich erhebt.
Wir haben von da eine Strecke wilden Urwaldes zu durchwandern,
der allmälig lichter und niedriger wird, je höher wir ansteigen, bis er
endlich bloß dem Knieholz gänzlich weicht. Der Rachelberg steht wie
der Arber ganz auf bairischem Boden und ist der zweithöchste Berg des
Böhmerwaldes, seine Höhe beträgt 4580'. Er bildet einen von Südost
gegen Nordwest streichenden Felsengrat, auf dessen höchster Spitze eine
steinerne Pyramide errichtet ist, gegen Osten hängt er mit dem beschriebenen Filzplateau zusammen. Eine tiefe mit hohen Buchen und Ahornen
bewachsene Schlucht öffnet sich an der Südostseite desselben, die abermals
einen See enthält, dessen Abfluß, die große Ohe, dem Regenfluß zueilt.
Gegen Baiern zu zweigt sich vom Rachel ein mächtiger Waldrücken ab,
der den Zwiesler Kessel von Süden einschließt, indem er sich in westlicher
Richtung unter dem Namen Riechnacher Hochwald und Orsberg bis an
den Regen unterhalb Zwiesel erstreckt. Die Aussicht ist großartig wie
vom Arber aus, namentlich übersieht man von da die ungeheueren Wald-
plateaus bis zum Kubaniberg in ihrer ganzen Ausdehnung und das ganze
Gebirge vom Arber und Osser bis zum Plöckelstein.
Ein Durchhau, der die Gränze bezeichnet, führt uns endlich vom
Rachel wieder in eine wegsamere Gegend; wir schreiten längs der Landesgränze, wo sich noch einige ansehnliche Bergkuppen erheben, so der Plattenhausen (4212') und der Spitzberg, gegen Pürstling herab zum Thal des
Lusenbaches, dem eigentlichen Quellbach der Wotawa. Das Thal ist
westlich vom Kaltstaudenberg, der noch zum Filzplateau, östlich vom Mar-
berg, der schon zum Außergefilder Plateau gehört, umsäumt, und im
Hintergrunde von dem konischen Lusenberge abgeschlossen, dessen kahle aus
Granitblöcken aufgehäufte Spitze (4332') aus dem Waldgürtel emporragt.

Lakasee.

Das Forsthaus zu Pürstling steht schon in einer Höhe von 3543'; ein breites sumpfiges waldumsäumtes Thal, ein echter mit Knieholz bewachsener Filz zieht sich von da zum Lusen hinauf, wo der Lusenbach, die Hauptquelle der Wotawa, in einer Höhe von 4006' entspringt. Es wurde schon früher erwähnt, daß der Bach, der bald den Namen des Mader-, dann des Wydrabaches erhält, durch ein von Süd nach Nord gerichtetes Querthal fließt und die westliche Gränze des Außergefilder Plateau's bildet. Ein bequemer Fahrweg führt von Pürstling über Plohausen (3528') nach Mader, wo wir bei dem freundlichen Gastwirthe von den Anstrengungen der Gebirgsreise ausruhen können.

Das herrschende Gestein ist Gneiß und zwar auf böhmischer Seite derselbe quarzreiche Gneiß, wie im künischen Plateau. Auf der bairischen Seite herrscht ein an Feldspath reicherer, Achroit führender Gneiß, der namentlich den Arber zusammensetzt. Der Schichtenbau ist der im Böhmerwalde allgemeine, die Schichten haben nämlich ein nordwestliches Streichen mit einem nordöstlichen Einfallen.

Granit kömmt nur untergeordnet vor. Eine Partie desselben herrscht auf dem sumpfigen Hochplateau bei dem Weitfällenfilz, sie erstreckt sich von den Plohaushütten über den Weitfällenfilz bis zur Gränze, nördlich längs des Ahornbaches bis Fischerhütten und verräth ihre Verbreitung nur durch zahlreiche zerstreute Blöcke. Der Granit ist unregelmäßig grobkörnig mit großen ausgeschiedenen Feldspathkrystallen. Eine zweite Granitpartie dehnt sich südlich von der vorigen im Gayruckwald zu beiden Seiten des Rachelbaches aus und setzt vom Kaltstandenberge bis über die Gränze hinüber. Eine dritte Partie setzt endlich die Berge südwestlich vom Plattenhausen zusammen, so den Spitzberg und Lusen; in dieser letzteren Partie herrscht aber kleinkörniger weißer Granit vor. Die Bildung der großen Torfmoore hängt mit der Verbreitung dieser Granite zusammen, da dieselben das Wasser nicht durchlassen und durch ihre Lage demselben auch wenig Abfluß gewähren.

Topographische Notizen. Mit Ausnahme der auf bairischer Seite am Fuße der Hochrücken liegenden Ortschaften: Bairisch-Eisenstein, Zwiesel, Zwieselau u. a. und des am Fuße des Lusen gelegenen Forsthauses Pürstling und einiger zerstreuten Holzhauerhütten ist das beschriebene Waldgebirge vollkommen unbewohnt. Wir können tagelang durch die Waldungen wandern, ohne eine menschliche Wohnung anzutreffen. Die Holzhauer und Waldarbeiter sprechen deutsch und man findet bei diesen zwar ungebildeten aber gutherzigen Leuten immer freundliche Aufnahme und rüstige Wegweiser. Die erfahrenen und gebildeten Forstbeamten gewähren aber dem ermüdeten Wanderer ein gastfreundliches Asyl, das in demselben noch nach Jahren die angenehmsten Erinnerungen weckt.

c. Das Waldplateau von Außer= und Innergefild.

Oestlich von dem künischen Plateau und durch das tiefe felsige von Süd nach Nord laufende Wydrathal von demselben getrennt, dehnt sich eine etwa 3300' hohe Waldfläche aus, die nur von verhältnißmäßig niedrigen Kuppen unterbrochen wird. Gegen Norden senkt sich diese Hoch=fläche zu der weiten thalartigen Bodendepression bei Nitzau und Stachau, jenseits deren der scharfmarkirte Rücken des Zawornik= und Zosumberges sich erhebt, östlich wird derselbe von der Thalfurche umsäumt, durch welche die Straße von Winterberg nach Ober=Moldau führt, südlich an der Landesgränze wird sie von hohen Waldbergen abgeschlossen, die schon gegen Baiern zum niedrigeren Vorgebirge abfallen. Das so umgränzte Gebiet bildet das Außer= und Innergefilder Plateau, welches dem größten Theile nach zur Domaine Groß=Zdikau, im östlichen Theile zur Domaine Winter=berg und im nördlichen zum Gebiete der Stadt Bergreichenstein und zum Gebiete der künischen Freibauern gehört. Dieses Plateau ist die größte Hochfläche im Böhmerwalde und kann so zu sagen als der Kern des ganzen Gebirges betrachtet werden. Nehmen wir unsere Wanderung wieder vom Fürstlinger Jägerhaus auf, so erblicken wir westlich vor uns den Marberg (4265'), eine waldige Granitkuppe, mit welcher die Reihe der hohen Berge am südlichen Ende des Gefilder Plateau's beginnt. Begleitet von einem Führer steigen wir über diesen Berg durch urwaldähnliche Waldungen und gelangen über den Rücken längs der Gränze schreitend zum Schwarzberg (4030'). Hier hat die Moldau am südöstlichen Fuße des Berges in einem Gneißfelsen ihren Ursprung, ihr klares Wasser verliert sich aber bald in einem Filz, aus dem sie wasserreicher, aber mit Moor schon dunkler gefärbt nordöstlich gegen Außergefild durch ein Waldthal fließt. In demselben Filz hat auch die bairische Ilz ihren Ursprung, so daß dieselbe Quelle ihr Wasser zwei verschiedenen Stromgebieten liefert. Dem Schwarzberg gegenüber erhebt sich der Postberg (4035') und der Siebensteinfelsen (4069') schon auf bairischem Boden; zwischen den beiden letzteren Bergen führt der Weg nach Buchwald (Forsthaus 3615'), einem Dorfe schon an der Südseite der Berge gelegen, mit einer prächtigen Aussicht auf die bairischen Vor=berge und auf die Salzburger Kalkalpen, die den fernen Horizont mit ihren zackigen Konturen wunderschön abgränzen. Weiter gegen Osten er=strecken sich vom Postberge aus die kuppigen Tafelberge bis gegen Fer=chenhaid, die mittlere Kuppe hat die Höhe von 3841'.

Doch wir wenden uns längs dem Moldaubache gegen Außergefild zum Hochplateau; der junge Fluß treibt schon hier nahe am Ursprung einige Mühlen und wendet sich unterhalb des romantischen Waldschlosses zu Außergefild gegen Südost, fließt durch ein tiefes Längenthal gegen den

Felsen Biertopf (2940') und Ferchenhaid (2717') und behält seine süd=
östliche Richtung bis zu den Katarakten unterhalb Friedberg.

Von Außergefild (Kirche 3220') führt uns der Weg über das
Plateau nordwärts gegen Innergefild (Gasthaus 3167') durch Waldun=
gen, welche ausgedehnte sumpfige Wiesen umsäumen. Mitten im Sumpf
befindet sich hier ein kleiner See, der Filzsee, dessen Abfluß der Seebach
in Außergefild mit der Moldau sich vereinigt. Westlich von diesem Sumpf
erhebt sich das Plateau rückenartig und fällt steil zum Wydrabache ab;
der Antigel (3949') erhebt sich am Ende dieses Rückens bei Innergefild
und ist durch den von da zur Wydra abfließenden Bach von dem breiten
Hayder Plateau (3693') getrennt, das zu der früher erwähnten thal=
artigen Boden=Depression bei Stachau abfällt. Wandern wir von Inner=
gefild ostwärts über die Glashütte Goldbrunn gegen Plän immer noch
durch Waldungen, so gelangen wir zu einer mit zahlreichen Hütten be=
deckten Waldblöße, von der aus gegen Süden ein breites vom Thierbache
bewässertes Thal gegen Kaltenbach (2937'), Neugebäu bis Ferchenhaid
zur Moldau sich ausdehnt. Gegen Norden fällt das Plateau von Plän
(3378') gegen Groß=Zdikau ab und es erhebt sich hier über demselben
nur der Lederberg (3845'); gegen Osten jenseits des Kaltenbacher und
Neugebäuer Thales bis zur Thalfurche der Winterberger Straße ist ein
mehr kupirtes Terrain, wo der Steindelberg östlich von Paseken 3335',
der Tirolerberg bei Neugebäu 3379', der Lichtenberg bei Scherau 3546'
erreicht. Der höchste Punkt der Straße, die von Winterberg nach Ober=
Moldau führt, erreicht am Passe oder den Kubohütten zwischen dem
Scherauerberge und dem Basumwalde 3058'.

Auch hier ist auf dem ganzen Plateau der G n e i ß die herrschende
Gebirgsart. Im nördlichen Theile auf den Abhängen des Plateau's bei
Groß=Zdikau gegen den Kiesleitenberg zu herrscht quarzreicher Gneiß;
zwischen Groß=Zdikau und Plän bildet der Quarz ein mächtigeres Lager,
welches für die Glashütten abgebaut wird. Auch der Urkalk bildet auf
dem Wege von Groß=Zdikau nach Winterberg ein mächtiges Lager, das
für die Glashütten ebenfalls ein vortreffliches Material liefert. Auf dem
Plateau selbst und in seiner südlichen Erstreckung herrschen feldspathreiche
Gneiße vor, die an der Moldau zwischen Biertopf und Ferchenhaid Partien
von Granitporphyren enthalten. Echter Granit bildet nur den Marberg
bei Fürstling und hängt mit der großen Granitpartie zusammen, die von
Fürstenhut aus durch das bairische Gebiet herüber reicht. Der Schichten=
bau stimmt mit dem früher erwähnten vollkommen überein, indem bei
einem nordwestlichen Streichen die Schichten ein nordöstliches Einfallen haben.

Topographische Notizen. Vor einem Jahrhundert war die ganze Gegend
mit Urwald bewachsen, von dem am Schwarzberg und Marberg noch große
Reste sind. Durch den Urwald führten mit Holz bewachsene Reitwege, die so=

Nachelfee.

genannten goldenen Steige, auf denen mittelst Tausender von Saumrossen der Verkehr mit dem benachbarten Baiern unterhalten wurde. Ein solcher goldener Steig führte von Bergreichenstein über Haydl nach Innergefild, von da nach Außergefild und über den Postberg nach Buchwald und nach Baiern herab. Ein zweiter Zweig dieses Steiges führte von Innergefild aus über Philippshütten, Mader, Bürstling und zwischen dem Lusen- und Spitzberg über den Gränzrücken nach Baiern. Beide Wege sind als Waldwege noch immer erhalten und benützt, obwohl sie ihre ehemalige Bedeutung schon längst verloren haben, da gute Fahrstraßen von Winterberg und Zdikau aus bis Buchwald über das Plateau führen. Wir werden später am östlichen Fuße des Kubani den ähnlichen aber noch berühmteren Prachaticer goldenen Steig kennen lernen. Längs diesen Steigen haben sich auch die ältesten Ansiedelungen und Glashütten entwickelt, die jetzigen Orte stammen aber größtentheils aus dem Ende des vorigen und der ersten Hälfte dieses Jahrhunderts, als man den Urwald in Angriff nahm und Hunderttausende von Klaftern Holz in den Glashütten verzehrte oder auf der Wotawa verschwemmte. Noch jetzt nimmt der Wald, obwohl zum größten Theil als neuerer Nachwuchs, den meisten Flächenraum des Plateau's ein und beschäftigt fast ausschließlich die Gebirgsbewohner, welche eine Menge von Siebrändern, Schindeln, Zündholzspänen, Holzschuhen und anderen Holzwaaren verfertigen und damit Handel treiben. Feldbau gedeiht auf dem Plateau der hohen Lage wegen nicht mehr und man sieht nur stellenweise kleine Erdäpfelfelder und bei Plänë und Pasely in tieferer Lage auch etwas Getreidebau, sonst sind die Waldlichtungen zum Behufe der ausgedehnten Viehzucht bloß mit Wiesen bedeckt. Die Sprache der Bewohner ist die deutsche, obwohl viele beider Landessprachen mächtig sind, die Freibauern in Stachau und die Bewohner von Groß-Zbikau, Plänë und Pasely sprechen böhmisch.

Merkwürdigere Ortschaften sind:

Außergefild (Krilda), ein Dorf mit einer hölzernen Kirche, am Zusammenflusse des Schwarzbaches (Moldaubaches) und Seebaches auf einer freien Hochebene gelegen, hat ein malerisch von Holz gebautes Waldschloß des Grafen Franz Thun. Nebst vielen Holzwaaren werden in diesem Orte auch die namentlich in den bairischen, tiroler und salzburger Alpen so häufig gesehenen auf Glas gemalten Heiligenbilder in einer dem Geschmack jener Bergbewohner entsprechenden grellen Buntheit verfertigt.

Buchwald, jenseits des Postberges an der Landesgränze, hat eine freie Aussicht bis zu den Alpen.

In Kaltenbach ist eine Glashütte und liegt so wie Plänë in einer weiten Waldlichtung, die mit einzelnen Häusern und Höfen wie besäet ist. Einzelne Büsche und alte Stöcke erinnern noch immer an den hier ehemals bestandenen Urwald.

Groß-Zbikau (Zdikov), Dorf am nördlichen Abhange des Plateau's, hat ein Graf Thun'sches Schloß und ist der Hauptort der gleichnamigen Domaine.

Innergefild, Dorf am Plateau zwischen dem Antigel und Haydl in einer Waldlichtung, liegt am Saume der großen der Stadt Bergreichenstein gehörigen Waldungen, welche den Hanisberg, Antigel und Windischberg umfassen.

Haydl, Dorf, liegt ebenfalls auf einer hohen Waldlichtung am goldenen Steig. Am Abfalle des Haydlberges zur Wotawa liegt Hirschenstein, ein großes Sägewerk, und am nördlichen Abfalle Vogelsang, eine ehemalige Glashütte. An demselben Abhange liegt Stachow (Stachau), eine Ansiedelung von Freibauern, die etwas Feldbau und Viehzucht treiben, vorzüglich aber Holzschuhe und andere Holzwaaren verfertigen und im Lande als Glas- und Porzellanwaaren verkaufende Hausirhändler bekannt sind. In der Stachauer Glashütte

werden nebſt verſchiedenem Hohlglas auch farbige Glasper len (Paterlen) fabricirt, womit vordem ein ſehr beträchtlicher Handel bis nach Spanien und Portugal getrieben wurde; ſie dienten als Tauſchmittel beim Sklavenhandel

Wie erwähnt wurde, ſprechen die Stachauer böhmiſch, aber mit einem
beſonderen Accent und mit dialektiſchen Abweichungen.

d. Die Bergreichenſteiner Berggruppe.

Das beſchriebene Plateau ſenkt ſich, wie erwähnt wurde, nördlich
zu einer thalartigen Bodendepreſſion ab, die bei der Stachauer Kirche
2196′, bei der Nitzauer Kirche 2774′ Seehöhe hat und gegen Weſten
von dem Loßnitz= und Zollerbache, die, nachdem ſie ſich vereinigt haben,
bei Unter=Reichenſtein in die Wotawa (1663′) fallen, und gegen Oſten
von dem Sputkabache bewäſſert wird, der gegenüber von Bohumilic in
die Wolinka fällt. Dieſe Depreſſion entſpricht der Richtung der Längenthäler des Böhmerwaldes; jenſeits derſelben erhebt ſich der Boden aber
wieder und bildet einen ſcharfen Rücken, der in nordweſtlicher Richtung
bis gegen Langendorf zur Wotawa ſtreicht und von derſelben durch ein
ſüdnördliches Querthal durchbrochen wird. Die öſtlichſte Kuppe dieſes
hohen größtentheils mit Wald bewachſenen Rückens iſt der Jawornik
(3302′) bei Nitzau, die zweite Kuppe bildet der Zoſumberg (3305′), die
dritte Kuppe der mit der Ruine von Karlsberg gekrönte Schloßberg
(2813′) bei Bergreichenſtein. Eine thalartige Einſenkung trennt den
letztgenannten Berg von dem nördlich gelegenen waldigen Steinberg (2127′)
bei Albrechtsried; beide fallen ſteil zur Wotawa ab und bilden das bergige Terrain am rechten Ufer dieſes Fluſſes bis gegen Schüttenhofen.
Zwiſchen dem Karlsberger Schloßberg und dem ſüdlich gegenüber liegenden
Plateau von Haydl und Gutwaſſer breitet ſich ein kupirtes unregelmäßig
gefurchtes Terrain aus, auf dem die Goldbergſtadt Bergreichenſtein ſteht
(Kirche 2273′). Jenſeits der Wotawa Langendorf gegenüber erhebt ſich
noch ein anſehnlicher Waldberg, der Sträj (2518′) bei Lukau, der zum
ſchönen Thal der Wolsowka abfällt, das er mit dem Swatobor umſäumt.
Gegen Nordweſt fällt der ganze Gebirgszug von Prčin über Kaćin und
Schüttenhofen zum niedrigeren Vorgebirge ab und iſt deßhalb als der
äußerſte Saum des höheren Böhmerwaldes zu betrachten.

Das herrſchende Geſtein iſt quarzreicher Gneiß mit nordweſtlichem
Streichen und nordöſtlichem Einfallen. Granit findet ſich nur in kleineren
Lagern oder Gängen. Wie ſchon früher erwähnt wurde, iſt der Quarz
des Gneißes als die urſprüngliche Lagerſtätte des gediegenen Goldes zu
betrachten, das vor Jahrhunderten bergmänniſch in dem Felſen und durch
Waſchen in den Flüſſen und Bächen des Böhmerwaldes gewonnen wurde.

Die Umgebungen von Bergreichenſtein waren der Mittelpunkt dieſer
ehemals ſchwunghaft betriebenen Bergwerke. An den felſigen Abhängen
von Bergreichenſtein gegen den Zollerbach zwiſchen Unterreichenſtein bis

auf den Zosumberg erblickt man eine zahllose Menge von Halden, stollen-
artigen Eingängen und Löchern, am Bache selbst weit ausgedehnte Seifenhügel, hie und da Ruinen von ehemaligen Pochwerken und·Quickmühlen,
so daß man sich wohl in die Zeiten König Johanns zurückdenken kann,
als 300 Quickmühlen zur Goldgewinnung hier im Gange waren.

Die Gewinnung des Goldes, namentlich aus dem Sande der Böh-
merflüsse, nahm ihren Anfang wahrscheinlich schon in uralten Zeiten, denn
schon in dem wahrscheinlich dem 9. Jahrhundert angehörenden Gedichte:
Libušin soud (Libuša's Gericht) wird der Sand der Moldau goldführend
genannt. Die alte Sage von Horymir und seinem Wunderpferde Šemik,
der Streit desselben mit den Bergleuten, die wahrscheinlich beim Goldwaschen und beim Bergbau mit den Ackerleuten in Konflikt geriethen,
deuten auf den alten Ursprung der Goldgewinnung hin. Urkundliche
Nachrichten über den Goldbergbau bei Bergreichenstein reichen aber nur
bis zur ersten Hälfte des 14. Jahrhundertes, zur Zeit König Johanns
des Luxemburgers. Unter seiner und seines Sohnes Kaiser Karl IV. Regierung waren sie in höchster Blüthe, verfielen aber wahrscheinlich sehr
rasch, nachdem das in den Quarzlagern nicht weit von der Oberfläche
enthaltene Gold gewonnen war. Noch erinnert an den unvergeßlichen
Karl die von ihm erbaute Burg Karlsberg, die nun auch schon längst in
Ruinen liegt. Kleinere Versuchsbaue wurden aber noch bis zur neuesten
Zeit erhalten, es bestanden hier zwei ärarische Hoffnungsbaue, die später
von dem ehemaligen Schichtmeister des Werkes Herrn Alexander Černý
mit unbezwingbarer Ausdauer, leider aber ohne günstigen Erfolg fortgesetzt
wurden. Das Gold kömmt in den lagenweise abwechselnden Quarzzonen
des Gneißes vor, die stellenweise ungemein goldreich sein sollen, obwohl
das Gold gewöhnlich nur in unsichtbaren Schuppchen eingestreut ist.
Wahrscheinlich sind die goldreicheren Stellen schon von den Alten ausge-
beutet worden und scheinen überhaupt nur an einige nahe an der Oberfläche verbreitete Strecken beschränkt gewesen zu sein, was vollkommen
mit der Theorie übereinstimmen würde, der zu Folge das Gold so wie
andere Metalle in der Natur nicht gediegen vorkommen, sondern durch
Verwitterung erst aus Silikaten abgeschieden würde.

Aelter und wahrscheinlich weit lohnender waren die Goldwäschereien,
welche hier wie an vielen anderen Orten des Böhmerwaldes durch unzählige Seifenhügel ihre ehemalige Verbreitung verrathen. Die ersten
Funde, als nämlich das durch Jahrtausende von den goldführenden Felsen
abgeschwemmte und durch die Fluthen selbst aufgearbeitete Material, zuerst
als goldhältig erkannt wurde, mögen ungemein lohnend gewesen sein,
ähnlich wie die Goldsandlager von Kalifornien und Neu-Holland. Tausende von Menschen müssen hier mit Goldwaschen beschäftigt gewesen sein,
doch mögen die Goldwäscher in zwei bis drei Jahrhunderten den Schatz

Hasenberg.

gehoben haben, den die Natur hier durch Jahrtausende aufspeicherte. Zudem trat die nach Entdeckung von Amerika eingetretene Entwerthung des
Goldes und der sich steigernde Werth der Handarbeit hindernd dem Goldwaschen entgegen, so daß schon längst die Seifenhügel verlassen und allmälig wieder mit Wald und Graswuchs bedeckt wurden. Am Zellerbache
und an der Wotawa bei Schüttenhofen hat in neuerer Zeit der uner-
müdliche Goldbergmann Herr Cerný eine neue Verwaschung des Fluß-
sandes versucht, aber ebenfalls ohne günstiges Resultat. Als interessanter
Fund erwiesen sich aber neben den Goldschüppchen auch Edelsteingeschiebe,
Granaten, Korunde, Saphire und Spinelle, die ehedem hier nicht beachtet
wurden und offenbar ebenfalls von den Goldlagerstätten herrühren.

Seifenhügel der ehemaligen Goldwäschereien sieht man übrigens in
dem ganzen Gebiete des quarzreichen Gneißes von Welhartic bis Bergreichenstein und dann im Gebiete des feldspathreichen Gneißes am Kubani
bis zum Blánicflusse, und es wird hier am Orte sein, über ihre Verbreitung im Böhmerwalde etwas Näheres anzuführen.

Man findet diese Seifenhügel, welche aus Schotter oder feinerem
Sande bestehen und regellos längs den Bächen und Flüssen sich dahin ziehen,
an der Ostružna bei Hrabek, Kolinec und Welhartic und an ihren Zuflüssen hinauf bis gegen Seewiesen, an der Wolšowka bei Petrowic und
Wolšow und ihren Zuflüssen, an der Wolinka bis hinauf zum Fuße des
Kubani, an der Blánice und ihren Zuflüssen von Zablat über Husinec,
Barau, Wodňan, Protiwin bis Putim. An vielen Orten sind die Hügel
wieder geebnet und zu Feld oder Wiese umgewandelt oder auch mit Wald
bewachsen, größtentheils bilden sie aber sterile Unebenheiten des Thal-
bodens, kaum als Hutweide verwendbar. Bei Zablat, bei Außer- und
Innergefild stehen sie nebstdem so wie bei Bergreichenstein mit alten Berg-
bauen in Verbindung, eben so auf den Berglehnen des Babilon von
Unterreichenstein bis Hartmanic. Die größte Verbreitung haben aber die
Seifenhügel bei Schüttenhofen im Wotawathal und von da abwärts gegen
Horažowic, Strakonic und Pisek, welche Städte den ehemaligen Goldwäschereien ihren Ursprung verdanken sollen, worauf übrigens der Name
der Stadt Pisek (Sand) unmittelbar hinweist.

Da sich der Flußsand naturgemäß bloß dort ansammelt, wo das
Wasser nach einem rascheren Laufe ruhig zu fließen beginnt, so findet man
die Spuren der Goldwäschereien auch vorzüglich in Thalweitungen, am
Ausgange von Felsenthälern, an der Innenseite starker Krümmungen und
an ähnlichen Stellen.

Ob im Böhmerwalde die Goldwäschereien wieder je aufblühen
werden, ist sehr zu bezweifeln. Die alten aufgesammelten Goldsandlager
sind schon längst aufgearbeitet und ehe die Natur wieder hinreichenden
Vorrath ansammelt, mögen abermals Jahrhunderte, ja Jahrtausende ver-

fließen und auf eine solche entfernte Zukunft wird unsere den augenblick=
lichen Nutzen fordernde Zeit sich kaum vertrösten lassen. Indessen kann
der Böhme sein Böhmerwald=Kalifornien leicht verschmerzen. Neue un=
geahnte Vorräthe des trefflichsten Brennmaterials, unerschöpfliche Eisen=
steinlager, so wie die immer mehr sich vervollkommnende Bodenkultur sind
werthvollere, unverwüstlichere Schätze, auf denen das Wohl des Landes
mit sicherer Erwartung des Erfolges gebaut werden kann. Der Gold=
segen des Böhmerwaldes gehört der Geschichte an und so möge er uns
mit seinen zahlreichen Spuren als interessante Staffage bei unseren Wan=
derungen begleiten, während wir dem üppigen Walde mit seinem reellen
Werth und herrlichen Reiz den Vorzug geben.

Topographische Notizen. Die Bewohner der beschriebenen Gegend spre=
chen durchwegs deutsch, nur am östlichen Fuße des Jawornik reicht die böh=
mische Sprache bis Stachau. Die Nahrungsquellen sind im Winter besonders
die Holzindustrie, nebstdem Ackerbau und in der Stadt einige Gewerbe.

Merkwürdigere Orte sind:

Bergreichenstein (Karlsborské Hory, Kašperské Hory), eine k. Gold=
bergstadt, liegt auf einem Plateau oder der Wotawa, mit einer alten Kirche des
heil. Leonhard. Vor der Stadt etwa eine Viertel Stunde westwärts liegt die
ebenfalls alte Kirche zum heil. Nikolaus, bis zu welcher ehemals die Stadt
reichte. Die Stadt ist ziemlich wohlgebaut und wohlhabend und besitzt sehr
ausgedehnte Waldungen. Nördlich von der Stadt liegen am Schloßberge die
Ruinen der von Karl IV. erbauten Burg Karlsberg. Nicht weit davon sind
noch Ruinen einer anderen Burg sichtbar, die Ochschlössel genannt werden.

Unter=Reichenstein, ebenfalls k. Goldbergstadt, im Wotawathale ge=
legen, rings von Bergen eingeschlossen.

Roisko (Rajsko), ein Dorf mit der Pfarrkirche Skt. Maurenzen (Skt.
Mauric), an einem Felsenvorsprung am linken Wotawa=Ufer gelegen. Die Kirche
ist sehr alt.

Körnsalz (Krušec), Lukau (Loučová), Chamutic an der Westseite
des Sträj, dann Pawinow, Kunratic am Nordfuße des Babilon sind kleine
Herrschaftsgüter mit wohlgebauten Schlößchen der Besitzer.

Langendorf (Dlouhá Ves) im Wotawathale, eine ehemalige Besitzung
der freiherrlichen Familie der Dlouhoweský, nun Fürst Schwarzenberg'sche Do=
maine, mit dem Hauptstapelplatz des aus den Stubenbacher Waldungen ver=
flößten Holzes.

e. Der Gebirgsstock des Kubani.

Die Ostseite des Gefilder Plateau's ist von einer von Süd nach
Nord gehenden Thalfurche umsäumt, welche gegen die Mitte bis Kubo=
hütten bis zu 3000' ansteigt. Nordwärts von dieser sattelförmigen Er=
hebung furcht sich die Wolinka in ein tieferes Thal ein, südwärts fließt
ein kleiner Bach und mündet bei Ober=Moldau in den Moldaufluß, der
aus dem Gefilder Plateau tretend ein breites Gebirgsthal bewässert.
Ueber der Ostseite dieser Thalfurche, durch welche die Straße von Winter=
berg nach Ober=Moldau führt, erhebt sich ein mächtiger Waldrücken, der

Kubani. Mit dem Gefilder Plateau hängt er vermittelst des Sattels bei Kubohütten zusammen, indem er sich da an den Scherauer Wald an= schließt, gegen Südwest fällt er zum Moldauthal bei Ober=Moldau und Eleonorenhain ab, an der Ostseite breitet sich die thalartige Bodende= pression bei Wallern und das nordwärts gerichtete Querthal der Blánice aus, gegen Norden fällt aber der Gebirgsstock in mächtigen Terrassen zum niedrigeren Vorgebirge bis gegen Ckyn, Wällischbirken und Husinec ab.

Der Hauptrücken erhebt sich über dem Sattel bei Kubohütten und streicht parallel mit dem Gränzgebirge nach Südost in einer Länge von zwei Stunden. Die höchsten Kuppen stehen auf den beiden Endpunkten,. am Nordwestende der Kubani (Boubin 4294'), am Südostende der Schreiner (3987'), zwischen beiden ist ein Sattel (3338'), über den der Weg von Zablat nach Satawa führt. Gegen Norden läuft nur vom Kubani ein niedrigerer Waldrücken bis gegen Kölne (Kölneberg 3048') und der Fuß desselben ruht auf einem gegen 3000' hohen bis Wällisch= birken sich erstreckenden Plateau (Husic, Kirche 3100'); gegen Süden laufen aber zum Moldauthal drei mächtige über 3000' hohe Arme ab, so vom Kubani der Basumwald, vom Schreiner der Haidberg mit dem Vogelberge, der bei Eleonorenhain (2466') bis zur Moldau reicht, und der Stögerberg (3387'), der mit dem Brixberg (2877') das Thal von Wallern (Kirche 2344') von der Westseite umsäumt.

Wir wollen nun die Haupttheile dieses Gebirgsstockes durchwandern. Von Winterberg aus, welche Stadt in dem engen Wolinkathal eingezwängt ist (2148', Adolphshütte, Niveau der Wolinka 1994'), über dem auf einem Felsen der Westseite die alte Burg steht, wandern wir auf der Straße zwischen Waldbergen und längs dem Wolinkabache hinauf gegen Kubohütten, einer ehemaligen Glashütte. Der Kubani und der von ihm sich abzweigende Basumwald erheben sich rechts von uns über 4000', während links die Scherauer Waldberge gegen 3500' ansteigen. Mit steilerem Abfall führt uns nun die Straße zwischen diesen Bergen ins Moldauthal zum Dorfe Ober=Moldau (Brücke 2369'). Der Moldaufluß tritt hier aus einem engeren in ein weiteres Thal und schlängelt sich zwischen Erlen= und Kiefergruppen gegen Eleonorenhain, während wir dem Flusse nach am Fuße des Basumwaldes gegen das Forsthaus in Satawa schreiten, wo die gastfreien Forstbeamten uns bereitwillig zur Besteigung des Kubani mit Rath und That beistehen. Unter der Führung eines kundigen Forstmannes steigen wir nun nordwärts über Kapellen durch das vom Basumwald und Haidenberg gebildete Thal, welches der Ka= pellenbach bewässert. Längs diesem Bache schreitend empfängt uns bald der Schatten eines dichten Waldes, aus Fichten, Tannen, Buchen, Ahornen, Erlen, Birken und Weiden bestehend, bis wir endlich ein durch einen breiten Damm geschütztes Wasserreservoir, eine Holzriese erreichen, von

Außergefild.

der aus das Holz im Frühjahre verschwemmt wird. An dieser Holzriese beginnt ein prächtiger Urwald, der neben Tannen vorzüglich kolossale hohe Buchen und Ahorne enthält. Unter diesen Baumriesen liegen in allen Richtungen abgestorbene 6—8' mächtige Stämme, sogenannte „Rohnen", bedeckt mit einer üppigen Vegetation von Moos, Farren, Huflattich und zahlreichen anderen Pflanzen, über die wir mühsam uns den Weg bahnen müssen, bis wir endlich die Buchenregion in einer Höhe von 3600' ver= lassend in einen lichter werdenden Tannen= und endlich Fichtenwald treten, über den sich einzelne mit einem dichten Gestrüpp von Brombeeren und Heidelbeeren umwachsene Felsenkuppen erheben. Eine solche Felsenkuppe ist auch die höchste Spitze des Kubani (4294'), des höchsten Berges an der böhmischen Seite des Böhmerwaldes. Eine ungeheuere Rundsicht eröffnet sich von diesem Gipfel von Nordwest·nach Südost bis weit in die Mitte von Böhmen; nach Südwest und Süd wird die Aus= sicht durch die Gränzgebirge beschränkt, man gewahrt den Lusen und Rachel als hervorragende Berge in Südwest, den Dreisesselberg und Plöckelstein im Süden und bei diesen vorbei in weitester Ferne die Salzburger Alpen. Schöne Waldwege führen uns wieder herab nach Satawa.

Von da aus wenden wir uns längs dem Moldauthale gegen die großartige Glasfabrik Eleonorenhain, wo die von Kuschwarta kommende grasige Moldau sich in den eigentlichen Moldauslfluß ergießt. Von Eleonorenhain führt der Weg über waldiges Hügelland, welches das rechte Ufer umsäumt, gegen Wallern in die Thalweitung am östlichen Fuße des Schreiners und Stözerberges. Westlich ist diese Thalfläche von höheren Waldbergen umsäumt, nördlich aber von einem Sattel umgränzt, der diese Waldberge mit dem Schreiner verbindet, gegen Süden erblickt man über das Hügelland an der Moldau die hohen Gränzgebirge des Plöckel= steines, Dreisesselberges und Tuffetwaldes. Die ganze Fläche ist mit Wiesen bedeckt, auf welchen einzelne Höfe und eine Menge von Heu= scheuern zerstreut liegen, die der Gegend eine Aehnlichkeit mit einer Alpe geben. Die Bauart der hölzernen mit flachen steinbeschwerten Dächern versehenen Häuser erhöht noch diese Aehnlichkeit.- Auch der Markt Wal= lern hat dieselbe Bauart und lehnt sich an den genannten Sattel an, über den die Straße nach Prachatic führt. Uebersteigen wir diesen Rücken, so gelangen wir ins Thal der Blánice, welche zwischen den östlichen Vor= bergen des Schreiners eine tiefe Furche bildend gegen Zablat und Husinec sich wendet. Jenseits des Thales beginnen schon die hohen Waldrücken der Prachaticer Berge, welche zur folgenden Gruppe gehören. Nicht weit von Zuderschlag liegen in dem tiefen und engen Blánicthale in malerischer Wildniß die Ruinen der Burg Hus (Gans) und auf dem nördlichen Ab= hange eines Gebirgsplateau's jenseits derselben das Badehaus Grünschädel nicht weit von Zablat, wo wir die Wanderung durch diesen Theil des Gebirges beschließen wollen.

Das herrschende Gestein ist Gneiß und zwar eine feldspathreichere Varietät desselben. Das Streichen desselben ist abweichend von dem Streichen des Gränzgebirges und geht nach Nord-Nordost mit einem Einfallen gegen Nordwest. Diesem Schichtenbaue zu Folge gehört der Gebirgsstock eigentlich schon zu dem Systeme des Prachatic-Krumauer Gebirges, das unabhängig vom Böhmerwald in einzelnen Mulden entwickelt ist, die ringförmig von höheren Gneißrücken umsäumt werden. Der beschriebene Gebirgsstock ist der westliche Rand einer solchen ringförmigen Umsäumung. Lager von Urkalk findet man im Blánicethale zwischen Hussinec und Zablat, namentlich aber bei Zuberschlag gegenüber der Ruine Gans, dann bei Wallern und Winterberg.

Topographische Notizen. Die Bewohner der beschriebenen Gegend sprechen hauptsächlich deutsch, nur an der Nordseite des Kubani beginnt die böhmische Sprache jenseits der Linie von Prachatic über Wossek, Klistau, Kelné, Winterberg, von wo die Sprachgränze tief ins Gebirge über Pažely und Pláně bis Kaltenbach und Neugebäu eingreift. Sie ernähren sich vom Feldbau, den Beschäftigungen im Walde, von Viehzucht und treiben auch etwas Gewerbe. Zwei große Glasfabriken, die Adolphshütte in Winterberg und Eleonorenhain bei Satawa geben einigen Hunderten von Arbeitern lohnende Arbeit. Ehemals war der größte Theil der Gegend mit dichtem Urwald bewachsen, durch welchen von Prachatic über Wallern und Böhmisch-Röhren im Saumweg führte, der goldene Steig genannt. Ein anderer Saumweg verband Winterberg mit Kuschwarta, wo sich beide Wege vereinten und weiter nach Passau führten. Auf diesen Wegen wurde vorzüglich Salz in den Hauptstapelplatz nach Prachatic verführt und Malz und Fische ausgeführt. Nach und nach sind große Strecken des Waldes ausgerodet worden und es entstanden zahlreiche neue Ansiedelungen, namentlich verzehrten die Glashütten einen ungeheueren Holzvorrath. Bei der Urbarmachung solcher Strecken an der Moldau in der Nähe von Eleonorenhain fanden sich Wurzeln und Stöcke als Ueberreste des Urwaldes in fünf übereinander liegenden Schichten.

Merkwürdigere Orte sind:

Winterberg (Vimberk), eine alterthümliche Stadt mit einem alten Schlosse. Im Thale vor der Stadt liegt die große Glasfabrik Adolphshütte, Herrn Kralik gehörend, wo wie in Eleonorenhain die feinsten Glaswaaren verfertigt werden.

Léteni (Elstein, sv. Vojtěch), ein böhmisches Dorf, nördlich vom Kubani hoch und frei am Gebirgsplateau gelegen, mit einer Pfarrkirche und einem Gesundbrunnen (Dobrá Voda).

Zablat, Marktflecken am nordöstlichen Fuße des Kubani. In der Nähe ist im Blánicethale die Ruine der Burg Gans (Hus) und der Badeort Grünschädel mit einem Säuerling.

Wallern (Volary), ein durch die eigenthümliche Bauart der Häuser und durch seine bedeutende Viehzucht interessanter Markt, dessen Einwohner wahrscheinlich aus dem bairischen Allgau eingewandert sind.

Satawa, am südlichen Fuße des Kubani mit einem Forstamte; in der Nähe an der Moldau ist Eleonorenhain, eine großartige Glasfabrik des Herrn Kralik.

4. Das Prachatic-Krumauer Gebirge.

Teu Raum zwischen dem beschriebenen Centralplateau des Böhmerwaldes und dem Moldauthal bei Krumau, das wir als die östlichste Be-
gränzung des Böhmerwaldes annehmen wollen, nimmt ein aus zahlreichen
Kuppen und Rücken gebildetes Gebirgsland ein, dessen höchste Spitze der
Schöninger bei Krumau bildet. Zwischen diesem und dem hohen Gränzgebirge dehnt sich ein niedrigeres Hügelland aus, während an der Westseite sich vor dem Kubani hohe Waldberge erheben und die Nord- und
Nordostseite theils zum niedrigen Vorgebirge, theils zur Budweiser Ebene
abfällt.

Das Gebirge ist weniger wegen seiner Höhe, als wegen der schönen
Formen seiner Berge, welche von den Spitzen eine herrliche Aussicht gewähren und wegen seines merkwürdigen Schichtenbaues, den Hochstetter so
geistreich interpretirte, interessant. Es besteht nämlich aus drei großen
theils konkav, theils konvex gebauten Granulit-Mulden, welche von hohen
Gneißrücken ringförmig umsäumt werden.

Die erste dieser Mulden erstreckt sich zwischen Prachatic, Witějic,
Elhenic und Chrobold und wir wollen sie mit den sie umsäumenden Bergen das Prachaticer Gebirge nennen. Das ganze Gebirge besteht
eigentlich aus vier von Süd nach Nord streichenden Gebirgsrücken, welche
im Norden und Süden sich zusammenneigen und durch die Thäler des
Grubbaches, des Goldbaches und des Bělčbaches bei Prachatic von einander getrennt werden.

Den westlichsten Rücken am linken Ufer des Bělčbaches bildet der
waldige Libin (3446'), der gegen Westen noch mit einem rückenförmigen
gegen 2500' hohen Plateau zusammenhängt; dieses dehnt sich über
Wolletschlag und Wojek bis zum Blánicflusse bei Husinec aus. Im Thale
des Bělčbaches liegt am Fuße des Libin die alterthümliche Stadt Prachatic. Dieser ganze Rücken besteht aus Gneiß.

Die zwei folgenden Rücken sind viel niedriger, indem sie kaum
2500' erreichen. Sie beginnen bei Chrobold und Zábor und erstrecken
sich bis Witějice und Felbern; das tiefe Thal des Goldbaches trennt sie
der Länge nach von einander bei Zábor und Frauenthal bis Witějic und
verleiht der Gegend einen freundlichen Charakter. Beide diese Rücken bestehen aus Granulit.

Der letzte Rücken, der sich zwischen den Thälern des Grubbaches
und des Wogaubaches erstreckt und einige ansehnliche Kuppen, den Matzels-
bühel (2867') bei Tisch, den Wratyberg (2694') bei Prislop, den Sträz-
berg (2334') bei Elhenic enthält, besteht wieder aus Gneiß, auch die

Filsee.

5*

Berge zwischen Herbes und Witějic, wo eine Burgruine auf einem Gneißfelsen steht.

Die Gebirgssteine dieser Bergpartie sind demnach Granulit und
Gneiß. Der Granulit (Weißstein) ist ein lichtes Gestein fast ganz aus
Feldspath bestehend und führt stellenweise kleine blaue Cyanitkrystalle und
eingesprengten Granat. Der Gneiß ist die gewöhnliche körnig streifige,
feldspathreiche Varietät, zwischen ihm und dem Granulit liegt bei Prachatic ein Lager von Hornblendegesteinen und Serpentin.

Der Schichtenbau dieser Gesteine ist sehr merkwürdig, indem die
Schichten von der Mitte des Terrains aus gegen außen nach allen Seiten
einfallen und demnach ein konvexes oder antiklinales System bilden. Das
Granulitterrain ist das niedrigere, die Gneißberge ragen auf den Rändern
über dasselbe hinaus.

Ein mächtiger Quarzgang durchsetzt den Granulit und Gneiß im
Prachaticer Thale, indem er längs der Straße von Prachatic gegen
Husinec, bis da wo die Straße von Vělé einläuft, ansehnliche Felsen-
mauern bildet. Eine solche Felsenmauer ist die Skalka südlich von Prachatic, ein in der Geschichte von Prachatic wichtiger Punkt, indem von
da aus Žižka die Stadt beschießen und nur das Haus schonen ließ, dessen
Fenster und alterthümliche Giebel man heute noch von diesem Felsen sieht
und in welchem er mit Hus wohnte, als er die Schulen von Prachatic
besuchte. Von demselben Punkte aus wurde die Stadt auch im dreißigjährigen Kriege beschossen, als der Herzog Maximilian von Baiern im
Jahre 1620 dieselbe belagerte und mit Sturm einnahm.

Südlich von dem Prachaticer Gebirge befindet sich die zweite Partie
eines Granulitgebirges und zwar bei Christianberg. Der Granulit
bildet hier ein sanft wellenförmiges gegen 3000′ hohes Plateau (Christianberg, Kirche 2810′, Salzfirchelberg bei Christianberg 3014′), welches
ringsum von hohen waldigen Gneißrücken umschlossen wird. Im Norden
erhebt sich der Libin (3346′), im Osten der mächtige Waldberg Chlum
bei Andreasberg (3752′), im Süden steigt das waldige und sumpfige
Terrain der langen und großen Au, wo die Blánice ihren Ursprung hat,
hinauf zu dem Granitrücken des Langenberges (3123′), westlich endlich
erhebt sich jenseits der thalartigen Fläche von Wallern der Schreiner und
Kubani. Das ganze Gebiet gehört schon zum eigentlichen höheren Gebirge und bildet eine eigenthümliche Waldlandschaft, die in kleinerem Maßstabe das Gefilder Plateau darstellt.

Der Schichtenbau des Gebirges ist ein anderer als bei Prachatic;
der Granulit bildet hier nämlich zwischen dem südwestlich einfallenden
Gneiße des Libin und Chlum ein kolossales Lager, welches vielleicht aber
als eine einseitig zusammengepreßte Mulde angesehen werden könnte.

Die dritte und größte Partie des Granulites bildet das Blansker

Gebirge östlich von den beiden vorigen und nur durch den nordwärts laufenden Gneißrücken von denselben getrennt, der vom hohen Pleschen (3237') östlich dem Chlum gegenüber über Elhenic bis Herbes streicht.

Der Hauptberg dieses Gebirges ist der Schöninger. Er bildet einen malerisch aufsteigenden mit üppigem Wald bewachsenen Rücken, der sich vom Moldauthal aus bei Goldenkron nordwestlich zieht. Schöne bequeme Wege führen auf den Berg hinauf entweder von Krumau oder von dem Kalschingerthal aus im Süden, wo der große Park von Rothenhof allmälig in den Wald übergeht, der selbst parkartig von Wegen durchschnitten wird. Am Gipfel bildet der Weißstein malerische Felsengruppen. Auf der höchsten Kuppe (3324') steht der sogenannte Josephsthurm, ein breiter massiv gebauter Thurm, in welchem ein Waldheger Erfrischungen und nöthigen Falls auch ein Nachtlager uns anbietet. Die Aussicht von diesem Thurme ist die schönste im ganzen Böhmerwalde. Gegen Norden übersieht man die ganze Budweiser und Wittingauer Ebene, man sieht die zahlreichen Teiche im Sonnenlichte erglänzen und das Frauenberger Schloß hervorleuchten, das mittelböhmische Bergland dehnt sich vor uns bis in die Gegend von Prag aus, gegen Westen erheben sich die Waldrücken des Kubani, Chlum und Pleschen, dann weiter hinter ihnen das Waldplateau von Außergefild, über welche der Lusen und Rachel als kleine Kegel emporragen, gegen Südwest dehnt sich der lange Rücken des Dreisesselberges und Plöckelsteines aus, an den sich dann weiter der runde Waldrücken des Thomasgebirges mit seiner Ruine anschließt. Gegen Süden ist nur niedrigeres Bergland mit dem tief eingefurchten Moldauthal zu sehen, bis sich gegen Südost und Ost das böhmisch-mährische Gebirge wieder erhebt und den Horizont abschließt. Ueber das niedrigere Bergland hinaus gegen Süden erblickt man die prachtvolle Kette der Kalkalpen vom Wiener Schneeberge angefangen bis zum Watzmann. Die zackigen Konturen desselben, die schneebedeckten Gipfel des Dachsteines schneiden sich namentlich abends so rein und scharf und in einer so zauberhaften Mannigfaltigkeit vom blauen Himmelsgewölbe ab, daß man stundenlang diese Aussicht genießen kann, ohne zu ermüden. Dankend wird jeder Wanderer des edlen Erbauers dieses Thurmes (Fürsten Schwarzenbergs) gedenken, wenn er diesen herrlichen Punkt verläßt, um seine Reise fortzusetzen.

Der Rücken setzt sich von da in niedrigeren Wellenlinien gegen Nordwest fort, von Schluchten mannigfach zerrissen und überall von Wald bedeckt. Durch eine Einsattelung bei Mistelholz (Forsthaus in Mistelholzkollern 2291') führt der Weg von Kalsching nach Berlau; jenseits dieser Einsattelung erhebt sich der Albertenstein (2933') und der fast eben so hohe Abteiberg, der gegen das Thal von Dobrusch abfällt.

Nördlich vom Schöninger und dem beschriebenen Rücken zieht sich das ansehnliche Thal des Berlauer Baches über Berlau, Krems bis zur Moldau, wo auf einem Weißsteinfelsen die schönen Ruinen der Burg Maidstein (1398') stehen. Jenseits dieses Thales streicht ein dem Schöninger paralleler aber niedrigerer Waldrücken, dessen Fuß schon auf der Budweiser Ebene steht. Die höchste Kuppe dieses Rückens ist der Kluk (2328') nördlich vom Dorfe Krems, die anderen hohen Kuppen sind der Kořenač (hohe Wurzen 2133'), der Berg Běta (Lieselberg 2252'), der mit dem Groschumer Waldberg (2414') zusammenhängt und gegen das Hügelland bei Netolic abfällt.

Ein durch den Berlauer Bach durchbrochener Querrücken verbindet nordwestlich die beiden Längsrücken des Schöningers und Kluk, es erheben sich auf demselben der Buglata (2618'), der Kroatenberg (2171'), der Schloßberg der Ruine Kugelweit (2268') und so schließt sich das Blansker Gebirgssystem amphitheatralisch um das Kremser Thal, ringsum von niedrigerem Bergland umschlossen. Nur südlich läuft vom Kalsching und Kriebaum, vom Blansker Wald durch das Kalschinger Thal getrennt, ein waldiger Ausläufer bis nach Stein und Ottenschlag, der am hohen Stein bei Tussetschlag 2819' erreicht.

Das ganze Gebiet südlich vom Blansker Gebirge bis zur Moldau ist bloß wellenförmiges Hügelland, über welches sich einzelne Waldkuppen nicht hoch erheben (Olschhof an dem Olschbach 2179', Kuhhübl bei Höritz 2740', Mugrau 2469', Kreuzberg bei Kirchschlag 2611'). Erst an der Moldau zwischen Friedberg und Rosenberg wird das Terrain höher und es erreicht da der waldige Golitschberg 3112'.

Das ganze höhere amphitheatralisch gebaute Gebirge, so wie der südliche Ausläufer gegen Stein besteht aus Granulit. An seinen Begränzungen mit dem Gneiß entwickelt sich eine Zone von Hornblendegesteinen, die stellenweise in Serpentin übergeht, so namentlich bei Ernin, Zábor, Dobrusch, Richterhof und Ottetstift. Im Kremserthale ist dem Granulit eine mächtige Partie von Serpentin aufgelagert, die durch Verwitterung in Brauneisenstein übergeht und eine Menge von Halbopal, Chalcedon und Magnesitknollen enthält. Das niedrigere Gebirge besteht durchgehends aus Gneiß, der eine Zone von Urkalk und Graphitlagern enthält, die von Stuben über Mugrau, Passern, Weislowitz gegen Pohlen und Krumau mit mannigfachen Windungen läuft.

Der Urkalk wird in dieser Zone an vielen Orten gebrochen, der Graphit aber vorzüglich bei Schwarzbach, Mugrau, Stuben bergmännisch abgebaut und ist durch zahlreiche Versuchsbaue noch an vielen Punkten südlich, südwestlich von Krumau aufgeschlossen. Der Graphit bildet lange Lagerzüge im Gneiß, die gewöhnlich mit Urkalk und Hornblendegesteinen in Verbindung stehen. Die Mächtigkeit derselben wechselt von einigen Fuß bis sieben Klafter. Er ist vorherrschend unrein, dicht und grob-

Plane.

blätterig, oft durch Quarz, Kaolin und Eisenkies verunreinigt und muß durch Sortirung und Auswaschung für den Handel vorbereitet werden. Die Hardtmuth'sche Fabrik in Krumau verwerthet einen bedeutenden Theil desselben durch Verfertigung von Bleistiften und Tiegeln, ein großer Theil wird auf der Moldau nach Prag und von da nach Hamburg und nach England verschifft.

Der Schichtenbau des Gebirges entspricht einer Mulde.

Die Gneißschichten, welche das niedrigere Hügelland südlich vom Blansker Walde bilden, streichen anfangs östlich mit nördlichem Einfallen, wenden sich aber an der Moldau oberhalb Krumau nordöstlich mit nord-westlichem Einfallen und vermitteln so den Uebergang des Böhmerwald-systemes zum böhmisch-mährischen Systeme. In dem Winkel nun, den diese beiden Streichungslinien bilden, ist die große Granulitmulde des Blansker Waldes abgelagert.

Die Granulit- so wie die sie unterlaufenden Gneißschichten fallen nämlich in dieser Mulde, deren Are nordwestlich streicht, sämmtlich gegen die Are und bilden eben dadurch das beschriebene ringförmige Gebirgssystem.

Topographische Notizen. Die Bewohner des Prachatic-Krumauer Gebirges sprechen zum größten Theile deutsch. Nur die nördlichen Abfälle unterhalb Prachatic und das Kremserthal werden von Böhmen slawischer Zunge bewohnt.

Die Sprachgränze geht von Krumau über den Schöninger gegen Kugelweit, wendet sich dann nördlich gegen Holschowic, Stritic, dann westlich gegen Groschum, von da südlich gegen Klein-Zmietsch und läuft über Prislop, Klenewic, Frauenthal, Schlag, Rohn, Tounetschlag, dann über den Berg Libin nach Wolletschlag und Prachatic, von wo aus die Sprachgränze westlich nach der früher bei dem Gebirgsstocke des Kubani angedeuteten Linie verläuft.

Die Bewohner nähren sich größtentheils von der Landwirthschaft, in der Umgebung von Prachatic auch von Gewerben, namentlich finden sie in der Verfertigung von Posamentirwaaren ihre Nahrung. Auf dem ehemaligen Herrschaftsgebiete Krumau wird in den höher gelegenen Ortschaften auch die Leinweberei emsig gepflegt. Auch der Wald gibt besonders im Winter einer Menge von Arbeitern Beschäftigung.

Die merkwürdigeren Orte sind:

Prachatic, eine wegen ihrer vielen alterthümlichen Häuser höchst interessante Stadt in einem tiefen Thale am Belsbache. Ehedem war sie der Hauptstapelplatz des Salzhandels, der von hier aus über den sogenannten goldenen Steig nach Passau geführt wurde. In der geschichtlichen Abtheilung wird über diese Stadt Näheres mitgetheilt werden.

Husinec, nördlich von Prachatic am Blánicflusse, ein unansehnlicher Marktflecken, aber berühmt als Geburtsort des Johann Hus. Man zeigt im Orte sein kleines Geburtshaus und vor dem Orte einen Felsen, an dem er als Knabe häufig in Bücher vertieft saß. Bedeutungsvoll ist die hier und in der Umgebung häufig gehörte Sage, daß es jedesmal im Orte brenne, wenn ein von Husinec Gebürtiger die Priesterweihe erhalte.

Witejice, ein böhmisches Pfarrdorf am Olschbache mit den Ruinen einer Burg. Hier und in dem nahen Dorfe Hracholusk wird das Böhmische mit einem eigenthümlichen Accent und mit besonderen Redewendungen gesprochen.

Lhenice, Elhenice, ein böhmischer Marktflecken mit Ueberresten einer Burg im Meierhofe.

Frauenthal, ein deutsches Dorf am Goldbache mit einer alten Kirche.

Christianberg, ein hoch am Gebirgsplateau liegendes deutsches Pfarrdorf (Kirche 2810'), vom Fürsten Christian von Eggenberg in der ehemals wüsten Waldgegend angelegt. Der Feldbau ist hier schon kärglich und die Bewohner finden hauptsächlich Beschäftigung im Walde, sind auch fleißige Spinner und Weber.

Ernstbrunn an der Blánice, südwestlich von Christianberg, ist eine große Glashütte.

Andreasberg, ein weit zerstreutes deutsches Dorf an der Südseite des 3752' hohen Chlumberges in hoher Lage (Pfarrkirche 3031'). Die Bewohner bauen viel Flachs und finden in dessen Verarbeitung ihre hauptsächliche Nahrung. Von der Kirche genießt man einen prächtigen Ueberblick des Gränzgebirges und weit darüber hinaus bis zu den Alpen.

Kugelweit, ein Dorf südlich von Elhenic zwischen Waldbergen liegend, mit Ruinen einer Burg und eines Klosters, welches im dreißigjährigen Kriege zerstört wurde.

Brloh, böhmisches Dorf, im malerischen Thale nordwestlich vom Blansker Wald, hat trotz seiner hohen Lage noch eine auffallend gute Obstbaumzucht, namentlich stud hier in den engen vor Winden geschützten Thälern förmliche Kirschbaumhaine.

Kremje (Krems), ein böhmisches Dorf im Thale nördlich vom Blansker Walde, mit dem Fürst Schwarzenberg'schen Eisenwerke Adolphsthal in der Nähe.

Bei dem Dorfe Trisow stehen am Ausflusse des Kremserbaches in die Moldau auf einem steilen Felsen die malerischen Ruinen der Burg Maidstein. Auf der Halbinsel südlich von der Burg findet sich ein uralter Steinwall, dessen Ursprung vielleicht in vorhistorischer Zeit zu suchen ist.

Goldenkron, im tiefen Moldauthal am östlichen Fuße des Blansker Waldes, ein ehedem berühmtes nun aufgehobenes Cisterzienserkloster mit einer großen gothischen Kirche. Im Klostergebäude befindet sich nun eine Zündhölzchenfabrik. Näheres über Goltenkron in der geschichtlichen Abtheilung.

Krumau (Krumlov), ebenfalls im Moldauthale östlich vom Blansker Walde, ist eine sehr interessante alterthümliche Statt mit einem großen Fürst Schwarzenberg'schen Schlosse. Ausführliches wird darüber in der geschichtlichen Abtheilung angeführt werden.

Kalsching (Chvalšiny), im Thale am südlichen Fuße des Blansker Waldes gelegen, ein Marktflecken mit einer schönen und großen gothischen Kirche vom J. 1491. In der Nähe ebenfalls im Thale gelegen ist Rothenhof, ein Fürst Schwarzenberg'sches Sommerschloß mit einem weitläufigen Parke, der mit den Wäldern des Blanskers zusammenhängt.

Die hügelige Gegend südlich vom Blansker bis zur Moldau ist mit zahlreichen deutschen Dorfschaften besäet, von denen einige wie Poletic, Stein, Honnetschlag, Ogfolderbayd u. a. sich durch die solide Behäbigkeit ihrer Höfe auszeichnen. Sämmtliche Dörfer dieser Gegend haben neben ihren jetzigen deutschen Namen auch alte ganz abweichend klingende böhmische Benennungen, wie Ogfolderbayd = Jablonec, Reith = Loutka, Stein = Polná, Platetschlag = Mladonov, Pinketschlag = Skalné u. s. w. Die Germanisirung wurde erst unter den Fürsten Eggenberg im 17. Jahrhunderte durch Ansiedelung von Deutschen (theilweise Steiermärkern) in die vom dreißigjährigen Kriege verheerte Gegend ausgeführt.

Bei dem Dorfe Schwarzbach ist ein bedeutendes Graphitbergwerk im Betrieb

5. Der Plöckelsteiner Gränzrücken und das Salnauer Gebirge.

Dieser Theil des Böhmerwaldes ist eine der schönsten und groß=
artigsten Gebirgspartien desselben und erhebt sich als scharf markirter
Rücken südwestlich vom letztbeschriebenen Terrain an der Gränze von Ober=
österreich, Baiern und Böhmen. Mit ihr schließt der eigentliche Böhmer=
wald gegen Süden ab, indem das Mittelgebirge zwischen dem böhmisch=
mährischen Plateau und dem eigentlichen Böhmerwalde eine selbständige
Gebirgsgruppe den sogenannten Greinerwald bildet, der zur Donau
sich abflacht. Ueber dieses Mittelgebirge führen von Böhmen nach Ober=
österreich mehrere Straßen, so die Budweiser Straße und die Eisenbahn
über Kaplitz durch den Paß von Kerschbaum nach Linz, die Straße von
Hohenfurth nach Leonfelden, von Unterwuldau durch den Paß von Aigen
nach Rohrbach und der Fürst Schwarzenberg'sche Flößkanal von Glöckel=
berg ins Mühlthal.

Eine Beschreibung dieser Partie ist nicht in unserem Plane, doch
wollen wir, das Moldauthal von der Budweiser Ebene verfolgend und
so von Neuem ins Gebirge eindringend, nebenbei eine kurze Charakteristik
desselben geben, da einige durch ihre Schönheit oder wilde Gebirgsnatur
ausgezeichnete Partien hieher gehören.

Die von Nord nach Süd gerichtete Gebirgsspalte, durch welche der
Moldaufluß gegen Norden abfließt, öffnet sich bei Payreschau in die
Budweiser Ebene. Von da an bis oberhalb Rosenberg beim Einflusse
des Hainbaches ist das Thal eng und felsig, mannigfach gewunden, aber
die Hauptrichtung im Ganzen doch einhaltend.

Die Gesteine der Thalwände sind Gneißvarietäten, nur zwischen
Maidstein und Goldenkron am Fuße des Blansker Waldes steht auch
Weißstein an. Malerische Partien sind hier namentlich bei der Ruine
Maidstein, bei Goldenkron mit dem großen nun aufgehobenen Stiftsgebäude
der Cisterzienser, vor allem aber bei Krumau, wo ein imposantes Schloß
über der alten Stadt sich erhebt und das Kalschingerthal sich öffnet. Bei
Schömern tritt das Thal in Glimmerschiefer ein, der mitten zwischen dem
Gneiße des Krumauer Gebirges und dem Granit des Gränz=Mittelge=
birges eingelagert ist und eine nordöstlich streichende, nordwestlich ein=
fallende Zone bildet, die etwa zwei Meilen breit von Weleschin bis Henraffel
unterhalb Friedberg läuft und von der Moldau zwischen Schömern bei
Ottau und Seisten südlich von Rosenberg durchbrochen wird. Das Moldau=
thal wird hier von langen waldigen Rücken begleitet, auf deren einem
Felsenvorsprung die Burg Rosenberg in malerischer Umgebung sich erhebt.

Aubani.

Unterhalb Rosenberg tritt die Moldau ins Granitterrain des Gränzgebirges ein und das Thal ändert alsogleich seine Richtung, so wie seine
Beschaffenheit. Es wendet sich nämlich westwärts und behält diese Richtung im Allgemeinen bis Heurassel. Bei Hohenfurt ist es von abge-
rundeten Waldbergen begränzt, oberhalb dieses alten Cisterzienserstiftes
tritt es in ein engeres Thal ein, das sich endlich zwischen dem Kienberg
und der Teufelsmauer zu einer engen gewundenen, zwei Stunden langen
Schlucht verengt, durch welche das eingezwängte Wasser über ungeheure
Granitblöcke stürzt.

Ein guter Fußsteig führt am linken Ufer neben diesen prächtigen
Katarakten bis zu einer malerischen Thalweitung bei Kienberg, wo zwei
kleine alte gothische Kirchen, je eine an jedem Ufer, dann ein Hammerwerk und verschiedene Wohnhäuser das stille Thal beleben. Oberhalb
Kienberg verengt sich das Thal wieder und der Fluß bildet abermals
ansehnliche Katarakte bis Neuhäusel, wo der Fluß aus dem Granit tritt.
Am linken Ufer erhebt sich nun da der Gneißrücken des Golitsch (3112'),
am rechten Ufer das abgerundete granitische Thomasgebirge, auf dessen
höchster Kuppe die Ruinen der Burg Wittingshausen (3291') weit ins
Land hinein blicken.

Das Städtchen Friedberg liegt im Moldauthal zwischen diesen beiden Berggruppen, von da an wird das Thal aber breit und der Fluß
wendet sich vielfach zwischen sumpfigen Auen gegen Unter-Wuldau und
Ober-Plan, zwischen welchen Städtchen der von Norden aus dem Gra-
nulitgebirge kommende Olschbach einmündet, und zieht sich dann rechts vom
hohen Gränzrücken des Plöckelsteines, links von den Salnauer Bergen
eingeschlossen, in nordwestlicher Richtung bis zur großen Thalweitung der
sumpfigen Filzau oberhalb Schönau, wo die aus dem granitischen Gränzgebirge kommende kalte Moldau sich mit der eigentlichen oder warmen
Moldau verbindet. Weiter hinauf bei Eleonorenhain und Ober-Moldau
bilden rechts die Gehänge des riesigen Kubani, links der Tussetwald und
die Schillerberge die großartige Umsäumung des Moldauthales.

So sind wir dem Strome nach aufwärts wandernd mitten ins granitische Gränzgebirge eingedrungen, welches hier zu beiden Seiten der
Moldau mächtig emporsteigt. Das Gebirge am linken Moldauufer ist
das Salnauer Gebirge, das am rechten Ufer der Plöckelstein mit dem
Dreisesselberg.

Das Salnauer Gebirge erhebt sich zwischen Ober-Plan und
Wallern steil aus dem Moldauthal bei Salnau und Schönau zu einem
beiläufig 3000' hohen von wilden Schluchten zerrissenen und mit unzähligen Blöcken bedeckten Plateau, welches nordwärts von dem Granulitplateau
von Christianberg nur durch die sumpfige und hohe Waldwildniß der
langen und großen Au getrennt ist. Das Gebirge besteht durchgehends

aus grobkörnigem Granit, der von Gneiß unterteuft wird. Kleinere Gra-
nitberge erheben sich mitten aus dem Gneiße schon bei Höriz, Schwarzbach und Ober = Plan, die kompakte Salnauer Granitmasse beginnt erst
bei Salnau mit dem Sternberg (3536'), Spitzberg (3846'), an welche
sich nordwestlich die Fuchswiese (3720') und der Langenberg (3123')
anschließt. Der Steinschichtberg (3519') südöstlich von Wallern schließt
diese wilde Gebirgspartie ab. Der ganze Gebirgszug ist mit dichtem
Wald, in den Schluchten mit Urwald bedeckt, aus dem die kolossalen
Felsengruppen und Steinwände der Schluchten und Berglämme emporragen. Von Hintering führt über den Langenberg ein Weg nach Ernstbrunn und durchschneidet quer das ganze Gebirge.

Wenn wir nun das Thal der Moldau (Niveau bei Spitzenberg
2093') überschreiten, so erblicken wir vor uns thalab und thalauf die
weiten moorigen Wiesen, welche den ganzen ebenen Raum zwischen beiden
Gebirgszügen ausfüllen. Hie und da erheben sich Gruppen von Kiefern
aus den Wiesen, oder Erlen, der größte Theil ist aber mit Sumpfmoos
bedeckt. Jenseits der Moldau blickt auf uns der Plöckelstein herab, einem
ausgebrannten Vulkan vergleichbar, da die runde Schlucht, in der sich
der Plöckelsteiner See befindet, weit hin sichtbar ist. Der ganze Gränz-
gebirgezug läßt sich vom Thal gut übersehen. Wir sehen, wie sich der
lange Gränzrücken bei Glöckelberg zum Paß absenkt, durch welchen der
Schwemmkanal die bloß 2443' hohe Wasserscheide überschreitet. Dieser
Paß trennt zugleich das Thomasgebirge vom Plöckelsteinzuge und bildet
deßhalb die natürliche Gränze des Böhmerwaldes. Als ein nordöstlich
laufender Waldrücken beginnt dieser Zug am Kanalpasse mit dem runden
Schindlauer Berge (3402') und erhebt sich über die Waldstrecke „Schöne
Ebene" rasch zum Hochfichtet (4226'); dann folgt am Rücken die Kuppe
des Reischelberges (3383'), von wo sich der Rücken gegen 3000' absenkt,
um aber plötzlich die höchste Kuppe dieses Zuges, den Plöckelstein (4352')
zu erreichen; nun zieht sich der Rücken ohne unter 4000' zu sinken zum
Dreieckstein an der dreifachen Gränze Böhmens, Oberösterreichs und
Baierns (4126') und endlich zum Dreisesselberg (4116') und Hohenstein
(4140') auf bairischer Seite, wo das Gebirge zu einem 3000' hohen
Plateau abfällt, welches auf sechs Stunden Weges bis zum südlichen
Rande des Außergefilder Plateau's einen weiten Paß des Böhmerwaldes
bildet, durch welchen über Kuschwarta die Winterberger Straße nach
Passau führt.

Gegen Oberösterreich und Baiern fällt dieser Rücken steil ab und
verläuft dann allmälig zum Donauthal, nur vom nordwestlichen Ende
des Dreisesselberges zweigt sich in Baiern südwestlich ein Gebirgszweig
zwischen Waldkirchen, Hauzenberg und Wegscheid ab, der bis zur Donau
läuft und in seiner nördlichen Haupterstreckung Frauenwald heißt. Ein

kürzerer aber viel höherer Zweig läuft gegen Norden vom Plöckelstein aus und füllt mit seinen Nebenzweigen den Raum zwischen der kalten und warmen Moldau aus, ein Nebenarm von dem vorigen durch das Thal des Huschenbaches getrennt heißt der Hochwald (3299') und Hirsch= berg und bildet gegenüber von Salnau=Schönau einen mächtigen Waldrücken.

Wollen wir das Gebirge besteigen, so ist es am bequemsten, vom Salnauer Jägerhaus im Moldauthale ins Gebirgsthal einzulenken, welches zwischen dem Plöckelstein und Hirschberg zum Hirschberger Forsthaus führt und vom Seebache bewässert wird. Wir gelangen so auf bequemer Straße unmittelbar zu dem höchst merkwürdigen Fürst Schwarzenberg'schen Schwemmkanal, der das Flußgebiet der Moldau mit dem der Donau verbindet. Die Länge dieses Kanals beträgt 27050 Klafter 6·7 Meilen. Er beginnt am nördlichen Fuße des Dreisesselberges mitten im Urwald (2904') und windet sich in vielfachen Krümmungen längs den Abhängen der Waldberge bis in die Nähe des Hirschberger Forsthauses, wo durch den Querarm, der den Hochwald und Hirschberg mit dem Plöckelstein verbindet, ein 221 Klafter langer, 8½' breiter und 8' hoher Tunnel getrieben ist, durch den der Kanal geführt wird. An der Mündung des Tunnels geht eine 161 Klafter lange hölzerne Wasserriese mit einem Ge= fälle von 179½', in der das geschnittene Holz zur Zeit der Holzschwemme pfeilschnell herabschießt. Am unteren Ende der Holzriese steht das Hirsch= berger Forsthaus (2617'), von dem sich der Kanal dann längs dem Ge= birgsrücken über Neuhütten, Hüttenhof, Glöckelberg geht; er führt dann eine Strecke durch oberösterreichisches Gebiet (2517'), überschreitet am Rosenhügel an der Haslacher Straßenbrücke (2444') die Wasserscheide und mündet in den Bruchenbach (2099'), der mit dem Reichenauerbach vereint bald nach Oberösterreich sich wendet und bei Haslach in den Mühlfluß fällt (1552'). Vom Mühlflusse wird das Holz in die Donau und von da auf Schiffen oder Flößen nach Wien befördert und so jährlich gegen 26000 Klafter verführt, die größtentheils in Wien Absatz finden.

Außer diesem Hauptkanal sind noch einige Seitenkanäle angelegt und mehrere zufließende Bäche kanalisirt, die Länge dieser Nebenkanäle beträgt 2373 Klafter. Zur Speisung des Kanals werden alle vom Gränz rücken abfließenden Bäche benützt, namentlich aber im Frühjahre der Seebach, der Abfluß des am Fuße des Plöckelsteines liegenden Sees, der durch einen Damm aufgestaut das Wasser zur Verflößung des oben ge= fällten und in den See geworfenen Holzes liefert.

Der Kanal ist 3' tief und an der Sohle 6' breit, zum Theil mit Granitquadern ausgemauert oder im Granit selbst ausgehauen. Um die Versandung zu verhüten, sind stellenweise überlattete Sandkammern an= gelegt, die durch Oeffnung von Schleusen plötzlich geleert werden können. Der Erbauer dieses merkwürdigen Kanals ist der ehemalige Forstingenieur

Clanorrmhain.

Rosenauer, der schon als Laufbursche bei dem Hirschberger Förster die Idee einer regelmäßigen Kanalisirung der weiten Urwaldstrecken erfaßte. Fürst Johann Schwarzenberg, dem dies gemeldet wurde, ließ ihn studiren und als ausgebildeter Ingenieur begann er im Jahre 1789 das große Werk, wozu der Staat ein dreißigjähriges Privilegium ertheilte. Der Kanal wurde aber nur bis zum Hirschberger Forsthaus geführt. Um auch die jenseits dieses Forsthauses gelegenen Urwälder nutzbar zu machen, wurde im Jahre 1821 der Tunnel und die obere Strecke des Kanals erbaut. Der Urwald, der den Gebirgsrücken ehemals bedeckte, ist nun zum größten Theil abgetrieben und durch neue kräftig gedeihende Kulturen ersetzt, indessen sind längs dem oberen Kanal noch weite Strecken unberührten Urwaldes, so namentlich im Jokeswalde und Hochwalde, so wie an vielen Orten des weniger zugänglichen Rückens.

Ein Fußweg, der Seesteig, führt uns durch einen üppigen Fichtenbestand von der Einmündung des Seebaches in den Kanal zuerst zu einer sumpfigen Fläche, der Seeau, und dann über kolossale Granittrümmer steil hinauf zum Plöckelsteiner See. Der See selbst liegt 3376' hoch und hat eine höchst malerische Umgebung, eine Granitwand erhebt sich senkrecht über ihn 900' hoch. Steigt man nun vom See hinauf auf den Rücken über ein Haufwerk von kolossalen Blöcken und wendet sich längs der Gränze gegen Nordwest, so gewahrt man die Kuppen des Plöckelsteines und Dreiecksteines als riesige Gesteinshaufen, zwischen denen mit Knieholz bewachsene morastige Flächen und verkrüppelter Fichtenurwald sich ausdehnt. Die schönste Partie ist aber zwischen dem Dreieckstein und dem Dreisesselberg. Eine aus dicken Granitplatten aufgebaute Mauer muß hier vor Zeiten sich erhoben haben. Diese Mauer ist nun größtentheils eingefallen, aber einzelne Partien derselben, Ruinen von Riesenburgen vergleichbar, sind stehen geblieben und ragen aus dem Walde hervor. Der Königsstein und der Dreisesselberg (beide schon bairisch) sind die größten dieser Partien, der Hohenstein der letzte, indem das Gebirge von da zum Querthale der kalten Moldau abfällt. Der Dreisesselberg besteht aus einer isolirten Gruppe von plattenförmigen auf einander gehäuften Granitblöcken, auf deren Spitze eingehauene Treppen führen und da drei Lehnsesseln ähnliche Vertiefungen zeigen, von denen die Sage erzählt, es seien einst die Regenten der drei hier angränzenden Länder zu Rathe gesessen, woher auch der Berg seinen Namen erhalten habe. Von bairischer Seite wird der Dreisesselberg häufig besucht, auch werden da im Sommer häufig fröhliche Feste gefeiert (namentlich am 25. Juli Schützenfest), an denen Baiern und Böhmen Theil nehmen. Eine herrliche Aussicht öffnet sich vom Dreisesselberg weit bis über die Donau zu den Alpen und nach Böhmen bis zum Außergefilder Plateau, dem Kubani, Schöninger und über diesen hinaus ins mittlere Böhmen. Interessant ist der Unterschied des Waldes auf bairischer und böhmischer Seite. Während man auf bairischer Seite nur kleinere Waldparzellen zwischen dem Ackerlande erblickt, dehnt sich über das böhmische Gebirge ein unübersehbarer Wald aus. Die für den Feld- bau günstigere Lage der bairischen Seite, hauptsächlich aber der verschiedene Besitzstand diesseits und jenseits der Gränze sind die Ursachen dieser Erscheinung. Während in Baiern eine Menge kleinerer Güter an einander gränzen, gehört in Böhmen der ganze Wald fast ausschließlich einem einzigen Herrn, dem Fürsten Schwarzenberg. Daß für die Erhal- tung und rationelle Kultivirung des Waldes dieses letztere Verhältniß entschieden günstiger ist, das zeigt der Anblick des Waldes selbst.

Ein schöner und sehr bequemer Fahrweg führt auf der bairischen Seite herab gegen die Lackenhäuser. Am Fuße des Dreisesselberges liegt hier am Waldsaume ein großes wohl eingerichtetes Gasthaus, zum Rosen- berger genannt, wo der Reisende eine vortreffliche Unterkunft findet. Man kann von da über das gegen 3000' hohe Mittelgebirge auf einem Fahr- wege nach Böhmen über Neu- und Alt-Reichenau, Frauenberg ins Thal der kalten Moldau, welche in diesem Mittelgebirge auf bairischer Seite entspringt, und von da nach Tusset gelangen, wenn man es nicht vor- zieht, unmittelbar vom Dreisesselberge durch den Fichtenurwald nach Neu- thal (Forsthaus 2614') herabzusteigen. In den Urwaldstrecken des Neu- thaler Reviers hielten sich Bären bis zur jüngsten Zeit auf, noch im Jahre 1856 wurde ein altes Exemplar geschossen, welches nun im Frauen- berger Forst-Museum ausgestopft steht.

Unter Neuthal windet sich die kalte Moldau zwischen den wildesten Waldbergen dahin, rechts erheben sich die Ausläufer des Dreisesselberges, der große Eselwald, der Birkenberg, die Kiesberge, links aber der Farrenberg und der Tusseter Wald (3354'), ein abgerundeter mit dichtem Wald be- deckter Berg, aus dessen Dunkel ein Wallfahrtskirchlein hervorleuchtet und eine Burgruine vom zackigen Granitfelsen aufragt. Eine große Resonanz- bretschneidemühle steht am Fuße des Tussetberges im Thale.

Auf einem guten Fahrweg gelangen wir von Tusset längs dem Mühlaubache zwischen dem Tussetberge und Farrenberge nach Böhmisch- Röhren (Kirche 2906'), einem ehemaligen Stationsplatze des goldenen Steiges. Nordwärts läuft von hier ein hoher waldiger Rücken, die Schillerberge genannt, bis zum Moldauthal gegenüber von Eleonorenhain. Der Weg führt aber nordwestlich über sich abstufendes Bergland ins Thal der grasigen Moldau gegen Kuschwarta. Die grasige Moldau entspringt in dem schon erwähnten etwa 3000' hohen Mittelgebirge, welches sich zwischen dem Dreisesselberge und dem Außergefilder Plateau ausdehnt und vereinigt sich bei Eleonorenhain mit der warmen Moldau. Kusch- warta selbst liegt in einem paßartigen Einschnitte des Gebirges zwischen den Schillerbergen und dem Schlößelberge (3623'), auf dessen östlichem

Abhange die Ruinen einer kleinen Veste stehen. Mit dem Schlößelberge hängen noch andere Waldberge zusammen, welche zum Außergefilder Plateau bei Buchwald aufsteigen, so der Röhrenberg (3566'), der Kreißelberg, der Langenruckberg. Am westlichen Fuße dieser Berge führt von Kuschwarta ein Weg hinauf über Scheuereck (der Scheuereckenberg 3332') nach Fürstenhut (neues Forsthaus 3116') und Buchwald.

Wie schon einigemal Gelegenheit war zu erwähnen, besteht das ganze besprochene Gebiet aus Granit und zwar die Salnauer Berge und der Plöckelsteiner Rücken vom Schindlauerberg an bis auf den Dreisesselberg mit allen seinen Vorbergen bis zum Moldau- und Donauthal aus grobkörnigem Granit.

Der Tussetberg und die Berge nordwestlich von Kuschwarta bis Fürstenhut bestehen aus porphyrartigem Granit mit großen Feldspathkrystallen, die Schillerberge aber, der Kreißelberg, Röhrenberg ist aus Gneiß zusammengesetzt, in welchem aber von Kuschwarta angefangen bis Außergefild eine Zone von eigenthümlichem Granitporphyr mit feinkörniger Grundmasse und großen Feldspathkrystallen vorkömmt. Die Lagerungsverhältnisse dieses Granitporphyres sind unbekannt, da er nur in Blöcken anzutreffen ist. Was den eigentlichen Granit anbelangt, so bildet er ein kolossales Lager im Gneiß, denn in Böhmen wird er von Granit bedeckt, in Baiern aber von Gneiß unterteuft. Eine schmale Gneißzone trennt ihn im Paß von Aigen vom Granite des Stt. Thomasgebirges, ebenso wendet er sich von Fürstenhut wieder nach Baiern, tritt aber am Marberg ober Pürstling wieder in Böhmen ein. Auf der bairischen Seite verbreitet er sich bis zur Donau, wo ein Streifen von Gneiß auftritt und unter den Granit nordöstlich einfällt.

Topographische Notizen. Die Bewohner sprechen durchgehends deutsch und nähren sich vorzüglich von den Beschäftigungen im Walde, theilweise auch von der Leinweberei. Im Moldauthale und im Berglande längs dem Flusse wird auch Ackerbau betrieben.

Die merkwürdigeren Orte sind:

Im Moldauthale von Nord nach Süd: Ottau (Záton, Otov), ein Dorf mit einer alten gothischen Kirche vom Jahre 1409.

Rosenberg (Rožmberk), ein Städtchen mit dem Stammschlosse des berühmten Herrengeschlechtes der Rosenberge. Siehe geschichtliche Abtheilung.

Hohenfurth (Vyšši brod), Städtchen mit einem großen Cisterzienserkloster. Siehe geschichtliche Abtheilung.

Kühnberg mitten zwischen den Moldaukatarakten, mit zwei alten gothischen Kirchen, je eine an den gegenüberliegenden Ufern der Moldau gelegen, in einem malerischen Thale. Beide Kirchen sind den Heil. Prokop und Ulrich geweiht, aber bloß die am rechten Ufer dem Gottesdienste gewidmet.

Friedberg, ein alterthümliches Städtchen mit einer alten Kirche.

Unter-Wuldau (Vltavice dolni), ein Marktflecken am Fuße des nach Aigen in Oberösterreich führenden Passes.

Ober-Plan (Planá), ein nett gebauter Marktflecken mit einer alten gothischen Kirche, die schon im Jahre 1384 bestand.

Wallern.

6*

Salnau und Schönan sind zwei größere Dörfer im breiten Moldauthale zwischen dem Plöckelsteine und dem Salnauer Gebirge gelegen

Hoch auf dem Rücken des Salnauer Gebirges liegt Ober-Schneedorf
in einer Seehöhe von 3230', eines der höchsten Dörfer des Böhmerwaldes.

Im Gränzgebirge liegt das Dorf Skt. Thomas mit den Ruinen der
Burg Wittinghausen und einer herrlichen Aussicht auf die Alpen.

Glöckelberg, ein Dorf bei dem Austritte des Fürst Schwarzenberg-
schen Kanales nach Oberösterreich. In der Nähe ist die Glashütte Josephsthal.

Bei Hirschberg, einem von Holzbauern bewohnten Dorfe, ist der
sehenswerthe Tunnel des Schwemmkanales und bei dem Salnauer Jägerhause
eine neu angelegte große Flachsröste.

Tusset am Fuße des Tussetberges, hat eine große Resonanzholzschneide-
mühle. Auf dem Gipfel des Berges ist die Ruine einer Gränzveste und im
Waldesdunkel eine Wallfahrtskapelle.

Böhmisch-Röhren (České Trouby, Koryto), ein ehemaliger Sta-
tionsplatz am goldenen Steig, wo die Saumpferde getränkt wurden, nun der
Sitz eines Zollamtes.

Kuschwarta (Kunžvart), am Passe, durch welchen die Passauer Haupt-
straße führt, mit einem Zollamte. Man findet im Postgasthof eine gute Unterkunft und kann diesen Ort als Centralpunkt für größere Ausflüge wählen. Auf
dem nahen Schlöffelberge sind die Ruinen einer Gränzveste.

6. Der künische Wald.

Der künische Wald bildet den nordwestlichen Theil des Böhmerwaldes und senkt sich mit seinem Fuße zu dem großen Passe von Neugedein ab. Er gehört größtentheils zu dem Gebiete der königlichen (künischen) Freibauern und hat darnach seinen Namen erhalten.

Das Gebirge hat eine ausgesprochene individuelle Form und unterscheidet sich durch seine scharfen Rücken mit zackigen Kuppen auffallend
von dem umliegenden Gneißgebirge. Diesem entspricht auch vollkommen
seine geognostische Beschaffenheit. Der künische Wald besteht durchaus
aus Glimmerschiefer und zwar aus sehr quarzreichen Varietäten desselben.

Wir wollen, indem wir vom zuletzt verlassenen Granitterrain die
Wanderung durchs Gebirge fortsetzen, unseren Weg dießmal über den
bairischen Theil des Gebirges nehmen, um dem beschwerlichen Wege über
die Außergefilder Waldflächen auszuweichen und wenigstens einen Blick
ins bairische Waldgebiet zu werfen. Von der bairischen Seite betrachtet
bildet der Böhmerwald einen steil abfallenden Waldrücken, der in drei
Partien zerfällt. Den südöstlichen Theil bildet der 4000' hohe Rücken
des Plöckelsteines und Dreisessels, mit der sechs Stunden weiten und
3000' hohen Einsenkung zwischen dem Dreisessel und den Bergen bei
Fürstenhut. Dieser Theil besteht aus Granit. Dann folgt der ebenfalls
4000' hohe Rand des Außergefilder Plateau's und die Gebirgsgegend
um den Rachel bis zum Lackaberg, worauf sich das Gebirge in den Ku-
sowitzwald und den gegen Zwiesel vorspringenden Falkenstein ziemlich steil

in das den Gebirgszug durchbrechende Thal des großen Regens nieder=
senkt. Das Gebirge besteht aus Gneiß. Jenseits des Regens hinter
Bairisch=Eisenstein erhebt sich ein doppelter Gebirgszug. Der vordere, aus
Gneiß bestehend, beginnt mit dem Arber und endet mit dem Keitersberg
bei Kötzting, der hintere, aus Glimmerschiefer bestehend, läuft als ein
schmaler 4000' hoher Rücken, die Seewand genannt, zum zweizackigen
Osserberg, von wo das Gebirge böhmischerseits zum Thale der Chodangel,
bairischerseits zum Thale des Chambaches abfällt. Zwischen diesen beiden
Gebirgszügen erstreckt sich das schöne Thal des weißen Regen, der soge=
nannte Lammerwinkel; ein Querriegel, der vom Arber zum Seewandberg
zwischen Sommerau und Bairisch=Eisenstein läuft, verbindet die beiden
Rücken.

Der Fuß dieser ganzen Gebirgsreihe besteht aus einem etwa 2000'
hohen granitischen Hügellande, jenseits dessen sich ein 3000' hoher Gneiß=
rücken, der bairische Wald genannt, parallel zum Gränzgebirge erhebt
und wieder zum niedrigen Granitterrain am linken Donauufer abfällt.
Das granitische Zwischenland, zwischen dem Gränzrücken und dem bairi=
schen Walde, welches eigentlich ein weites Längenthal bildet, wird durch
einen Querrücken, der den vom Rachel abfallenden Kinchnacher Hochwald
mit dem bairischen Walde verbindet, in zwei Flußgebiete getheilt, im
nordwestlichen strömt der Regen, im südwestlichen die Ilz.

Der bairische Wald beginnt an der Donau bei Vilshofen und
erhebt sich anfangs, so lange er aus Granit besteht, in mäßig hohen
Bergen, hinter Zeiting aber, wo eine dem Granit eingelagerte Gneißzone
beginnt, erreicht er eine ansehnliche Höhe und zieht von da aus ohne
Unterbrechung, aber mit mehreren Einsattelungen parallel zum Gränzge=
birge über Rusel, Oberbreitenau, Vogelsang, Cedemoos und Engelmar.
Seine mittlere Höhe beträgt 3000'. Hinter Engelmar beginnt wieder
Granit, das Gebirge wird niedriger, nimmt eine mehr westliche Richtung
an, verliert an Zusammenhang und verbindet sich endlich mit den Granit=
bergen, welche von Donaustauf herab die Donau begleiten.

Die vorzüglichsten Gipfel des bairischen Waldes sind: der Pichel=
stein, ein Vorsprung des Sonnenwaldes (3033') gegen Grattersdorf,
mit sehr schöner Aussicht über die Ebenen von Niederbaiern, wo alljähr=
lich am 16. Juni ein munteres Bergfest gefeiert wird. Der Haunstein
(2777') bei Rusel und die Rusel selbst, ein Wirthshaus an der von
Deggendorf nach Zwiesel führenden Straße, ebenfalls mit herrlicher Aus=
sicht. Der Dreitannenriegel nördlich von Rusel (3772'); die
Oberbreitenau (3274'), das höchste Kulturland auf dem bairischen
Walde; der Hirschenstein (3392') im Reviere Schwarzach mit einer
Pyramide auf dem Gipfel, von welcher aus eine ausgezeichnete Rundsicht in
den Böhmerwald und nach Niederbaiern sich öffnet.

Um dieses Gebirge kennen zu lernen, können wir vom Kuschwarta-
paß aus auf der Passauer Straße nach Freiung, von da nach Grafenau
auf den Pichelstein wandern und herab bis zur Donau steigen. Von
Deggendorf führt uns der Weg wieder zurück über die Rusel nach Regen, Zwiesel und Eisenstein, gerade zum südwestlichen Ende des künischen Waldes.

Auf diesen Wanderungen durchschneiden wir den sogenannten Pfahl
(Vallum), eine der merkwürdigsten Felsenbildungen in Europa. Der
Pfahl ist ein Quarzlager von 36 Stunden Länge und einer sehr geringen
Breite. Er beginnt am Fuße des Dreisesselberges bei Klafterstraß, zieht
durch die Landgerichte Regen, Viechtach, Kötzting und Cham bis Thierl-
stein, dann setzt er nordwestlich fort und erreicht erst bei Bodenwöhr im
Ober-Pfälzer Waldgebirge sein Ende. Das Streichen dieses kolossalen
Lagers ist genau dem Streichen des Gneißgebirges parallel, nämlich nach
Nordwest; es ist von einem nur ihm eigenthümlichen grünen talkigen
Schiefer und dichten Feldspathschiefern begleitet, welche selbst da nicht
fehlen, wo der Quarz nicht entwickelt ist.

Das Lager selbst bildet, wo es zu Tage tritt, einen zackigen oft
abenteuerlich geformten Felsenkamm, von ferne einer großartigen Ruine
vergleichbar. Böhmischerseits dehnt sich ein ähnliches Quarzlager an der
westlichen Seite des Ober-Pfälzer Gränzgebirges aus vom Fuße des
Ossers und von Klentsch bis ins Egerer Gebiet. Eine horizontale Di-
stanz von 5—6 Meilen trennt aber beide diese Lager, so daß beide Theile
des Böhmerwaldes, der südliche und nördliche, durch Quarzlager, wie
man sie nirgends in den europäischen Gebirgen findet, ausgezeichnet werden.

Das Regenthal, durch welches wir den Rückweg nach Böhmen einschlagen, wird aus einem Längenthale oberhalb der Stadt Regen zu einem
Querthale, der Regenfluß selbst durchbricht zwischen Rohrbach und Regen
den Quarzzug des Pfahles. Die Straße führt dann gegen Zwiesel und
über Ferdinandsthal und Deffernik (beide schon in Böhmen) nach Böhmisch-Eisenstein. Der schwarze Regen, der nicht weit von da am Fuße
des Panzerberges entspringt, bewässert hier ein großartiges rings von Waldbergen eingeschlossenes Gebirgsthal. Oestlich erhebt sich der Lackaberg und
Fallbaum (3912'), westlich die Seewand (4289') und der Panzer (3637'),
während nördlich zwischen dem Panzer und Fallbaum ein Paß (Zollhaus
2925') sich einsenkt, über den die Straße von Gutwasser nach Eisenstein führt und west- und südwestlich der kolossale Arber den Horizont
abschließt.

Das Städtchen Eisenstein mit seinem barocken zwiebelartigen Dache,
der alpinischen Bauart der an den Berglehnen zerstreuten Hütten bilden
einen eigenthümlichen Vordergrund. Wir verfolgen von Eisenstein aus
nordwestlich den Eisenbach, der hier in den schwarzen Regen einmündet

Schöninger Ausflug.

und ein schönes mit zahlreichen Hütten und Höfen bedecktes Thal bewässert, das nördlich durch einen Querriegel zwischen der Seewand und dem Panzer abgeschlossen wird.

Hinter dem Girgelhof gelangen wir aus den Wiesengründen des Thales in eine Waldschlucht und steigen längs dem über kolossale Glimmerschieferblöcke stürzenden Bache hinauf, bis wir einen großartigen Steinwall vor uns erblicken, welcher die Schlucht quer durchsetzt. Uebersteigen wir auch diesen Wall, so erblicken wir vor uns die Wasserfläche des Teufelssees, der in tiefer Waldeinsamkeit unter der steilen Seewand verborgen liegt. Der See selbst hat 40 Joch Ausmaß, seine Seehöhe beträgt 3115'. Er ist beinahe ringsum von hohen Bergen umschlossen, indem die Seewand gegen Böhmen waldige Ausläufer aussendet, zwischen denen der Seeabfluß eine tiefe Schlucht ausgewaschen hat. Auf den minder steilen Abfällen der Seewand steigen wir nun durch den Wald hinauf auf die Seewand (4239') und erreichen so den Gebirgskamm, den nur Kniehölzgestrüpp und verkümmertes Fichtengehölz, von unzähligen umgestürzten und modernden Stämmen unterbrochen, bedeckt. Einzelne Felsenkuppen, aus dicken Glimmerschieferplatten bestehend, erheben sich auf diesem Kamm, so das Zwergeck, die Kuppen beim Stierplatzel (3772'); der Kamm setzt sich aber längs der Landesgränze ununterbrochen fort bis zum Osserberge. Wie die Ruinen einer gigantischen Zauberburg ragen die zwei Gipfel dieses Berges kahl und zackig aus dem Walde hervor; die höhere Kuppe (4051') steht auf böhmischem, die niedrigere Kuppe (3918') auf bairischem Gebiet. Eine prachtvolle Aussicht öffnet sich vom Gipfel des Ossers namentlich gegen Böhmen bis zum Erzgebirge und bis zu den silurischen Waldbergen bei Rozmitál; wir sehen gegen Nordwest unter unseren Füßen den weiten und niedrigen Paß zwischen dem Osser und dem Cerchow bei Tauß, den malerischen Hohenbogen in Baiern und das Ober-Pfälzische Waldgebirge, gegen Westen und Südwesten den Rücken des bairischen Waldes und den Arber, so wie die ihn umlagernden Rücken. Gegen Baiern fällt der Kamm des Gebirges steil zum Thal des weißen Regens, zum Lammerwinkel ein, auch gegen Böhmen ist der Abfall zum Angelthale steil, von den kurzen aber wildromantischen Thälern des Osserbaches und Müllerhüttenbaches durchfurcht, während sich nordwestlich das Gebirge in allmäligen Stufen zum niedrigeren Mittelgebirge des Neugedeiner Passes abstuft.

Von den Höhen des Seewandkammes überblicken wir bequem das ganze künische Waldgebirge. Wir erkennen, daß es aus zwei parallelen Rücken zusammengesetzt ist, einem höheren (4000') längs der Gränze und einem niedrigeren (3000') auf böhmischer Seite. Beide Rücken sind durch den Querriegel verbunden, der von der Seewand zum Panzer läuft und den Sattel bildet, über welchen der Weg von Eisenstein nach Hammern

führt. Die Thalfurche füdöstlich von diesem Riegel bewässert der Eisen=
bach, nordwestlich der Angelbach.

Der innere Rücken beginnt mit dem Panzer (3637'), dann folgt
nordwestlich der Brückelberg (3898') und der Brennerberg (2377'), der
sich zum Angelthale bei Freihöls absenkt, während jenseits des Flusses
noch der waldige Rantscherberg (2626') sich erhebt.

Das Zwischenland zwischen den beiden Rücken füllt ein bergiges
Terrain aus, das rückenartig zwischen dem Angelbach und Grünerbach bei
Eisenstraß (2692') sich erhebt und gegen Hammern abfällt.

Ein steiler Fußsteig führt vom Stierplatzel am Seewandberge herab
über einen Bergzweig zum nordwestlichen Fuße der Seewand, wo durch den
erwähnten Querriegel vom Teufelssee getrennt der schönste und größte der
Böhmerwaldseen versteckt ist. Der See hat die Seehöhe von 3190', seine
Ausdehnung beträgt 64 Joch. Die Seewand, eine steile terrassenförmig mit
Waldbäumen bewachsene Felswand, erhebt sich unmittelbar 600' westlich
über den See, während vor derselben nördlich und südlich hohe Wald=
berge sich abzweigen. Nur gegen Ost ist die Seeschlucht offen und man
sieht die gegenüber sich erhebenden Rücken des Brückelberges. Am nörd=
lichen Ufer erschallt der Seewand gegenüber ein mächtiges Echo. Ein
Böllerschuß verursacht ein donnerartiges Getöse, welches vielfach von
den Felswänden und Waldlehnen reflektirt und einer Artilleriesalve ähnlich
wird. Um die Tiefe des Sees zu ermitteln, zimmerte ich mit Hilfe des
Seeförsters aus den am Ufer des Sees herumliegenden Baumstämmen
ein Floß und fand dieselbe 46'.

Wie der Plöckelsteiner See, wird auch der schwarze See im Früh=
jahre zur Holzschwemme benützt. Zu diesem Zwecke ist das untere Ufer
mit einem Damm versehen, wodurch das Wasser aufgestaut und dann
durch einen 70° langen Kanal abgelassen wird, durch welchen das Scheit=
holz zum Angelbache pfeilschnell herabschießt. Den natürlichen Abfluß
bildet aber der Seebach, der durch eine wilde Schlucht zur Angel herabstürzt.

Ein schöner Waldweg führt vom See zum Seeförsterhaus (2437'),
wo wir bei dem freundlichen und biederen Forstmann an herrlichen Forellen
uns erlaben und überhaupt die sorgsamste Unterkunft finden können, wenn
wir uns in diesem hochromantischen Gebirgsthale länger aufhalten wollen.

Die Seemühle im Angelthale am Ausflusse des Seebaches in
die Angel hat 2068' Seehöhe. Das Angelthal führt uns nun weiter
bei zahlreichen einzelnen Höfen der Freibauern vorbei gegen die Peter=
mühle (1658'), wo der Osserbach aus dem malerischen Osserthale tritt
und dieses sich von Nordwest gegen Norden wendet, dann über Ham=
mern, den Tremmelhof (1505) gegen Freihöls, wo die Angel zwischen
dem Rantscherberg und den Abfällen des Brenner in das breite Thal
bei Neuern tritt. Am rechten Ufer stehen hier auf dem Abfalle des

Rantscher die Ruinen der Burg Bayereck, den Eintritt in das Gebirge bewachend.

Das herrschende Gestein des ganzen künischen Waldes ist Glimmerschiefer, eine aus Glimmer und Quarz bestehende schieferige Gebirgsart. Das Gestein ist größtentheils sehr quarzig, was die zahlreichen in den Bächen und Schluchten zerstreuten Quarzblöcke und kleinen Lager von Quarz andeuten, welche an den Hochrücken zu Tage treten. Granit und granitische Porphyre bilden wahrscheinlich Einlagerungen, werden aber auch nur in Blöcken gefunden. Braune Granitkrystalle sind im Glimmerschiefer sehr häufig und geben da, wo der Glimmerschiefer sehr granatreich war, durch Verwitterung Anlaß zur Bildung von Brauneisenstein, der ehemals bei Eisenstein, nun aber bei Kohlheim abgebaut wird.

Was die Verbreitung des Glimmerschiefers anbelangt, so bestehen beide Bergrücken aus demselben, der innere vom Lackaberg über den Fallbaum, Panzer, Brenner bis nach Neuern; der äußere von Eisenstein über die Seewand, den Osser bis Skt. Katharina; bairischerseits herrscht er längs dem linken Ufer des weißen Regens bis zur Engelshütte und von da nach Rittsteig und den Helmhöfen gegen Skt. Katharina; er geht längs der nördlichen Gränze in chloritischen Schiefer über und wird von Hornblendegesteinen überlagert. Die sonstigen Begränzungen bildet der Gneiß, in welchem der Glimmerschiefer eingelagert ist, mit einem nordwestlichen Streichen und nordöstlichem Einfallen. Zwischen Neuern und Skt. Katharina tritt aber der Glimmerschiefer aus dem Gneißverbande heraus, erhält ein nordöstliches Streichen mit nordwestlichem Einfallen und wird von Hornblendegesteinen verdrängt, das im nördlichen Theile des Böhmerwaldes seine Stelle einzunehmen scheint.

Topographische Notizen. Die Bewohner des künischen Waldes sind durchgehends deutsche künische Freibauern und es gilt von denselben alles, was schon bei der Beschreibung des andern Freibauerngebietes erwähnt wurde. Nebst dem Gute Eisenstein gehört hieher das Haydler, Seewiesener, Eisenstraßer, Hammerer und Skt. Katharina Gericht. Die Waldungen an der Seewand sind ein Bestandtheil der Byströzer Fürst Hohenzollerner Domaine.

Unter den Ortschaften sind die merkwürdigeren:

Eisenstein, ein Marktflecken im malerischen Regenthal am Fuße des Arbers. Die Bauart der Häuser ist theilweise die alpinische mit niedrigen steinbeschwerten Dächern. Barock erhebt sich das kolossale Zwiebeldach der Kirche über die niedrigen Dächer des Marktes. Das Gasthaus des Herrn Fuchs bietet dem Wanderer alle Bequemlichkeit.

In der Umgebung sind einige sehr bedeutende Glasfabriken, wie zu Elisenthal, Deffernik, Pampferhütte.

Eisenstraß ist ein zwischen der Seewand und dem Brückelberge hoch gelegenes Kirchdorf, wo man leicht Führer und Träger miethen kann.

Hammer, ein zerstreutes Kirchdorf im Angelthale in malerischer Lage.

Grün ist ebenfalls ein größeres Kirchdorf in einem Nebenthale, das zur Angel mündet.

Schöninger Alpraansigt.

Freihöls an der Angel ist ein Dorf mit einer Steingutfabrik. Auf dem Waldberge oberhalb des Dorfes sind die Ruinen der Burg Bayered zu sehen. Ober- und Unter-Neuern (Horni a Dolni Nyrsko), zwei kleine Städte beim Austritt der Angel aus dem Gebirge ins offene Land. Südwestlich davon im ansteigenden Gebirge liegt Desenic, ein Dorf mit einer renommirten Bierbrauerei. An der Chodangel liegt das Dorf Kohlheim mit Eisenerzgruben und das zerstreute Kirchdorf Skt. Katharina.

7. Der hohe Bogen mit dem Passe von Neugedein.

Das Glimmerschiefergebirge des künischen Waldes dacht sich vom Osser nordwestlich zu einem niedrigen Hügellande ab, welches stellenweise kaum 1200′ übersteigt, aber doch die Wasserscheide der Donau und Moldau bildet. Dieses Hügelland ist gegen 3 Meilen breit und erst bei Klentsch beginnt mit dem 3282′ hohen Cerchow die nördliche Hälfte des Böhmerwaldes, allerdings mit ganz verändertem Charakter. Die Städte und Märkte Neuern, Neugedein, Tauß, Neumarkt, Eschelkamm liegen in diesem weiten Passe, dessen Pfeiler so zu sagen der Osser und der Cerchow bilden.

Seit den ältesten Zeiten war dieses breite Böhmerwaldthor der Hauptzugang Böhmens von der westlichen Seite, hier war es auch, wo die feindlichen Heere nach Böhmen einbrachen, aber immer siegreich zurückgeschlagen wurden und mit Stolz weist der patriotische Böhme hier auf den Wahlplatz von vier Schlachten, deren Ausgang das Geschick seines Vaterlandes entschied. Durch diesen Paß wird nun auch der eiserne Schienenweg gelegt, der Prag und Pilsen mit dem westlichen Deutschland verbinden soll.

In orographischer, geschichtlicher, kommerzieller und wie wir später sehen werden auch in ethnographischer Beziehung gehört also dieser Paß zu den interessantesten Punkten des Königreiches Böhmen. Auch in geognostischer Beziehung weicht er sowohl von der südlichen als der nördlichen Hälfte des Böhmerwaldes ab, indem er aus Hornblendegesteinen besteht, während im eigentlichen Böhmerwalde Gneiße, Granite und Glimmerschiefer vorherrschen.

Das erwähnte Hügelland des Passes wird auf bairischer Seite durch einen langen malerischen Waldrücken zur Hälfte abgeschlossen, der so zu sagen einen geschlossenen Thorflügel des Passes bildet, während der andere Flügel geöffnet ist. Dieser Rücken ist der Hohe Bogen. Er hängt mit dem Glimmerschiefergebirge durch eine tiefe Einsattelung bei Rittsteig zusammen und erhebt sich in nordwestlicher Richtung, steil von allen Seiten, mitten in der flachhügeligen Gegend zwischen Kitzing, Neukirchen und Eschelkamm. Er ist 2 Stunden lang und schmal und trägt auf der höchsten Kuppe, der Burgstall (3360′) genannt, die Reste einer Burg, von der aus eine herrliche Aussicht auf den Böhmerwald, nach Böhmen und die Ober-Pfalz sich öffnet. Der ganze Berg besteht aus Hornblende-schiefer und ist dicht mit Felsentrümmern übersäet, dennoch aber üppig bewaldet. Auf der Süd- und Südwestseite des Berges fällt unter den Amphibolschiefer ein quarzreicher Gneiß in nordöstlichem Falle ein, an der Ost- und Nordostseite herrscht aber an der ganzen böhmischen Gränze vom Thale der Chodangel bei Skt. Katharina bis Vollmau dasselbe Hornblendegestein und bildet das erwähnte hügelige Zwischenland des Passes.

Von Neumarkt an theilt sich das Hornblendegesteinterrain in zwei Arme, welche durch eine flachgewellte von Böhmen über Tauß, Hochwartel bis Stallung bei Neumark hereinragende schmale Urthonschieferzone von einander getrennt werden.

Der westliche Arm zieht sich als niederes Hügelland über Vollmau, Chodenschloß, Ronsberg, Hostau längs dem Fuße der nördlichen Böhmer-waldhälfte bis Plan; der östliche Arm aber, den wir noch zur südlichen Hälfte des Böhmerwaldes zählen wollen, zieht über Neugedein bis Merklin, wo er von Graniten begleitet unter Urthonschiefern und der Steinkohlen-formation verschwindet. Oestlich stößt dieser Arm von Skt. Katharina bis Neuern an Glimmerschiefer, dann bis Putzeried an den Granit des sich bisher ausdehnenden Granitterrains von Mittelböhmen, dann zwi-schen Putzeried, Pollin, Chudenic an eine Zone von silurischen Alaun-schiefern und Kieselschiefern, welche zwischen dem Granit und Hornblende-gesteinen vom inneren Böhmen hereinragt und langgedehnte etwa 1800 — 2000' hohe Rücken bildet.

Der ganze westliche Hornblendegesteinzug steigt demnach zwischen neueren Urthonschiefer- und Kieselschieferhügeln auf und unterscheidet sich auffallend von ihnen sowohl durch seine Höhe als seine eigenthümliche Gestaltung. Der ganze Zug besteht nämlich aus einer Reihe dom- oder kuppelförmig geformter Berge, welche lebhaft an gewisse Partien des basaltischen Mittelgebirges im nördlichen Böhmen erinnern. Verfolgt man die Straße von Neumarkt (1420') nach Neugedein (1267'), welche durch die tiefste Einsenkung des Passes geführt ist, so sieht man rechts von der Straße, wie sich diese Kuppen an einander reihen; man erblickt den Fuchsberg, Gewinciberg (2328'), den Silberberg, den Beznẙ bei Neugedein, dann nördlich von dieser Stadt den Riesenberg mit den Ruinen einer Burg, den Branschauer Wald (2444'), hinter denen sich noch die Aulikauer Berge (2133'), der Radlicberg und endlich der Reß-berg (1672') bei Merklin erheben. Die Berge nördlich von Neugedein, namentlich der Riesenberg, gewähren eine herrliche Ansicht des ganzen Passes und der Endpunkte des Böhmerwaldes. Die waldbedeckten Kuppen bilden mit den sie durchschneidenden Thälern und den großen Ruinen (Riesenberg, Herrnstein) nebstdem für sich eine anmuthige Landschaft, die das schönste Vorgebirge des Böhmerwaldes darstellt.

Topographische Notizen. Die Bewohner sind größtentheils Deutsche. Vom Angeltbal bei Auborsko geht aber die Gränze zwischen den deutsch und böhmisch Redenden über Putzeried, Mellhut, Braunpusch, Stallung, Kohlstädt bis Kubitzen bei Vollman, wo sich die Sprachgränze am meisten der Landesgränze nähert, um dann wieder weit ins Innere Böhmens einzubiegen. Die deutschen Bewohner dieses Gebirgsstriches sind ein fester und aufgeweckter Menschenschlag, der in Sprache und Sitten beinahe vollkommen mit den Oberpfälzern übereinstimmt. Die slawischen Böhmen in der Umgebung von Kauth, die sogenannten Choden, sind aber als Nachkommen von polnischen Kriegsgefangenen, die Herzog Bretislaw hier ansiedelte, die interessanteste Erscheinung. Näheres über dieselben enthält der zweite Theil dieses Werkes.

Die wichtigeren Ortschaften sind:

Rothenbaum, ein deutsches Kirchdorf mitten im Amphibolitgebirge des Gränzbezirkes mit vielen Flachsspinnern und Webern.

Hirschau, ein deutsches Dorf, dessen Einwohner einen nicht unbedeutenden Bettfedernhandel treiben. Es besteht hier ein Kloster der Schulschwestern. Dieses Dorf ist der Geburtsort des rühmlich bekannten Schriftstellers Joseph Rank.

Neumarkt, ein deutscher Marktflecken hart an der Gränze an der Neugebeiner Straße; die Häuser haben hier so wie in den Dörfern der Umgebung eine alpinische Bauart. Bemerkenswerth ist, daß einige deutsche Dörfer nicht bloß an der böhmischen, sondern auch an der bairischen Seite im Munde des böhmischen Volkes noch immer slawische Namen führen. So heißt in Baiern Eschellamm Osi, Neukirchen Svatá Krev, Fürth Brod; der hohe Bogen hat in alten Urkunden den Namen Osek und mit diesem Namen mag vielleicht auch der Name des Osserberges zusammenhängen. Die böhmischen Choden nennen diesen Berg die Brüste der Mutter Gottes „Prsa Matky Boži". Böhmischerseits heißt das Dorf Donau Hájek, Fürthel Brúdek, Braunpusch Prapořiště.

Bei dem Dorfe **Fürthel** steht die uralte St. Wenzelskapelle, auf dem Schlachtfelde, wo Herzog Bretislaw den Kaiser Heinrich III. im Jahre 1040 aufs Haupt schlug.

Tannaberg, eine schöne Wallfahrtskirche, steht auf einem Berge gegenüber von Fürthel.

Neugedein (Nová Kdyně), ein Städtchen mit einer der bedeutendsten Wollenzeug-Fabriken Böhmens, welche Tausenden der ärmeren Bewohner der Umgebung Erwerb verschafft. Oberhalb des Städtchens liegen auf einem hohen Berge die malerischen Ruinen der Burg Riesenberg und etwas weiter im dichten Buchenwalde die Ruinen der Burg Herrnstein.

An der Straße von Neugedein nach Tauß liegt **Kauth** (Kouty) mit einem Graf Stadion'schen Schlosse; es ist der Hauptort der großen Domaine Kauth, des Hauptsitzes der Choden.

Ein zweites größeres Schloß desselben Besitzers befindet sich in **Chodenschloß** (Chodovo).

Moldau-Wasserfälle.

Thalbildung und Hydrographie des Böhmerwaldes.

Obwohl über die Thalbildung und die Hydrographie des Böhmerwaldes schon in den orographischen Schilderungen im Detail das meiste mitgetheilt wurde, so erscheint es doch zweckmäßig, dem Böhmerwaldreisenden einen allgemeinen Ueberblick der Thalbildung und der damit innigst zusammenhängenden Hydrographie zu geben.

Das Centrum des Gebirges bildet das kolossale Gneißplateau von Außer- und Innergefild und die von mächtigen Forsten bedeckten Gebirgsrücken des Maderer und Neubrunner Reviers. Hier sind auch die Quellen der beiden Hauptflüsse des Böhmerwaldes, der Moldau und der Wotawa.

Breitere Längenthäler trennen die von dem Centralplateau auslaufenden Gebirgsarme, die sämmtlich nach Nordwest streichen und dadurch auch die Thalrichtungen bestimmen. Durch diese Längenthäler, deren Bau von der Architektur des Gebirges selbst bedingt ist und die daher gleichzeitig mit dem Gebirge entstanden sind, strömt der größte Theil des Gebirgswassers.

Ein zweites System von Thälern, die parallel unter einander von Süd nach Nord streichen, durchbrechen die großen Gebirgsrücken und gestatten dem fließenden Wasser den Abfluß zum Inneren des Landes. Nirgends setzen aber diese Querthäler durch den mächtigen Gränzrücken, sondern enden in hochgelegenen von himmelanstrebenden Felsen umgebenen Schluchten, deren Sohle gewöhnlich mit schwarzbraunem Moorwasser angefüllt ist und so die malerischen Böhmerwaldseen bildet.

Im Gegensatze zu den breiten Längenthälern sind die nach Nord verlaufenden Querthäler größtentheils enge felsige Schluchten, durch welche das Wasser schäumend dahinbraust.

Ein drittes System von Thälern streicht von Südwest nach Nordost; es ist das am wenigsten ausgebildete Thalsystem, indem es nur durch den Lauf einiger Bäche im Vorgebirge und durch das Wotawathal von Schüttenhofen bis Horaždowic vertreten wird. Eine viel größere Entwickelung findet dasselbe in dem silurischen Gebirgssysteme Mittelböhmens, wo es durch die Längenfaltungen der Schichten gebildet wird, während es im

Böhmerwalde, so wie das nordwärts gekehrte Thalsystem als Querspal-
tung des Schichtenbaues auftritt.

Ein und derselbe Fluß tritt wechselweise aus einem Thalsystem in
das andere; doch herrschen im Gebirge selbst die Längenthäler vor, während im Vorgebirge die nordwärts laufenden Thalspalten den Vorrang haben.

Die unermeßlichen Torf- und Moordecken, welche die Rücken und
Flanken der Gebirgsjoche bedecken, so wie die weiten feuchten Wälder
sind die Quellgebiete der Böhmerwaldflüsse. Wie ein Schwamm saugt
der Moorboden im Frühjahre das Schmelzwasser des Schnees auf und
gibt es dann in tausenden von Bächlein wieder ab, die im raschen Lauf
bald zu größeren Bächen und Flüßchen anschwellen. Vom Moore erhält
das Wasser durchgehends eine braune Färbung, die selbst noch in Prag
und bei der Vereinigung der Moldau und Elbe bei Melnik recht gut
erkennbar ist.

Die Moldau (Vltava), der eigentliche Hauptfluß nicht bloß des
Böhmerwaldes, sondern auch ganz Böhmens, da er die Elbe sowohl an
Wasserreichthum als Ausdehnung des Flußgebietes übertrifft*), entspringt
auf dem hohen Südrande des Außergefilder Plateau's in einer sumpfigen
Strecke, „die lichte Heide" genannt, zwischen dem waldigen Schwarz- und
Postberge hart an der Landesgränze. Das Wasser dieses mit Knieholz
bedeckten Moores fließt nach zwei Richtungen ab, nach Süd und Nord;
das südwärts abfließende Wasser, „das Reschwasser", gehört schon zum
Flußgebiete der Donau und bildet mit anderen Bächen die Ilz, die bei
Passau in die Donau mündet, das nordwärts abfließende Wasser aber
bildet den Schwarzbach, den bedeutendsten unter den Quellenbächen
der Moldau. Als eigentliche Moldauquelle wird aber eine kleine klare
Quelle betrachtet, welche aus einem Gneißfelsen des Schwarzberges, etwas
oberhalb der lichten Heide in einer Seehöhe von 3488' entspringt und
sich bald in dieser Heide verliert. Indessen ist diese Quelle zu arm, um
alles Wasser zu liefern, welches den Abfluß des Moores, „den Schwarzbach", bildet, so daß das Moor selbst als die wahre Quelle anzusehen
ist. Durch kleine unmerkbare Zuflüsse erstarkt der durch ein feuchtes
Waldthal nordöstlich gegen Außergefild eilende Schwarzbach, wo er schon
einige Mühlen treibt und sich hier mit dem Seebache (3077') vereinigt,
der in einem kleinen Moortümpel, dem Filzsee, auf dem Hochplateau entsprin-
gend durch eine seichte Einfurchung südwärts gegen Außergefild eilt.

Der so erstarkte Schwarzbach ändert seine Richtung plötzlich ab,
tritt in ein gegen Südost laufendes felsiges Thal ein und behält diese
Richtung 20 Stunden lang bis Hohenfurth. Etwa 2 Stunden unter-

---

*) Länge der Elbe bis Melnik 34 Meilen, Flußgebiet 270 Quadr. Meilen;
Länge der Moldau bis Melnik 41 Meilen, Flußgebiet 560 Quadr. Meilen.

halb Außergefild tritt der Schwarzbach aus seinem engen Felsenthale in ein breiteres Thal ein, das hier von einer von Süd nach Nord gerichteten Querfurche durchsetzt wird, in welcher von Pläne und Kaltenbach herab der Thierbach, anderseits von Buchwald herab die k l e i n e Moldau eilt (2717'). Erst nach Vereinigung mit diesen Bächen erhält der Schwarzbach den Namen Moldau.

Obwohl das Felsenthal zwischen Außergefild und Ferchenhaid keine Gebirgsspalte, sondern der Anfang eines Längenthales ist, so entwickelt sich der eigentliche Charakter dieses Thales erst hier unterhalb Ferchenhaid. Die mächtigsten Waldberge umsäumen hier das große an 12 Stunden lange Gebirgsthal, links vor allem der Kubani und die Salnauer Berge, rechts die Waldberge von Kuschwarta und der riesige Kamm des Dreisesselberges und Plöckelsteines. Der eine halbe bis eine Stunde breite Thalgrund ist mit tiefem Torfmoor ausgefüllt und in unzähligen Windungen schlängelt sich die Moldau dazwischen, ihre dunklen Wasser langsam herabwälzend. Aus den Querthälern des rechts und links anstehenden Gebirges eilen indessen forellenreiche Bäche herab zum Flusse und verstärken denselben immer ansehnlicher, so daß schon von hier aus die Flößerei bis nach Prag betrieben werden könnte, wenn die Katarakte oberhalb Hohenfurth jede Kommunikation zu Wasser nicht unterbrechen würden.

Bei dem Dorfe Ober=Moldau (2369') übersetzt die Poststraße von Winterberg nach Passau den noch jungen Fluß; bei der berühmten Glasfabrik Eleonorenhain erhält sie links den aus dem Kubaniurwald hervorbrechenden Bach Satawa (auch Kapellenbach 2325') und rechts die aus der Vereinigung von einigen Bächen des niederen Gebirgslandes bei Bischofsreut, Schwarzenthal (beide in Baiern) und Landstraß entstandene g r a s i g e Moldau (2299'), welche von Kuschwarta in einem nordöstlich streichenden Querthal durch Torfmoore fließt.

Der Hauptfluß erhält von da aus bis Hummwald den Namen der w a r m e n Moldau zum Unterschiede von der k a l t e n Moldau, einem Nebenflusse, der bei diesem Dorfe einmündet (2199') und eben so wie die grasige Moldau in Baiern (bei Leopoldsreut) entspringt und ein ebenfalls nordöstlich streichendes Querthal, nämlich das waldige Tussetthal, bewässert. Der wirklich auffallende Temperaturunterschied zwischen dem im engen Waldthal rasch eilenden Wasser des Tusseter Flusses und der in der breiten Filzau langsam sich dahin schlängelnden Moldau erklärt die Epitheta beider Flüsse.

Von den Nebenbächen, welche unterhalb der Vereinigung der warmen und kalten Moldau in dieselbe fallen, ist der interessanteste der S e e = b a c h, der bei dem Salnauer Forsthaus in den Fluß mündet (2093'). Dieser Bach entspringt nämlich in dem hochgelegenen romantischen P l ö c k e l =

Thomasgebirge.

7*

steiner See, und durcheilt eine nordwärts streichende Schlucht, an deren Ende er zur Flößzeit in den großen Flößkanal geleitet wird, sonst aber durch das Längenthal von Hirschberg zur Moldau abfließt. Längs diesem Bache führt der Weg zum Plöckelsteiner See.

Am linken Ufer bildet den bedeutendsten Zufluß der Moldau der Olschbach (2045'), der auf dem hohen Gneißterrain bei Andreasberg entspringt und durch eine Querthalfurche gegen Schwarzbach fließt, unterhalb dessen er in die Moldau mündet. Bei Langenbruck speist er den großen Langenbrucker Teich.

Das Moldauthal behält den Charakter eines Längenthales bis unterhalb Friedberg, obwohl es von Unter=Wuldau (2036') an etwas eingeengt wird. Zwischen Neuhäusel und Hohenfurth ändert es aber unter rechten Winkeln zweimal seine Richtung und seinen Charakter, indem es aus seiner Südostrichtung zweimal in das nordwärts streichende Spaltensystem (die Teufelsmauer 1971') einlenkt, dem es nach kurzer Ablenkung bei Hohenfurth (1674') endlich ganz angehört bis zu seiner Mündung bei Melnik. In diesen Querspalten, welche durch das Granitgebirge setzen, sind die schönen früher beschriebenen Katarakte der Moldau.

Als eine vielfach gewundene, aber die Nordrichtung doch immer behaltende Felsenschlucht zieht es sich von der Einmündung des Hainzbaches (am rechten Ufer) unterhalb Hohenfurth bis Payerschau. Die Burg Rosenberg (1566') mit dem alterthümlichen zu ihren Füßen gelagerten Städtchen, die mächtige Herzogsburg Krumau mit ihrer ansehnlichen und merkwürdigen Stadt (1438'), das ehemalige Cisterzienserstift Goldenkron (1334'), die Ruinen der Burg Maidstein (1252'), so wie eine Menge von Dörfern, die malerisch entweder im Thale oder hoch über demselben am Rande des durchschnittenen Plateau's liegen, werden von dem Flusse berührt, bis er bei Payerschau in die schöne Budweiser Ebene tritt.

In Budweis (1199') selbst vereinigt sich die Moldau mit der Malsch, die eine parallele nach Nord laufende Querspalte bewässert, bei Frauenberg endlich tritt sie wieder in eine felsige Thalschlucht, um dieselbe erst bei Kralup unterhalb Prag zu verlassen und sich bei Melnik mit der Elbe (438') zu vereinen. In dieser Thalschlucht empfängt sie bei der Ruine Klingenberg am linken Ufer die Wotawa, deren Wasser ebenfalls dem Böhmerwalde angehören, dann am rechten Ufer gegenüber von Dawle die Sázawa und endlich bei Königsaal wieder am linken Ufer die Beraun, deren mächtigster Zufluß, die Uhlava (Angel), gleichfalls im Böhmerwalde seine Quellen hat.

Nebst der Moldau ist der bedeutendste Böhmerwaldfluß die Wotawa (Otava). Sie entsteht aus der Vereinigung einiger kräftigen Wasseradern, welche in den Waldgebieten von Mader, Stubenbach, Haibl und Stachau entspringen und erst nach ihrer Vereinigung zwischen dem

Kiesleiten- und Haidlberge oberhalb Unter-Reichenstein den Namen Wotawa erhalten. Als Hauptader muß der Fluß betrachtet werden, welcher die felsige und wilde Thalspalte bewässert, die von Schüttenhofen südwärts über Unter-Reichenstein, Mader bis zum Lusenberge verläuft und das Centralplateau des Böhmerwaldes von Süd nach Nord durchsetzt. In einem mit Knieholz bedeckten sumpfigen Thale entspringt (4000') am Lusenberge oberhalb Pürstling der Lusenbach, der von Pürstling abwärts der Maderbach heißt und nachdem er die braunen Wasser von den großen Filzen des Maderer und Neubrunner Revieres, so wie vom Westabhange des Schwarzberges (nahe am Moldauursprung) auf= genommen hat (3344'), durchbraust er die wilde Felsenschlucht zwischen Mader und dem Antigelhof, wo er den vom Innergefilder Plateau in einem Längenthale herabeilenden Wydrabach (1917') empfängt und bis Hirschenstein den Namen desselben annimmt. Gegenüber von der Ein= mündung des Wydrabaches zweigt sich der beschriebene Schützenwalder Flößkanal ab, der längs den waldigen Bergabhängen zum Seeterbach ge= führt wird und durch denselben in den Kieslingbach einmündet.

Der Kieslingbach, der an Wasserreichthum dem Wydrabache in nichts nachsteht, entsteht aus der Vereinigung einiger Bäche (Gerlbach, Haidlerbach u. a.) auf dem Granitplateau zwischen Gutwasser und Hurkenthal, und durchströmt von Haidl bis Hirschenstein, wo er sich mit dem Wydra= bache vereinigt, ein sumpfiges Längenthal, in welches vom Stubenbacher Gränzrücken herab einige Felsschluchten, dem nordwärts gerichteten Spal= tensystem angehörend, einmünden. Zwei dieser Schluchten werden von sogenannten Seebächen bewässert, die ihren Ursprung in den einsamen Waldseen dieser Gebirge haben. Der eine ist der Hurlenthaler Seebach, der im Ladasee entspringt, der andere der Stubenbacher Seebach, der in dem See des Mittagsberges seinen Ursprung hat. Auch der Stubenbach und der Seeterbach schäumen in solchen nordwärts streichenden Schluchten.

Nach der Vereinigung des Wydra- und Kieslingbaches erhält das schon bedeutend erstarkte Gebirgswasser den Namen Wotawa und strömt in einem romantischen Felsenthal bei Unter=Reichenstein (1659') vorbei, wo rechts ein Längenthal mit dem goldführenden Zollerbache ein= mündet, gegen Langendorf (1418') und Schüttenhofen.

Oberhalb Schüttenhofen mündet links die forellenreiche Wolšowka ein, die am Plateau bei Kochet aus Moorgründen entspringt und anfangs bis Bezděkau ein Längenthal, dann bis Petrowic ein nordwärts gerichtetes Querthal und endlich zwischen dem Swatobor und Strážberge abermals ein Längenthal bewässert und bei Wolšow in die Wotawa mündet (1387').

Einen zweiten Zufluß bildet ebenfalls am linken Ufer unterhalb Schüttenhofen der starke Ostružnabach, an dessen Verlauf ebenfalls

der Wechsel des Thalsystems verfolgt werden kann. Der Bach entsteht
auf den sumpfigen Torfgründen des Plateau's von Seewiesen (2477')
am Abhange des Ahorn- und Brückelberges und strömt durch eine gegen
Nord laufende Thalschlucht bis gegen Cachrau, daselbst biegt das Thal
plötzlich gegen Südost um (2058') und wird somit zum Längenthale;
von Welhartic (1736') bis Kolinec hat das Thal eine Nordostrichtung
und gehört demnach zu dem Systeme der mittelböhmischen Längenthäler.
Bei Kolinec biegt aber das Thal abermals um und durchbricht zwischen
hier und Hrábel in einer Südostrichtung, also parallel zu den Längenthälern des Böhmerwaldes, die bis hieher vorgeschobenen Granitrücken
des mittleren Böhmens und mündet unterhalb Schüttenhofen ins Wotawathal.

Von Schüttenhofen bis Horažbowic hat das Wotawathal eine Richtung gegen Nordost und gehört schon zu dem Systeme der mittelböhmischen
Längenthäler, indem es parallel zum großen Granitrücken verläuft, der
von Böhmisch-Brod aus bis hieher in die Gegend von Bergstadtel sich
hinzieht. Am rechten Ufer erhält die Wotawa hier noch den Podmokler-
und Nezdicerbach, beide in parallelen von Süd nach Nord streichenden
Thalfurchen laufend.

Bei Horažbowic verläßt die Wotawa das Gebirge gänzlich und
wendet sich um den nicht hohen Prachinberg in ein breites Thal, welches
die Hochflächen von Mittelböhmen und das Vorgebirge des Böhmerwaldes trennt. Das Thal ist ein vollkommenes Längenthal, indem die
dasselbe einrahmenden Gneißschichten beiderseits gegen den Fluß einfallen
und somit eine Mulde bilden. Die Thalrichtung geht von Horažbowic
bis Strakonic südöstlich, von da bis Kestřan östlich. Unterhalb Kestřan
wendet sich aber die Hauptthalrichtung abermals südöstlich, die Wotawa
tritt aber nicht in dieselbe, sondern in eine tiefe nordwärts gekehrte Felsenschlucht, durch welche sie sich bis zu ihrer Mündung bei Klingenberg
windet. Nur bei Pisek erweitert sich das Thal zu beiden Seiten.

Die Wotawa ist ziemlich wasserreich und wird durch das ganze
Frühjahr von Langendorf angefangen mit Flößen befahren, sonst aber
zum Holzschwemmen verwendet. Nach großen Schneefällen im Winter
schwillt sie beim Schmelzen des Schnees furchtbar an und verursacht
große Verheerungen. Die großen Anschwellungen der Moldau im Frühjahre hängen größtentheils von dem Wasserstande der Wotawa ab.

In dem breiten Thale bei Strakonic und Kestřan nimmt die Wotawa noch zwei Böhmerwaldflüßchen auf, die Wolinka und die Blánice.

Die Wolinka entspringt auf der 3000' hohen Paßhöhe zwischen dem
Kubani und den Scherauerbergen, welche von der Winterberger Poststraße
überstiegen wird. Sie fließt durch ein nordwärts gekehrtes enges Querthal bei Winterberg und Wolin vorbei und mündet in Strakonic in die

Salnauer Thal.

Wotawa. Einige Bäche, welche rechts und links die Längenthalfurchen bewässern, vermehren den Wasserreichthum des Flüßchens, so daß es im Frühjahre zum Holzschwemmen verwendet werden kann.

Die Blánice (Flaniz) hat einen längeren Lauf. Sie entspringt in der waldigen „Langen Au" zwischen den Salnauerbergen und dem Plateau von Christianberg und fließt ebenfalls durch ein nordwärts ziehendes Spaltenthal gegen Zablat, Husinec, Parau bis Wodňan, wo sie den Westrand der Budweiser Ebene berührt, dann nordwärts durch das Querthal von Protiwin bis Mišenec sich wendet und von da durch das Längenthal von Putim in nordwestlicher Richtung in die Wotawa mündet. Unterhalb Husinec nimmt sie den von Prachatic durch ein ebenfalls nordwärts gekehrtes Querthal eilenden Bělčbach und bei Blánic den großen Goldbach auf, welcher auf dem Plateau von Christianberg entspringt und zwischen den hier nordwärts streichenden Gneiß- und Granulitrücken über Witějic gegen Blánic fließt.

Auch der Beraunfluß erhält aus dem eigentlichen Böhmerwalde eine ansehnliche Verstärkung durch den Angelfluß.

Der Angelfluß (Uhlava) hat seine Quellen im künischen Walde. Er entsteht durch die Vereinigung einiger starken Bäche, welche vom Brückel-, Panzer- und dem Spizberge herabeilen und namentlich durch den Abfluß des schwarzen Sees (3752') verstärkt werden. Er bewässert das prächtige Längenthal am Fuße der Seewand (Seemühle 2068') und wendet sich nach der Vereinigung mit dem Osserbache in das nordwärts streichende Querthal bei Hammern und Grün, aus dem er bei Neuern (1331') in das breite und schöne Thal von Bystřic eintritt und daselbst rechts bei Neu-Puzeried die aus dem Amphibolgebirge eilende Chod-Angel und die Andělice, links bei Janowic den vom Cachrauer Gneißplateau herabströmenden Drosaubach aufnimmt. Unterhalb Klatau, wo er rechts den Rasenbach (Drnový potok) aufnimmt, tritt der Fluß in ein enges Felsenthal des silurischen Gebietes ein und windet sich in nördlicher Richtung bis Pilsen durch denselben, wo er zugleich mit der Uslawa, Radbuza und Mies den Beraunfluß bildet.

Dem Stromgebiete der Donau endlich gehört der Regenbach an, welcher an der Einsenkung zwischen dem Fallbaum- und Panzerberge entspringt und zum schönen Eisensteinerthal herabeilt, wo er sich mit dem Eisenbache, dem Abflusse des Teufelssees, vereinigt und als schwarzer Regen gegen Zwiesel fließt.

Klimatische Verhältnisse des Böhmerwaldes.

Die höchsten Punkte des Böhmerwaldes liegen noch tief unter der Gränze des ewigen Schnees, die in diesen Breiten etwa bei 8000′ beginnen würde. Demgemäß kann man in diesem Gebirge, namentlich im Sommer, die auffallenden klimatischen Stufenfolgen nicht erwarten, wie die, welche das höhere Karpathengebirge, besonders aber die Alpen auszeichnen.

Der Böhmerwald nimmt im Ganzen Antheil an den allgemeinen klimatischen Verhältnissen Böhmens, nur daß seiner Erhebung wegen die Unterschiede der Jahreszeiten schärfer ausgeprägt sind als im flacheren Hügellande des inneren Böhmens. Leider sind genauere Beobachtungen über die mittlere Jahres-, Monats- und Tagestemperatur an zahlreicheren dazu geeigneten Punkten durch eine längere Reihe von Jahren nicht gemacht worden, auch sind die Beobachtungen der erfahrenen Forstmänner über den Windstrich und den Zusammenhang desselben mit dem Gebirgsbau, über das Verhältniß des Luftdruckes und der Bodenfeuchtigkeit zur Temperatur und Aehnliches noch nicht gesammelt worden, obwohl das Wenige, was wir über diese Verhältnisse wissen, von besonderem Interesse ist.

In Ermangelung direkter Beobachtungen mögen als klimatische Wahrzeichen die Pflanzen dienen, deren Arten mit der Erhebung und der Richtung des Gebirges so mannigfach sich ändern und die wir bei der Beschreibung der Pflanzenwelt anführen werden.

Nach den Beobachtungen in Rehberg (mit 2610′ Seehöhe), einem Orte im oberen Wotawathal, die der verstorbene Pfarrer Herr Wenzel Prinz durch viele Jahre fortsetzte, ist die mittlere Jahrestemperatur daselbst 6·4° R., die mittlere Wintertemperatur —0·8°, die Sommertemperatur 13·7°.

In Hohenfurth ist die mittlere Jahrestemperatur 6·2°, die mittlere Wintertemperatur —1·8°, die Sommertemperatur 14·1°; in Schüttenhofen (1386′) ist die mittlere Jahrestemperatur 6·4°, die Wintertemperatur —1·3°, die Sommertemperatur 13·8°; in Krumau (1516′) beträgt die Jahrestemperatur 7·1°, die Wintertemperatur —0·8°, die Sommertemperatur 14°; in Budweis (1164′) ist die Jahrestemperatur 7·1°, die

Wintertemperatur —0·2°, die Sommertemperatur 14·4°. Im Ganzen stimmen diese Angaben mit den mittleren Temperaturen des nördlichen Schottlands und des südlichen Schwedens überein.

Besonders bemerkenswerth sind die jährlichen Regenmengen, die im Böhmerwalde beobachtet wurden. In Budweis beträgt die Regenmenge 21·6 Zoll, in Krumau 25", in Hohenfurth 27·4", in Schüttenhofen 30·2", in Rehberg 62·5 Zoll. In Stubenbach beträgt die jährliche Regenmenge sogar 81", ein Niederschlag, wie er nur in den Alpen bekannt ist. Die auffallende Regenmenge in den zwei letztgenannten Orten zeigt, daß die Waldgegenden des Gebirges zu den feuchtesten in Europa gehören. Auch sehen wir, daß die Regenmenge gegen das Innere des Landes abnimmt, ja in Prag beträgt sie bloß 14·5 Zoll, also 4·5 mal weniger als in Rehberg.

Offenbar hängen diese Verhältnisse mit den ungeheueren sumpfigen Waldstrecken zusammen, indem dieselben den Niederschlag nicht nur be= günstigen, sondern auch durch die ununterbrochene starke Ausdünstung die Wolkenbildung befördern. Dove zeigte, wie die im heißen Erdgürtel auf= steigenden tropischen Luftströmungen ihren Dunstgehalt zuerst an die eisigen Gipfel der Alpen abgeben und wie der Rest des Dunststromes sich zum Böhmerwalde senkt und daselbst die enorme Regenmenge verursacht. Die geologische Beschaffenheit des Gebirges unterstützt die Wasseransammlung in bedeutendem Maße. Der größte Theil desselben besteht nämlich aus Gesteinen, welche das Wasser nicht durchlassen, aus Granit und Gneiß. Auf den breiten Gebirgsrücken und in den weiten Thälern bilden sich deßhalb Torfsümpfe, die beständigen Quellen nicht bloß der Flüsse, son= dern auch des Regens.

Diese Feuchtigkeitsverhältnisse sind es nun, welche das Eigenthüm= liche des Klima's im Böhmerwalde bilden und in der Flora ihren voll= kommenen Ausdruck finden. Die Böhmerwaldflora ist nämlich durch viele Sumpf= und Torfpflanzen ausgezeichnet, die im mittleren Böhmen fehlen, während die starke Ausdünstung der feuchten Lehnen so viel Wärme bindet, daß eine Menge von Pflanzenarten, die in denselben Höhen, aber an trockenen Standorten sonst vorkommen, hier vollkommen vermißt werden. Ist der Boden wasserdurchlassend, wie auf den Kalkzonen in der Gegend von Krumau, so ändern sich auch alsogleich diese Verhältnisse. Der Bo= den wird wärmer, die Flora reicher und die Landschaft dem inneren Böhmen ähnlicher.

Durch den großen Dunstgehalt der Luft und die bedeutendere Er= hebung über das Meeresniveau wird auch der Charakter der vier Jahres= zeiten im Vergleiche mit den Jahreszeiten des Flachlandes modificirt. Nach einem gewöhnlich heiteren Herbste bedecken sich in der Mitte des Oktober zuerst die höheren Rücken und Kuppen mit einer immer

Plöckensteinsee

mächtiger werdenden Schneedecke, und Schritt für Schritt schreitet dann der
Schnee- und Eismann vom Gebirge ins Hügelland herab, bis die ganze
Gegend, so weit man sie übersieht, mit dem weißen Leichentuche des
Winters überdeckt ist. Dicke Nebel und unaufhörliches Schneegestöber
verdunkeln die ohnehin finsteren Waldstrecken. Auf den nordwärts gekehrten
Lehnen und in den Schluchten und Thälern, dann auf den hochgelegenen
Plateaus sammeln sich ungeheure Schneemassen an, 3 bis 4 Klafter
hoch, denn der enorme Dunstniederschlag, der oben angedeutet wurde, ge-
hört größtentheils den Wintermonaten an. Im Dezember und Jänner sind
schon alle Bäche und Flüsse, so wie die Spiegel der Waldseen mit einem
Eispanzer bedeckt, die höchsten Waldpartien ganz verschneit, die Ecken und
Vorsprünge der Gebirgsrücken durch die Schneeschichten ausgeglichen und
die ganze Gegend erhält ein unendlich trauriges, einförmiges Aussehen.
Aber mitten in der Erstarrungszeit der Natur zieht von allen Dörfern
und Weilern ein eigenthümliches geschäftiges Leben in die Wälder ein.
Tausende von rüstigen Arbeitern sind beschäftigt, das im Sommer ge-
fällte Holz zu verladen und auf Schlitten und glatten Riesen herab ins
Thal oder in die Schluchten zu den erstarrten Seen und Flüssen zu befördern. Hartnäckig kämpft der Winter mit dem anfangs April einzie-
henden Frühling und starke Spätfröste namentlich in der Nähe der sumpfigen Filze deciniren häufig den jungen Waldnachwuchs und verderben
die aufkeimenden sparsamen Saaten. Zuerst schüttelt der Wald an den
Südseiten die Schneelasten ab, die Nordseiten bleiben noch lange mit
Schnee bedeckt und spät im Mai, ja selbst im Juni sind die schattigen
Schluchten und Abgründe mit gefrorenen Schneestreifen ausgefüllt.

Bei dem warmen Frühlingshauche schmilzt allmälig überall der
Schnee. Von allen Lehnen, durch alle Felsenrinnen strömt das Thau-
wasser herab zu den Flußbetten, aus denen die schäumenden und brau-
senden Wasser hoch hinaus treten, die Eisdecke in unzählige Schollen zer-
schellend und durch Vereinigung von tausenden Wasseradern immer mehr
anschwellend, bis sie als ein mächtiger Gebirgsstrom dem flachen Lande
zueilen. So still und öde der Thalgrund im Winter war, so geräuschvoll
und lebendig ist derselbe im Frühjahre. Die Scharen der Waldarbeiter sind
nun an den Ufern der wirbelnden Wasser beschäftigt, indem sie das auf-
gestapelte Holz in die Kanäle und Flüsse werfen und abwärts verschwemmen. Am interessantesten sind nun die Scenen bei den hoch aufgeschwol-
lenen Seen. Eine ungeheure Holzmenge wird von allen nahen Bergen
in dieselben geworfen und dieselbe schießt pfeilschnell aus den geöffneten
Schleusen herab ins Thal. Allmälig wird der Wald ruhiger, die Gewässer fallen ab, die Schwemmzeit neigt sich dem Ende zu und auf allen
Matten und waldlosen Flächen prangen die smaragdgrünen Rasen geschmückt mit bunten Blumen. Anfangs Juni feiert das Gebirge seine

Frühlingszeit und nur auf den höchsten Rücken überrascht den Wanderer manchmal noch ein Schneeschauer. Die Bäume erreichen allmälig ihre vollkommene Ausbildung, die Thalflächen sind mit grünenden Saaten bedeckt und der Wald wegsamer. Doch ist die Zeit der Gebirgsreisen noch immer nicht angebrochen. Häufige Regentage wechseln noch immer mit heiterem Wetter ab, die Flüsse schwellen zeitweilig noch immer plötzlich an und verheeren in den tieferen Gegenden die Fluren.

Einen Sommer, wie ihn das Flachland hat, mit seiner versengenden Hitze und erschlaffenden Schwüle hat das Gebirge nicht. Die Monate Juli, August haben daselbst mehr den Charakter von Frühlingsmonaten, die Rasendecken bleiben grün, das Waldlaub saftig und nur an dem Wechsel der blühenden Pflanzenarten ist der Fortschritt der Jahreszeit zu erkennen.

Die schönste Witterung herrscht im Gebirge in den Monaten Juli, August und September. Die Decke der schwankenden Filze wird fester, die Waldabhänge trockener und demnach das Gebirge zugänglicher. Diese Zeit ist für eine Böhmerwaldtour die angemessenste. Zwar wird der Reisende auch jetzt nicht selten durch starke Regengüsse aufgehalten, doch sind sie nie so andauernd, um den Besuch der wichtigsten Punkte zu vereiteln.

Der Spätsommer und Herbstanfang (September) ist gewöhnlich durch das heiterste Wetter begünstigt und diese Zeit suche man also vor allem zum Besuche des hohen Gebirges zu benützen.

Die Mineralien des Böhmerwaldes.

Der Böhmerwald ist trotz seiner ungeheueren Felsenmassen ein an selteneren Mineralien armes Gebirge und nimmt namentlich an dem Erzreichthum, der das Erzgebirge und die innen im Lande verbreiteten Schiefergebirge auszeichnet, keinen Antheil. Der einfache Bau des Gebirges, ohne die zahlreichen Klüfte, wie man sie im Erzgebirge findet, scheint dieß zu erklären.

Bergbau wird nur an einigen Orten betrieben und das nur in kleinem Maßstabe, selbst die in Böhmen so häufigen Eisenerze sind hier selten und arm und werden nur des Holzreichthumes wegen verwerthet, wichtiger und dem Böhmerwalde eigenthümlich ist nur der Graphitbergbau*).

---

*) Siehe geologische Uebersicht der Bergbaue der österr. Monarchie. Wien, 1855.

Gold kömmt, wie ausführlich schon früher besprochen wurde, im quarzreichen Gneiße vor, namentlich bei Bergreichenstein, dann bei Gut- wasser, wo zeitweilig kleine Goldsplitter auf Quarz gefunden werden, aber der Bergbau darauf ist aufgelassen, ebenso wie die Goldwäschereien, welche an allen Bächen und Flüssen des Böhmerwaldes im Schwunge waren.

Bergbau auf Silber und Blei wird bloß bei Adamstadt und Krumau betrieben, bei Silberberg und Bergstadtl ist er schon längst auf- gegeben worden. Versuchsbaue wurden in jüngerer Zeit bei Eisenstein und bei Zablat und Prachatic ehemals unternommen, haben aber kein günstiges Resultat geliefert.

Die Silber- und Bleierzgänge bei Adamstadt treten im Gneiße des Mittelgebirges auf, welches das Budweiser und Wittingauer Becken scheidet. Gegenwärtig sind nur Erzbaue auf zweien derselben im Betriebe. Der eine, der Lazargang mit einem beinahe südlichen Streichen und west- lichen sehr steilen (75°) Fallen, ist bis 4 Fuß mächtig mit einer Grund- masse von kieseligem dolomitischen Kalkstein ausgefüllt, in dem silberhältige Blende, Bleiglanz und Eisenkies eingesprengt sind. Der zweite, sogenannte widersinnige Gang, hat ein südwestliches Streichen mit einem Verflachen unter 45° nach Ost und ist im Durchschnitt bei 3" mächtig. Die Gang- ausfüllungsmasse besteht aus dichtem Quarze und Bruchstücken des Neben- gesteines durch ein kieseliges und lettenartiges Cement verbunden. Sie führt Bleiglanz, Blende, beide silberhältig, und Eisenkies, gewöhnlich in ganz feiner Vertheilung und zuweilen in schmalen Streifen. Im Jahre 1852 lieferte dieser Bergbau bei 1200 Mark Silber.

Aehnliche Gänge treten auch im Gneiße und Hornblendeschiefer bei Krumau auf; ihre Ausfüllungsmasse besteht aus Quarz, welcher Blei- glanz, Eisen- und Kupferkies und Blende führt. Der Bergbau, schon im 15. Jahrhunderte betrieben, wird gegenwärtig nur auf einer Grube, wo ein 4 bis 6 Zoll mächtiger Quarzgang mit stark eingesprengten Erzen ansteht, gefristet.

Eisensteinbergbau wird nur in der Tertiärformation des Budweiser Beckens, dann im Kremserthal des Blansker Waldes und bei Stt. Katharina im künischen Walde betrieben.

In der Budweiser Ebene kommen zwischen den sandigen und thonigen Schichten rothe und braune Thoneisensteine in sehr dünnen Lagen vor, die nur wegen der geringen Tiefe von höchstens 4 Klafter abbau- würdig werden. Der Eisengehalt beträgt bloß 20—30%. Die Baue sind bei Brod und Zaháj.

In dem zersetzten Serpentingebirge des Kremserthales bei Chmelná, Chlumeček u. a. Orten nördlich von Krumau befinden sich ebenfalls Baue auf Brauneisenstein. Dieser findet sich theils in erdiger Form als Eisenocher, theils als fasriger Brauneisenstein in der Form von schönen Graten von braunem Glaskopf, oft von 2—3 Fuß Durchmesser, in unregelmäßigen, bis zu mehreren Klaftern mächtigen Putzen; zugleich findet man da Opal, Hornstein und Magnesit.

Endlich findet man zwischen Glashütten und Stt. Katharina zwischen Glimmerschieferschichten Brauneisenstein mit Urkalk und Hornblendeschiefer. Die letzteren sind reich an derbem Granat, der sich zu Brauneisenstein zersetzt, auf den Bergbau betrieben wird; mit den derben Granatmassen ist Pistazit und Hornblende verwachsen und darin häufig Kupferkies, Eisenkies, Magnetkies und Magneteisenerz eingesprengt. Außer-

Dreisesselberg.

dem sollen auch Spuren von Eisenglanz, Zinkblende und Bleiglanz vor-kommen. Asbest, Chlorit, zersetzte serpentinartige Massen sind weitere Vorkommnisse.

Steinkohlen befinden sich nur in der kleinen beschriebenen Mulde am Ostrande der Budweiser Ebene. Die Kohle ist $\frac{1}{2}$ bis 2 Fuß mächtig, bei Brod bis 4 Fuß. Die Kohle ist anthracitartig. Die Gewinnung ist unbedeutend.

Braunkohlen finden sich in den Tertiärschichten der Budweiser Ebene und des Wetawathales. Die Kohle ist aber größtentheils locker und zerreiblich und wird wegen Wasserzudrang wenig abgebaut, nur bei Steinkirchen im ansteigenden Bergland ist dieselbe von besserer Qualität und wird verwerthet. Bei Cehnic unweit Strakonic wird das eisenkies=reiche Braunkohlenflöz zur Alaunsiederei benützt.

Torf ist auf den Filzen der Hochrücken, dann in den höheren Thälern der Moldau und der Gebirgsbäche in ungeheuerer Menge vor-handen, wurde aber bisher nicht benützt.

Graphit findet sich vorzüglich im Gneiße südlich vom Blansker Walde, namentlich in der den Olschbach aufnehmenden Erweiterung des Moldauthales; Spuren von denselben trifft man aber auch im Gneiße zwischen Schüttenhofen und Strakonic an.

Der Graphit bildet lange Lagerzüge im Gneiße, häufig in Ver-bindung mit Lagern von Urkalk und Hornblendeschiefern. Die Mächtigkeit der Lager ändert sich rasch von wenigen Fuß bis zu 7 Klaftern; die mittlere Mächtigkeit beträgt bei 2 Klaftern.

Eine 3—6 Fuß mächtige Torfablagerung erfüllt die ganze Thal-mulde des Olschbaches und bedeckt eine eben so mächtige Lehmschichte. Unter dieser kommt zuerst eine 2—4 Fuß mächtige Schichte eines gra-phitischen Gneißes, dann 6 Fuß geschichteter theils fester, theils ganz aufgelöster Gneiß mit Hornblende, endlich unmittelbar über dem Graphit-lager ein geschichtetes glimmerfreies, in braune bröcklige Masse umge-wandeltes Feldspathgestein, an anderen Orten ein bis 5 Fuß mächtiges Kalklager. Die Anzahl der durch ein Zwischenmittel von zersetztem Gneiß getrennten Graphitlager ist nicht bekannt.

Der Graphit ist vorherrschend unrein, dicht und grobblätterig, dabei bisweilen fest, schieferig, oft durch Quarz, Kaolin und Eisenkies verun-reinigt; nur selten in ansehnlichen Massen rein, meist so gemischt, daß durch eine sorgfältige Auskuttung die Sorten geschieden werden müssen. Es werden drei Sorten unterschieden, wovon zwei sammt einem Raffinat in den Handel gebracht werden. Ein großer Theil wird in der Hardt-muth'schen Fabrik zu Budweis verwerthet. Die vorzüglichsten Baue be-stehen zu Schwarzbach, Mugrau, Stuben, Tattern, Eggetschlag und Rindles, überdieß sind noch bis nordöstlich von Krumau viele kleine Versuchsbaue.

Auf der bairischen Seite des Gebirges befinden sich im Gneiße bedeutende Graphitablagerungen, namentlich bei Pfaffenreut und überhaupt in den sogenannten Donauleiten zwischen Passau und Obernzell, wo die Schmelztiegelfabrikation schwunghaft betrieben wird.

Die anderen interessanten Mineralien wollen wir nach ihren Vor-kommnissen geordnet anführen.

In der Budweiser Ebene findet man bei Prabsch und Korosek die eigenthümliche Obsidianvarietät, den Moldawit auch Wasserchryfolith und Bonteillenstein genannt. Häufiger ist er noch bei Moldautein. Er findet sich in rauhen, gedörrten Pflaumen ähnlichen Stücken auf den Feldern zerstreut.

In dem Gneißterrain zwischen der Blánice und Wotawa findet man viele Lager von Urkalk, die schon bei der orographischen Beschreibung angeführt wurden, und unter den vielen Granitvarietäten auch den Ganggranit von Mutěnic bei Strakonic, welcher nebst Krystallen von Titanit, das Steatitähnliche Strakonicit genannte Zersetzungsprodukt, in Pseudomorphosen nach einem strahligstänglichem Minerale (wahrscheinlich Augit). Ein Gang im Gneiße, dessen Gestein aus Quarz und Flußspath besteht, tritt ebenfalls bei Mutěnic auf und führt in Drusenräumen Quarzkrystalle und schöne apfelgrüne Flußspatholtaeder bis 3 Zoll Größe.

Bei Bohumilic wurde im Jahre 1829 auf einem Felde die 103 Pfund schwere Meteoreisenmasse aufgefunden, die nun im böhm. Museum aufbewahrt wird.

Der goldhaltige Sand des Zollerbaches bei Bergreichenstein lieferte bei der Verwaschung Geschiebe von Korunden, Saphyren, Spinellen und Granaten, dann Titaneisen und Nigrin.

Im Quarze des Josephi-Stollen am Losnicbache südwestlich von Bergreichenstein kommen Eisenkieshexaeder eingesprengt vor, ferner im Quarze des Josephi-Schachtes als Seltenheit Molybdänglanz.

Im Vorgebirge zwischen der Wotawa und Angel ist das Vorkommen von schwarzem Rutil oder dem Nigrin interessant. Man findet dieses Mineral als Geschiebe theilweise noch mit erkennbaren quadratischen Prismenflächen im Bachsande, namentlich zwischen Malonic und Zindřichowic, das Muttergestein scheint der schuppige Gneiß jener Gegend zu sein. Die gesammelten Geschiebe werden nach Prag an chemische Fabriken verkauft und es werden Titanpräparate aus denselben dargestellt.

In den Gneißen des Centralplateau's, der Bergreichensteiner Berge und des Kubani ist nebst dem schon bei der Orographie erwähnten Urkalk- und Quarzlager (diese bei Einöde und Pláně) für den Mineralogen nichts von Bedeutung vorhanden. Erwähnung verdienen bloß die schönen Quarzdrusen im Quarzlager der Einöde, welche früher häufig von Wallfahrern als Andenken vom Skt. Günthersfelsen ins Land getragen wurden, dann ein schwaches Kaolinlager bei Kubern am Kubani.

Reicher an Mineralien ist der den böhmischen quarzreichen Gneiß und Glimmerschiefer unterteufende Dichroitgneiß des Arbers und der mit ihm zusammenhängenden Berge in Baiern. Dieser Gneiß, in welchem der Quarz manchmal von Dichroit vertreten wird, enthält Ganggranite, mit denen bei Zwiesel, Maisried, in der Frath, am Hünerkobel, auf der Blöß Quarzgänge in Verbindung stehen. Hier werden die in allen Sammlungen bekannten Rosen- und Milchquarze gebrochen, sowie hier auch Beryll, Apatit, Eisenkies, Arsenkies, Triphylin, Pseudotriplit, Melanochlor, Tantalit, Uranglimmer, Pinit, Granat, Turmalin, Andalusit, Strahlstein und Albit vorkömmt.

Bedeutende Lager von Eisen= und Magnetkies befinden sich am Silberberge bei Bodenmais, wo sie zur Erzeugung von Eisenvitriol und Alaun benützt werden und einer nicht unbeträchtlichen Bevölkerung Nahrung verschaffen. Der hier ehemals betriebene Gold= und Silberbergbau ist aber aufgelassen worden. In diesen Lagerstätten findet man nebst den Kiesen auch noch Dichroit, schön krystallisirten Bivianit, Thraulit, schwarze Blende, Magneteisenerz, Bleiglanz, Kreittonit, Stilbit, Quarz, Bucholzit u. a. Mineralien.

In dem Weißsteingebirge des Blansker Waldes bei Prachatic und Christianberg kömmt im Granulit eingesprengt blauer Cyanit vor, nebst kleinen Granatkrystallen als ein ständiger Bestandtheil desselben.

Hornblendegestein und Serpentin begleitet den Granulit überall, man findet letzteren anstehend bei Ernin und Goldenkron, im Kremserthale, bei Zábor, Dobruš, Ottetstift, Richterhof, bei Prachatic, Oberhayd, Paulus und Neuenburg. Mit demselben findet man namentlich im Kremserthale, wo er durch Zersetzung in Brauneisenstein übergeht, die verschiedensten Halbopale (weiße Milchopale, gelbe Wachsopale, braune Leberopale, rothe und schwarze Jaspopale), dann Chalcedone, Hornsteine und Magnesitknollen, welche überall auf unfruchtbaren Heiden zerstreut liegen und aus den Feldern zu Haufen zusammengelesen sind.

Im Salnauer und Plöckelsteiner Granitterrain ist nebst verschiedenen Granitvarietäten häufig mit schönen Orthoklaskrystallen und Oligoklaskörnern kein besonderes Mineral zu finden.

Der Glimmerschiefer des kunischen Waldes ist aber namentlich am schwarzen See und am Osser reich an accessorischen Gemengtheilen. Stellenweise ist der weiße Glimmerschiefer mit kleinen braunen Granatkrystallen wie gespickt, nebstdem findet man auf den verwitternden Blöcken Andalusit, Titaneisen, manchmal auch Chlorit und Feldspath, häufig Turmalin namentlich bei Eisenstraß. Am Panzerberge bei Eisenstein soll auch Cyanit vorkommen.

In den Neugedeiner Bergen endlich kömmt außer zahlreichen Varietäten von körnigen und schieferigen Hornblendegesteinen, Graniten und syenitartigen Gesteinen nichts von Bedeutung vor. Nur Magneteisenerz und Eisenkies ist in den körnigen Hornblendegesteinen häufig eingesprengt.

Kufchmaria.

8*

Die Pflanzenwelt.

Der Böhmerwald führt mit Recht seinen Namen von den Waldungen, die in einer ununterbrochenen Erstreckung das ganze Gränzgebirge bedecken. Die Gränzrücken sind bis zum 4000' hohen Kamme mit Wald bedeckt und nur einzelne Felsgruppen ragen über diese Höhen kahl empor, während im Riesengebirge die Waldregion nur bis 3600' reicht.

Der Wald mit seiner einförmigen aber üppigen Vegetation bestimmt demnach den Charakter der Böhmerwaldflora.

Im hohen Gebirge sind neben dem Wald nur noch Wiesen anzutreffen, aber kein Aderland, dieses beginnt erst stellenweise unter 3000' Höhe, nimmt mit abnehmender Höhe immer mehr Flächenraum ein, bis es im Vorgebirge und den großen Flußthälern und in der Budweiser Ebene denselben gänzlich verdrängt hat.

Naturgemäß theilt sich das Gebirge mit seinen Vorbergen in pflanzlicher Hinsicht in drei Zonen ein. Die niedrigste, durch lohnenden Feldbau ausgezeichnet und noch Obst- und Hopfenbau zulassend, reicht vom 1000' hohen Gebirgsfuße bis 1800' — 2000', die zweite Zone, in der die Höhen durchgehends mit Wald bedeckt sind, die Getreidefelder aber noch überwiegen, reicht bis 2500' — 3000', die Hochgebirgszone endlich geht bis zum Kamm in die Höhe von 4000'—4500'.

Zur ersten Zone gehört das schöne und fruchtbare Angelthal unterhalb Neuern, das Wotawathal unterhalb Schüttenhofen, der untere Theil des Wolinka- und Blánicthales, so wie die Budweiser Ebene, dann das diese Thalflächen umsäumende Hügelland.

Man baut hier alle Getreidearten, es gedeihen auch alle Arten von Obst, namentlich Kernobst und auch Hopfen, der ehemals bei Klatau in größerem Maße kultivirt wurde.

Das noch immer am meisten verbreitete Wirthschaftssystem der Bauern ist die Dreifelderwirthschaft, indessen muß man zum Lobe des böhmischen Bauers sagen, daß die Brache durch erhöhten Futterbau, namentlich von Klee und Hülsenfrüchten, dann durch den Kartoffelbau und neuerer Zeit auch durch den Rüben- und Rapsbau immer mehr eingeschränkt und ein allmäliger Uebergang zur rationellen Fruchtwechselwirthschaft vorbereitet wird. Seit der Aufhebung der Robot sind in dieser Hinsicht wunderbare Fortschritte geschehen, und wer viele der hieher gehörenden Gegenden seit dem Jahre 1848 nicht besuchte, wird durch den Aufschwung der bäuerlichen Landwirthschaft freudig überrascht sein.

In viel größerem Maße gilt dieß noch von den städtischen Besitzungen und den Meiereien der Großbesitzer. Die Wirthschaftshöfe des Fürsten Schwarzenberg sind ökonomische Musteranstalten; namentlich ist in dieser Hinsicht der Hof zu Rabin hervorzuheben, wo eine praktisch geleitete Aderbauschule die Grundsätze des rationellen Landbaues unter dem Volke mit glücklichem Erfolge verbreitet. Auch andere Domainenbesitzer (namentlich Ritter Henikstein zu Dub, Fürst Hohenzollern zu Byſtřic) führen die mit landwirthschaftlicher Industrie verbundene Fruchtwechsel-wirthschaft in immer größerem Umfange ein.

Die Wiesenkultur beschränkt sich auf die Fluß- und Bachthäler und wird zum Theil durch die ausgedehnten Seifenhügel (so zwischen Horaž-dowic und Strakonic) beeinträchtigt. Sie hat bei weitem nicht die Bedeutung und Vollkommenheit wie im Vorgebirge.

Gemüsebau findet bei allen Städten Statt, in größerem Maße aber bloß bei Budweis.

Die Wälder, hier nur in kleineren Strecken auftretend, enthalten hauptsächlich Kiefern, gerade so wie im mittleren Böhmen, mehr untergeordnet sind Fichten und Tannen; Eichenwälder fehlen ganz, eben so Weißbuchen, Feldahorne sind äußerst selten.

Die Flora dieser Zone hat nichts besonders ausgezeichnetes und ist mehr durch das Fehlen von vielen bei Prag vorkommenden als durch neu auftretende Species charakterisirt.

In den Feldern findet man die gewöhnlichen Aderunkräuter wie überall nach der sandigen, lehmigen, feuchten und trockenen Beschaffenheit in den Arten wechselnd. Doch ist der wilde Mohn (Papaver Rhoeas), der Adonis und der rothblühende wohlriechende Lathyrus (L. tuberosus) schon sehr selten. Dafür findet man z. B. bei Klatau in den Feldern Feuchtigkeit liebendes Gras (Holcus lanatus) und verschiedene Arten von Mentha.

Auch die Schutt- und Wegflora ist der gewöhnlichen Flora des inneren Böhmens analog; doch fehlen einige in den Umgebungen Prags so häufige Cruciferen ganz, z. B. Sysimbrium Loeselii, Lepidium Draba. Erysimum repandum und nur auf den Kalkhügeln bei Rabi und Krumau u. a. O. glaubt man die Kalkflora von Prag zu sehen.

Eine eigenthümliche Wasserflora ziert die zahlreichen Teiche der Budweiser Ebene. An den Rändern derselben ist dichtes Rohrgebüsch, nebstdem ist der Rohrkolben (Typha angustifolia), das Pfeilkraut (Sagittaria sagittaefolia), dann Potamogeton natans, Scirpus sylvaticus, Cicuta virosa und Nymphaea candida in denselben sehr häufig. Ebenso findet man daselbst Vilarsia nymphioides, Trapa natans und Nuphar pumillum.

Die zweite Zone, die von 2000′ bis 3000′ reicht, ist vorzüglich durch schönen Wiesenwuchs ausgezeichnet, auf den Feldern bemerkt man hauptsächlich Korn und Hafer und häufig ausgezeichneten Lein.

Die Höhen sind durchwegs mit hochstämmigen Tannen- und Fichtenwaldungen bewachsen. Ausgezeichnete Wiesen sieht man im Wolinkathal bei Winterberg; bei Schwarzbach auf der Herrschaft Krumau sind bedeutende Strecken des flachen ehemals mit saueren Gräsern bewachsenen Grundes zu Kunstwiesen umgeschaffen worden, worunter die Lombardische Wiese eine Area von 143 Joch umfaßt.

Der Ackerbau in den tieferen Thälern stimmt mit dem des Vorgebirges überein, es herrscht nämlich Dreifelderwirthschaft, in den höheren Bergen sind aber die sogenannten Drieschfelder die gewöhnlichen; es sind Felder, welche wechselweise als Wiesen und Getreidefelder benützt werden. Das Grasland wird 3—10 Jahre zum Heubau als Weide benützt, dann aufgerissen und man pflegt zuerst Kartoffeln ins gedüngte Feld zu legen, dann im zweiten Jahre Hafer oder in günstigeren Lagen Korn oder Gerste anzusäen; im dritten Jahre wird es schon wieder dem Graswuchs überlassen.

Die höheren Wälder dieser Zone bilden mit den Wäldern der dritten oder höchsten Zone ein Ganzes und was von jenen gesagt werden wird, gilt zum größten Theil auch von diesen.

In dem tiefsten Waldgürtel bis 2500′ ist beinahe reiner Fichtenbestand, höher hinauf treten schon einzelne Buchen und Tannen auf, bis endlich über 3500′ hinauf wieder die Fichte allein herrschend wird.

Auf den südlichen Gehängen kömmt in dieser Zone (z. B. im künischen Wald, am Kubani, bei Hohenfurth) auch die weiße Birke (Betula alba) etwa bis zur Höhe von 2300′ und zwar im nichtkultivirten Walde wildwachsend vor. Auf den Nordabhängen vermißt man sie, nur unter der Seewand ist sie in einer Höhe von 2400′ kultivirt. In den sumpfigen Thalstrecken trifft man hier auch die Betula pubescens an. Sie unterscheidet sich durch ihren ganzen Habitus, namentlich durch ihre wagrechten Aeste von der Weißbirke und bildet gewöhnlich einen stattlichen Baum. Eine kleinblätterige Varietät derselben, die Betula carpathica, mit schlaffen hängenden Zweigen, gehört ebenfalls dieser Zone.

Die Kiefer fehlt dem höheren Gebirge ganz, man findet sie mehr im Vorgebirge und am Fuße des Hochgebirges zwischen Klatau und dem künischen Walde, in der Umgebung von Schüttenhofen und Winterberg, dann am rechten Moldauufer von Schönau bis Hohenfurth. In der Umgebung von Krumau ist sie häufiger als die Fichte. Auf den sumpfigen Thalstrecken bei Eleonorenhain und Kuschwarta tritt sie in verkümmerten harzreichen Exemplaren auf; viel häufiger ist aber daselbst die

Oster.

Sumpfkiefer (Pinus uliginosa Neumann), eine baumartige Varietät der Zwergkiefer, mit der sie die aufwärts gebogenen Aeste, die kurzen dunkel= grünen Nadeln und gleiche Zapfen gemeinschaftlich hat. Am häufigsten sieht man sie bei Eleonorenhain und Tusset in einer Höhe von 2200', höher hinauf bei Kuschwarta wird sie strauchartig und endlich der typi= schen Zwergkiefer ganz ähnlich. Merkwürdig ist es, daß diese Art auch auf dem Sumpfboden bei Wittingau und Neuhaus in einer Höhe von nur 1200 — 1500' vorkömmt.

Die Tanne fehlt im tieferen Theile dieser Zone gänzlich, die Buche ist sehr selten, außer am Fuße des Arbers und Kubani. In dem höheren Theile der Zone, wo Tannen und Buchen häufig sind, trifft man auch den schönen Bergahorn (Acer Pseudoplatanus) an, selten und an tieferen Stand= orten ist die fast aussterbende großblätterige Linde. Nebstdem findet man hier die Espe, die Eberesche, den Berghollunder (Sambucus racemosa), sehr selten die Eibe (Taxus baccata). In den Thälern an den Bächen sieht man den Spitzahorn (Acer platanoides), die Ulme in der Varietät Ulmus montana Smith, einige Weiden (Salix viminalis, alba, pentandra), so wie die Ahlkirsche (Prunus Padus) und die graue Erle (Alnus in= cana). Die gemeine Erle (Alnus glutinosa) gehört bloß dem niederen Vorgebirge bei Schüttenhofen und Krumau. Von Sträuchern bemerkt man bloß einige wenige, den Wachholder, einige Weiden (Salix incana, capraea, aurita), bei Krumau und Hohenfurth auch Salix purpurea, dann Spiraea salicifolia im Moldauthale bei Krumau; von Rosen: Rosa canina, tomentosa bloß bis zu 2000', von da hinauf Rosa alpina bis 2500'; das schwarze Geisblatt (Lonicera nigra) wächst zwischen 2000 und 3000', das gemeine Geisblatt (Lonicera Xylosteum) trifft man bei Krumau an. Die Schlehen gehören der ersten Zone an, sie gehen bloß bis 1800', eben so der Weißdorn (Crataegus oxyacantha), der Schnee= ball (Viburnum Opulus) und der Kreuzdorn (Rhamnus Frangula, ca= thartica). Der Haselstrauch steigt auch nur bis 2000', am häufigsten sieht man ihn in den Umgebungen von Schüttenhofen, wo er gewöhnlich die südwärts gelegenen Lehnen mit einer Varietät der grauen Erle be= deckt, die eingeschnittene Blätter hat.

Drei Sträucher sind aber für die zweite Zone charakteristisch: die grüne Erle (Alnus viridis DC) am Nordabhange des Blankter Waldes und des Kubani, dann die Zwergbirke (Betula nana) im Sumpfboden zwischen 2500—3000' bei Außergefild, Mader, Kuschwarta, Fürstenhut, und die Zwergweide (Salix myrtilloides) ebendaselbst.

Wir sehen aus diesem Verzeichniß, daß die Arten der Bäume und Sträucher auch in dieser Zone nicht zahlreich sind. Die Eichen, Weiß= buchen, wilde Apfel= und Birnbäume, der Liguster, der Feldahorn (Acer campestre), die Rüster, der Lärchenbaum und die Pappelarten fehlen ganz. Ueber 2500' findet man mit Ausnahme von Kirschen, die im späten August reifen, auch keine Obstbäume.

Kleinere blühende Kräuter, welche den Typus einer Flora am meisten bestimmen, findet man in dieser Zone hauptsächlich auf den süd= lichen Gehängen, die nördlichen Gehänge sind verhältnißmäßig ärmer und es herrschen da überall Farrenkräuter vor.

Die Moosrasen der Wälder enthalten hauptsächlich Hypnum mol- luscum, H. Crista castrensis, H. splendens, auch Jungermannia tricus- pidata ist stellenweise häufig; eben so bilden Polytrichum alpinum und commune häufige Moospolster, an feuchten Stellen herrschen die Sumpf= moose (Sphagnum) vor. Von den Lycopodiaceen sind Lycopodium clavatum, annotinum und Selago sehr häufig; von größeren Farren be- merkt man hauptsächlich Aspidium filix mas. und femina, so wie A. acu- leatum, Pteris crispa ist weniger häufig; von kleineren Farren bemerkt man Blechnum boreale, Polypodium Dryopteris, Phegopteris und Oreopteris. Auf den Bäumen hängen lange Bartflechten (Usneen) und kleben große Sticta=Arten.

Die phanerogame Waldflora, größtentheils auf Lichtungen und Waldblößen zerstreut, bilden von größeren Arten: Luzula maxima und pilosa, Calamagrostis Halleriana, Millium effusum, Epipactis latifolia, Convallaria verticillata, Stachys sylvatica, Rumex arifolius, Vaccinium Myrtillus und Vitis idaea, Impatiens Noli tangere, Cacalia albifrons, Mulgedium alpinum, Galeopsis versicolor, Senecio nemorensis, Chaero- phyllum hirsutum, Sanicula europaea, Knautia sylvatica, Doronicum austriacum und Pardalanches, Aconitum Napellus und Camarum, Ra- nunculus aconitifolius, Actaea spicata, Dentaria eneaphyllos; von kleineren Arten: Poa nemoralis, Carex palescens, Listera ovata, Pru- nella vulgaris, Smilacina bifolia, Pyrola minor, secunda und uniflora, Circaea alpina, Homogyne alpina, Tormentilla recta, Hieracium mu- rorum in vielen Formen, Soldanella montana, Ranunculus nemorosus, lanuginosus, Caltha palustris, Chrysosplenium alternifolium, Cardamine sylvatica. In den Holzschlägen ist am häufigsten Senecio sylvaticus, Epilobium angustifolium, Rubus Idaeus, Galeopsis Tetrahit. Die Flora der sumpfigen Wiesen wollen wir später im Zusammenhange mit der Filzflora anführen; auf trockeneren Wiesen (immer aber feucht genug) sind unter anderen Polygonum Bistorta, Pinguicula vulgaris, das dunkel= blaue Phyteuma nigrum, Cirsium heterophyllum mit schneeweißen Unter= flächen der Blätter und Gentiana germanica charakteristisch. Auf den grasigen theilweise mit Heidekraut bedeckten Lehnen prangt überall die goldgelbe Arnica montana mit Hypericum quadrangulare; auch Preisel= und Heidelbeeren, so wie Lycopodien, eigentlich dem Walde angehörend, stellen sich daselbst ein.

Eine eigentliche Felsenflora hat der Böhmerwald nicht; die steinigen Gehänge werden gewöhnlich von Farrenkräutern, dem gelben Fingerhut, dann von Brombeeren und Himbeeren bedeckt.

Sehr arm ist die Ackerflora dieser Zone, man bemerkt die Kornblume (Centaurea Cyanus), Sherardia arvensis, Anagallis arvensis und Veronica arvensis bis 2000', dann Arenaria serpyllifolia, Scleranthus annuus, Mentha arvensis, Sonchus arvensis, Galeopsis Tetrahit bis 3000'. Von Wiesenpflanzen, die im Acker vorkommen, sieht man Holcus mollis, Phleum pratense, Juncus bufonius.

Die Schuttflora enthält Chenopodium Bonus Henricus, Ch. album, Polygonum hydropiper, P. Persicaria, Urtica dioica, Cirsium arvense, Potentilla anserina, Polygonum aviculare, seltener sind schon Chenopodium glaucum und Atriplex hastatum.

Von den Pflanzenarten der böhmischen Flora, welche dem Böhmerwalde eigenthümlich sind, können nur wenige angeführt werden, so Gentiana pannonica, zu Sternberg's Zeiten zwar noch sehr häufig, jetzt aber bloß bei Außergefild und da selten, dann Sedum Fabaria an der Seewand beim schwarzen See, Spiraea salicifolia an Flüssen und Hecken bis 2000', Alnus viridis, Doronicum Pardalianches, Meum Mutelbina (hauptsächlich der dritten Zone angehörend) und Willemetia apargioides; häufiger als sonst in Böhmen findet man Soldanella montana und Chaerophyllum aureum.

Größer ist das Verzeichniß der dem Böhmerwalde fehlenden, in Böhmen aber vorkommenden Arten, von denen die gewöhnlichsten sind: Eryngium campestre, Cichorium Intybus, Matricaria Chamomilla, Veronica spicata und prostrata, Galeopsis Ladanum, Xanthium Strumarium, Centaurea paniculata, Artemisia campestris, Atriplex latifolium, roseum und oblongifolium; auch von den alpinen Pflanzen des Riesengebirges ist hier wenig zu finden, namentlich fehlen die charakteristischen Arten: Anemone alpina und narcissiflora, Primula minima, Geum montanum, Phleum alpinum, Hieracium aurantiacum und alpinum, von subalpinen Arten sind bloß Calamagrostis Halleriana, Cacalia albifrons, Homogyne alpina, Mulgedium alpinum und Aconitum Napellus etwas häufiger.

Die eigentlich häufigen Pflanzen sind bloß diese: Ranunculus acris, Prunella vulgaris, Thymus serpyllum, Leontodon hastilis, Campanula rotundifolia, Agrostis vulgaris und stolonifera, Aira flexuosa, Poa annua, Euphrasia officinalis, Vaccinium Vitis idaea und Myrtillus, Rubus Idaeus, Hieracium Pillosella, H. Auricula und H. murorum.

So bestätigt sich die früher ausgesprochene Behauptung, daß die Böhmerwaldflora mehr durch das Fehlen als durch das Auftreten von charakteristischen Arten sich auszeichnet. Eine Ausnahme davon bildet bloß

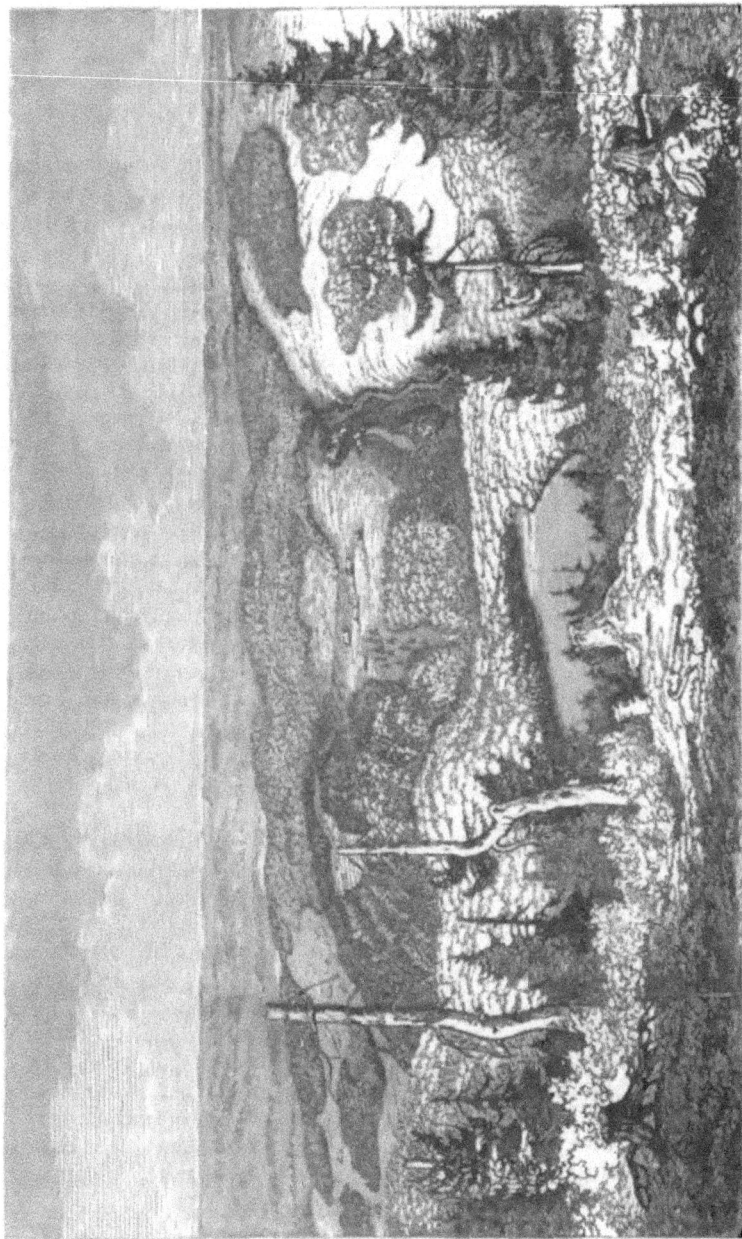

Seewandanficht.

die kalkreiche Umgebung von Krumau, deren Pflanzenreichthum zwar
weniger vom Kalkgehalt des Bodens, als von der größeren Trockenheit
desselben abhängt und deßhalb mannigfach an die Flora der trockenen
Waldberge des mittleren Böhmens erinnert.

In Krumau's nächster Umgebung ist die sogenannte Vogeltenne der
interessanteste Exkursionsort. Hier wächst Geranium columbinum, Astrantia
major, Heracleum sibiricum, Rubus saxatilis, Hypericum montanum.
Knautia sylvatica, Lilium bulbiferum, Gentiana cruciata, Campanula
glomerata in mehreren Formen u. a. A. Ferner finden sich in der Gegend um Krumau: Tulipa sylvestris, Colchicum autumnale, Gentiana
verna, Hypericum hirsutum, Prunus Chamaecerasus, Chaerophyllum
hirsutum, Alyssum saxatile und Aconitum Lycoctonum, Verbascum
montanum und eine Form von V. nigrum. Etwas entlegener, in der
Gegend von Goldenkron, finden sich Salvia glutinosa, Polycnemum arvense, Iris Pseudacorus, Melica nutans, Symphytum tuberosum, Meny-
anthes trifoliata, Lysimachia thyrsiflora, Verbascum thapsiforme,
Viola palustris, Myosurus minimus, Leucoium vernum, Citisus capi-
tatus, C. nigricans, Juncus trifidus, Rumex scutatus, Tofieldia calyculata,
Spiraea Aruncus, Potentilla supina, Dentaria enneaphyllos, Spiranthes
autumnalis und Bastardreihen von Verbascum nigrum und V. Lychnitis.

Im Blankerwalde wiederholen sich zum Theile diese Pflanzen und
es bleiben noch folgende hinzuzufügen: Rosa alpina, Veronica montana,
Phyteuma nigrum, Lonicera nigra, Alnus viridis, Convallaria verticillata, Muscari comosum, Aconitum Lycoctonum, Dentaria bulbifera,
Corallorhiza innata, Viscum album, Cyclamen europaeum, Soldanella
montana, Listera cordata, Trifolium spadiceum, Scirpus compressus,
Pinguicula vulgaris, Orchis Morio, Gymnaderria conopsea und Botry-
chium matricarioides.

Die dritte und höchste Zone von 3000 bis 4500′ können wir als
die eigentliche Wald- und Filzzone bezeichnen. Der Feldbau hört hier
schon ganz auf, in den Lichtungen dehnen sich nur Wiesen oder Torfmoore aus und nur hie und da trifft man bei den Häusern kleine Ge-
müsegärten an. Alle Rücken, Hochflächen und Kuppen sind mit einem
prächtigen Hochwalde bis zur Kammhöhe bewachsen und dieß bildet gerade
das eigenthümliche des Böhmerwaldes im Gegensatze zum Riesengebirge,
wo der Hochwald schon bei einer Höhe von 3600′ aufhört. Große
Strecken namentlich im Gebiete der künischen Freibauern sind zwar durch
eine Raubwirthschaft schon kahl geworden und stellen uns drohend das
trostlose Bild des Böhmerwaldes vor, wenn er ganz von Waldungen
entblößt sein würde, aber der bei weitem größte Theil ist ein Hochwald,
wie man ihn nirgends im Flachlande sieht und er wird es, Dank der
allgemein werdenden rationellen Forstkultur, bleiben.

Ein beengendes Gefühl ergreift uns zuerst, wenn wir in diese aus Riesensäulen aufgebaute Waldtempel eintreten, es weicht aber bald einer froherregten Stimmung, wenn wir weiter eindringen und immer riesenhaftere Stämme ihren kühlen Schatten auf uns werfen. Wo immer wir in den Hochwald eindringen, bei dem schwarzen See, am Arber, in dem Stubenbacher und Maderer Revier, am Kubani, im Salnauer Revier, überall sehen wir dieselbe Großartigkeit der Waldvegetation, von der wir im Flachlande keinen Begriff hatten. Tannen und Fichten, im Durchschnitte 3—4 Fuß haltend, sind hier nirgends selten, ja einzelne Waldstrecken bestehen bloß aus solchen Riesen. Auch die Buchen und stellenweise Ahorne erreichen eine Dicke von 3 Fuß. Man sieht an diesen Bäumen, die ein Alter von 200—300 Jahren haben, daß sie Reste von Urwäldern sind und in der That ist der größte Theil des Hochwaldes nichts als ein gereinigter Urwald. Viele Tausende von Jochen sind aber wahrer Urwald.

Wolle mich der geneigte Leser auf einen Streifzug in den Wald begleiten, um diese Region etwas im Detail kennen zu lernen. Wir beginnen im oberen Angelthale am Fuße der Seewand, wo der Weg zum Seeförster führt. Ein hochschäftiger Fichtenwald, zur zweiten Pflanzenzone gehörend, umfängt uns hier und tritt fast rein auf, wodurch er eine neuere Waldkultur andeutet, da in den alten aus dem Urwald hervorgegangenen Waldstrecken neben Fichten auch riesige Tannen sich erheben. Dichte Moospolster mit kriechenden Lycopodien bedecken den Glimmerschieferboden und 2 Fuß hohe Heidelbeerbüsche verbergen überall den mit altem vermoderten Holze gedüngten Boden, aus dem schlanke Fichtenstämmchen dicht an einander gedrängt sich emporringen und aus Lichtmangel alle unteren Aeste verlieren. An den alten Fichten ist zu sehen, daß sie in ihrer Jugend in ähnlichen Verhältnissen aufwuchsen, denn auch sie sind bis zur bedeutenden Höhe ganz astlos. Der Waldboden wird beim Aufsteigen immer nasser, hie und da erheben sich üppige Farrenkräuter, sonst sieht man aber keine blühenden Pflanzen. Erst auf den Lichtungen wird es etwas bunter, das Moos an den Steinen und Stämmen ist vertrocknet, da es vom kühlen Schatten nicht geschützt wird, und zwischen Waldgras sieht man hier verschiedene gelbe und rothe Blumen (Epilobium angustifolium, Senecio sylvaticus, Tussilago alpina, Prenanthes purpurea, Tormentilla recta, seltener sind Listera cordata, Epipactis latifolia, Paris quadrifolia, Convallaria verticillata). Einen barocken Anblick gewähren die auf den Waldabtrieben stehen gebliebenen Buchen, welche der Forstmann verschont, um sie in die Dicke wachsen zu lassen, nachdem sie im dichten Walde eine Höhe von mehr als 100' erreicht haben. Die Stämme dieser Buchen erheben sich wie Tannenstämme kerzengrade und astfrei bis 70 Fuß Höhe und erst da breitet sich die

Krone aus, gewöhnlich einseitig gewendet, da wo der meiste Lichtzutritt
war. Der Buchenwald, untermischt mit Fichten, steigt bis über das
Niveau des schwarzen Sees (3190') in eine Höhe von etwa 3600', von
wo bis zum Gipfel bloß Fichten herrschen. Am See selbst ist ein dichtes
Gebüsch von Zwergkiefern und Weiden, die Abhänge der Berge und die
Terrassen der 1000' hohen Seewand sind aber mit jungem dichten Wald
bewachsen. Ich sah vor Jahren daselbst noch echten Hochwald, von dem
auf den Felsenabhängen der Seewand noch einige Riesenexemplare von
Fichten übrig geblieben sind. Eine Menge von gebleichten Fichtenleich-
namen säumt das Ufer des Sees ein, sie blieben hier ebenfalls als Andenken an den gelichteten Wald zurück. Dichter fast unzugänglicher Fich-
tenjungwald bedeckt die Berglehnen bis zu 4000', wo zahllose Reste von
modernden Stämmen und ungeheure Wurzelstöcke gefällter Fichten zwischen
den etwas verkümmerten jüngeren Bäumen erblickt werden. Dichte Büsche
von Heidel- und Preiselbeeren, Farren und Waldgras bedecken den Boden,
die höheren Stellen und Kuppen sind mit kriechenden Zwergkiefern bewachsen,
und man sieht hie und da an freieren Plätzen einige Gebirgspflanzen
(Trientalis europaea, Sagina saxatilis, Juncus trifidus, Meum Mutel-
lina, Soldanella montana). Ganz ähnlich ist der Charakter am Teufelssee
an der anderen Seite der Seewand, man findet aber dort den sonst in
Böhmen nicht vorkommenden Wasserfarren Isoetes palustris. Auf den
Felsenkuppen des Plöckelsteines kömmt Empetrum nigrum vor, auf dem
Gipfel des St. Thomasberges Lycopodium alpinum und Polemonium
coeruleum.

Einen lehrreichen Ueberblick des allmäligen Wechsels der Waldbäume
erhalten wir, wenn wir von der bairischen Seite z. B. von Zwiesel gegen
den Gränzkamm hinaufsteigen. Im Zwieslerthal bemerkt man ziemlich
ausgedehnte Birkenwälder, welche den Saum des Hochwaldes bilden und
etwa bis 2200' reichen. Dann beginnt der Hochwald, zum größten Theile
aus Tannen, zum kleineren Theile aus Buchen und Fichten bestehend.
Interessant ist auch das Auftreten von zahlreichen Ahornen; und zwar
sowohl des Bergahornes als des Spitzahornes. Sie steigen stellenweise
bis 3500' und treten am meisten an offenen Plätzen auf, also da, wo der
Wald gegen den Rücken zu schütterer wird. In der Höhe von 3500'
verläßt uns auch die Tanne, und die Fichte, die in dem Maße als die
Tanne zurücktritt häufiger wird, nimmt ihre Stelle ein. Aber es ist nicht
mehr die schlanke Fichte der tieferen Lehnen, sondern ein konisch zuge-
spitzter Baum, dessen Aeste tief unten beginnen. Je höher, desto niedriger
werden die Fichten, bis sie endlich am Rücken pyramidenartig zugestutzten
Bäumen ähnlich werden und ein verkrüppeltes Ansehen erhalten. Gegen
die Höhe von 4000' verlieren sich auch die Buchen und zwar plötzlich,
ohne in eine Strauchform zu übergehen. Man sieht deutlich, wie in der

Schwarzer See.

Höhe zwischen 3800 und 4000' die Buche je nach den günstigen Um=
ständen bald höher hinaufrückt, bald in schattigen Lagen sich weiter herab=
zieht. Sind wir endlich am Hochplateau angelangt, wo die vom Wind
und Wetter niedergedrückten und einseitig gegen Osten bezweigten Fichten
weiter auseinander stehen und das Ganze eine Mittelform von Wald
und Wiese annimmt, die im Sommer stellenweise von der blühenden
Arnica montana gelb erscheint, so erkennen wir an den sanft gegen Böh=
men sich neigenden Flächen schon von weitem die Konturen des Fichten=
urwaldes, in welchem gipfeldürre mit Bartflechten behangene Bäume aus
einem Chaos von jungen aufschießenden Fichten emporragen. Mit er=
regter Phantasie haben wir die verschiedenen Schilderungen des böhmischen
Urwaldes gelesen, aber die Erwartungen wurden von dem unmittelbaren
Anblick noch überboten. Man muß selbst hineindringen in dieses Chaos
von Tod und Leben, um einen Begriff von dem Urwalde zu erhalten,
und doch ist es ein Wald, der schon in einer der Vegetation ungünstigen
Höhe steht. Mühsam klettern wir über die vermoderten und umgestürzten
Stämme und bahnen uns den Weg durch dichtes Unterholz oder Brom=
beerbüsche, über trügerische Moosdecken, die den Sumpf verbergen, springen
von Stein zu Stein und verwirren uns immer mehr in dem unregel=
mäßigen Wechsel von lebenden und abgestorbenen Bäumen, bis wir rich=
tungslos nur aufs Gerathewohl vordringen und endlich nach stundenlangen
Anstrengungen dankbar eine Lichtung erspähen. Doch heißt es hier: aus
dem Regen in die Traufe. Die Lichtung, an deren Saum wir endlich
gelangten, ist keine Waldwiese oder ein Abtrieb, sondern ein mit Knieholz
und Zwergbirken bedeckter Sumpf, ein sogenannter Filz, eine unheimliche
düstere Fläche, unwegsam für Thiere und Menschen. Der schwarze halb=
flüssige Sumpf ist dicht mit Knieholz bedeckt, und nur hier und da glänzt
eine Lache schwarzbraunen Wassers. Struppige Gräser (Carex glauca,
panicea, Eriophorum vaginatum, Juncus filiformis) bilden kleine wulst=
förmige Erhöhungen und gewähren dem Fuße allein eine etwas festere
Stütze, während der übrige Raum von Torfmoosen (Sphagnum cuspi-
datum, acutifolium, Polytrichum gracile) bedeckt ist. Zerstreut wachsen
die Zwergbirke (Betula nana) und einige Weiden (Salix aurita, repens),
sowie Andromeden (Andromeda polifolia), Moosbeeren (Vaccinium oxy-
cocos), die Trunkelbeeren (V. uliginosum), der nette Sonnenthau (Drosera
rotundifolia), während die trockeneren Stellen mit Flechten (Cladonia
und Cetraria islandica) bedeckt sind und hie und da eine Tormentilla
recta sich erhebt. Aufmerksam und behutsam fortschreitend und von Busch
zu Busch springend gelangen wir endlich auf einen gebahnten Forstweg,
der uns aus dieser Wildniß in freundlichere Gegenden führt.

Betreten wir nun vom Gebirge herabsteigend das Moldauthal, so
erblicken wir eine den Filzen analoge, doch in ihrem Aeußeren völlig

verschiedene Erscheinung. Wir gelangen in das Gebiet der sogenannten
Auen, der zweiten Pflanzenzone angehörend. Das ganze breite Moldauthal zwischen Ferchenhayd und Unter-Wuldau, so weit es sich zwischen
dem Hochgebirge des Plöckelsteines, des Kubani und der Salnauer Rücken
zieht, ist ein einziges sieben Meilen langes Torfmoor, welches die Moldau
in tausend Windungen durchschlängelt. Auch hier bildet das Torfmoos
die Hauptvegetation und eine elastische Decke und neben diesem treten
Heiden- und Rietgräser (Eriophorum vaginatum) sowie die in den Filzen
vorkommenden Beerenbüsche (Vaccinium oxycoccos, Andromeda polifolia,
Empetrum nigrum) zahlreich auf, nur statt des niedrigen Knieholzes und
der Zwergbirken sieht man zerstreute Gruppen von Sumpfkiefern (Pinus
uliginosa). Die vorzüglichsten Pflanzen dieser Auen sind: Thysselinum
palustre, Pedicularis sylvatica und palustris, Molinia coerulea, Scor-
zonera humilis, Pinguicula vulgaris, Epilobium palustre und einige Carices.

Die Torfmoore der Hochplateaus und Thäler werden im Böhmerwald als nutzloses Land angesehen und deßwegen allmälig durch mühsame
Arbeiten abgezapft und in Feld oder Wiese und im Gebirge in Wald
umgewandelt. Nichts desto weniger enthalten sie einen unberechenbaren
Schatz von Brennstoffen, nämlich den Torf, der zwar jetzt bei dem Holzreichthum nicht verwendet, aber in künftigen Zeiten gewiß zur Benützung
gelangen wird.

Für die Speisung der Bäche und Flüsse sind die Gebirgsmoore
die wichtigsten Wassersammler; sie saugen sich wie ein Schwamm voll
Wasser an und geben es allmälig wieder ab und vertreten hier so zu
sagen die Gletscher der Alpen. Mit ihrem Austrocknen würde auch die
Moldau und die anderen Gebirgsflüsse im Sommer ihren Wasserreichthum verlieren, im Frühjahre aber zu einem verheerenden Strome anschwellen. Die Erhaltung der Gebirgsmoore sollte demnach so wie die
Erhaltung des Waldes vom Staate angeordnet werden.

Schöne Hochwälder umsäumen die moorigen Moldauauen von beiden
Seiten und an den Lehnen des Kubani prangt noch der herrlichste Urwald, der uns ein ganz anderes, viel freundlicheres Bild gewährt als
der Fichtenurwald am Filzplateau, indem er hier viel tiefer herabsteigt
und größtentheils der zweiten Pflanzenzone angehört. Wir wollen diesen
Urwald noch besuchen, ehe wir einem anderen Gegenstande uns zuwenden
und den Weg von Ober-Wuldau gegen Satawa einschlagen.

Der Weg von Ober-Moldau nach Satawa führt über sumpfige
Wiesen durch Weiden-, Erlen- und Birkengebüsche, welche den Hochwald
des Kubani umsäumen.

In den kleinen Wäldchen am linken Moldauufer bei Unter-Wuldau
kömmt eine interessante Fichtenvarietät, die sogenannte Schlangen-
fichte vor, welche lange gertenförmige mit Nadeln dicht bewachsene Äste

ohne Nebenzweige hat. Sie mag früher häufiger gewesen sein, jetzt ist sie aber bloß auf einige Exemplare beschränkt.

Die Flora ist hier reicher als wo anders, offenbar wegen der südlichen Abdachung. Schon in den Hecken der Dörfer sieht man einige im Gebirge seltenere Pflanzen (Centaurea Phrygia, Astrantia major, Aconitum Stoerkianum). In dem Gebüsche, welches außer Birken auch die graue Erle (Alnus incana), die Vogelkirsche (Prunus Padus), Weiden (Salix aurita, capraea, aquatica), die Silberpappeln (Populus alba) und Espen enthält, wächst eine Menge von schönen Kräutern (Impatiens noli me tangere, Daphne Mezereum, Actaea spicata, Cirsium heterophyllum, Sanicula vulgaris, Hepatica triloba, Asarum europaeum, Pulmonaria officinalis, Pyrola secunda, Corydalis, Anemone etc.), welche namentlich im Frühjahr diese Auen zieren. An feuchten Orten findet man wie überall Polygonum Bistorta, Arnica montana, Phyteuma nigrum, auf dem Torfe Vaccinium uliginosum, Sphagnum-Arten und den Sonnenthau (Dosera rotundifolia), so wie eine Menge von Parnassia vulgaris. Durchschreitet man von Satawa aufwärts die Birkenhaine am Fuße des Kubani, so gelangt man bald in den Hochwald, in welchem nebst Fichten, Buchen, Tannen, Ahornen, Birken, Weißerlen, Espen und Weiden auch malerische Ulmen, die im Böhmerwalde sonst nur auf Thäler sich beschränken, in heiterem Wechsel auftreten. Auf den gelichteten Strecken prangen eine Menge von Waldpflanzen, theils durch den Wind gesäet (Epilobium angustifolium, Senecio viscosus, S. sylvestris, S. nemorensis, Impatiens noli me tangere, Cirsium palustre, C. arvense, C. lanceolatum), theils vom Walde zurückgelassen (Actaea spicata, Aconitum Stoerkianum, Tussilago alpina, Geum rivale, Mulgedium alpinum). Einzelne Ulmen, die ihren schlanken Wuchs dem gefällten Walde verdanken, erheben sich auf diesen Lichtungen und nebstdem bilden einige Sträucher (Sambucus racemosa, Lonicera nigra, Sorbus aucuparia) ein dichtes Unterholz. Höher hinauf hinter dem sogenannten Ulmenfelsen, der durch eine Gruppe schöner Ulmen ausgezeichnet ist, beginnt der Urwald. Er ist hier aber kein wüstes wegloses Chaos, sondern ein heiterer von Fahrwegen durchschnittener Hochwald, in welchem die Riesenstämme schlank und freundlich emporstreben und durch das nicht dichte Laub hinreichendes Licht durchfallen lassen. Der herrschende Baum ist hier nämlich keineswegs die melancholische Fichte, sondern die Buche und der Ahorn, auch droht hier dem Wanderer kein verrätherischer Sumpf, sondern der angefeuchtete fruchtbare Boden ist fast überall mit großblätterigen Waldpflanzen bedeckt, mit Huflattig, riesiger Caltha, zwischen denen der Sauerklee und andere Kräuter und Farren wuchern (Astrantia, Sanicula, Asarum, Doronicum Pordalianches, Luzula maxima). Auch die gestürzten und halbvermoderten Stämme haben kein

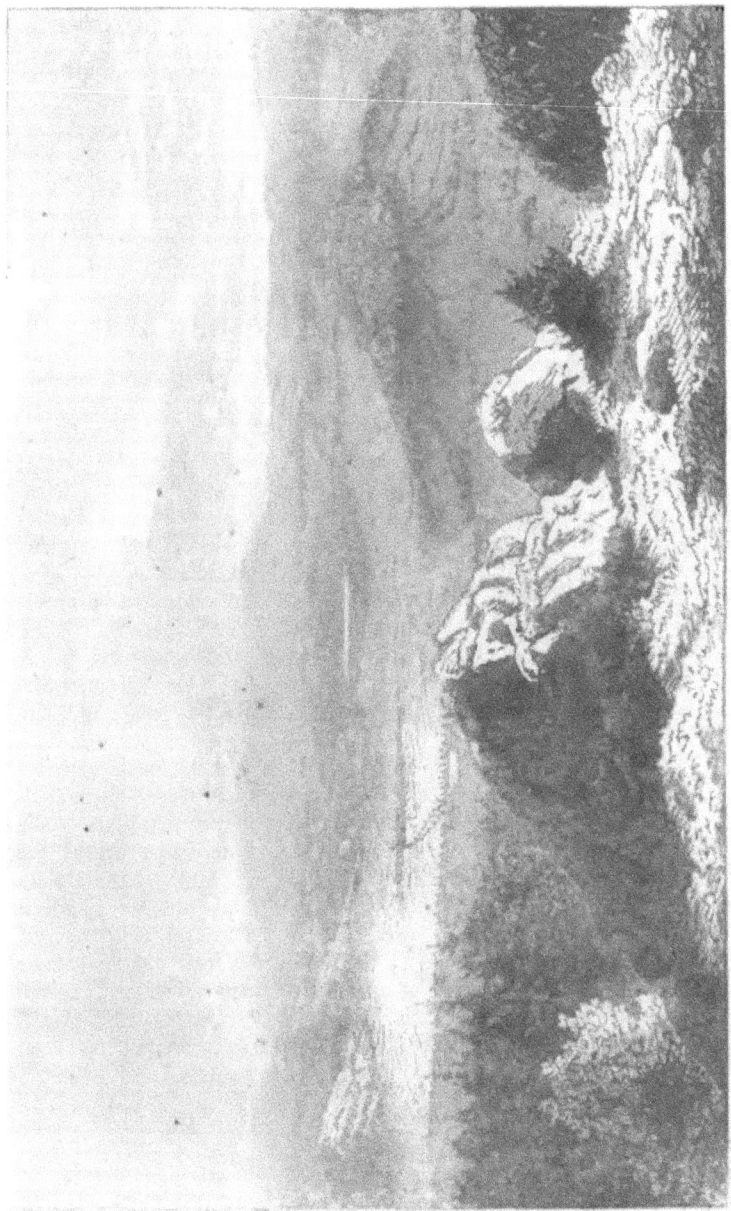

Der Paß bei Neugedein vom Riesenberge gesehen.

unheimliches Ansehen, sondern sind mit einem Teppich von grünen Kräutern (Oxalis, Lysimachia nemorum, Alsine verna) fast ganz bedeckt. Die
Zierde dieses Urwaldes sind die ungeheueren Buchen und Bergahorne,
welche man sonst nirgends im Böhmerwalde in dieser Größe sieht. Die
meisten Stämme haben 4 Fuß Durchmesser und eine Höhe von 120—
140'. Dazwischen erhehen sich die riesigen Tannen. Die Stämme der
Buchen und Ahorne sind einander sehr ähnlich, so daß man sie von der
Ferne kaum unterscheidet, doch heften sich an die rauhere Buchenrinde
Flechten und ungeheuere napfähnliche Buchenschwämme an, die oft über
einen Fuß im Durchmesser haben, während dieß an der sich schälenden
Rinde des Ahornes nicht möglich ist.

Wie auf der bairischen Seite das Gebirges verläßt uns beim Aufsteigen zuerst die Buche und zwar in einer Höhe von 3645', der Ahorn
steigt bis zu 3857' und die Tanne bis zu 3873'. Gegen den Kamm
zu wird die Fichte immer häufiger, wird endlich allein herrschend, erhält
den beschriebenen pyramidalen Wuchs und bedeckt den 4000' hohen Rücken,
aus welchem die höchste Kuppe (4294') emporragt. Ein dichtes Gewirr
von Brombeeren, Heidel- und Preiselbeeren und hohes Waldgras (Calamagrostis montana) füllt die Lücken zwischen den Bäumen aus.

Der Buchenurwald des Kubani zeigt uns im Gegensatze zur herr-
schenden Nadelholzwaldung, wie große Strecken des Böhmerwaldes vor
Zeiten ausgesehen haben mögen, denn es unterliegt keinem Zweifel, daß
die Buchenwälder vordem einen viel größeren Raum im Böhmerwalde
einnahmen als jetzt, wo sie beinahe nur auf die sich selbst besäenden
Waldstrecken beschränkt sind.

Höchst interessant ist die von erfahrenen Forstmännern gemachte
Beobachtung über den periodischen Wechsel der Baumarten in diesen Wäldern. Das Unterholz der Nadelwaldungen bildet in den Urwäldern häufig
die Buche und in den Buchenwaldungen das Nadelholz. Stirbt das
Stammholz der Fichten und Tannen nach einer 400 — 500 jährigen
Lebensdauer ab, so gelangen die Buchen zur Geltung und der eingesäete
Fichtenwald bildet das Unterholz, bis wieder die Buchen absterben und
die Nadelbäume herrschend werden. So wechseln Nadel- und Laubbäume
in der Herrschaft des Urwaldes ab, wie zwei Dynastien, während in den
kultivirten Wäldern das Nadelholz wegen seines rascheren Wuchses und
der kleineren Abtreibungsperioden fast durchgehends vorherrscht.

Die Thierwelt.

Wenn der Wanderer aus dem bebauten mit zahlreichen Dörfern und einzelnen Höfen bedeckten Vorgebirge in den einsamen Wald tritt, wo auf viele Meilen Weges oft kein einziges Wohnhaus und auch selten ein Mensch anzutreffen ist, so glaubt er, da er das rege Schaffen von Men= schen und Hausthieren vermißt und die ruhige Schweigsamkeit des Waldes ihn umfängt, in eine dem Thierleben feindliche Region eingetreten zu sein.

Und doch findet man das Gegentheil, denn gerade der Wald ist eben so der Centralherd der Pflanzen als der Hauptsitz der Thierwelt. Allerdings gilt dieß mehr von den tieferen Waldlehnen des Böhmerwaldes als von dem den Berglämmen nahen Urwald, wo mit Ausnahme der scheuen Wald= hühner selten ein größeres Thier gesehen wird. Die Hauptmasse der Thiere bilden nämlich die kleinen Wesen, welche durch ihre Kleinheit und versteckte Lebensweise dem Auge des rasch fortschreitenden Wanderers entgehen, aber bei einer nur oberflächlichen Aufmerksamkeit entdeckt er überall die Spuren einer in Millionen von Individuen vertretenen Thier= welt, die schwimmend, laufend, fliegend, kriechend, bohrend, grabend jedes Stück der Erde belebt.

Die Anzahl der verschiedenen Thierarten im Böhmerwalde mag im Vergleiche mit ähnlichen und schon untersuchten Berggegenden ein halbes Zehntausend übersteigen, doch gehört davon kaum $1/_{25}$, das heißt etwa 200, den Wirbelthieren an, während die Gliederthiere $^9/_{10}$ der ge= sammten Thierarten bilden und der Rest auf die Weichthiere und Pro= tozoen sich vertheilt.

Die Fauna des Böhmerwaldes erwartet erst ihren Bearbeiter und da es nicht Zweck dieses Buches ist, eine Monographie derselben zu liefern, so wäre es nebstdem überflüssig, auch das bei flüchtigerem Beob= achten gesehene systematisch hier anzuführen. Es genügt unserem Zwecke, von den einzelnen Thierabtheilungen die merkwürdigsten und für den Böhmerwald bezeichnendsten Arten hervorzuheben.

Von den Weichthieren ist die Flußperlenmuschel (Unio mar= garitifera) anzuführen, welche in der Wotawa bei Rabi und Horažbowic, dann in der Blánice und der Moldau, so wie in einigen Nebenbächen

früher stellenweise so häufig anzutreffen war, daß das Flußbett damit
wie gepflastert erschien. Diese Muschel fordert zu ihrem Gedeihen seichtes
stilles Wasser, seitdem demnach die genannten Flüsse zur Holzschwemme
benützt werden, hat sich die Zahl derselben ungemein vermindert. Im
fürstlichen Schlosse zu Krumau werden Schnüre von schönen Perlen gezeigt, die in der Moldau und Blánice gefischt wurden. Die Flußperlenmuschel ist der gewöhnlichen Flußmuschel sehr ähnlich, das Thier ist groß
und kriecht langsam im Sande oder im Schlamme auf den langen kiel-
förmigen Flißen herum.

Unter den Insekten, welche in zahllosen Individuen den Wald beleben, machen sich an vielen Orten die schädlichen Waldverderber, die
Borkenkäfer bemerklich. Man sieht selbst in hochgelegenen Waldungen, nahe am 4000′ hohen Kamme (z. B. am Osser) ganze
Strecken verheerter Fichtenbestände, welche einen eigenthümlichen Anblick gewähren. Nur die höchsten Baumwipfel erscheinen noch grün, die
Nadeln aller tieferen Aeste sind aber röthlich, auch die Rinde ist roth
und der Boden überall mit abgefallenen Nadeln bedeckt, so daß der
ganze Wald mit einem röthlichen Schein übergossen erscheint, wie bei
einem Brande.

Für die Bienenzucht ist das Gebirge zu rauh, der Frühling
tritt erst gegen Ende April ein und kalte Spätfröste erschweren das Brut-
geschäft. Nur in den geschützten Thälern des Vorgebirges, wo Feld und
Wald mit blumigen Wiesenmatten abwechseln, sind Bienenstöcke anzutreffen.
obwohl bei weitem nicht in der Zahl und Beschaffenheit, als es dieser
liebliche Zweig der Landwirthschaft verdiente.

Unter den Wirbelthieren sind die Fische mit wenigen Arten vertreten, doch zeichnen sich die klaren Bäche des höheren Gebirges durch
eine große Anzahl von Forellen aus und am Fuße desselben in der
Budweiser Ebene wird eine ausgezeichnete Teichwirthschaft geführt.

Die Bäche und Flüsse des Vorgebirges enthalten alle bisher in
Böhmen überhaupt bekannten Fischarten.

Den ersten Rang nimmt der echte Gebirgsfisch, die Bachforelle
(Salmo fario) ein. Sie bewohnt nicht nur die zahlreichen Gebirgsbäche
bis ins Vorgebirge hinein, sondern auch die Gebirgsseen, mit Ausnahme
des Rachelsees, in dessen untrinkbarem, Spuren von Schwefelsäure ent-
haltenden Wasser kein Fisch sich lebend erhält, und des sumpfigen
Filzsees bei Innergefild. In den Gebirgsseen erhält die Forelle auch ein
größeres Gewicht bis über 2 Pfund und eine dunklere Färbung; zu derselben müssen wohl die sogenannten Weißforellen und Steinforellen als
Varietäten beigezählt werden, da die Forellen in der Färbung nach Alter
und Jahreszeiten ungemein variiren. Eben so ist die große Forelle des
schwarzen Sees im sünischen Walde bloß eine Varietät der gewöhnlichen

Fichtenwald am Bergkamme des Böhmerwaldes.

Art. Sie hält sich in großer Tiefe auf und erreicht, weil sie vor Ver=
folgungen gesichert ist, eine Länge von mehr als einem Fuß und ein
Gewicht von mehreren Pfunden.

Der Lachs (Salmo salar) steigt bei seinen jährlichen Wanderungen
in der Moldau und Wotawa bis zum Gebirge hinauf, wo er laicht;
vor der Einführung der Holzschwemme waren diese Flüsse ungemein reich
an Lachsen, nun hat ihre Zahl aber bedeutend abgenommen, da durch
das geschwemmte Scheitholz die Lachsbrut zum großen Theil zerstört wird.
Auch die Aesche (Salmo Thymallus) wandert jährlich in den Böhmer=
waldflüssen bis in den Wald.

Unter den sonstigen Bach= und Flußfischen sind anzuführen: der
gemeine Barsch (Perca fluviatilis) und der Steinbarsch (Perca
cernua), in den Flüssen die aalartige Flußquappe (Lota vulgaris),
die Kaulquappe (Cottus Gobio), der Aal (Muraena Anguilla), das
Flußneunauge (Petromizon fluviatilis) und eine Schaar von karpfen=
artigen Fischen, die Barbe (Cyprinus barbus), die Karausche (Cyprinus
carassius), die Schleie (Cyprinus Tinca), die Ellritze (Cyprinus Phoxi-
nus), der Grundling (Cobitis barbatula) u. a. m.

Großartig und mit Recht berühmt ist die Fischzucht am Fuße des
Böhmerwaldes in der Budweiser, namentlich aber in der Wittingauer
Ebene, die aber nicht mehr in unser Gebiet gehört. Schon im 15. und
16. Jahrhunderte wurde von da aus ein beträchtlicher Handel mit Fischen
nach Oesterreich und Baiern betrieben, den hauptsächlich die Stadt Pra=
chatic auf ihrem goldenen Steige vermittelte.

Die Fürst Schwarzenberg'schen Teiche nehmen auf der Domaine
Frauenberg in der Budweiser Ebene ein Areal von 3662 Jochen und
1129 Klaftern ein und auch die Stadt Budweis hat eine große Teich=
wirthschaft (1597 Joch und 1093 Klafter).

Die Teiche selbst sind theils Streichteiche, wo die nöthige Fischbrut
erzeugt wird, theils Kammerteiche, in welchen die junge Brut Schutz
findet, bis sie beiläufig zur Pfundschwere angewachsen, in die Streckteiche
versetzt wird, worauf sie endlich im Alter von 4—5 Jahren in die Haupt=
teiche gelangen, um daselbst in 2—3 Jahren zum Kauffisch anzuwachsen.

Die Besetzung der Teiche besteht meist aus Karpfen und zwar
theils in gemeinen, theils in Spiegel= und Lederkarpfen. In geringerer
Menge werden Schleien und Barsche angesetzt und die Hauptteiche erhalten
im Verhältniß zur Karpfenbesetzung noch ¹/₃₀ an Hechten und Schil-
len (Lucioperca Sandra), welche die Bestimmung haben, das Streichen
der Karpfen zu verhindern und die Brut zu verzehren. Die Karpfenteiche
bleiben in der Regel 3 Jahre gespannt, sind daher in 3 Sektionen ge=
theilt, wovon auf der Frauenberger Domaine jede jährlich bei 1200
Centner Fische zum Verkaufe liefert.

Außer der Hauptnützung durch Fischzucht gestattet die Teichwirth=
schaft noch manche wichtige Nebennützungen, indem die Teiche durch zeit=
weiliges Trockenlegen zum Getreide= und Futterbau verwendet werden
und nebstdem noch in der Schilfernte einen Nutzen geben.

Unter den Reptilien ziehen vor allem die Schlangen die Auf=
merksamkeit auf sich. Wenn der Wanderer über die Lichtungen der Wäl=
der schreitet, so scheucht er häufig die braune Natter (Coluber laevis)
auf, die eben so ungefährlich wie die Ringelnatter (Coluber natrix)
durch ihre flinken Bewegungen und die bedeutende bis 3 Fuß erreichende
Länge von der kurzen trägen Viper (Vipera berus) sich gleich unter=
scheidet. Die sonst als eigene Arten angeführten schwarzen und braunen
Vipern sind nur Varietäten derselben. Man findet diese Giftschlange
indessen nur selten; ich sah sie nur im Moldauthale bei Salnau. Sehr
häufig erschien uns im Hochgebirge die Zootoca crocea; die Frösche
zeigten durchaus eine dunklere Färbung als im Flachlande, ja manche
erschienen ganz schwarz.

Am zahlreichsten sind die Vögel vertreten, obwohl dieß mehr von
den Wäldern der Vorberge, als von den hohen Waldungen gilt, wo man
nur hie und da ein Waldhuhn aufscheucht, den singenden Chor der Vögel
aber vermißt. Zwar zieht jährlich die ganze Menge der Zugvögel über
den Böhmerwald gegen Süden, aber ohne sich hier aufzuhalten; die
meisten lassen sich im Flachlande oder im Vorgebirge nieder und das
hohe Gebirge bleibt mit wenigen Ausnahmen den Standvögeln über=
lassen. Eine schöne Sammlung der im Böhmerwalde und seinen Vor=
bergen erlegten Vögel und Säugethiere hat das Fürst Schwarzenberg'sche
Forstmuseum im Jagdschlosse Ohrada bei Frauenberg, zu dem ein jeder
Naturfreund den Zutritt erhält.

Bei den Teichjagden in der Budweiser Ebene werden jährlich
Hunderte von Schwimm= und Sumpfvögeln erlegt, namentlich
eine Menge von Enten; auch die Gänse, Möven, Taucher, die Wasser=
hühner, Rallen, Schnepfen, Strandläufer, Reiher, Störche sind in mehr
oder weniger zahlreichen Schaaren vertreten. Einzelne Sumpfvögel streichen
auch obwohl vereinzelt in die sumpfigen Waldstrecken hinüber, namentlich
die Waldschnepfe (Scolopax rusticola), das grünfüßige und weißpunktirte
Rohrhuhn (Galinula chloropus, G. porzana).

Die eigentlichen und stetigen Waldbewohner sind die Waldhüh=
ner, der Auerhahn, das Birkhuhn und Haselhuhn, das Rebhuhn aber
geht nur bis zum Waldsaum, so weit der Feldbau reicht, im Vorgebirge
namentlich bei Riesenberg wird auch eine Varietät des Rebhuhnes das
Steinhuhn (Tetrao perdix saxatilis) geschossen, welches sich von dem
gewöhnlichen Rebhuhn durch eine mehr graue Farbe und den höheren
Flug unterscheidet.

Der Auerhahn (Tetrao Urogallus), ein prächtiges Thier von der Größe eines Truthahnes, hält sich am liebsten an den mit Heidel- und Preiselbeeren bedeckten Lichtungen der hohen Wälder auf; die Auer- hahnbalz im Frühjahre gehört noch immer zu den beliebtesten Zweigen der hohen Jagd.

Ein gewöhnlicher Begleiter des Auerwildes ist das Birkhuhn und das Haselhuhn, von denen ich noch auf dem Kamme des Kubani einige Paare antraf.

Die wilden Tauben halten sich nur im Vorgebirge am Wald- saume auf, man sieht dieselben in Nadelwaldungen hoch auf den Bäumen nisten, es sind dieß die Holztauben (Columba oenas) und die Ringel- tauben (Columba palumbus), seltener die Lachtauben.

Die Klettervögel werden überall im Walde obwohl sporadisch angetroffen. Ich vernahm den gemüthlichen Ruf des Kukukmännchens selbst im höchsten Gebirge in dem Maderer Revier und die Spechte hämmern überall in die Baumstämme, so daß man häufig in der Nähe Holzfäller vermuthet und beim Annähern indessen einen Specht aufscheucht. Bemerkt wurden der Buntspecht (Picus major), der Grünspecht (Picus viridis), der Schwarzspecht (Picus martuis), dann auch der Blauspecht (Sitta europaea), der Mauerspecht (Certhia muralis) und der Baum- läufer (Certhia familiaris).

Auch der Wiedehopf (Upupa Epops) mit seinem fächerartigen Fe- derbusch durchstreicht den Wald namentlich in der Nähe der Viehweiden, selten aber ist der schöne Eisvogel (Alcedo ispida), der in den Ge- birgsbächen kleine Forellen fischt.

Die Singvögel meiden den hohen Wald und je höher man im Gebirge vordringt, desto stiller wird es, während die Auen und Haine der Vorberge im Frühjahre von Vogelsang erschallen.

Am häufigsten sind noch die Meisen, welche zwitschernd zwischen dem Geäste der Tannen und Fichten sich herumtreiben, am Waldsaume gegen die Thäler zu hört man schon Finken, Pieper, Steinschmätzer, die Grasmückenarten beleben aber bloß die Büsche des niederen Vorgebirges. Eben so bleiben die Bachstelzen an den Bächen und Ackerfurchen des Flachlandes, die Lerche steigt mit ihrem jubelnden Lied nur über den Ackerfeldern des Thales auf, die Ammern und Sperlinge verschwinden auch mit dem letzten Haferfeld; dafür bleiben die Drosseln, wenn auch vereinzelt, bis zum Kamme des Gebirges, wo man die Ringeldrossel (Turdus torquatus) selbst noch häufig antrifft. Der flötenartige kräftige Gesang der Amsel (Turdus merula) und Singdrossel (Turdus musicus) belebt im Frühjahre die Auen der Thäler und den Waldsaum, während die Wachholder-Drosseln (Turdus pilaris) im Herbste oft schaarenweise auf die einzelnen Ebereschen einfallen. In den Wäldern des Vorgebirges

Weitfällen-Filz bei Madrr.

hört man häufig das Geschrei des Eichelhähers (Corvus glaudarius) und im höheren Gebirge auch das des Raben (Corvus corax), während die Krähen das Flachland mehr lieben.

Von den Raubvögeln ist der große Uhu (Strix bubo) sporadisch im Walde anzutreffen, in den Winterberg'schen Wäldern trifft man den grauen und eben so großen Uralischen Uhu (Strix uralensis) an, sonst ist häufiger die Ohreule (Strix otus), die in den dichtesten Wäldern nistet.

Von den Tagraubvögeln sieht man den Habicht (Astur palumbarius) von der Ebene bis zum Gebirgskamme seine weiten Flugkreise ziehen, eben so den Thurmfalken (Falco tinnunculus) und Baumfalken (Falco subbuteo), den Bussard (Buteo vulgaris); einen Flußadler (Aquila haliaëtos) sah ich über dem schwarzen See kreisen, er ist aber viel häufiger bei den Teichen der Ebene. Als Seltenheit wurden auch schon Geier (Vultur cinereus) erlegt, indem sie von Südeuropa manchmal nach Böhmen herüber streichen.

Die Säugethiere nehmen im Verhältniß zu den Vögeln nur eine kleine Zahl ein. Man kann tagelang das Gebirge durchwandern, ohne außer einem scheuen Reh, einem flüchtigen Eichhörnchen, oder einem zwischen Gesträuppe lauernden Fuchs irg nd einem Vierfüßler zu begegnen. Allerdings war dieß nicht immer der Fall und noch am Ende des vorigen Jahrhundertes war der Böhmerwald nicht bloß der Aufenthalt von Hirschen und zahlreichen Rehen, sondern auch von Luchsen, wilden Katzen und Bären. Die erobernde Hand des Jägers und Holzfällers hat die gefährlichen Raubthiere schon ganz vertilgt, die scheuen Waldthiere aber vertrieben oder bedeutend vermindert.

Das Hauptinteresse koncentrirt sich im Bären, von dem selbst in jüngster Zeit ein altes Exemplar abgeschossen wurde. Noch im vorigen Jahrhunderte waren Bären im Böhmerwalde keine ungewöhnliche Erscheinung, man findet im Blanster Walde bei Christianberg und noch sonst Ruinen von gemauerten Schießständen, von wo aus der Bär auf dem Anstande abgeschossen wurde. Durch die immer weiter vordringende Waldkultur wurde der Bär allmälig vom Gebirge verdrängt, so daß im Beginne dieses Jahrhundertes im ganzen Walde nur einige Exemplare übrig blieben. Es leben Gewährsleute, welche im Salnauer Revier noch vor 20 Jahren einige Bären antrafen und im böhm. Museum zu Prag befindet sich ein im Jahre 1835 abgeschossenes prächtiges Exemplar.

Die Böhmerwaldbären waren mehr harmlose als raubgierige Thiere. Ihre Nahrung bestand nach dem Zeugnisse der Jäger aus Insekten, Waldbeeren und Hafer und nur durch die Verwüstungen, die sie manchmal in den Haferfeldern anstellten, wurden sie lästig und schädlich. Nie überfiel ein Bär das im Walde weidende Vieh, viel weniger noch einen Menschen. Das Lager befand sich in dichtem Gesträuppe immer nahe an feuchten

Stellen, welche im Winter nicht zufroren, und war mit kleinen Aesten und Moos ausgepolstert. Der letzte große Bär, der, wie die Jäger berichten, im Böhmerwalde durch 15 Jahre einsam herumirrte, wurde den 13. November 1856 abgeschossen und steht jetzt ausgestopft im Forstmuseum zu Ohrad bei Frauenberg. Neueren Nachrichten zu Folge sollen aber im Urwalde noch ein oder zwei Bären sich aufhalten.

Da die Beschreibung der letzten Bärenjagd im Böhmerwalde für viele unserer Leser von Interesse sein dürfte, so wollen wir dieselbe hier beifügen.

Wie gesagt irrte der alte Bär bis zum Jahre 1856 einsam in den Wäldern herum. Schon zwei Jahre vordem wurde auf ihn fleißig Jagd gemacht, damit er im Walde nicht vor Alter zu Grunde gehe, da es die Absicht des fürstlichen Grundherrn war, den Bären im Forstmuseum aufstellen zu lassen. Das Winterlager des Bären wurde deßhalb aufgesucht und nach ihm fleißig gefahndet, aber alles umsonst. Das kluge Thier wußte allen Verfolgungen so glücklich zu entgehen, daß selbst seine Spuren nur selten zum Vorschein kamen. Sein hauptsächlicher Aufenthalt war am rechten Moldauufer in dem wilden Waldgebirge des Salnauer Revieres, von da strich er ins Neuthaler, Tusseter und Neustifter Revier hinüber, so daß er einen zusammenhängenden Waldkomplex von 20000 Joch als Wohnung benützte. Im Sommer setzte er manchmal auch über die Moldau ins Schwarzthaler Revier, welches mit dem Christianberger und Schneidetschlager Revier eine Waldstrecke von 10000 Joch bildet. Vor Zeiten war hier ein Lieblingsaufenthalt der Bären.

In der Nacht vom 7. zum 8. November 1856 fiel Schnee und es wurde deßhalb das Salnauer Revier von Jägern, Hegern und Holzfällern umzingelt, um die Spuren des Bären aufzufinden, was aber erst den 10. November gelang. Die Spur zeigte, daß der Bär den Hutschenbach übersetzt hatte; doch wurde er erst den 11. November am Saume der sogenannten Hesselwiese aufgescheucht, aber durch einen Schuß mit Posten nur schwach verwundet, worauf er sich in den Jokuswald retirirte. Den Tag darauf versammelten sich aus den nachbarlichen Waldrevieren und der Resonanzholzfabrik zu Tusset 46 Schützen und 75 Treiber und es begann die Jagd alsogleich bei einem fürchterlichen Schneegestöber; bald wurde der Bär von seinem Lager abgetrieben und nahm seine Richtung gerade gegen die Schützenkette. Zur allgemeinen Erheiterung waren die zwei nächsten Schützen unerfahrene Ofenhüter und ergriffen das Hasenpanier, ein dritter Schütze verfehlte den Bären auf 40 Schritte und erst der vierte, ein junger Jägersmann von der Riebelhütte, traf ihn ebenfalls auf 40 Schritte gerade ins Herz, so daß der Bär nach einigen Schritten zusammenfiel. Das erlegte Thier war eine alte Bärin und ausgeweidet 230 Pfund schwer. Unter allgemeinem Jubel wurde die Bärin nun auf

einen Handschlitten aufgeladen und ins Salnauer Forsthaus gebracht.
Den 16. November transportirte man dieselbe über Krumau und Bud=
weis nach Frauenberg zu Wagen, den Schaaren von Zuschauern überall
umringten.

Auf dem Schloßhofe von Frauenberg wurde aber abends durch
ein fröhliches Jagdfest dem letzten der Böhmerwaldbären die letzte Ehre
erwiesen. Das Jägerpersonale unter Führung ihres Forstmeisters bildete
bei Fackelschein und Waldhornklang um den Bären einen Kreis, worauf
den hohen Herrschaften und ihren Gästen der Forstmeister den Hergang
der Jagd referirte und der glückliche Schütze durch Lob und ein Geld=
geschenk von dem Fürsten ausgezeichnet wurde. Nun steht der Bär im
Ohrader Forstmuseum ausgestopft, als Andenken an das ehemalige Ur=
waldleben des Böhmerwaldes.

Von anderen Raubthieren war ehedem der Luchs, der Wolf
und die wilde Katze häufiger; der Luchs und der Wolf wurden aber
schon im vorigen Jahrhunderte gänzlich ausgerottet, nur die unheimliche
wilde Katze treibt in einigen wenigen Exemplaren ihr blutgieriges Hand=
werk auf den Bäumen und den Gebüschen des Waldes, wo sie unter den
Waldhühnern oft mörderisch aufräumt.

Zahlreicher ist der Fuchs, er bewohnt den ganzen Wald vom
Fuße bis zum Kamme und nicht selten geschieht es, daß er dem harm=
losen Wanderer in abgelegenen Gebirgsstrecken begegnet, indem er denselben
auf den ersten Blick von seinem Todfeinde, dem Jäger unterscheidet.
Waldhasen, Waldhühner und Mäuse geben ihm hier hinreichende Nahrung.

Näher dem Waldsaume trifft man auch Dachse an, diese phleg=
matischen und mürrischen Höhlenbewohner, die hauptsächlich von Beeren
und Insekten leben; im Vorgebirge an den Bächen und Flüssen, na=
mentlich aber in der Nähe der großen Teiche, sind die Fischottern,
denen man ihrer Schädlichkeit wegen sehr eifrig nachstellt.

Die Wieselarten sind zahlreich vertreten; nebst dem gemeinen Wie=
sel, dem Iltis und dem Steinmarder, die auch im Flachland
überall angetroffen werden, beherbergt der Wald auch den Edelmarder,
von dem in dem Neuthaler und Tusseter Revier eine eigenthümliche gelbe
Varietät vorkömmt.

An der Seewand des schwarzen Sees trafen wir die Leysler'sche
Fledermaus (Vespertilio Leysleri) an.

Eichhörnchen in rothen und grauen Spielarten springen behende
von Ast zu Ast im Walde des Vor= und Hochgebirges, Waldmäuse
sind strichweise ziemlich häufig, auch Ziseln trifft man an und im hohen
Gebirge des Dreisesselberges Siebenschläfer. Die Vorberge sind reich
an Berghasen, die sich von den gewöhnlichen Feldhasen durch ihre
Größe und dunklere Färbung unterscheiden und bei dem ersten Schneefalle

Buchenwald am Kubani.

durch die ungemein zahlreichen Spuren sich verrathen, obwohl man sonst dieselben selten erblickt. Mit großer Klugheit wissen sich dieselben im Wald zu verbergen und dehnen ihre Ausflüge weit von ihrem Lager aus, zu dem sie täglich doch wiederkehren.

Bis zum Jahre 1804 wurden im fürstlich Schwarzenberg'schen Park zu Rothenhof bei Krumau auch Biber gehalten, nachdem sich die= selben aber zu stark vermehrt hatten, wurden sie in den wasserreichen Waldpartien am Neubach bei Wittingau angesiedelt, wo sie im freien Zustande noch heut zu Tage leben.

Edelhirsche, sonst in den Wäldern des Böhmerwaldes häufig, sind im Hochgebirge gänzlich ausgerottet, nur selten wird einer in den Waldungen des Vorgebirges geschossen, eine desto größere Zahl wird aber in den fürstlichen Thiergärten gehegt. Rehe sind indessen hier nicht selten und es ist Hoffnung, daß jetzt bei strengerer Forstpolizei dem Unfug der Raubschützen, welche dem Wildstande früher so großen Abbruch thaten, gründlich gesteuert und der Rehstand sich bedeutend heben werde.

So hätten wir in kurzen Umrissen die vorzüglichsten Thiere des Böhmerwaldes aufgezählt, allerdings nur für das Verständniß des natur= freundlichen Laien; eine systematische Aufzählung aller Thierarten und eine genaue Untersuchung ihrer Verbreitungsbezirke ist eine noch nicht ge= löste Aufgabe unserer Zoologen.

Schließlich sei noch einiges über die im Böhmerwaldgebiete vor= zugsweise gezüchteten Hausthiere erwähnt, namentlich über das Rind, das Pferd und das Schaf.

Das Rind, die Hauptstütze der Landwirthschaft, hat hier so wie im Lande die größte Verbreitung. In den Dörfern und Städten des Vorgebirges entwickelt sich neuerer Zeit durch eine sorgfältige Zucht eine sich immer mehr vervollkommnende Rasse. Die musterhaften Meiereien der großen Herrschaftsbesitzer üben hier namentlich durch ihr anregendes Beispiel einen vortheilhaften Einfluß auf den Landschlag des Rindes aus.

Die fürstlich Schwarzenberg'schen Meiereien haben seit lange schon besonders Schweizer und Steirische Rassen eingeführt und durch dieselben ist der Landschlag wesentlich veredelt worden. Auf der Domaine Frauen= berg wird ein weißer Schlag aus Obersteier, dann die Pinzgauer Rasse und Schweizer Vieh in reiner Inzucht gehalten. Ritter von Henikstein hat auf der Domaine Dub die Allgäuer Rasse eingeführt und züchtet sie rein. Dabei läßt sich bemerken, daß die Kreuzung des Landschlages mit dieser Rasse besonders auf den Milchertrag von gutem Einfluß ist. Die bedeutendste Zucht des Landschlages findet sich im Gebirge, namentlich zwischen Krumau, Kalsching, Wallern, Kuschwarta und Außergefild. Ein großer Theil der Herden weidet hier auf Alpenart in den Lichtungen der Wälder. Diese Weidewirthschaft hat einen nicht großen aber kräftigen

Landschlag von schwarzer, weißer oder rothweiß bunter Farbe großgezogen, den wir den Böhmerwaldschlag nennen können. Das Erträgniß der Viehzucht ist hier eine der Haupterwerbsquellen des Gebirgsbewohners, ja einzelne Gemeinden, wie namentlich die Wallerer, gelangen dadurch zu einem ziemlichen Wohlstand.

Doch dürfen wir die Poesie der Alpenviehzucht nicht im Böhmer-walde suchen, diese hat hier vielmehr so wie im Lande einen prosaischen, rustikalen Charakter und tritt gegen die Waldwirthschaft und die mit derselben verbundenen Industriezweige sehr in den Hintergrund.

Pferdezucht besteht nur im Vorgebirge, namentlich in der schönen Budweiser Ebene. Die weiten Hutweiden dieser Ebene und die wiesen-reichen Niederungen an den Teichen befördern diesen Zweig der Land-wirthschaft ganz vorzüglich. Was der Großbesitz für die Rindviehzucht, das thut allerdings noch in viel höherem Maße der Staat für die Pferde-zucht, da es sein eigenes Interesse ist, aus dem einheimischen Pferde-stande das Bedürfniß der Bespannung und der Kavallerie befriedigen zu können. Aus dem Gestütte zu Klabrub bei Pardubic werden in jedem Frühjahre hieher, so wie in andere Gegenden des Landes, ärarische aus-gezeichnete Rassenhengste abgesendet, um durch Kreuzung die Landpferde zu veredeln. Nebstdem besteht auch auf der Domaine Frauenberg ein fürstlich Schwarzenberg'sches Gestütt. Das Landvolk zeigt hier eine be-sondere Vorliebe für die Pferdezucht, wovon die großen Pferdemärkte zu Netolic und die schönen Pferdebezüge, welche man auf Markttagen in Budweis, Wodňan u. a. zu Gesichte bekommt, Zeugniß geben. Das Gebirge bezieht seinen Bedarf an Pferden hauptsächlich aus Netolic und der Budweiser Gegend, für eigene Pferdezucht sind die Verhältnisse des-selben allerdings wenig geeignet.

Das Pferd dieser Gegenden zeichnet sich durch einen leichten Bau, zugleich aber durch Ausdauer und Arbeitskraft aus und erreicht eine an-sehnliche Größe.

Eine viel wichtigere Stellung in der Landwirthschaft nimmt die Schafzucht ein, obwohl dieselbe eben so wie die Pferdezucht auf das Vorgebirge beschränkt ist, da das hohe Gebirge mit seinen Nebeln und langen Wintern, so wie mit seinen sumpfigen Thälern derselben ungünstig ist. Das Verdienst der veredelten hier schon seit lange betriebenen Schaf-zucht gehört ausschließlich den fürstlichen Besitzern von Krumau. Schon im Jahre 1791 wurde nach Neuhof bei Krumau eine Herde edler Me-rinoschafe versetzt und allmälig durch reine Inzucht und Ankauf von kost-baren Zuchtstören vermehrt, so daß sich die Stammherde bildete, durch welche die Herden auf allen weitläufigen Besitzungen des Fürstenhauses allmälig veredelt wurden. Die kleinen Grundbesitzer widmen hier der Schafzucht weniger ihre Aufmerksamkeit, indem sie bei ihren Herden mehr

auf die Mastfähigkeit und die Menge der Wolle, als auf die Feinheit derselben sehen. Die Schafzucht hängt in den einzelnen Gemeinden von den
größeren oder kleineren Gemeindehutweiden ab und ist in ihrem Bestande
sehr wechselnd. Obwohl die veredelte Zucht der Großbesitzer nicht ohne
allen Einfluß auf die Landschafe war, so trifft man doch unter den
Bauernschafen hauptsächlich nur die gewöhnliche kurzwollige Rasse an. Im
Gebirge erblickt man große hochfüßige Schafe mit weißer und langer,
aber grober Wolle in kleinen Herden auf Waldblößen weidend; sie sind
das Eigenthum der Gebirgsbauern, welche dieselben auf trockeneren Berg-
höhen unterhalten.

Der Mensch.

Geschildert von Joseph Wenzig.

I.

Burg Riesenberg bei Neugedein.

Nach Neugedein gelangt man von Prag über Pilsen, Bischof-Teinic und Tauß oder über Pilsen und Klatau. Bis Pilsen fährt der billige Stellwagen. Wer den ersten Weg wählt, benütze von Pilsen aus bis Bischof-Teinic die Malle-Post, denn Lohnkutschen sind in Pilsen theuer. Von Bischof-Teinic fährt ein eigener, mit ziemlich bequemen Sitzen versehener Postkarren nach Tauß und von hier führt der schönste, zu Wagen leicht in 1½ Stunden zurückzulegende Weg nach Neugedein. Abfahrt von Prag vom goldenen Engel aus um 4 Uhr Nachmittags, Ankunft in Pilsen früh Morgens. Wer zeitlich genug anlangt, kann es versuchen noch mit der Malleposst fortzukommen, die zwischen 6½ und 7 Uhr Morgens abgeht. Wem dies mißlingt, der muß freilich, wenn er sich keine eigene Gelegenheit miethen will, den Tag über in Pilsen bleiben. Doch wird ihn dies nicht reuen. In dem Gasthofe zum Kaiser von Oesterreich außerhalb der Stadt findet er gute Unterkunft und Pilsen ist eine der merkwürdigsten Städte Böhmens; doch würden wir zu weit abschweifen, wenn wir uns in die Beschreibung dieser Merkwürdigkeiten einlassen wollten. Ankunft mit der Malleposst in Bischof-Teinic zu Mittag, Ankunft mit dem Postkarren in Tauß zwischen 2 und 3 Uhr Nachmittags. Wer also diese Route wählt, kann des andern Tages Abends Neugedein erreichen. Wer den zweiten Weg wählt, kann, sobald er früh Morgens in Pilsen anlangt, sogleich den Stellwagen weiter bis Klatau benützen, wo er zwischen 2 und 3 Uhr Nachmittags eintrifft. Hier aber muß er sich eine eigene Gelegenheit miethen, um noch an demselben Tage Abends nach Neugedein zu gelangen.

Neugedein (Kdynö) (S. 131) ist ein nettes freundliches Städtchen von etwa 190 Häusern mit beiläufig 2000 größtentheils böhmischen Einwohnern. Im Gasthause zum blauen Stern oder auf der Post wird man wohl versorgt. Sehenswerth ist die hiesige k. k. landesprivil. Wollenzeug-

Fabrik, eine der ältesten und größten Gewerbsanstalten Böhmens.*) Sie wurde 1760 durch den Wiener Kaufmann Schmirt und drei Gesellschafter gegründet, deren Erben sie noch besitzen, und beschäftigt mehrere tausend Individuen, von denen in der Fabrik allein an 600 arbeiten. Neugedein liegt nur 1½ Stunden weit von der bairischen Gränze, wohin die Straße über Braunpusch, Viertel und Neumarkt führt. Zwischen Braunpusch und Viertel zieht sich in Hügelform die Wasserscheide dahin, welche die Zu- und Nebenflüsse der Donau und Elbe trennt, zugleich aber dadurch merkwürdig ist, daß sie, ohne sich bedeutend zu erheben, Sprache, Sitte, Tracht und Bauart eben so auffallend scheidet, als etwa ein hoher Alpenrücken zwischen Deutschland und Italien. Braunpusch ist noch von slawischen Böhmen bewohnt; die böhmische Sprache tritt gegen Baiern hin hier und in der Umgegend bei Tauß und Klentsch am weitesten vor. Auch die Bauart ist noch ganz böhmisch. In dem benachbarten deutschen Viertel haben die Häuser bereits nach bairischer Art niedrige Dächer und sind zur Befestigung mit Steinen beschwert.

Schon aus den Namen der umliegenden Ortschaften: Braunpusch (Praporiště, Fahnenstätte), Bremirschen (Brnířov, Waffenschmiedstätte), Hochwartel (Stráž), Gibacht u. a. m. läßt sich auf eine militärische Bedeutung der Gegend schließen. Die Richtigkeit des Schlusses erhärtet sich, wenn man die nahe Burg Riesenberg ersteigt. Man erkundigt sich früher in seinem Gasthause nach dem Schlüssel, welcher den Thurm der Burg öffnet. Auf einem nicht steilen Fahrwege in ¾ Stunden erreicht man die einst gewaltig befestigte Burg, deren Namen fast bezeichnender „Riesenburg" lauten würde, von der jedoch jetzt nur Ruinen vorhanden sind. Auf dem Gipfel des Berges wird man dadurch überrascht, daß man Tische und Bänke, Kegelbahn und Schaukel für zahlreiche Gäste vorgerichtet findet. Die öden Burgruinen werden nämlich an Sonn- und Feiertagen und besonderen Festen aus der ganzen Umgegend stark besucht und verwandeln sich dann in einen lebendigen Ort der Lust und Fröhlichkeit. Man hat die Vorrichtung dem Grafen Stadion, Besitzer der Herrschaft Kaut zu danken, der auch den Thurm herstellen und neu aufführen ließ, zu welchem man eben den Schlüssel besitzen muß, um hinauf zu gelangen. Welch herrliche, schon früher beschriebene Aussicht nach Böhmen und nach Baiern erschließt sich hier den Blicken! Da sieht man auch ganz Neugedein und das liebliche Kaut (Kouty) mit Sommerschloß, Meierhof, Park und Alleen zu seinen Füßen. Westlich erblickt man das uralte Tauß (Domažlice) mit den Dörfern der slawischen Choden, von denen später die Rede sein wird — südöstlich reicht das Auge über das Angelthal bis nach Grün, Eisenstraß

---

*) Während des Druckes dieses Werkes abgebrannt.

und zum Förster an der Seewand, wohin wir noch gelangen
werden. Von Neugedein aus läßt sich die Straße nach Baiern verfolgen
über das schon genannte Braunpusch, Biertel (Brúdek, kleine Furt,

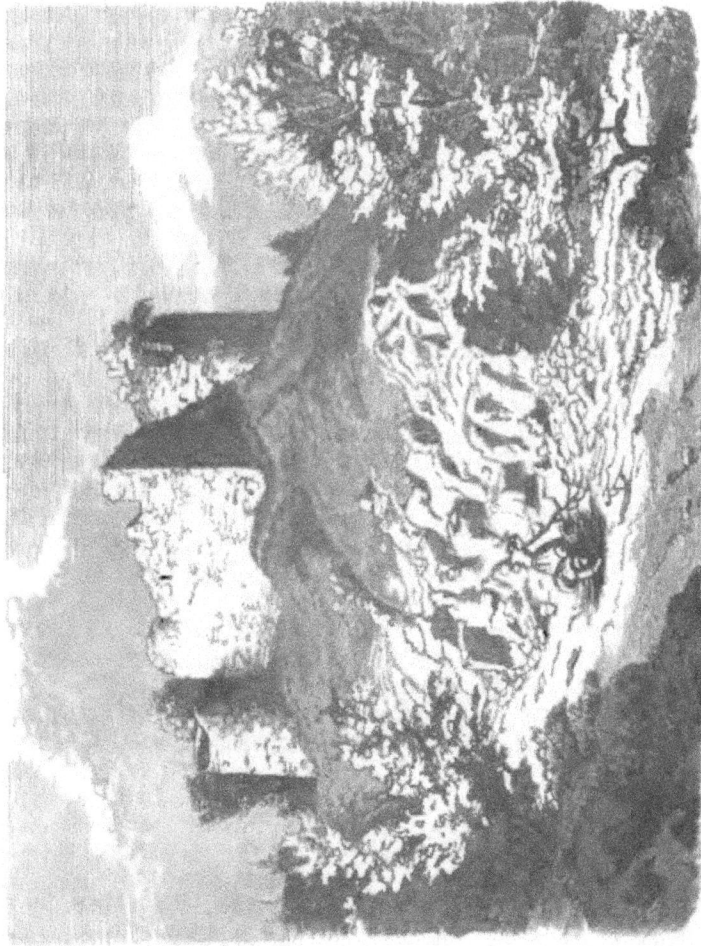

Riesenberg.

daher es eigentlich Fürtel geschrieben werden sollte) mit der alten Skt.
Wenzelskapelle, von der wir noch sprechen werden — das nahe Tanna=
berg (ursprünglich Skt. Annaberg), Wallfahrtsort und wahrscheinlich

kleinsten Sprengel der ganzen Christenheit, da er etwa 12 Seelen umfaßt — weiter Neumarkt, die Heimat des berühmt gewordenen Erzählers der Geschichten aus dem Böhmerwalde, Joseph Rank's, dem leider der Sinn für Gerechtigkeit gegen seine slawischen Landesbrüder abzugehen scheint — und Eschelkamm, das schon in Baiern liegt und wo die Straße nach Furt läuft. Aber hier überzeugt sich auch das Auge deutlich, wie so diese ganze Gegend militärische Wichtigkeit erlangen mußte. Schon von Alters her war Böhmen im Westen gegen feindliche Einfälle durch sein waldreiches Gebirge geschützt, durch das nur wenige Pässe führten, die erst in neuerer Zeit fahrbar gemacht wurden. Hier jedoch öffnet sich, indem auf der einen Seite von Norden der Cerchow sich hernieder senkt, auf der anderen gegen Süden das Land sich zum zweigipfeligen, in der Mitte ausgehöhlten Osser erhebt (S. 119) hinter welchen Bergen der hohe Bogen in Baiern emporsteigt, ein großes, meilenweites Thor, hinlänglich geeignet, daß Heeresmassen durchziehen können. Und in der That benützte der Feind dieses Thor — ein oft mit Blut getünchtes Schlachtfeld dehnt sich zwischen Tauß und Neuern im Angelthale aus.

Es war in der ersten Hälfte des 7. Jahrhunderts, als Samo, nach Einigen ein Deutscher, nach Anderen ein Slawe, für welche Ansicht der Name spricht, im Osten Europa's ein mächtiges Slawenreich gründete. Der Kern desselben war Böhmen. Samo gerieth mit den benachbarten Franken, über welche Dagobert herrschte, in Streit, der zum Kriege führte. Das Hauptheer der Franken zog gegen Samo vom Rhein her nach dem Böhmerwald. Es kam zu einer mörderischen Schlacht, die drei Tage lang währte, bis die Franken endlich aufs Haupt geschlagen wurden und ihr ganzes Lager in die Hände der Sieger fiel. Wo die Schlacht stattfand, ist freilich nicht gewiß. Es wird Wogastisburg genannt, doch weiß man dieses nirgends zu finden. Vielleicht soll der Name Togastisburg lauten und dann wäre die Wahlstatt bei Tauß (alt Togast) gewesen. Es läßt sich mit Fug annehmen, daß die Franken damals durch das bezeichnete Thor zwischen dem Cerchow und Osser einbrachen.

Im Jahre 1039 zerwarf sich Herzog Břetislaw I. von Böhmen, seiner Tapferkeit wegen der böhmische Achilles genannt, mit dem deutschen König Heinrich III., weil er wohl bereit war, den alten Tribut Böhmens von 120 Ochsen und 500 Mark Silbers jährlich an den König zu zahlen und sich nie gegen das Reich aufzulehnen, jedoch die Zurückgabe der besetzten polnischen Länder und der daraus weggeführten Schätze verweigerte. Da wurde die Gegend, die man von Riesenberg überschaut, abermals der Schauplatz eines furchtbaren Kampfes. Am 15. August des folgenden Jahres 1040 standen zwei deutsche Heere an

Böhmens Gränzen. Das eine stärkere, unter des Königs eigenen Be-
fehlen, sollte von Cham her durch den Böhmerwald eindringen, das
andere von der Burg Dohna über das Erzgebirge hereinbrechen. Bretislaw theilte daher ebenfalls seine Macht; mit dem einen Theile zog er
selbst dem Könige an den Böhmerwald entgegen. Bei des Königs Heere
befand sich die Blüthe des deutschen Adels, auch Markgraf Otto von
Schweinfurt, Bruder der schönen Jutta, der Gemalin Bretislaw's. Dieser
hatte die Vortheile der natürlichen Lage Böhmens wohl benützt, Verhaue
an den Pässen angelegt und ihnen gegenüber Verschanzungen errichtet, in
welche er einen Theil seines Kriegsvolkes legte, indem er den andern
als Hinterhalt in die Wälder barg. Das deutsche Heer rückte am Cham-
flusse über Eschelkamm und Neumarkt gegen Neugedein vor.
Am 22. August stürmte des Königs Bannerträger, Graf Wernher, eben
so ungestüm als voreilig die Verschanzungen der Böhmen; allein er
sank, von einem Pfeilregen empfangen und vom Hinterhalte gedrängt,
sammt dem Grafen Reinhard und den Seinigen und das königliche
Banner wurde eine Beute der Sieger. Und als am 23. August Markgraf Otto vor jene Verschanzungen drang, wurde auch er geschlagen und
ließ die Grafen Gebhard, Wolfram und Ditmar nebst vielen Edlen auf
dem Schlachtfelde. Die Niederlage des deutschen Heeres wurde nun vollständig; nur Wenige fanden ihr Heil in der Flucht, bei welcher ihnen
ein deutscher Einsiedler, der heilige Günther, den Ausweg zeigte.
Die Böhmen bauten an der Stelle, wo sie den großen Sieg erfochten,
zu Ehren ihres Landespatrons, des heiligen Wenzel, eine Kapelle.
Noch steht die Kapelle bei Viertel nach mehr als 8 Jahrhunderten,
aber in welch erbärmlichem Zustande! Kaum schützt das hölzerne Dach
das Innere vor dem Regen und im Inneren sind der Hauptaltar mit
dem Bilde des heiligen Wenzel, die zwei Nebenaltäre, Kanzel, Bänke und
Chor morsch zum Zerfallen. Auf der hölzernen Brustlehne des Chors
gewahrt man in 5 Feldern die Bilder der Heiligen Cyrill und Method,
Sigmund und Prokop, Kosmas und Damian, Benedikt und Norbert,
Ludmila und Joseph. Der mit zierlich gebrannten rothen Ziegeln, worauf
sich fünfblätterige Rosen befinden, belegte Fußboden und verblichene Gemälde aus dem Leben des heiligen Wenzel an dem hölzernen Plafond
zeugen noch von früherer Stattlichkeit. Mit Thränen im Auge klagte
uns eine alte deutsche Frau den Verfall des Heiligthums. Möchte sich
die Aufmerksamkeit der Behörden auf dieses uralte Denkmahl des Patrio-
tismus und der Religiosität um so mehr wenden, als die Kapelle ihre
eigene Dotation besitzen soll!

Nicht minder glücklich als Herzog Bretislaw gegen den deutschen
König Heinrich III. war auf dem Schlachtfelde bei Riesenberg im Jahre
1431 der Husitenfeldherr Prokop der Große gegen die deutschen

Kreuzfahrer. Diese waren damals, über 40.000 Reiter und an 90.000 Fußgänger zählend, mit einer Menge Wagen, Büchsen und Kriegsbedarfs bei Lachau eingebrochen, theilten sich endlich in 3 Heere, eines unter dem Karbinal Julian und dem Herzoge von Sachsen, das zweite unter dem Markgrafen von Brandenburg, das dritte unter dem Fürsten von Baiern und rückten, nach Art der Hussiten geschaart, eines von dem andern eine Meile entfernt, jedes mit fünf Wagenreihen, in der Richtung gegen Klabrau und Tauß vor. Das Heer der Hussiten reihte, nachdem es sich bei Chotêschau koncentrirt hatte, am 14. August Morgens seine Wagen und zog kampfgerüstet dem Feinde entgegen. Es war bereits um die dritte Nachmittagsstunde, als sich im Heere der Kreuzfahrer, das sich zwischen Bischof-Teinic, Chudenic und Tauß ausdehnte, auf einmal die Kunde verbreitete, daß sich die Hussiten näherten und daß also der entscheidende Kampf bevorstehe, und obwohl die Hussiten fast noch eine Meile entfernt und nicht wahrzunehmen waren, so hörte man doch schon von weitem das Getöse ihrer Wagenzüge und der laute Gesang: „Kdož jste boží bojovníci" (Die Ihr da seid Gottes Krieger) drang den aufmerksamen Horchern mit wunderbarer Macht ans Herz. Karbinal Julian bestieg mit dem Herzoge von Sachsen einen Berg, um eine Uebersicht zu bekommen und sandte schleunig, damit vor allem dieser Berg besetzt würde. Plötzlich jedoch erblickte er von hier das deutsche Lager in sonderbarer Bewegung. Alles drängte sich hin und her, Geschrei und Lärm erhob sich ringsum, Verwirrung hatte sich der Schaaren bemächtigt; die Wagen stürzten aus den Reihen und rannten auseinander, die Reiter zerstoben in Haufen und suchten einer dem andern zuvor zu eilen, alles wandte dem Feinde den Rücken zu. „Was ist das?" ruft der Karbinal erschreckt. Ehe er aber zur Besinnung kommen kann, langt von dem Markgrafen von Brandenburg die Meldung an, alle Truppen seien auf der Flucht und nicht zurück zu halten, er möge daher an seine Rettung denken und schnell die Wälder zu erreichen suchen, bevor es zu spät sei. Und in der That war die Flucht schon allgemein, am stärksten auf der Straße bei der Burg Riesenberg vorüber und gegen Neuern zu; die Wagen jagten ohne Ordnung einer dem andern voran und schleuderten, um leichter zu werden, ihre Ladung hinab. Betäubt durch so unerwarteten und erschütternden Umschwung der Dinge wurde endlich auch der Karbinal selbst von dem allgemeinen Strom ergriffen; erst beim Eintritt in die Wälder stellte sich, meist auf sein Zureden, ein Haufe zur Wehr. Allein die leichten Reiter des böhmischen Heeres flogen herbei, drangen muthig ein, erschlugen Viele und nahmen eine Menge gefangen, und so ließen die Kreuzfahrer alle ihre Wagen und ihr Geschütz nebst Zugehör im Stich. Der unglückliche Karbinal, dessen Leute am meisten gelitten, entkam mit großer Noth der Gefahr nicht sowohl von Seiten der Böhmen, als vielmehr der Kreuzfahrer selbst, die voll ungeheuerer Erbitterung die Schuld ihres Unglücks ihm beilegten. Der Bischof von Würzburg mußte ihn, um ihn zu schützen, in die Mitte seiner Schaar aufnehmen, wo er, verkleidet als gemeiner Krieger, in unaussprechlichem Gram dahin ritt,

Die Wenzelskapelle bei Viertel.

ohne einen ganzen Tag und eine ganze Nacht vom Pferde zu steigen, ohne Speise und Trank zu genießen. Die Furcht bei den Kreuzfahrern war so gränzenlos, ihre Angst so unnatürlich, daß z. B. mehrere ansässige nürnberger Bürger, als sie voll Hast in ihre Stadt hinein geeilt kamen, sich dort Herbergen suchten, als ob sie in der Fremde wären. Des andern Morgens, am 15. August, machten die Böhmen in den Wäldern eine Menge Gefangener, indem sie auch Bäume fällten, zwischen deren Zweigen sich die Flüchtlinge versteckt hatten, so daß diese dann große Züge bildeten, wo je zwei zusammen gebunden einher gingen. Der Sieg der Böhmen war in der That um so entscheidender, je weniger Kampf er bedurft hatte. Es ist zwar nicht möglich, den Verlust der Kreuzfahrer an Todten, Verwundeten und Gefangenen bestimmt anzugeben, allein von 4000 Wagen kehrten kaum 300, die vor allen anderen zu fliehen begonnen hatten, nach Deutschland zurück, die Büchsen und Geschütze wurden alle der Sieger Beute und überdies viele kostbare Zelte, Fahnen, allerlei Waffen, Geld, goldene und silberne Gefäße, theuere Gewänder, Schießpulver, Proviant und eine Fülle ähnlicher Dinge.

Auch später unter Böhmens König Georg von Podébrad war Riesenberg der Zeuge öfterer Siege. So wurden die deutschen Kreuzfahrer einmal bei Neuern im Angelthale geschlagen und als sie über Neumarkt abermals hereinbrachen, erlitten sie bei Milaweč, das man von Riesenberg nordwärts gewahrt, eine blutige Niederlage. Nebenbei sei bemerkt, daß in Milaweč der Hirt nicht bläst, wenn er das Vieh austreibt, sondern bloß mit der Peitsche das Zeichen gibt und zwar aus Furcht taub zu werden. Der heilige Adalbert ruhte nämlich nach einer Sage bei seiner zweiten Rückkehr aus Italien nach Böhmen dort aus und schlief auf dem Rasen ein. Da kam ein muthwilliger Hirt und blies ihm in das Ohr. Dafür wurde er sogleich mit Taubheit gestraft. Die Einwohner des Dorfes sollen hierauf jedem Hirten verboten haben, auf dem Horne zu blasen und mehrere Hirten, die dawider handelten, ertaubt sein.

Die militärische Bedeutung und Wichtigkeit der Gegend von Riesenberg ist uns klar geworden. Weil das weite große Thor zwischen dem Cerchow und Osser feindliche Einfälle begünstigte, mußte es bewacht und die Gegend umher wohl befestigt werden. Daher erhob sich auf hohem Bergesgipfel, gerade dem gefährlichen Thore gegenüber, die Burg Riesenberg, deren Ueberbleibsel, Thürme, Mauern, Wälle und Gräben sammt Schloßhof, Brunnen und Keller noch von ihrer ehemaligen Stärke zeugen. Sie scheint frühzeitig erbaut worden zu sein und gehörte den Herren Swihowský, die sich mit den Herren Cernin, deren Stammsitz Chudenic nicht weit entfernt liegt, gleicher Abstammung von Drslaw, Kastellan Pilsens im 12. Jahrhunderte, rühmten. Theobald von Riesenberg scheint bei dem großen König Přemysl Otakar II. in Ansehen gestanden zu haben, da er unter ihm das Amt eines Hof- und Landesrichters bekleidete und später Oberstlandeskämmerer von Böhmen wurde. Nach des Königs tragischem Ende auf dem Marchfelde führte er, während der Regentschaft des Markgrafen Otto von Brandenburg, in Gemeinschaft mit dem Prager Bischofe Tobias von Bechin, die Verwaltung des böhmischen Reiches durch zwei Jahre mit vieler Umsicht.

Im 14. Jahrhunderte kam Riesenberg an Bohuslaw von Schwamberg, einen der reichsten böhmischen Barone, dessen Sohn Racek jedoch der blutigen Scenen wegen, die hier häufig mit den Baiern vorfielen, theils auch um seinen bei Pilsen begüterten Brüdern näher zu sein, die Burg nebst mehreren anderen Besitzungen an Ritter Ješek Kozihlawa von Pnětluk auf Triebel gegen dessen Güter abtrat. Der neue Eigner behielt aber Riesenberg nicht lange, sondern verkaufte es schon zu Anfang des 15. Jahrhunderts an die in dieser Gegend ansässigen Ritter Janowský von Janowic. Racek von Janowic trat in Verbindung mit mehreren bairischen Rittern gegen die Husiten auf. Bei einem Streifzuge bekam er den utraquistischen Priester Johann Nakwasa in seine Gewalt und übergab ihn, gleichsam als Geschenk für geleistete Hilfe, den bairischen Bundesgenossen. Diese legten ihren übertriebenen Religionseifer dadurch an den Tag, daß sie dem Gefangenen die Hände durchbohrten, eine Schnur durch die Wunden zogen, ihn an einen Baum banden und dann jämmerlich verbrannten. Als Žižka, der sich damals zu Pilsen aufhielt, die empörende That vernahm, beschloß er die Janowice zu züchtigen und führte diesen Vorsatz während seiner Anwesenheit zu Klatau 1420 theilweise aus, allein ohne Riesenberg zu zerstören; denn die Burg war zu gut verwahrt, als daß sie einem feindlichen Angriffe so leicht unterlegen wäre. Doch wurde die Umgegend sehr hart mitgenommen und verwüstet, Racek aber scheint sich später den Husiten angeschlossen und an ihren Kriegsthaten Theil genommen zu haben. Wie es um Riesenberg her in der Schlacht bei Tauß zuging, wurde geschildert. Im Jahre 1440 gerieth Racek in hartnäckige Fehden mit den Baiern und im Jahre 1448 traf ihn das Unglück, daß seine Burg Riesenberg durch ein unverhofft ausgebrochenes Feuer abbrannte und nach acht Tagen ein zweiter Brand alles Uebriggebliebene verzehrte. Bald aber erhob sich Riesenberg verjüngt aus dem Schutte und ragte wieder so stark und stolz als früher in die Lüfte. Paul Janowic auf Riesenberg war es, der unter Georgs von Podĕbrad Regierung den deutschen Kreuzbrüdern bei Neuern und Milawec die siegreichen Treffen lieferte, von denen wir schon hörten. Indessen verkaufte er in Folge von Mißhelligkeiten mit den bairischen Nachbarn die Burg dennoch an Herrn Ulrich von Hardegg und Glatz, der sie aus gleichem Grunde wieder an einen Swihowský überließ, von dem sie wieder an einen Janowic kam, bis sie im 16. Jahrhunderte in den Besitz der Grafen von Guttenstein gelangte. In dem für Böhmen so verhängnißvollen dreißigjährigen Kriege hielt es Graf Heinrich Bu=

rian von Guttenstein mit den Aufständischen. Don Balthasar de Marabas rückte über Klatau und Janowic in die Gegend von Neugedein, vereinigte sich überall mit den bairischen Regimentern und richtete nun sein Hauptaugenmerk auf die wohlverwahrte Gränzburg Riesenberg, die von einer Abtheilung Mannsfeld'scher Truppen besetzt und mit allem Nothwendigen reichlich versehen war. Doch schon beim ersten Angriffs-versuche sah der kriegskundige Spanier die Unmöglichkeit ein, das Schloß mit Gewalt zu erobern, daher beschloß er List zu gebrauchen. Während er das benachbarte Tauß belagern ließ, rückte er selbst am 12. Oktober 1620 gegen Mitternacht vor die Burg, richtete durch vertheilte Tambours, Fußsoldaten und Reiter einen so entsetzlichen Lärm an, daß es schien, als sei das ganze kaiserliche Heer versammelt und forderte die Besatzung zur Uebergabe auf, wofern Riesenberg nicht dasselbe furchtbare Schicksal er-leiden wolle, wie früher Pisek. Dies wirkte, die Besatzung ergab sich. Der Ausgang der Schlacht auf dem weißen Berge ist bekannt. Nach ihr wurde Graf Heinrich Burian seiner Güter für verlustig erklärt und Riesenberg sammt Maut und Neugedein an den kaiserlichen Obersten Jo-hann Philipp Kretz, Freiherrn von Scharpfenstein, verkauft. Der Freiherr verdiente sich die Grafenwürde, und da er sich das Empor-kommen seiner Güter angelegen sein ließ, so blühte auch Riesenberg, bis in Böhmen die gräuelhafte Schwedenwirthschaft begann. General Pful, der zu prahlen pflegte, daß er allein in Böhmen gegen 800 Ortschaften niedergebrannt, überwältigte Riesenberg 1641 und verwüstete es während seines Aufenthaltes dermaßen, daß nach seinem Abzuge eine allgemeine Herstellung nöthig gewesen wäre. Dennoch hätte sich die Burg abermals neu verjüngt, allein Kaiser Ferdinand III. befahl ihrem Besitzer, sie ab-zubrechen, um den Schweden bei ihren Raubzügen nicht einen Schlupf-winkel zu gewähren und seit der Zeit blieb das imposante Riesenberg eine Ruine.

Aus dem Gesagten erhellt, daß übrigens nicht bloß die Burg Rie-senberg es war, welche die so häufig bedrohte Umgegend beschirmte. Man kann sich hiervon nach Zurücklegung eines kurzen Weges leicht noch weiter überzeugen. Unter der malerischen Gruppe schönbewaldeter Berge, auf deren einem Riesenberg liegt, trägt nämlich ein anderer auch die Ruinen von Herrnstein, das aber nicht mit der Burg Herstein bei Stockau verwechselt werden darf. Man gelangt dahin, indem man durch das freundliche Dorf Podzámči in nordöstlicher Richtung aufwärts nach dem hohen Gebirgsforst wandelt. Links ab vom Wege durch denselben befindet sich eine dreifache terrassenförmig sich erhebende Umwallung, die man das Hujitenlager nennt, wo aber wahrscheinlich eine zu Herrn-stein gehörende Warte stand. Unterhalb der Burg selbst ist ein Forsthaus mit Tischen, Bänken und Kegelbahn für Gäste, die sich da an Sonn-

und Feiertagen vergnügen. Die Burg liegt im Walde so mystisch versteckt, daß unter dem Volke die Sage entstand, es habe sie ein Zauberer
erbaut, der sie oft mit solchem Nebel zu umhüllen gewußt, daß sie nicht
leicht habe aufgefunden, viel weniger erobert werden können. Die gewaltigen Ringmauern, die mit uralten Tannen und Ahornbäumen bewachsen
sind, bilden ein unregelmäßiges Dreieck von mehr als 160 Klaftern im

Herrnstein.

Umfange. Sie sind mit einem Walle und tiefen Gräben umgeben. Das
Innere füllt ein dichter Buchenwald, in dessen Mitte die Ueberreste eines
massiven viereckigen Gebäudes wahrgenommen werden. Die Burg scheint
ein ziemlich gleiches Alter mit Riesenberg zu haben. Die Herren von
Herrnstein, die sich Hersteinsky nannten, besaßen sie schon als der
Regentenstamm der Přemysliden mit Wenzel III. erlosch. Sezima von

Herrnstein trat sie 1350 an Jeßek von Welhartic ab. Johann Herőteinſký von Welhartic gerieth im 15. Jahrhunderte mit Herzog Albrecht von Baiern in eine blutige Fehde, worin die Burg von den Baiern genommen wurde und in Flammen aufloderte. Die Volksſage erzählt, der Burgherr habe bei der Belagerung ſeine drei wunderſchönen Töchter mit allen Schätzen in einen Thurm, den ſogenannten Jungfrauenthurm, eingemauert, um ſie, wenn die Burg erobert würde, rem Feinde zu entziehen. Dort ſind nun die Jungfrauen ſammt den Schätzen verborgen und wandeln in der Nacht nach dem Palmſonntage als irrende Geiſter auf den Trümmern umher. Nur ein reiner Jüngling, der allein um dieſe Zeit die Bedingniſſe der Erlöſung vernimmt, ſoll ſie befreien können und dafür die Schätze zum Lohn erhalten. Bis jetzt hat ſich kein ſolcher Jüngling gefunden!

Gab es auf böhmiſcher Seite nicht wenige Burgen und feſte Plätze, welche das gefährliche Einbruchsthor zwiſchen dem Cerchow und Oſſer bewachten: ſo thronten dagegen auf dem hohen Bogen, der ſich im Hintergrunde in Bogengeſtalt majeſtätiſch erhebt und von Rieſenberg ſo herrlich ausnimmt, als Gränzwächter Baierns die hocherlauchten und mächtigen Grafen von Bogen. Sie herrſchten in dem heutigen Baiern über Landſtriche, die an Umfang das Land manches deutſchen Reichsfürſten weit übertrafen. Ihr Gebiet erſtreckte ſich auf dem linken Ufer der Donau von Wörth bis Hildegardsberg und im Norden bis an die Gränze Böhmens. In dieſen Gegenden gab es viele Städte, Flecken, Klöſter und Burgen: Deggendorf, Furt, Bogen, Regen, Windberg, Mitterfels, Falkenfels, Falkenſtein, Weißenſtein, Plintsberg u. a. m. Außerdem beſaßen die Grafen auf dem rechten Ufer der Donau Natternberg und Plattling, in Böhmen die Stadt Schüttenhofen ſammt Umgegend und die Herrſchaft Winterberg, in Oeſterreich Wiltberg, endlich große Güter in Steiermark und Kärnthen. Was in den angeführten Landſtrichen nicht eben zur Grafſchaft Bogen gehörte, darüber übten ſie das Schutzrecht aus, ſo über den Dom und das St. Jakobskloſter in Regensburg, über die Klöſter in Ober-Münſter, in Ober- und Unter-Altaich, in Windberg, Mallersdorf und Prüfening. Der eigentliche Kern der Grafſchaft Bogen war die Gegend zwiſchen den zwei Bächen, dem öſtlichen und weſtlichen Bogen, von denen der eine bei Bogen, der andere bei Deggendorf in die Donau fällt. Dieſe Gegend findet ſich unter dem Namen Bogen ſchon in den Urkunden des 8. und 9. Jahrhunderts. Aus dieſem anfangs kleinen Grundbeſtandtheile erwuchs allmälig durch Geſchenke von Kaiſern, Belehnungen von Seiten vieler Biſchöfe, Heiratsverbindungen und auf andere Art jenes große Territorium, deſſen Beſitz die Grafen von Bogen im 12. Jahrhunderte an Macht und Anſehen faſt den Herzogen von Baiern gleichſtellte. In jener Zeit ſehen wir ſie ganz

sich als Fürsten geberden. Sie hielten einen fürstlichen Hof und alte
Urkunden nennen uns viele Adelige, die bei ihnen das Amt eines Truch=
fessen, Mundschenks, Oberküchenmeisters und andere Aemter verwalteten.
Den Reichs= und Landtagen wohnten die Grafen von Bogen als Ver=
treter der kaiserlichen Lehen und als Lehensmänner der Herzoge von
Baiern bei. Diesen Herzogen leisteten sie, als ihren Herrschern, Kriegs=
dienste, obwohl nur dann, wenn es ihnen eben beliebte. Manchmal kehrten
sie die Waffen gegen die Herzoge selbst, die dann Mühe hatten, gegen
sie aufzukommen. Innerhalb ihrer Besitzungen schalteten die Grafen von
Bogen ganz selbständig, entschieden über Leben und Tod ihrer Unterthanen
nach Belieben, verlangten Steuern, Abgaben und Zölle, riefen zu den
Waffen, kurz sie übten alle Souverainitätsrechte aus, nur das des Mün=
zens nicht. Gegen Kirchen waren die Grafen von Bogen äußerst frei=
gebig. Sie gründeten die Abtei von Windberg und bauten Ober=Altaich
neu auf. Uebrigens wird von Admont in Steiermark angefangen die
Enns entlang bis zur Donau und an diesem Strome aufwärts bis nach
Eichstätt kaum ein Kloster oder Gotteshaus sein, das nicht wenigstens
eine Schenkungsurkunde von ihnen aufweisen könnte. Mehr als alles
andere vermögen die zahlreichen Vermächtnisse und Stiftungen dieser Art
von dem ungeheueren Reichthum der Grafen von Bogen Zeugniß zu
geben. Graf Heinrich aus dem Geschlechte der Welfen, auch
Heinrich mit dem goldenen Wagen genannt, zu Anfang des 10.
Jahrhunderts, soll eine Gräfin von Bogen zur Gemalin gehabt ha=
ben; bei dem ersten Turnier zu Theben 938 soll Graf Robopot von
Bogen mit seinem Bruder Erwinger gegenwärtig gewesen sein. Doch
sind dies ungewisse Angaben und die Historiker beginnen die Reihe der
Grafen von Bogen mit Hartwig I., den sie als einen Nachkommen
der Grafen Abensberg bezeichnen. Er vergrößerte seine ursprünglich
nur kleine Grafschaft, indem er durch Vermälung mit Hazacha, Tochter
des Grafen Thiemo von Neuburg=Wermbach, das Schutzrecht über den
Dom zu Regensburg und später 1045 von Kaiser Heinrich III. bedeu=
tende Kammergüter im Nordgau erhielt. Hazacha von Neuburg gebar
ihm Hartwig II., nachherigen Kanzler Heinrichs III. und Bischof zu
Bamberg, dann Leutpold, der 1051 den erzbischöflichen Stuhl zu
Mainz bestieg. Mit seiner zweiten Gemalin Bertha, Tochter Bela I.,
Königs von Ungarn, erzeugte Hartwig I. die Söhne Friedrich und
Aswin. Seine Residenz hatte er in der Burg Bogen und starb 1074.
Nach Hartwigs Tode erbten die Grafschaft die zwei Söhne aus der zweiten
Ehe, und so groß war schon das Ansehen der Grafen von Bogen, daß
Heinrich IV., als er Welf I. des Herzogthums Baiern entsetzte und gegen
den schwäbischen Herzog Berthold zu Felde zog, ihnen die Beschirmung
Nieder=Baierns bis zum Böhmerwalde anvertraute. Ihre treuen Dienste

belohnte der Kaiser damit, daß er ihnen 1086 ausgedehnte Güter um
Cham herum schenkte. So und noch auf andere Art mehrte sich das
Besitzthum der beiden Brüder dermaßen, daß sie es für zweckdienlich er-
kannten, dasselbe zu theilen, wodurch zwei Linien entstanden, die
Friedrichs oder von Bogen-Bogen und die Aswins oder von
Beidlarn-Bogen. Die erste starb 1149, die zweite 1242 aus. Von
der ersten Linie vermälte sich Friedrich II. mit Swatawa, Tochter Herzog
Wladislaws I. von Böhmen. Aswin oder Askuin, der Stifter der
zweiten Linie, von den bairischen Chronisten „der Schrecken der
Böhmen" genannt, soll den Bau des Stammsitzes seiner Linie auf dem
Berge Bogen begonnen, sein Sohn Albert denselben vollendet haben.
Aswins Tochter Luitgarde war mit Herzog Bretislaw II. von Böhmen
vermält. Albert III., unter welchem die Macht und das Ansehen der
Grafen von Bogen auf der höchsten Stufe stand, vermälte sich mit Lud-
mila, Tochter Herzog Friedrichs von Böhmen, bei welcher
Gelegenheit er die Stadt Schüttenhofen sammt Umgegend zur Mitgift
bekam. Nach seinem Tode schritt Ludmila mit Herzog Ludwig von Baiern
zur zweiten Ehe. Diese schöne, geist- und tugendvolle Frau wurde später
die Ahnfrau des noch jetzt regierenden königlichen Hauses
Wittelsbach und ist demnach auch die Ahnfrau Ihrer k. k. apost.
Majestät der Kaiserin von Oesterreich, Elisabeth. Die
Minnesänger feierten die Liebe des Herzogs zu ihr in Liedern, von denen
sich einige bis auf den heutigen Tag erhielten.

Allein wir dürfen von Riesenberg nicht scheiden, ohne früher unser
Augenmerk auf die schon erwähnten Choden bei Tauß gerichtet zu
haben. Tauß (alt Togast, Tugast, Tusta von dem böhmischen Tuhost.
Steifheit, Festigkeit, Härte, ein Berg in der Gegend heißt noch jetzt
Tuhošt) war schon in grauer Vorzeit ein Bollwerk Böhmens gegen feindliche Anfälle. Spuren seiner ehemaligen Festigkeit sind noch gegenwärtig
zu erkennen. Denselben Zweck, zu welchem Tauß diente, halfen Jahrhunderte lang die Choden fördern, die es in etwa 14 Dörfern um-
wohnen, unter denen Chodenschloß (Chodovo, auch Trhanov) durch
ein schönes gräflich Stadion'sches Schloß mit Ziergarten hervor sticht.
Die Choden sind nicht böhmischen Ursprungs, obwohl sie jetzt böhmisch
sprechen. Wahrscheinlich brachte sie Herzog Bretislaw I., der Held von
Neumarkt, der Erbauer der Skt. Wenzelskapelle bei Viertel, von seinem
siegreichen polnischen Feldzuge mit, auf dem er 1039 Gnesen eroberte
und auch den Leichnam des heil. Adalbert den Polen entriß. Die Einwohner der volkreichen Stadt Gdec kamen ihm mit einer goldenen Ruthe
in der Hand, zum Zeichen ihrer Ergebung, entgegen und baten um friedliche Uebersiedelung nach Böhmen. Bretislaw siedelte sie zum Theil bei
Tauß an, gab ihnen einen Vorsteher aus ihrer Mitte und ließ sie bei

ihren polnischen Gesetzen. Dafür hatten sie die Pflicht, die häufig bedrohte Gränze zu bewachen und zu schirmen, bildeten also eine Art stehenden Gränzmilitärs. So oft der Herrscher Böhmens in die Gegend
kam, mußten sie bewaffnet vor ihm erscheinen und ihm ein Fäßchen mit
Honig bringen zum Zeichen, daß sie in ihrem Geschäfte fleißig seien, gleich
den Bienen. Da sie die Gränze fortwährend zu begehen hatten, erhielten
sie den Namen Choden (Chodové) von choditi, gehen. Man gibt ihnen
auch den Spitznamen Psohlavci (Hundsköpfige), der daher entstand,
weil sie den Kopf eines Hundes, des treuen Hauswächters, als Kennzeichen auf ihrer Fahne führten. Sie heißen ferner noch Buláci, weil
sie das böhmische byl (gewesen) fast wie bul aussprechen. König Johann
von Luxemburg beschenkte sie mit Privilegien, die Karl IV., seine Söhne
Wenzel und Sigmund, König Ladislaw Posthumus, Georg von Podébrad
und sein Nachfolger auf dem böhmischen Thron, Wladislaw, bestätigten
und vermehrten. Die Choden wohnten auch den Landtagen bei. Später
verlieren sich die Nachrichten über sie; wir erfahren nur, daß sie von
Kaiser Ferdinand I. an Herrn Peter von Schwamberg verpfändet und,
nachdem sie sich losgezahlt, von Kaiser Rudolph II. der Stadt Tauß zum
Pfand überlassen wurden. Zuletzt wurden ihre Dörfer, vermuthlich im
Wege des Kaufes, mit der Herrschaft Kaut vereinigt.

Wie viele wichtige Dienste mochten wohl die wackeren Choden dem
Königreiche geleistet, wie oft Blut und Dasein für die Sicherheit und
Wohlfahrt desselben eingesetzt haben, welchen Dank ist ihnen Böhmen
schuldig! Jetzt leben die Choden wieder als freie Einwohner still und
friedlich von Ackerbau und Viehzucht. Wir besuchten sie in ihren Dörfern.
In Újezd traten wir in eine Wohnung. Die Hausfrau, eine Witwe
mit mehreren Kindern, empfing uns auf das freundlichste und zeigte uns
ihre Wirthschaft bis ins Kleinste. Die Wohnungen der Choden deuten
hie und da noch auf die ursprüngliche kriegerische Bestimmung. Sie sehen
kleinen Festungen gleich, indem sie von einer Mauer umgeben sind, durch
die kein Zimmerfenster nach Außen geht. Im Inneren, mit einem Seiten-
und dem Hintertheil die Ringmauer selbst bildend, steht das Wohnhaus,
die Fenster nach dem Hofe gekehrt, dem Wohnhaus gegenüber Scheune
und Stall. Wir sahen die Choden auch bei einem Feste, welches in der
Laurentiuskapelle gefeiert wurde, die bei Tauß auf einer Anhöhe
mit schöner Aussicht liegt. Da war alles übersäet wie von rothen Rosen,
denn die Weiber der Choden lieben das Roth an ihren Kleidungsstücken.
Sie unterscheiden sich durch ihre langen auf dem Rücken weit hinauf
reichenden Röcke und bilden einen auffallenden Gegensatz zu den slawischen
Weibern um Pilsen, die kurze nur bis an's Knie reichende Röcke und zwar
so viele über einander tragen, daß dieselben einen weiten Bausch um den
Leib machen. Die verheirateten Chodinen haben auf dem Kopfe einen

11*

Reif, auf welchen die Haube gesetzt wird, vor der Brust ein doppelt ge-
legtes Kissen. Die Männer sind durch ungemein breite dabei niedrige
Filzhüte gekennzeichnet und tragen gleichfalls lange Röcke mit kurzem
Hinterleib. Die Bursche haben runde Kappen und Jacken; haben sie
Hüte, so sind diese mit buntgewirkten Schnüren reich umwickelt. Bei
Männern und Burschen schließen die Lederhosen knapp an, nur daß die
Bursche kurze Hosen mit Strümpfen und Schuhen tragen. Sowohl das
weibliche als männliche Geschlecht liebt an den Kleidungsstücken, an Hem-
den, Tüchern, Westen, Hosenträgern und Röcken zierliche Stickereien. Wir
suchten die Choden auch beim Tanze auf. Die kleine Stube des Wirths-
hauses war vollgedrängt. Man lud uns auf das herzlichste ein einzutreten.
In einer Ecke auf erhöhtem Platze saßen ein Geiger, ein Klarinettenspieler
und ein Dudelsackpfeifer. Bursche standen unten und sangen Lieder, nach
deren Melodien die Musikanten spielen mußten. In dem engen Raume
tummelten sich 15 bis 20 Paare herum, die immer wieder ergänzt wurden, sobald eines abtrat. Alles ging in der schönsten Ordnung. Häufig
wurde do kola (ins Rad) getanzt, d. h. der Tänzer drehte sich mit seiner
Tänzerin auf der Ferse des rechten Fußes an einer und derselben Stelle
im Kreise und hob sie zuletzt jauchzend in die Höhe. Je öfter er sich
rasch nach einander zu drehen vermochte, ohne den Schwindel zu bekommen,
und je höher er zuletzt das Mädchen hob, desto besser. Den lustigen
Leutchen rann beim Tanze der Schweiß von der Stirn. „Es muß Euch
wohl recht heiß sein," äußerten wir zu einem Burschen. „Pah," entgegnete
er lachend, „das thut nichts! Es geht wie bei der Ernte."

Die Choden sprechen einen eigenen böhmischen Dialekt, worin sich
Ueberreste aus dem Polnischen und Altböhmischen finden. Die letzte Sylbe
eines Satzes pflegen sie singend zu dehnen. Sie besitzen auch eigene Lieder,
von denen wir hier einige nicht gerade des Inhaltes wegen, der sehr
einfach ist, sondern als Dialektproben im Original mit deutscher Uebersetzung geben:

Voráči, voráči, pojeď demů! —
„Ja ešte nezvoral, nepojedu.
Ešte mám vorati tu cestičku,
Kerú sem hušlapal pro Hančičku."

Ackersmann, Ackersmann, komm doch heim! —
„Bin noch nicht fertig, fahr' noch nicht heim,
Hab' noch zu ackern den Pfad, den ich flog,
Wenn es zu meinem Aennchen mich zog."

Vyletila holubička
Přes ten panskej dvůr,
Zaplakala, zaželila,
Že nebudeš můj! —
„Mlč Hančičko, mlč, neplač,
Já k vám přidu brzy zas,
Bude-li v tom vůle boži, ·
Sejdeme se zas."

Flog ein Täubchen ob dem Hofe,
Herrenhof, daher,
Und es weinte, und es klagte,
Daß ich Dich verlör'! —
„Ruhig, wein' nicht, Aennchen mein,
Finde bald mich wieder ein,
Ja, will's Gott, freu'n wir uns wieder
Im Beisammensein!"

———

Když si k nám chodíval,
Hdy bula krátká noc,
Proč pak k nám nechodiš,
Hdy je delši?
Esli sem já bula
Na krátký hupřimná,
Na delši bula bych
Hupřimnějši.

Gingst Du so oft zu uns,
Als die Nacht kurz noch war,
Warum in der läng'ren nicht
Stellst Du Dich ein?
War in der kurzen ich
Zärtlich stets gegen Dich,
Möcht' ich es noch weit mehr
In der läng'ren sein.

———

Počkej bratře kameráde!
Něco tě povím:
Ty mě chodiš za mú holkú,
Já k tvý nechodim.

Esli tě tam dostanu,
Dám si klobúk na stranu,
Vyřežu ti po svý chuti,
Sám tam zústanu.

Kamerade, wart' und höre,
Was Dein Freund jetzt spricht:
Du schleichst hinter meiner Liebsten,
Ich zur Deinen nicht.
Ei, ertapp' ich Dich bei ihr,
Setz' den Hut ich seitwärts mir,
Gerb' Dir dann nach Luft den Rücken,
Bleibe selbst bei ihr.

———

Ueberhaupt sind die Choden, die sich, obwohl Jahrhunderte lang mit dem deutschen Elemente in fortwährender Berührung, dennoch so sehr in ihrer Ursprünglichkeit erhalten haben, ein merkwürdiges Völkchen und verdienen einen eigenen Besuch. Wer nicht über Tauß nach Riesenberg gekommen, der möge es sich nicht verdrießen lassen, von Riesenberg einen Ausflug nach Tauß und von da zu den Choden in der Umgegend zu machen. In Tauß wird er in dem Gasthofe zur goldenen Krone gute Unterkunft finden. Führt der Gastwirth gleich den furchtbaren Namen Peklo (Hölle), der Reisende wird sich dort wie im Himmel fühlen.

· · ·

II.

Durch das Angelthal zum Seeförster.

Von Neugedein führt die klatauer Straße über Bremirschen, bis vor Loučim ein Weg rechts in das Angelthal ablenkt. Wer von Neugedein aus in einem Tage den schwarzen See besuchen und des Abends in Eisenstein sein will, ohne die Seewand bestiegen zu haben, mag bis Eisenstraß fahren; wer beim Seeförster zu übernachten Luft hat, bedarf des Wagens nicht.

Wunderliebliches Thal, durch welches die erlenbekränzte, freilich oft zu Ueberschwemmungen geneigte Angel fließt, indem sie im Hochgebirge

entspringt und ihre Wellen an Neuern, Byſtřic, Janowic, Bezděkau, Dolan, Swihau, Rothpořitſchen, Přestic vorbei
rollt, bis ſie ſich vor Pilſen mit der Radbuza vereinigt und die Mies
bilden hilft. Herrliche, an das leitmeritzer Mittelgebirge mahnende Berge
ſäumen das Thal, ſaftige Wieſenmatten, lachende Obſtgärten, frohbelebte
Ortſchaften breiten ſich darin aus. Wir gelangen allmälig über Putzen-
ried in die Pappelallee, welche zu dem deutſchen Dorfe Byſtřic führt.
Vor Byſtřic auf einer Anhöhe ſteht die Kapelle der heiligen Drei-
faltigkeit. Man unterlaſſe nicht, die Anhöhe zu beſteigen, um einen
Ueberblick des Thales zu gewinnen. Da ſieht man gegen Norden im
Hintergrunde die Thürme der früheren Kreisſtadt Klatau ragen, bei
welcher ſich der mit einer Kirchenruine gekrönte Berg Hůrka erhebt,
Weiter herwärts liegt Bezděkau, wo der einſt durch ganz Deutſchland
berühmte Romanſchreiber Chriſtian Heinrich Spieß 1799 als Gutsinſpektor
ſtarb und begraben iſt. Noch weiter herwärts gewahrt man Janowic,
den Stammort der Herren Janowſký von Janowic, die wir mit den
Herren Swihowſký, welche ſich ſo von Swihau nannten, bei Rieſenberg kennen lernten. Von Janowic rechts zeigt ſich uns Teinicel
mit ſchöner Villa, mehr vorn aber ragen die weitläufigen, neuhergeſtellten
Ruinen der äußerſt merkwürdigen Burg Klenau. (S. 31.)

Hier waltete einſt das berühmte Geſchlecht der Ritter von Klenau, die großen Theils Přibik (Adauct) getauft waren. Die Burg
beſtand ſchon in der erſten Hälfte des 13. Jahrhunderts und wurde ſpä-
teſtens zur Zeit der Regierung König Wenzels I. angelegt. Am berühm-
teſten wurde Přibik IV. von Klenau, der die Stammburg von
1420—1465 beherrſchte und alle Schrecken des Huſitenkrieges überlebte.
Im Jahre 1426 überfiel er die Stadt Mies mit 10 Reitern und —
eroberte ſie! Er ſoll dabei, wie mehrere Chroniſten berichten, ein ſo langes
Schwert gehabt haben, daß es von einem Thore zum andern reichte. Im
nächſten Jahre ſchlug er die deutſchen Schaaren, als ſie Mies belagern
wollten, focht 1431 in der großen Schlacht bei Tauß und züchtigte 1432
den buſchklepperiſchen Nachbar Habart von Hrádek, deſſen Raubneſt Lopata
er zerſtörte. Anfangs ein eifriger Taborit, vereinigte er ſich ſpäter mit
den gemäßigten Baronen. Im Jahre 1437 befand er ſich unter den
Geſandten, die zur Stillung der Religionsunruhen an das baſeler Koncil
beordert wurden, fiel aber nach Kaiſer Sigmunds Tode von Kaiſer
Albrecht II. ab und wählte mit den andern böhmiſchen Baronen den
polniſchen Prinzen Kaſimir zum Herrſcher. Er nahm hierauf an allen
Begebniſſen des langjährigen Interregnums weſentlichen Antheil, belagerte
und eroberte 1441 die Raubburg Hus (Gans), wurde 1446 an den
Hof Kaiſer Friedrichs IV. nach Wiener-Neuſtadt geſendet, entriß 1448
dem von Prag entflohenen päpſtlichen Legaten Carvajal die weggeführten

Compactaten bei Beneschau und focht dann an der Seite seines glaubens-
verwandten Freundes Georg von Poděbrad. Im Jahre 1450 gerieth
Přibik mit den benachbarten Baiern in eine Fehde, fiel mit 500 Mann
in Baiern ein, fing dort 600 Pferde und Rinder und brachte dieselben
glücklich auf seine Burg Klenau. Er belagerte damals auch die Veste
Bezdělau und wohnte vier Jahre später als Beisitzer dem versammelten
größeren Landesgerichte bei. Sein einziger Sohn Johann stritt unter
Böhmens großem Helden Johann Jiskra von Brandeis für Ladislaw
Posthumus in Ungarn, wurde jedoch 1448 gefangen und nur mit vieler
Mühe ausgelöst. Nach seiner Rückkehr ins Vaterland erkrankte er und
starb, indem er auch nur einen einzigen Sohn gleichen Namens hinterließ.
Der greise Přibik brachte dann seine letzten Lebenstage in Klenau zu, ohne
sich aber der Ruhe zu erfreuen. Es entstanden nämlich Mißverständnisse
zwischen ihm und König Georg von Poděbrad, in Folge deren er so sehr
in Aufregung gerieth, daß er alle seine Freunde gegen den König auf-
zuwiegeln begann und so die Hauptursache des zu Grünberg abgeschlossenen
katholischen Herrenbundes ward. Das Resultat seiner Bemühungen erlebte
er jedoch nicht, sondern beschloß zu Klenau 1465 den thatenreichen Er-
denlauf. Er wurde im klatauer Dominikaner-Kloster vor dem Hochaltar
an der Seite seines frühverblichenen Sohnes beigesetzt. Oftmals wechselte
nun Klenau seine Besitzer, kam an die Rozmital, Sternberg,
Polzic (den Namen eines Harant von Polzic, vielleicht desjenigen,
der seine Reise nach dem Orient beschrieb und als einer der 30 Direktoren nach der Schlacht auf dem weißen Berge enthauptet wurde, trägt
bei Klenau noch die Harantsmühle am Drosauer Bach), wieder an
die Klenau, dann an die Martinic, Waldstein, Salm, wieder
an die Sternberg, hierauf an die Morzin, Kranichstein,
Ottenhausen, Widersberg, Schmiedeln, Bredau, Balroe,
Hennigar, endlich an die Bürger Pokorný und Hübel. Die Burg
war indeß, da wenig auf sie verwendet wurde, allmälig eingegangen, ja
die zwei letzten Besitzer schritten in ihrem ökonomischen Eifer so weit, daß
sie die Steine derselben abbrachen und als Baumaterial an ihre Unterthanen verkauften. Als das Dominium später im Verkaufswege an den
Ritter von Eichenstadt gelangte, war die imposante malerische Burg
schon bedeutend eingerissen und durch hauswirthschaftliche Nebenbauten so
verunstaltet, daß der liberale Graf Eduard Stadion-Tannhausen
bei einem Besuche beschloß, sie um jeden Preis vor gänzlichem Verderben
zu retten. Er brachte sie käuflich an sich und ließ sie dann mit großem
Aufwande in herrlichen Stand setzen. Unfreundliche Familienverhältnisse
nöthigten ihn, sie an seinen Bruder Grafen Franz abzutreten, der sie
an Herrn Wenzel Beit verkaufte, unter dessen Schutze sie an Schönheit von Jahr zu Jahr gewann. Voll Ueberraschung staunt der Besucher,

wenn er den Schloßhof betritt. Links eine lange Reihe in edlem gothischen Styl aufgeführter einstöckiger Gebäude, rechts auf Felsengrund die
großartigen Trümmer der Hochburg, und inmitten ein Garten, durchkreuzt
von Sandwegen, bedeckt mit grünem Rasenteppich, bepflanzt mit Blumen,
Sträuchern und Gebüschen. Die südliche Gebäudereihe besteht aus drei
zusammenhängenden Haupttheilen. Der mittlere faßt eine ansehnliche
Bibliothek von etwa 8000 Bänden in sich. In dem dritten etwas höheren Haupttheile breitet sich rechts beim Eintritte in die Vorhalle der
durch vier große Fenster erleuchtete Speisesaal aus, dessen Wände auf
eine so täuschende Weise mit Oelfarben bemalt sind, daß man sich in
einem mit polirtem Holzgetäfel ausgelegten Rittersaale zu befinden glaubt,
welcher Wahn durch die an die Wand befestigten Wappenschilder der ehemaligen Besitzer Klenau's, kann durch die von Max verfertigten 12
Gypsfiguren böhmischer Regenten noch vermehrt wird. Der benachbarte
Gesellschaftssaal erhält seine Beleuchtung durch drei hohe Spitzbogenfenster
und hat eine von Nawrátil kunstvoll gemalte Holzverkleidung, die mit
16 in Goldgrund auf Blech von Hoffmann trefflich gemalten Portraits
geziert ist, welche Přemysl, Wojen, Neklan, Swatopluk, Wenzel den Heiligen, Boleslaw II., Jaromir, Břetislaw I., Otakar II., Karl IV., Hus,
Zizka von Trocnow, Georg von Poděbrad, Wladislaw II., Rudolph II.
und Albrecht von Waldstein darstellen. Dieser Theil des Schlosses bildete
ehemals die Vorburg von Klenau, welche morgenwärts im Halbkreise von
der Hochburg eingeschlossen wurde. Die Hochburg war mit mehreren
theils runden, theils viereckigen durch Gräben, Wälle und Basteien ver-
stärkten Thürmen versehen. Die Basteien sind nun mit den herrlichsten
Gartenanlagen bedeckt und anmuthige Sandwege schlängeln sich über die
Stellen, wo sonst kampfentglühte Schaaren den heranstürmenden Feind
erwarteten. An bezaubernden Aussichten, besonders nach dem Böhmerwalde hin, fehlt es in Klenau nicht, und es gibt dort des Merkwürdigen
überhaupt noch mehr; doch wenden wir uns zu Bystřic, das dort
auf der andern Seite zu unseren Füßen liegt, wo sich im Hintergrunde
der doppelt gezackte Osser und die Seewand empor thürmen!

Bystřic an der Angel ist zwar nur ein Dorf von etwa 60
Häusern mit 600 Einwohnern, gleichwohl verdient es unsere Beachtung.
Für's Erste befindet sich hier ein Filiale der Schulschwestern, die ihr
Mutterhaus zu Horažďowic haben und gegenwärtig in Böhmen, ja im
Kaiserstaate überhaupt eine so große Rolle zu spielen beginnen. Es liegt
am Tage, daß in Oesterreich der Unterricht und die Erziehung des weib-
lichen Geschlechtes noch bedeutender Nachhilfe bedarf; um desto inniger
wünschen wir, die Schulschwestern möchten der wichtigen Aufgabe genügen,
die sie übernommen haben. Für's Zweite ist hier an der Seite der alten
Burgen, die in der Gegend ragen, der Zeugen grauer Tage, ein ganz

neues jugendliches Schloß, ein Feenschloß wie durch Zaubermacht ersprossen. Es gehört mit seinem schönen Park der erlauchten Familie Hohenzollern-Sigmaringen und ist für die verwitwete Fürstin Katharina Wilhelmine, geborene Fürstin von Hohenlohe-Waldenburg-Schillingsfürst zum Witwensitz erkoren. Gar niedlich, fein und zart steht es da, in modern gothischer Gestaltung, uns einladend, daß wir von unserer Anhöhe hinab steigen und es betreten. Ein thurmartiges Thor führt in den Vorhof, der zugleich der Anfang des Parkes ist, indem er einerseits durch die Hauptfronte des Schlosses und ideale Flügelgebäude gebildet wird, andererseits bloß durch den freien Rasenplatz des Parkes und durch Bosquets und Baumgruppen sich abgränzt. Die in dem Empfangszimmer von rothen Damastwänden sich abhebenden, von bester Künstlerhand gefertigten Portraits versetzen uns mitten in den Kreis der hohen Familie. Linker Hand vom Empfangszimmer überrascht eine herrliche Hauskapelle, die unter andern einen Schuh Sr. Heiligkeit des Papstes aufbewahrt. Auf dieser Seite laufen kleine einheitlich dekorirte Salons, in deren einem mehrere Skulpturen die erhabenen Familienglieder wiedergeben. Rückwärts breitet sich ein großer Saal aus, dessen Licht- und Luftrotunde am Plafond darauf berechnet ist, den Schall der Musik von oben herab strömen zu lassen, wenn getanzt wird. Vom Empfangszimmer rechts läuft das Appartement für die Fürstin. Es beginnt mit einem Bibliothekszimmer, welches fremde und heimische Memoiren und belletristische Literatur aller Richtung darbietet. Neckend täuscht eine Reihe von Büchern an der Wand, die bloß Geschöpfe des Pinsels sind; statt einen Band zu ergreifen, erfaßt man eine Thür zu einem Seitengemach. Das Boudoir der Fürstin endlich, dieses mit den zartesten Dekorationen geschmückte liebliche Gemach, hat nebst anderen Vorzügen auch den frappirenden Reiz, nach oben durch einen vollständigen Spiegelplafond wiedergespiegelt zu werden. Kurz, Schloß Bystric umfaßt eine Menge von Sehenswürdigkeiten. Man bedauert nur eines, daß der heitere Witwensitz, der durch Aufwand und Geschmack bezaubert und in sinnigen Arrangements seines Gleichen sucht, verlassen bleibt. Die schon berührte Fürstin Katharina Wilhelmine trat nämlich, nachdem ihr erlauchter Gemal im Jahre 1853 das Zeitliche gesegnet hatte, in den Orden der Schwestern vom heiligen Herzen Jesu im Kloster zu Kienzheim. Vor beiläufig 2 Jahren übersiedelte Ihre Durchlaucht nach Rom. Von dem stillen Aufenthalte im Damenstifte auf dem Quirinal begab sich die fromme Fürstin in die Klausur des Franziskaner-Klosters di S. Ambrogio, erprobte ihren Beschluß durch ein strenges Noviciat und legte im Monate September 1858 die einfachen Ordensgelübde ab!

Ein kurzer halbstündiger Weg führt von Bystric in das deutsche Städtchen Neuern, das in Unter-Neuern, auch Stadtel am

Sand und in Ober-Neuern, auch Gränzstadtel, zerfällt. Hat man Neuern hinter sich, so erblickt man rechts auf waldigem Bergesvorsprung die bereits ganz verfallene Ruine Bajrek. Ein Ritter in Baiern wurde, wie es heißt, unschuldiger Weise geächtet, seiner Güter beraubt und rettete sich mit den Seinigen mühevoll über das Gebirge nach Böhmen, wo er an der Ecke des Böhmerwaldes eine Burg erbaute. Die hiesigen Bewohner, denen er seinen Namen nie entdeckte, nannten ihn nur den „Baier an der Ecke" und nach seinem Tode die Burg „Baiereck",

Bajrek.

die neuen, unter dem Berge sich festsetzenden Ansiedler aber „Neuerer", woher der Name „Neuern" rühren soll. Eine andere Angabe berichtet, Bajrek sei von den Baiern als Gränzfeste gegen die Böhmen aufgebaut worden und die Baiern hätten es auch lange Zeit besessen, woher der Name „die bairische Ecke" oder „Baiereck" entstanden sei. Mit Gewißheit ist nur bekannt, daß die Burg im 16. Jahrhunderte dem Heinrich Bajrek von Janowic gehörte und im dreißigjährigen Kriege von den bis hieher vorgedrungenen Schweden niedergebrannt und zerstört ward.

Als Ruine wurde die Burg der Herrschaft Byſtřic einverleibt und kam in die Hände verſchiedener Käufer. Seit undenklichen Zeiten geht die Sage, in Bajrek liege ein großer Schatz in einer eiſernen Truhe, die jedoch ein ſchwarzer Höllenhund bewache. Im Jahre 1805 entſchloß ſich eine Geſellſchaft von Waghälſen, dem Schatze in den Burgtrümmern nach=zuſpüren. An dem beſtimmten Abend, obwohl er ſtürmiſch war, fanden ſich vierzehn an der Zahl ein, feſt gewillt, beim Anbruch der Mitter=nachtsſtunde die Beſchwörungsformeln in Anwendung zu bringen. Allein im entſcheidenden Momente wurden Alle von ſolchem Entſetzen befallen, daß ſie in haſtiger Eile über Hals und Kopf davon liefen, ohne ſich nur umzuſehen und nicht eher Raſt machten, als bis ſie in ihren Wohnungen angelangt waren; einer von ihnen ſoll ſogar von dem Schrecken in we=nigen Tagen geſtorben ſein. Die meiſten der geängſtigten Schatzheber verſicherten, den wilden Jäger ſammt ſeinem Höllenheere gehört und ge=ſehen zu haben. Eine andere Sage meldet, die verzauberten Schlüſſel zu der Schatztruhe Bajreks ſeien in dem Schlunde des 26 Klafter tiefen Brunnens von Klenau verborgen. Uebrigens wird es kaum zu erwähnen nöthig ſein, daß man von Bajrek gleichfalls mit wahrem Seelenver=gnügen den Blick meilenweit über das Angelthal bis über Klatau hinaus ſchweifen laſſen kann.

Der Weg leitet nun weiter bis nach G r ü n. Wer aber den rieſigen O ſ ſ e r zu beſteigen Luſt hat, der lenkt vor Grün vom Fahrwege zu Fuß ab, geht die Angel, indem er H a m m e r rechts liegen läßt, hinauf bis zur P e t e r m ü h l e, wo der Oſſerbach einmündet, und ſchreitet, von dieſem geführt, hinan bis zu den O ſ ſ e r h ü t t e n, wo er leicht einen Führer bis auf die oberſte Höhe bekommen kann. Die Oſſerhütten beſtehen aus einer Glasfabrik mit den dazu gehörigen Gebäuden; denn von Byſtřic an, bei dem ſich eine Spiegelſchleife befindet, eigentlich ſchon von Tauß an, be=ginnt jene lange Reihe von Glasfabriken, die ſich den ganzen Böhmer=wald hinzieht. Am Oſſergebirge beginnen auch die Anſiedelungen der ſogenannten küniſchen oder königlichen Freibauern, die wir an einem andern Orte beſprechen werden. Da ſich jedoch die Oſſerausſicht von der, die man von der S e e w a n d, dem Ziele unſerer Reiſe, genießt, nicht ſehr unterſcheidet und wir noch öfters Gelegenheit haben werden, Glasfabriken kennen zu lernen, ſo verfolgen wir den Weg weiter nach Grün. Dorf G r ü n verdient ſeinen Namen, da es in dem friſcheſten, ſaftigſten Wieſen= und Waldgrün liegt. Der Weg wird immer ſchöner und romantiſcher, alles nimmt allmälig den Alpentypus an. Die Häuſer haben niedrige mit Steinen belaſtete Dächer; vor ihnen ſtehen Tröge, die das Waſſer der Brünnlein auffangen; das Glockengeläute der Herden ſchallt von den Triften; am Wege fordern Heiligen= und Gnadenbilder, die ſich theils auf Säulen in verſchloſſenem Raum befinden, theils an Bäumen hangen,

zur Andacht auf. Ein Gebrauch der hiesigen Bewohner verdient besonders
Erwähnung. Wenn Jemand stirbt, so wird er auf ein Bret gelegt, und
ist er bestattet, so wird das Leichenbret oben spitz zugehauen, angestrichen,
mit einer Aufschrift versehen, die um ein Vaterunser für den Verstorbenen
bittet, und mit dem untern breiten Ende am Wege aufgestellt. So erreicht man endlich, fort bergauf und immer höher und höher fahrend
oder lieber gehend, Eisenstraß mit seinem einsamen Kirchlein. Hier
aber scheint das Ende der Welt zu sein, jeder Fahrweg hört auf, nur die
eigenen Füße können den Reisenden weiter schaffen. Doch schon winkt
dort das Ziel an der Lehne des Waldgebirges! Man muß zuvor hinunter
in die Tiefe, wo die Angel bei einer Bretsägemühle dahin rauscht, auf
einem Stege über die Angel hinüber, dann wieder hinan, und man betritt
endlich die Wohnung des Seeförsters. Wenn die Freundlichkeit und
Dienstfertigkeit der Böhmerwald-Bewohner überhaupt rühmenswerth ist,
so gebührt hierin dem Jagdpersonale besonderes Lob. Ueberall und jederzeit kann man sich vertrauensvoll an den Weidmann wenden. Dies ist
in jenen Gegenden für den Reisenden, zumal für den, welcher sich auf
minder besuchten Pfaden herum treibt, von unendlichem Werthe, da er
bald einen Rathgeber, bald einen Wegweiser, bald Herberge oder wenigstens Labung bedarf. Auch bei dem Seeförster, Herrn Aschenbrenner
mit Namen, findet man die beste Aufnahme und fühlt sich in dem trau-
lichen Kreise seiner Familie bald heimisch. Alles in der natürlich nicht
umfangreichen Behausung ist sauber und nett, die Kost einfach, aber
schmackhaft und stärkend. Einen leckeren Artikel bilden die Forellen,
woran der schwarze See reich ist. Da läßt sich, im Schoße und am
Herzen einer herrlichen Wald- und Berg-Natur, selbst mehrere Tage
hindurch ein erquickliches Stillleben führen. Indessen geht es beim Seeförster auch lebhaft zu; denn es werden aus der ganzen Umgegend nicht
selten ganze Partien zu ihm unternommen und an Sonn- und Feiertagen
versammeln sich die nächsten Nachbarn, um bei ihm Butterbrod und Bier
zu genießen und sich auf der Kegelbahn zu belustigen, wobei allerlei Lieder
gesungen werden. Wer nun bei dem Seeförster nicht übernachten und
des Abends in Eisenstein sein will, der muß eilen, um früher noch
den schwarzen See zu sehen; doch rathen wir jedem, dort die Nacht,
wenngleich bei größerer Gesellschaft nur auf dem Heuboden, zuzubringen
und des andern Tages mit der Besichtigung des Sees die Besteigung
der Seewand zu verbinden.

Der schwarze See (S. 127) heißt auch der byftricer oder eisenstraßer von den schon genannten Ortschaften, auch wohl der desenicer,
von dem benachbarten Dorfe Desenic, wo sich ein renommirtes Brauhaus
befindet, dessen Produkt weit und breit versendet wird. Der Pfad zu
dem von des Seeförsters Wohnung eine Stunde entfernten See führt

immer bergauf durch Wiesen an mehreren Hütten vorbei, dann durch den
Hochwald, wo man sich an den saftigsten Himbeeren letzen kann, bis man
das aus dem See kommende und in die Angel eilende Bächlein rauschen
hört, das einen hübschen Wasserfall macht. An dem Silberfaden des
Bächleins geht es nun noch eine Strecke weiter, endlich, indem man durch
dichtes Laubgehölz dringt, liegt das tiefverborgene Geheimniß entschleiert
vor den überraschten Blicken. Der See hat nur geringen Umfang, etwa
den von ³/₄ Stunden, doch übt er einen eigenthümlichen Eindruck aus.
Seine Farbe ist dunkel, daher sein Name „schwarzer See“. Hochwald
schließt ihn ringsumher ein, indem sich in seinem Hintergrunde die stellenweise mit Bäumen bewachsene, echoreiche, gegen 100 Klaftern hohe S e e -
w a n d senkrecht zum Himmel erhebt. (S. 123.) Still und schweigsam liegt
er da, kein Nachen führt über ihn, keine menschliche Wohnung erhebt sich
an seinem Ufer. Dies ist der Charakter der Böhmerwaldseen überhaupt.
Heilige Schauer erfüllen das Herz, bis es sich allmälig erholt und in
sanfte Elegie auflöst. Aber wer sich unten am See beklemmt fühlt, der
gehe an seinem rechten mit Ruhesitzen versehenen Ufer dahin und ersteige
die S e e w a n d, auf deren Höhe er in zwei Stunden wohl anlangen
kann und seine Brust, den Balsam frischer Luft schlürfend, wird sich
unendlich erweitern, indem sein entzücktes Auge auf der einen Seite sich
in Böhmen verliert, nach der andern hin auf der bairischen Hochebene
umherschweift.

III.

Böhmisch-Eisenstein.

Vom Seeförster kann man, wie gesagt, nur zu Fuß nach E i s e n s t e i n
gelangen, aber der zwei Stunden lange Weg ist nicht beschwerlich und
äußerst angenehm. Rechts bleibt der Nachbar des schwarzen Sees, der
T e u f e l s s e e, von ähnlicher Natur wie jener, indem an ihm die Südseite der Seewand, wie dort die Nordseite, gleichfalls gegen 100 Klaftern
hoch emporsteigt und er übrigens still und einsam im Schoße dichten
Waldes liegt. Es gehen allerlei schaurige Sagen von ihm. Der Weg
leitet zwischen dem S p i t z b e r g rechter und dem P a n z e r b e r g linker
Hand, bis sich der Hochwald lichtet und man über Wiesen in ein herrliches
Thal hinab wandert. Es wird von der nach Baiern führenden Haupt-

straße durchschnitten und von dem zum Stromgebiete der Donau gehörenden Flusse Regen bewässert, der sich hier aus zwei Bächen, dem Regenbache und dem Eisenbache, bildet.

In diesem Thale liegt der Markt Böhmisch-Eisenstein mit seinem Hundert größtentheils zerstreuter Häuser. Der Name des Marktes

Eisensteiner Kirche.

rührt daher, weil da im 16. Jahrhunderte ein Eisenbergwerk mit Hammer bestand. Von äußerst auffallender Gestalt, die nicht leicht anderswo vorkommen mag, ist die Kirche. Sie ist in der Form eines Sternes gebaut, sehr niedrig und wird von einer ungeheueren Kuppel bedeckt, so daß sich diese wie ein Riesenkopf auf einem Zwergleibe ausnimmt. Das

Innere befriedigt durch den Eindruck sorgsamster Reinlichkeit. Es umfaßt die Grabstätten der adeligen Familie Haffenbrädl, die in der Geschichte Eisensteins merkwürdig ist. Der Anherr Johann Georg nämlich soll als neugeborenes Kind auf dem Brete eines Hafens, wie ihn die Bewohner jener Gegend zum Wasserwärmen in die Wand einzumauern pflegen, gefunden worden sein, ohne daß man wußte, wem das Kind gehöre. Von dem Hafenbret erhielt der unbekannte Findling seinen Namen. Er wuchs gesund auf, arbeitete fleißig, schwang sich zum Glashüttenmeister empor, und da er gute Geschäfte machte, kaufte er 1771 das Gut Eisenstein, worauf seine Familie sogar geadelt wurde. Nicht uninteressant ist die Inschrift auf dem Grabsteine seiner 1775 verblichenen Schwiegertochter Maria:

> Wann das Rauchwerk in die Höch will,
> Muß es nicht das Feuer achten;
> So muß die Tugend auch leiden viell,
> Und sich gar zum Opfer schlachten,
> Wann will selbe kommen zu dem Zihl,
> Zu welchem sie solle trachten.

Man verabsäume nicht, den gleich beim Markte liegenden, gar nicht hohen Kalvarienberg zu besteigen, zu dessen oberstem mit einer Kapelle gezierten Punkte Stationsbilder führen, welche das Leiden Christi darstellen. Da überschaut man der Länge nach das ganze Thal, das sich an Schönheit mit einem Alpenthale zu messen vermag. Hinter Böhmisch-Eisenstein erblickt man Elisenthal, eine der vorzüglichsten Spiegelfabriken Böhmens, deren Besitzer, Herr Ziegler, im Jahre 1858 von dem Vereine zur Ermunterung des Gewerbsgeistes in Böhmen mit der goldenen Medaille ausgezeichnet wurde. Hinter Elisenthal beginnt bereits Baiern und es mündet in die früher genannten vereinigten zwei Bäche der jenseits der Landesgränze entspringende Büchel- oder Bucherbach. Noch tiefer im Thale zur rechten Hand erhebt sich aus grünem Walde die Thurmspitze von Bairisch-Eisenstein. Aber indem das Auge immer weiter in den walderfüllten Hintergrund dringt, sieht es im äußersten Hintergrunde den kahlhäuptigen mit vier Zacken, wie mit einer Königskrone, geschmückten Arber (S. 47), des Böhmerwaldes größten, höchsten Riesen, an dessen Fuße die Arberhütten mit einer Glasfabrik und zwei Seen gelegen sind, majestätisch in die Lüfte ragen. Das ist ein Bild, an dem man sich kaum sättigen kann! Lenkt man nun den Blick links von dem eisensteiner Thale, so gewahrt man auf einer Anhöhe, noch auf böhmischem Boden, das Dorf Deffernik, ebenfalls mit einer Glashütte, von welcher ein Fahrweg abwärts zu einer anderen Glashütte, Ferdinandsthal, geht, wo sich ein k. k. Gränzzollamt befindet. Allein das Auge, das schon so viel Schönes und Großartiges genossen, will in seiner erregten Lüsternheit noch mehr davon entdecken, und wirklich zeigt sich in der fernsten Ferne der Rachel, der gleichfalls zu den Giganten des Böhmerwaldes gehört.

Böhmisch-Eisenstein verdient, daß man wenigstens zwei Tage dort verweile, theils um sich in dem wundervollen Thale zu ergehen und die Ziegler'sche Spiegelfabrik zu besichtigen, theils um der Fernsicht vom Arber, die schon im ersten Theil beschrieben wurde, durch die zwar 3—4 Stunden erfordernde, aber ganz gefahrlose Ersteigung desselben zu erobern. Im Gasthause des Bürgermeisters von Eisenstein, Herrn Fuchs, wird man sich vollkommen zufrieden gestellt fühlen. Wer mit seiner Zeit nicht zu geizen braucht, dem rathen wir, einen Ausflug nach der Rusl in Baiern zu unternehmen, der zu Wagen zwei Tage in Anspruch nimmt. Der Weg geht über Deffernik und Ferdinandsthal nach dem bairischen Markt Zwiesel. Dieser liegt am Zusammenflusse des großen und kleinen Regen, ist wohlgebaut und zählt etwa 1500 gewerbfleißige Einwohner. Er gehörte anfangs zum Kloster Rinchnach und verdankt seinen Ursprung den Mönchen desselben, die dort die Goldwäscherei ein- führten. In Folge eines Privilegiums des Kaisers Ludwig vom Jahre 1342 zahlte der Markt keine Steuern. Später wurde er der Gegenstand eines langjährigen Zwistes zwischen dem Kloster Nieder-Altaich und den Herren von Degenberg, die sich allmälig alle Rechte und Güter der Probstei Rinchnach zueigneten. Im Jahre 1468 eroberte die Mannschaft Herzog Albrechts den Ort und brannte ihn nieder. Im Jahre 1633 legten ihn die Schweden in Asche. Im Jahre 1743 sollen die Ungarn in der Gegend eine große Kontribution erhoben haben. Jetzt ist die Um- gegend von Zwiesel ein Eldorado der Glasmacherkunst. Die bedeutendsten Glasfabriken Baierns: zu Theresienhain, Ober-Zwieselau, Ludwigstein, Frauenau, Rabenstein liegen hier im Umkreise von wenigen Meilen beisammen. Von Zwiesel läuft die Straße nach dem Markt Regen, auf der sich links in einer Entfernung von etwa 1½ Stunden die Ruinen der Burg Weißenstein malerisch präsentiren. Regen hat ein alterthümliches Aussehen, besonders der öffentliche Platz daselbst, obwohl er eben keine merkwürdigen Gebäude aufweisen kann. An der hochgelegenen Pfarrkirche erhielten sich einige Ueberreste aus dem 12. und 13. Jahrhunderte. Auch finden sich da die Grabstätten mehrerer abeligen Familien. Der Platz um die Kirche ist der höchste und nimmt sich am besten auf der Brücke aus. Es werden zu Regen starke Vieh- märkte gehalten. Die Zahl der Einwohner beträgt an 1150. Die Ge- schichte des Ortes ist noch nicht vollständig erforscht; man weiß bloß, daß ihn die Pröbste von Rinchnach gründeten. Im Jahre 1270 trat der Abt von Nieder-Altaich, Namens Hermann, seine Besitzung zu Regen

an den Herzog von Nieder=Baiern, Heinrich, ab, der hierauf den Ort
erweiterte. Das alte Gedenkbuch von 1276 nennt Regen bereits einen
Markt und als Markt gehörte es lange Zeit zu den fürstlichen Kammer-
gütern. Die Herzoge Heinrich (1335) und Albrecht (1448) vermehrten die
Privilegien Regens. Im Schwedenkriege wurde der Ort drei Mal (1635,
1641 und 1648) in Asche gelegt und litt auch in neuerer Zeit mehrmals
durch Feuer. Von Regen kommt man an Langenbruck, an dem in
einem wunderlieblichen Thale liegenden Gute Schloßau und an ver-
einzelten Mühlen vorbei, bis man endlich, eine Stunde bergan fahrend,
das Gasthaus auf der Rusl erreicht. Das Gasthaus ist nach
Schweizerart ganz aus Holz, wie die Gebäude in der Gegend überhaupt.
Man findet hier nicht die Pracht der neumodischen Hotels, doch eine er-
quicklich idyllische Unterkunft. Schon aus den oberen Fenstern des Gast-
hauses ist die Aussicht auf das Donauthal schön. Ein weit größeres und
schöneres Panorama eröffnet sich vom Gipfel des Berges Hauenstein,
der sich südlich erhebt. Ein Waldpfad führt in einer halben Stunde
dahin. Aus dem Schatten des Waldes erhebt sich da ein mächtiger
Felsen, und wie durch Zauberschlag fühlt man sich auf einen der herrlichsten Aussichtspunkte Deutschlands versetzt. Auf dem Felsen befindet
sich eine steinerne Säule mit der Inschrift: „Zur Erinnerung an die
Anwesenheit Ihrer königl. Majestäten Maximilians II. und
Mariens am 11. Juli 1849". Indem man gegen 2000 Fuß über
der Wasserfläche der Donau steht, überblickt man einen ungeheueren Raum
von Regensburg bis zu den Höhenzügen des Flusses Inn. Wie ein
Teppich breitet sich rings das Land aus, durchwebt von den Silberstreifen
der Donau und Isar; die hochgelegene Burg Trausnitz bei Landshut,
einst die Residenz der Herzoge von Baiern, Landau am Ufer der Isar,
Straubing mit seinen Thürmen, wo die unglückliche Agnes Bernauer
von der Donaubrücke hinab gestürzt und Frauenhofer geboren ward, — an
100 Städtchen, Flecken, Dörfer und Schlösser zeigen sich dem staunenden
Blicke, als ob sie auf den grünen Gauen ausgesäet wären. Mit einem
guten Fernrohr kann man sich hier ganze Tage unterhalten. Malerische
Ausläufer bewaldeter Berge machen den Vordergrund dieses reichhaltigen
Bildes, dessen Reiz durch den Spiegelglanz der Donau und Isar erhöht
wird. In weiter Ferne aber steigt das Land immer mehr empor, bis
sich im fernsten Hintergrunde der blaue Gürtel der himmelstürmenden
Alpen enthüllt. Bei heiterem Wetter sind die Salzburger Alpen so
sichtbar, daß man die Festung Hohen=Salzburg auch ohne Fernrohr
zu erkennen vermag.

Böhmisch=Eisenstein wurde erst 1713 wieder österreichisch, nachdem
es 150 Jahre von Baiern usurpirt worden war. Es ist nicht bloß durch
die Glasindustrie wichtig, die jetzt in seiner Umgebung blüht, sondern be-

ſitzt auch hiſtoriſche Merkwürdigkeit. Wir ſagten ſchon, daß ſich durch
das eiſenſteiner Thal die Straße von Böhmen nach Baiern ziehe. Sie
dreht ſich um den Arber, den ſie rechts läßt, indem ſie einen natürlichen
Paß benützt. Wir erzählten auch von dem Einbruche, den Kaiſer Heinrich III. im Jahre 1040 durch das Thor zwiſchen dem Cerchow und
Oſſer verſuchte, wo er aber von Herzog Břetiſlaw I. bei Neumarkt aufs
Haupt geſchlagen ward. Schon im nächſten Jahre 1041 ſtanden jedoch
wieder zwei deutſche Heere an Böhmens Gränzen, eines beim Erzgebirge,
ein anderes beim Böhmerwald. Im Norden ließ ſich der Zupan Prkoš,
der über die Mährer und drei ungariſche Hilfsſchaaren gebot, durch ſäch-
ſiſches Gold gewinnen und ſetzte den Feinden einen nur ſcheinbaren Wi-
derſtand entgegen. Im Böhmerwalde rückte Heinrichs Heer ſüdlicher
als vordem über die dort ſchwach beſetzte Gränze und drang ohne Verluſt
in das Innere des Landes, indem es die feſten Stellungen der Böhmen
umging. Břetiſlaw, auf zwei Seiten wider Vermuthen gedrängt,
mußte nun, ſo tapfer er focht, der überlegenen Macht weichen. Heinrich
ſpielte den Krieg auf das rechte Moldauufer, das vermuthlich weniger
geſchützt war, und ſtand in 24 Tagen am 8. September vor Prag, wo
jedoch der Friede zwiſchen den beiden Herrſchern durch Břetiſlaw's Ge=
malin, die ſchöne Jutta, vermittelt wurde. Karl Egon Ebert hat
dieſe Begebenheit auf höchſt intereſſante, ſinnige und ergreifende Weiſe in
dem Drama „Břetiſlaw und Jutta" dargeſtellt. Wenn Heinrich
diesmal ſüdlicher als vorher im Böhmerwalde eingedrungen war, ſo
geſchah es wohl nirgend anderswo, als durch den natürlichen Paß bei
Eiſenſtein, denn von hier bis zu ſeiner früheren Einbruchsſtation im
Norden thürmen ſich die Seewand und der Oſſer und weiter gegen
Süden nicht minder ſchwer zu überſteigende Berge als Bollwerke des
Landes empor. Durch den eiſenſteiner Paß ging damals freilich keine
Straße wie jetzt, er war vielmehr von dichtem Urwald bedeckt, allein
Heinrich wurde von dem Eremiten, dem heiligen Günther, geführt,
der mehr als 30 Jahre ſeines Lebens im Böhmerwalde zugebracht, alle
Schluchten deſſelben kennen gelernt, ſelbſt an einigen Orten Stege und
Wege angelegt und dem deutſchen Heere ſchon bei dem erſten Kriegszuge
erſprießliche Dienſte geleiſtet hatte. Stt. Günthers Aufenthaltsort iſt das
nächſte Ziel unſerer Reiſe.

IV.

Gutwasser am Skt. Günthersfelsen.

Von Eisenstein zieht sich die Fahrstraße durch etwas einförmige Waldgegenden zwischen den Gerichten der königlichen Freibauern,
vorbei an der Pampferglashütte, der mehr seitwärts bleibenden
Gerlglashütte, der renommirten Spiegelfabrik Neu-Hurkenthal
und den Höfen und Häusern von Glaserwald, zwei Meilen lang nach
Gutwasser am Skt. Günthersfelsen dahin, der schon von weitem
sichtbar wird.

Gutwasser, mit dem bei Breznic und bei Budweis nicht zu
verwechseln, ist nur ein Dorf von 10 Häusern, doch sind die Häuser aus
Stein gebaut. Auch hat es eine dem heiligen Günther geweihte Pfarrkirche. Die sehr starke und reine Quelle, die hier im Granit entspringt,
besaß früher den Ruf eines Heilbades; jetzt hat sich zwar der Glaube
an die Heilkraft gemindert, doch wird der Ort noch immer von Bade-
gästen aus der Nachbarschaft besucht. Das Gasthaus des Herrn Jindra
ist sehr zu empfehlen und wohl geeignet, daß man es zum stabilen
Centrum der mannigfaltigen Ausflüge wähle, die wir bezeichnen werden.
Von Gutwasser ist es gar nicht weit zum Skt. Günthersfelsen
hinan. Hier lebte im 11. Jahrhunderte Skt. Guntherus, durch
Charakter hervorragend gleich dem Felsen selbst, aber in nebliges Geheimniß gehüllt, gleich dem Böhmerwald. Er soll ein thüringischer Landgraf gewesen sein, herstammend von königlichem Geschlecht, blutsverwandt
mit König Stephan dem Heiligen von Ungarn. Nachdem er, berichtet
die Legende von ihm, die Vergänglichkeit des Lebens sich zu Gemüthe
geführt und die Fehler seiner in Welteitelkeit zugebrachten Jugend be-
herzigt hatte, begab er sich in den Orden der Benediktiner, wo er durch
die Unterweisung des heiligen Abtes Gotthart zu Nieder-Altaich im Geist
dermaßen zunahm, daß er in kurzem zu großer Lebensheiligkeit gelangte,
allen seinen Brüdern an Tugend und strenger Bußfertigkeit voran leuch-
tend. Als dies König Stephan erfuhr, verlangte er Günther kennen zu
lernen und ließ ihn durch besondere Abgesandte zu sich nach Ungarn laden.
Günther jedoch, der alle weltliche Ehre zu vermeiden trachtete, sträubte
sich, bis sein Vorsteher selbst ihm auferlegte, sich dahin zu begeben. Gleichwohl verweilte er nicht lange an König Stephans Hofe, sondern verbarg

sich im bairischen Walde zu Rinchnach, wo er mit einigen seiner Brüder, die er von Nieder-Altaich mitgenommen, in großer Armuth und Leibesabtödtung lebte und dem heiligen Johann dem Täufer zu Ehren ein Kirchlein erbaute. Als die Heiligkeit seines Wandels auch hier ruchbar wurde, floh er in den Böhmerwald und hatte anfangs seine Einsiedelei

Skt. Günthereskapelle.

unweit von Břežnic an dem Orte, der jetzt gleichfalls Gutwasser heißt, später bezog er einen Berg bei Burg Rabi, auf dem sich noch eine zu Ehren aller Heiligen erbaute, obwohl schon verfallene Kapelle befindet. Allein auch hier blieb der Glanz seiner Heiligkeit nicht lange verborgen. Es kamen seine Ordensbrüder aus Břewnow, dem heutigen Skt. Margarethenkloster bei Prag, und baten ihn, das Amt eines Abtes in ihrem Kloster anzunehmen. Um solcher Auszeichnung zu entgehen, flüchtete der bußfertige, demuthsvolle Günther in den dichtesten Wald, in die einsamste Wildniß oberhalb des heutigen Hartmanic, auf einen luftigen Felsen, aus dem ein Brünnlein entsprang. Und hier auf dem Skt. Günthersfelsen, bei dem Brünnlein, von welchem unser Gutwasser bei Hartmanic den Namen erhielt, verbrachte der eigenthümliche Mann die übrige Zeit seines Daseins. Wie er zwei Mal der Schutzgeist Kaiser Heinrichs III. war, wurde schon erzählt. Daß er Herzog Břetislaws I. Taufpathe gewesen, wird zwar allgemein behauptet, unterliegt jedoch gegründeten Zweifeln. Am Schlusse seiner Tage aber führte ihn der Himmel mit dem Herzog zusammen. Břetislaw jagte einst in jenen Waldbezirken. Da stand ein gewaltiger Hirsch vor ihm auf, und als ihn der Herzog mit seinen Dienern verfolgte, stieß er auf Günthers Einsiedelei. Der Herzog bat den schönen, grauen Greis ehrfurchtsvoll, er möchte die unwirthbare Wildniß verlassen und zur besseren Bequemlichkeit an seinen Hof ziehen. Guntherus aber weigerte sich liebreich und antwortete: „Es ist nunmehr an dem, daß meine Seele aus dem sterblichen Leibe wandern soll. Darum geht mein einziges Verlangen dahin, Du wollest morgen zeitlich in der Frühe mit dem Bischof Severus bei mir erscheinen, denn um drei Uhr ist die Stunde meiner Abreise aus dieser Welt. Meinen Leichnam lasse in das Kloster Břewnow führen und alldort begraben." So geschah es. Břetislaw kam mit dem Bischof, welcher auf des Eremiten Altärlein die heilige Messe las, ihn mit dem hochwürdigsten Gute stärkte und ihm die letzte Oelung ertheilte, worauf Günther zur genannten Stunde am 9 Oktober 1045 im 90. Jahre seines Lebens ruhig verschied. Der Leichnam gab einen so angenehmen Geruch von sich, daß alle Anwesende nicht in einer Einöde, sondern in einem Himmelsgarten zu sein wähnten. Derselbe wurde mit den größten Ehren unter allgemeinem Zuströmen des Volkes nach dem Kloster Břewnow bei Prag geschafft und nach des Verklärten Wunsche daselbst beigesetzt. Skt. Günthers Einsiedelei scheint in der Folge von mehreren frommen Männern als Aufenthaltsort für ein zurückgezogenes, selbstbeschauliches Leben gewählt worden zu sein. Im Anfange des 17. Jahrhunderts lebte hier ein Graf Cejka von Olbramowic. An der Stelle der Einsiedelei knapp unter dem Felsen steht nun eine Kapelle; weiter unten in dem Dorfe Gutwasser wölbt sich eine zweite über dem hervorquellenden Brünnlein, dem man bald besondere Heilkräfte zuschrieb. Der Felsen ist das ersehnte Ziel häufiger und zahlreicher Wallfahrten von deutschen und slawischen Böhmen. Rührend, ja ergreifend ist es, die Pilger schaarenweise sich zum Felsen hinan drängen zu sehen und ihre andächtigen Gesänge weit hinaus in die Lüfte erschallen zu hören!

Doch wie entzückend, wie unbeschreiblich schön ist die Aussicht von dem Stt. Günthersfelsen! Liegt schon das Dorf Gutwasser an 2800 Fuß über der Meeresfläche, so erhebt sich der Stt. Günthersfelsen noch um einige hundert Fuß höher, den Riesenhöhen des Böhmerwaldes nahe kommend. Im Süden und Westen wird die Aussicht durch das stuben- bacher Gebirge begränzt, so daß man den dahinter ragenden Rachel

Stubenbacher Weg.

und Lusen nicht wahrnehmen kann; aber man erblickt nebst mehreren zer- streuten Höfen das Dorf Stubenbach, wo sich ein fürstl. Schwarzen- berg'sches Forstamt befindet und in dessen Nachbarschaft der Laka- und der stubenbacher See liegen, und reizend windet sich der Kiesling- bach durch die saftig grünen Auen (S. 35). Dagegen schweift das Auge gegen Norden und Osten über Gutwasser und tiefer unten über ein

wahrhaftes Meer mannigfaltig gruppirter Berge und Hügel, aus dem überall
Dörfchen, Gütchen und Städtchen hervor schauen, schrankenlos umher,
vom Erzgebirge zum rozmitaler Gebirge und weit in den taborer und
budweiser Kreis (S. 39). Der Stoff zur Schilderung schwillt uns hier unter
den Händen so mächtig an, daß wir genöthigt sind, ihn in mehrere kleinere
Abschnitte zu theilen. Indem wir die ehemalige Goldgewinnung, zu deren
Besprechung uns die nahe fließende Wotawa mit ihren vielen noch sichtbaren Seifenhügeln und die Bergstädte Berg- und Unter-Reichenstein einladen, nicht berühren, da sie schon besprochen wurde, wollen wir zuerst
von der schwunghaften **Ausbeutung des Holzreichthums**, dann
von den **königlichen Freibauern** handeln und zuletzt die interessanten
Ausflüge angeben, die von Gutwasser aus nach allen Richtungen
unternommen werden können.

Ausbeutung des Holzreichthums.

Wir bekamen bereits einen Begriff, wie blühend die Glasindustrie
im Böhmerwalde sei; ohne dessen Holz könnte dieser Industriezweig dort
nicht gedeihen. Böhmerwaldholz spielt nicht nur in unserem Lande überhaupt eine wichtige Rolle, so daß uns fast jedes Zündhölzchen, dessen
wir uns bedienen, an den Böhmerwald erinnert, es ist auch für die
Hauptstadt des Kaiserreiches, Wien, unentbehrlich und in dem letzten Kriege
gegen Rußland wurde es über Hamburg nach der Krimm geschafft, um
dort verwendet zu werden. Ueber Stubenbach hinaus bis nach Baiern
breiten sich meilenweite Waldistrikte aus, wo es beinahe keine andere
menschliche Wohnungen als Holzhauerhütten gibt, die theils zerstreut, theils
gruppenweise bei einander liegen. Gar mühsam und gefährlich ist das
Geschäft eines Holzhauers. Er kommt oft die ganze Woche nicht in seine
Hütte zurück, sondern baut sich an der Stelle, wo er eben Holz zu fällen
hat, mit seinen Kameraden eine Bude, um da übernachten und dem
Sturm und Wetter trotzen zu können. Hier bereitet er sich auch sein
bischen Essen selbst, oder er läßt es sich von Weib und Kindern zutragen.
Dafür thut er sich an Sonn- und Feiertagen in dem Kreise der Seinigen
ein Gutes. Aber wie so manchmal kehrt er als beschädigter Krüppel
wieder oder kommt wohl gar nicht mehr, wenn ihn ein Baum im Sturze
mit seiner Centnerwucht erschlug! Mit dem Fällen der Bäume jedoch ist
die Sache nicht abgethan; die riesigen Stämme vom Gebirge herabzu-
schaffen, ist oft durchaus unmöglich. Tausende von Windbrüchen bleiben
liegen und verwesen, weil man sie nicht fortbringen kann. Die Stämme
werden daher in Klötze zersägt, die Klötze zu Scheiten gespalten und die
Scheite zu Klaftern geschlichtet. Indessen würde dies auch nicht helfen,

da es bei der Abschüssigkeit der Höhen nur wenige Wege gibt, auf denen das Holz in Wagen mit Zugvieh fortgefahren werden kann. Man wartet daher, bis der Winter heran gerückt ist und der gefallene Schnee eine feste Schlittenbahn gewährt. Zu dieser Zeit herrscht in dem gebirgigen Böhmerwalde, im Gegensatze zu dem Flachlande, das regste, thätigste Leben. Tausende sind dann beschäftigt, um mit ihren Schlitten zu den Stellen zu gelangen, wo das Scheitholz zu Klaftern geschlichtet liegt, und es an die erstarrten Waldbäche zu schaffen. Der als ein Werkzeug von größter Wichtigkeit mit Sorgfalt äußerst haltbar gebaute Schlitten ist

Holzhauerhütte.

mit einem Gestell versehen und hat vorn stark einwärts gekrümmte Kufen. Auf das Gestell wird der mit einer Kette umwundene Haufen von Scheiten gelegt und mittelst eines Strickes befestigt, der von der Kette zum Querband zwischen den Kufen reicht. Um die Schnelligkeit des Schlittens beim Abwärtsfahren zu mindern, gebraucht man ein Gegengewicht, indem man an den ersten Haufen von Scheiten einen gleichfalls von der Kette um= wundenen zweiten hängt, der nachgeschleppt wird. Zwischen die Kufen stellt sich nun der Schlittenführer und zieht, indem er die gekrümmten Enden der Kufen mit den Händen erfaßt, den Schlitten hinter sich. Geht

es abwärts, so lehnt er sich mit dem Rücken an den Holzhaufen zurück
und stemmt die starken Absätze in den Boden; um aber, wo es nöthig
ist, den Schlitten noch mehr aufzuhalten, ergreift er die an die rechte
Kufe mit einem Eisenband befestigte, unten mit Eisenhaken bewaffnete
bewegliche Holzstange, den sogenannten Krall (vielleicht von „Kralle",
der Gestalt wegen, oder von dem böhmischen „král" Nagel, womit die
Pflugwage befestigt wird) und stößt sie in den Boden. Und dennoch,
wie leicht kann es geschehen, daß der Schlittenführer mit allen angewen=
deten Hilfsmitteln der Last auf seinem Schlitten nicht mehr Meister bleibt,
daß ihn diese mit Gewalt fortdrängt, daß er sie nicht mehr zu lenken
und zu leiten vermag und sie ihn entweder an einem Baume zerschmettert
oder in einen Abgrund mit sich hinab reißt! Auch dies Geschäft ist also
beschwerlich und gefahrvoll; daher werden auch die Schlittenführer, je
nach der Abschüssigkeit des Terrains, besser bezahlt. Ist jedoch das Holz
an die Waldbäche geschafft, was weiter, da dieselben gefroren sind? Man
harrt, bis im Frühling der Schnee zu schmelzen beginnt, die Eiskruste
der Gewässer sich löst und die Rinnsale der Bäche sich von allseitigen
Zuflüssen füllen — dann kommen die Holzknechte und werfen die Scheite
in die dahinbrausenden Waldbäche, die das ihnen übergebene Gut weiter
tragen. Auch diese Arbeit ist von Gefahr begleitet, da der am Wasser
beschäftigte Holzknecht leicht von den Scheiten gequetscht oder von den
Fluthen mit fortgerissen werden kann. Wo die Rinnsale nicht genug voll
würden, um das Holz fortzuführen, hilft man durch eigene künstliche Vor=
richtungen. Man legt nämlich an geeigneten Stellen durch Ausgrabung
und Vertiefung des Bodens ein großes Wasserreservoir an, das Schwelle
heißt und durch eine Schleuse gesperrt wird. Zur rechten Zeit wird dann
die Schleuse aufgezogen und brausend schießt das gesammelte Wasser hin=
durch, füllt das Rinnsal und führt das Holz von dannen. Auf ähnliche
Art werden zur Schwellung der Bäche die Seen des Böhmerwaldes be=
nützt. Um das Holz leichter und sicherer fortzuschwemmen, sind aber auch
besondere Flößkanäle angelegt. Ein solcher, von 7000 Klaftern Länge,
fängt auf dem fürstl. Schwarzenberg'schen Gute Stubenbach, wo wir
uns befinden, von dem Wydrabach, wie die Wotawa anfangs heißt, unter=
halb Lettau an, läuft eine Strecke im Thale dieses Baches dahin, wendet
sich beim Antiglhof westlich gegen Schützenwald, läuft dann nördlich und
mündet durch den Seckenbach unterhalb Rehberg in den Kieslingbach, auf
welchem das Holz wieder in die Wotawa und dort unten nach Langen=
dorf gelangt, wo es bis zur weiteren Verflößung nach Prag ausgelandet
wird. Einen bei weitem größeren und wichtigeren Flößkanal werden wir
bei späterer Gelegenheit besprechen. Es werden von dem Gute Stuben=
bach allein jährlich über 20.000 Klaftern verflößt und kontraktmäßig setzen
auch die Dominien Groß=Zbikau und Bergreichenstein ihr verflößbares

Holz an diese Schwemmanstalt ab. Eine große Masse des Holzes wird jedoch nicht aus dem Böhmerwalde weggeschafft, sondern von ihm selbst verbraucht. Besonders die zahlreichen Glasfabriken verzehren eine unge= heuere Quantität desselben, eine einzige jährlich Tausende von Klaftern. Uebrigens ist im Böhmerwalde die Benützung und Verarbeitung des Holzes von der mannigfaltigsten Art. Da wird es zu Balken behauen und zu Bretern geschnitten; es werden Siebreife, Stoß= und Falzschindeln, Schuhe und Pantoffeln, Tröge, Bilderrahmen, die so wichtigen Schlitten,

Holzschlittenfahrt.

Meubel und allerlei Geräthschaften, Parquettafeln, Zündhölzchen und Büchsen, Schusterspäne daraus verfertigt. Einen besonderen Artikel bildet das kostbare Resonanzboden= und Klaviaturholz. Auch die Baumschwämme werden gewonnen, deren wir uns in unseren Zimmern zu zierlichen Po= stamenten bedienen. Die Arbeiten werden nicht bloß von eigenen Hand= werkern, sondern zum Theil von allen Einwohnern in ihren stillen, fried= lichen Hütten betrieben. In manchen Zweigen sind sie bis zur vollkom= menen Industrie gediehen. Herr B i e n e r t errichtete, der erste in Oester=

reich, eine Resonanzbodenfabrik zu Maber, nachdem das Resonanzbodenholz früher nur aus dem Auslande bezogen worden war. Merkwürdig
ist, daß man es in Bäumen der Urwälder findet, die oft schon Jahrhunderte auf dem Boden liegen und mit Moos überwachsen sind. Bienerts Schwiegersohn betreibt nun eine ähnliche Fabrik zu Tusset. Eine
dritte ist zu Außergefild in Betrieb. Zündhölzchen-Fabriken bestehen
zu Kollautschen, Schüttenhofen, Krumau, Goldenkron
und Budweis. Der verdienstvolle Herr Lanna führte in der Gegend
von Krumau die Verfertigung von Holzschuhen nach belgischer Art und
Form ein, wofür sich zu Budweis eine eigene Niederlage befindet. Der
rastlos thätige Herr Reif errichtete in der jüngsten Zeit bei Kuschwarta eine Anstalt, die gleichsam mehrere Werkstätten in sich vereinigt,
indem sie nicht nur eine Bretsägemühle ist, sondern auch Siebreise, Stoßschindeln (eine Erfindung von Reifs Vater, vermöge welcher die Schindeln nicht in einander gefalzt, sondern über einander gelegt werden und
so länger dauern, da die Feuchtigkeit nicht in den Falz eindringen kann),
Schusterspäne, Zündhölzchen, Resonanzboden- und Instrumentenholz liefert.
So gewährt der bei zweckmäßiger Bewirthschaftung an Holz unerschöpfliche Böhmerwald die mannigfaltigste Ausbeute, und wohlgeborgen ist seine
Industrie, da sie auf ganz natürlicher Basis beruht.

Die königlichen Freibauern.

Die königlichen Freibauern oder die künischen (von
Kunig, König), Kralováci, heißen so, weil sie Distrikte bewohnen, die
ursprünglich Besitzungen des Königs selbst waren. Sie haben auch den
Namen der Freibauern im Waldhwozd — eine aus einem deutschen
und einem böhmischen Worte entstandene Benennung, welches letztere aber
dasselbe bedeutet, was das erstere. Das ganze sich am Böhmerwalde
vom Osser bis vor Klein-Zdikau dahin ziehende Gebiet wird in neun
Gerichte getheilt: Skt. Katharinagericht, Hammerer Gericht,
Eisenstraßer, Seewiesener, Haidler, Kocheter, Alt-
Stadler, Neu-Stadler und Stachauer. Von unserem Standpunkte sind mehrere zu gewahren, das Seewiesener, Haidler,
Kocheter, Alt- und Neu-Stadler Gericht. So viel Mühe wir
uns auch gaben, so konnten wir doch über die Geschichte der Freibauern
weder an Ort und Stelle, noch bei den ersten wissenschaftlichen Auktori-
täten etwas Näheres erfahren. Twrdý in seiner pragmatischen
Geschichte der böhmischen Freisassen 1804 thut keine Erwähnung von ihnen, von den Freisassen aber müssen sie wohl unterschieden werden. Kosteßký in seiner Staatsverfassung 1816 äußert

sich: „Von den **Freisassen** sind diese genannten **Freibauern** unterschieden. Sie sind zwar ebenfalls freie Personen und Besitzer freier
(keinem nexui subditelae unterliegender) Wirthschaften, die aber nie der

Maderer Fabrik.

fiskalämtlichen Gerichtsbarkeit der Freisassen unterstanden, und da nur
diese freisäßliche Gerichtsbarkeit des Fiskalamtes dermalen an das Land-
recht übertragen ist, so kommt den Freibauern auch das dermalige land=

rechtliche Forum nicht zu Statten, sondern selbe bleiben für ihre Person jener Ortsgerichtsbarkeit unterworfen, zu der sie ihrem Wohnorte nach gehören, so wie ihre Gründe jener Gerichtsbarkeit unterstehen, welcher das Grundbuch, in dem sie eingetragen sind, unterliegt." Auch Klaudi in seiner Inauguraldissertation 1844 bemerkt ausdrücklich: „Man nennt die Freisassen (mit Unrecht) wohl auch robotfreie Bauern. Insbesondere verwechselt man sie mit den Waldsassen im prachiner Kreise, welche jedoch unter Patrimonialgerichtsbarkeit stehen, keine Dominikalrechte üben und sich überhaupt wesentlich von den Freisassen unterscheiden." Sommer in seiner Topographie 1840 sagt über die Freibauern auf Grundlage ämtlicher Berichte: „Die Geschichte der Ansiedelung dieses Bezirkes fällt zum Theil in frühere Perioden, doch ist wenig Zuverlässiges darüber aufzufinden. Es scheint, daß derselbe vormals viel größer war und daß mehrere von den kleinen Gütern im klatauer und prachiner Kreise, welche ihn umgeben und von welchen einige zu größeren Herrschaften vereinigt sind, dazu gehörten, daß aber nach und nach zu verschiedenen Zeiten mehrere größere Besitzungen theils durch Verpfändung, theils durch Verkauf, aus dem Besitz der königlichen Kammer ins Privateigenthum übergingen. Das, was davon noch übrig ist und gegenwärtig mit dem Namen königlicher Waldhwozd bezeichnet wird, gehörte früher der königlichen Kammer und wahrscheinlich erhielten die Unterthanen, damit dieser rauhe Gebirgsbezirk mit Vertheidigern gegen die Einfälle äußerer Feinde bevölkert würde, besondere Freiheiten und Begünstigungen. Später, zur Zeit des dreißigjährigen Krieges, soll der Waldhwozd verpfändet und nicht wieder eingelöst worden sein. Die Unterthanen behielten jedoch dabei ihre alten Freiheiten und Gerechtigkeiten nach ausdrücklichen Verordnungen der Kaiser Mathias, Ferdinand II. und Leopold I. unverkürzt, kamen jedoch aus der unmittelbaren Unterthänigkeit der königlichen Kammer in die Schutzunterthänigkeit der beiden Herrschaften Stubenbach und Byſtřic, deren Obrigkeiten sie in judicialibus et politicis unterstehen und an welche sie den sonst der königlichen Kammer zu entrichtenden Grund-, Wald-, Jagd-, Fischwasser- und Mühlenzins abzuführen haben. Sie haben daher in Beziehung auf ihren Unterthansverband nichts mit den Freisassen in anderen Kreisen gemein, genießen jedoch die freie Benützung ihrer Gründe, die freie Jagd und Fischerei auf denselben, das Recht Bier zu brauen und Branntwein zu brennen oder diese Artikel nach Willkür zu beziehen, sind nicht robotpflichtig und haben das Recht, ihre Richter und einen Oberrichter zu wählen, welcher letztere das Konstriptions- und Steuergeschäft zu führen hat."

Es sei uns hier vergönnt, bei dem Mangel an sicheren Nachrichten unsere Vermuthungen über die historischen Verhältnisse der Freibauern aufzustellen. Bekanntlich wurde der Böhmerwald, von seiner nörd-

lichsten Spitze angefangen bis zu seinem südlichsten Ende, seit uralter Zeit
von den Herrschern Böhmens als natürliche Schutzmauer gegen äußere
feindliche Einbrüche benützt und deßhalb so liegen gelassen, wie ihn die
Natur geschaffen. Seine Wildheit und Undurchdringlichkeit veranlaßte
eben den heiligen Günther, sich in ihn zurück zu ziehen, um in ihm ein
einsames Eremitenleben zu führen. Die Einfälle, die von deutscher Seite
unter Herzog Bretislaw I. hinter einander geschahen, mochten vielleicht
schon diesen Regenten bewegen, gleich wie er bei dem großen Thore zwischen dem Cerchow und Osser die Choden ansiedelte, auch hier, weiter
südlich, wo König Heinrich III. siegreichen Eingang gefunden, eigene Ver-
theidigungskolonien anzulegen. Dafür, daß, obwohl die Freibauern jetzt
größtentheils Deutsche sind, die ursprünglichen Ansiedelungen keine Deutschen waren, scheinen uns folgende Gründe zu sprechen. 1) Wird man
die Vertheidigung der Landesgränze kaum Deutschen anvertraut haben,
da ja eben von Deutschland die meisten Angriffe zu befürchten waren.
2) Bezeugen die nach dem Böhmischen geformten deutschen Namen vieler
schon lange bestehenden Orte dieser Gegend, daß sie ursprünglich von
Böhmen bewohnt waren, z. B. Gaberl (Javoři, javor, Ahorn), Zwieslau
(Světlá, světlý, licht), Deffernik (Debrník, debr, Thal) u. s. w. Der
natürliche Weg von Gutwasser über Hurkenthal und Deffernik nach Zwiesel
in Baiern mochte schon frühzeitig benützt worden sein, besonders nachdem
er König Heinrich III. vom heiligen Günther gezeigt worden war. 3)
Ist die Sprache der Freibauern von Stachau noch heutigen Tages die
böhmische und zwar mit manchen Ueberresten aus dem Altböhmischen.
Als unter den Luxemburgern der Goldbergbau zu Bergreichenstein begann, wurden hierzu Deutsche gebraucht; doch diese bildeten nur die Bevölkerung der Stadt und mochten auf die benachbarte Landesbewohnerschaft eben keinen größeren Einfluß üben, als in anderen Bergstädten
Böhmens, wo sich Deutsche niederließen und die Landesbewohnerschaft
dennoch böhmisch blieb. Anders jedoch gestalteten sich die Dinge in Folge
des dreißigjährigen Krieges, der auch in den Gegenden des Böhmerwaldes
furchtbar wüthete. Wie damals ganze Bezirke am Erzgebirge von den
böhmischen Bewohnern, die theils zu Grunde gingen, theils auswanderten,
theils in das Innere flohen, verlassen blieben und von Deutschen besetzt
wurden, so mochte es auch mit vielen Ortschaften des Böhmerwaldes der
Fall sein. Die neu herbeigerufenen deutschen Kolonisten hatten aber keinen
militärischen Zweck mehr, sondern einen friedlichen, die Urbarmachung des
Bodens, und in ihrem Gefolge kam die Glasindustrie ins Land. Wir
halten daher die deutschen Freibauern weder für ursprüngliche Einwohner,
noch für germanisirte Slawen, sondern für Ansiedler späterer Zeit, die
sich unter dem mächtigen Schutze der auch über das deutsche Reich gebietenden Habsburger friedlich hier festsetzten.

Nach der neuen österreichischen Staatsverfassung, vermöge welcher das Unterthänigkeitsband gelöst und die Robotspflichtigkeit aufgehoben wurde, haben die Privilegien der Freibauern kein Gewicht mehr und alle Bauern sind Freibauern. Gleichwohl bilden sich die Freibauern des Böhmerwaldes noch viel auf das ein, was sie früher besessen und sehen die anderen ihres Standes über die Achsel an. Sie sind kräftige, derbe Söhne der Natur, die sich mit ihren runden, breitkrämpigen, etwas erhöhten, nach der Verschiedenheit der Gerichte mit Bändern verschiedener Farbe gekennzeichneten Hüten, mit ihren kurzen bis auf die Knie reichenden Röcken recht stattlich ausnehmen. Obwohl die Boden- und Witterungsverhältnisse die Oeconomie nicht begünstigen, so sind doch Ackerbau und Viehzucht die bei weitem vorherrschenden Nahrungsquellen. Die Größe der Grundbesitzungen ist sehr verschieden. Manche bilden sehr ansehnliche Güter, die meisten haben Höfe und nach ihrer Größe nebst den Hof- und Wirthschaftsgebäuden noch besondere Wohnhäuser für Hintersassen, die sich durch Taglöhnerei, Arbeiten im Walde oder Betreibung der gewöhnlichen Gewerbe nähren. Die Wohnungen sind aus dieser Ursache sehr zerstreut. Fast jeder Hof hat seinen eigenen Namen, den des ersten Besitzers, welcher bleibend ist, wenn auch das Besitzthum seinen Eigenthümer wechselt. Bei manchen Höfen sind durch Ansiedelung mehrerer Hintersassen kleine Gruppen von Häusern, ja fast kleine Dorfschaften entstanden; eigentliche Dörfer jedoch mit besonderen Namen gibt es nur wenige. Von größeren Industrieanstalten finden sich im Gebiete der Freibauern die berühmte Spiegelfabrik von Neuhurkenthal und mehrere Glashütten.

Die Freibauern von Stachau verdienen eigene Erwähnung. Ihre Sprache ist, wie gesagt, die böhmische mit Ueberresten aus dem Altböhmischen. Obwohl sie sich in Tracht, Wohnung und Sitte den Nachbarn bequemt haben, so dulden sie doch nicht gern Fremde unter sich und vermischen sich nicht mit ihnen. Zum Hausirhandel zeigen sie große Neigung und treiben ihn hauptsächlich mit Glas und Steingut. In der stachauer Glashütte werden die ordinären farbigen Glaskorallen erzeugt, die vordem besonders nach Spanien und Portugal verkauft wurden, da sie als Tauschmittel beim Sklavenhandel dienten.

Ausflüge:

1. In die Reviere oberhalb Stubenbachs.

Ueber Stubenbach gelangt man in jene merkwürdigen, mit unermeßlichen Wäldern und weiten Filzen bedeckten Gegenden, deren Schilderung bereits der erste Theil lieferte. Man kann den früher erwähnten

Flößkanal besichtigen, Maber oder Moder besuchen, wo sich die
k. k. privilegirte Resonanzbodenfabrik des Herrn Bienert befindet, und die
einsam ragenden Riesenberge, den Rachel und den Lusen (S. 59) ersteigen,
von denen der erstere einen See (S. 55) zu seinen Füßen hat. Vom Rachel
kann man über Bürstling und Philippshütten, vom Lusen über
den Schwarzberg nach Außergefield und von da entweder über Innergefield, Haidl und Stadl oder über Innergefield, Haidl
und Unter-Reichenstein nach Gutwasser zurück gelangen. Da
aber die jedenfalls mehrere Tage in Anspruch nehmende Tour auch um-
gekehrt gemacht werden kann und Außergefield einen Glanzpunkt bildet,
so schildern wir den schöneren Spaziergang dahin von Gutwasser aus
über Unter-Reichenstein und zwar mit der Bemerkung, daß derjenige, der
nicht mehr nach Gutwasser zurück, sondern von Außergefield nach Winterberg will, früher die Ausflüge 3, 4 und 5 abthue.

2. Nach Außergefield.

Der Weg führt anfangs durch ein wohlangebautes, idyllisches Thal,
worin Kundratic und Watětic hübsch situirte Gütchen sind. Ist
man auf der Höhe hinter Ragersdorf, so sieht man die von einem
Kranze romantischer Berge umschlossene k. Bergstadt Unter-Reichenstein am Zusammenflusse der Wotawa und Losnic malerisch liegen.
Wie überall an der Wotawa, so gewahrt man auch hier die Seifenhügel, die auf ehemalige starke, ausgiebige Goldwäschereien hinweisen,
welche das Wotawathal zu einem Kalifornien machten. Von dem Gold-
sand der Wotawa erhielt die Stadt Pisek (deutsch Sand) ihren Namen;
auch Schüttenhofen soll seinen böhmischen Namen „Sušice" vom Trocknen
des Goldsandes haben (sušiti heißt trocknen), obwohl er sich besser vom
Trocknen des Malzes herleiten läßt, mit welchem Artikel die Stadt, die
noch jetzt vortreffliches Bier erzeugt, einst bedeutenden Handel nach Baiern
trieb. Ueberhaupt war Böhmen ehemals ein Siebenbürgen an kostbaren
Erzen, da schon in dem uralten, zu Grünberg bei Nepomuk aufgefundenen
Gedichte „Libušin súd" (Libuša's Gericht) auch des goldhaltigen Lehms
der Moldau Erwähnung geschieht, und nach der Sage unter Herzog Kře-
zomysls Regierung Horymir darüber, daß man den Ackerbau über dem
Bergbau vernachlässigte, dermaßen ergrimmte, daß er auf seinem Wun-
derrosse Semik in einer Nacht alle Bergwerke im Lande zerstörte. Wie
unter den letzten Přemysliden die Stadt Kuttenberg Silber in Fülle lieferte, so stand unter den Luxemburgern der Goldbergbau zu Bergreichenstein, das oberhalb Unter-Reichensteins liegt und von dem später die
Rede sein wird, im üppigsten Flor und blühte später in Unter-Reichen-

stein auf. Von dem Habsburger Rudolph II. erhielt die Stadt 1584 ihre Privilegien. Mit dem Laufe der Zeit ging freilich die Goldgewinnung ein. Unter-Reichenstein zählt kaum 600 Einwohner in etwa 70 Häusern. Dabei liegt eine Glashütte, die ausgebreitete Geschäfte hat. Hochbergauf geht es von hier über Ziegenruck und Nimpfergut nach Haidl, das aber nicht mit dem Haidl der Freibauern verwechselt werden darf. Von frischen Lüften gekühlt, erfreut man sich da einer entzückenden Rundschau über das gewaltige Böhmerwaldgebirge. Wie mächtig auf diesen Höhen der Sturm hausen müsse, erkennt man schon an den Gebäuden; sie sind massiv, einstöckig, mit niedrigen, steinbelasteten Dächern versehen, gegen die Wetterseite, nach welcher keine Fenster gehen, vorsichtig geschützt. Auf der Hochfläche fort führt nun der Weg über Innergefield nach dem stattlichen Dorfe Außergefield (S. 63), das an Häuser- und Einwohnerzahl der Bergstadt Unter-Reichenstein gleich kommt. In einer alten Urkunde heißt die Gegend Gwilda, wahrscheinlich weil sie ein Gewild, eine Wilde oder Wildniß war, daher obige zwei Namen besser „Gewild" lauten dürften. In Außergefield kehre man bei Herrn Verderber ein, dessen nomen in so fern ein omen ist, als er seine Gäste der Art verdirbt, daß sie sich nicht leicht mehr in einem andern Gasthause mit minder guter Bewirthung zufrieden stellen. Nebstdem, daß Herr Verderber einen Guckkasten mit von ihm selbst verfertigten, zum Theil recht gelungenen Ansichten besitzt, so werden bei ihm zu Tausenden mit Anwendung von. Patronen die wohlfeilsten Heiligenbilder auf Glas gemalt, womit er einen beträchtlichen Handel durch ganz Oesterreich treibt. Ueberrascht wird man in dem mit dem saftigsten Wald- und Wiesengrün prangenden Außergefield dadurch, daß hier alles von Holz ist, nicht nur die Häuser, auch die Kirche, auch das von Graf Wurmbrand erbaute, jetzt dem hochverehrten Grafen von Thun-Hohenstein gehörige Schloß. Es ist in der That ganz aus Holz gezimmert, nach Schweizerart höchst zierlich und geschmackvoll angelegt, hat zwei Stockwerke und erhebt sich sammt Park über einer Tiefe, durch welche der Schwarzbach rauscht. Ein genialer Gedanke war es, ein solches Schloß zu schaffen, das vielleicht nirgend seines Gleichen findet; zu bedauern ist nur, daß es bei der Höhe, zu welcher es mit seinen zwei Stockwerken, im Gegensatze zu den übrigen Wohnungen der Gegend, aufsteigt, den Stürmen um desto mehr preisgegeben ist. Von Außergefield hat man nicht weit zu dem Ursprunge des Flusses, der halb Böhmen in einem Bogen durchfließt, mit den schönsten Landschaften und merkwürdigsten Ortschaften geschmückt ist und das königliche Prag mit seinen Wellen bespült, nämlich zum Ursprunge der Moldau. Sie entspringt am Fuße des Vogelsteingebirges und am Schwarzberge im Schwarzberghütten-Walde aus moorigem Grunde in einer Höhe von 3727 Fuß über der Meeresfläche. Der früher

genannte Schwarzbach ist ihr Haupt- und eigentlicher Quell und hat
man Luft, sich noch 1½ Stunden weiter nach Buchwald zu begeben,
so erblickt man in blauer Ferne die Häupter der Himmelsnachbarn, die
Gipfel der Alpen.

3. Nach Welhartic.

Es wurde schon gesagt, daß sich unterhalb Gutwassers ein Meer
mannigfaltig gruppirter Berge und Hügel ausbreite, aus dem überall
Dörfchen, Gütchen und Städtchen hervor schauen. Durch dieses Meer
voll Leben und Abwechslung steuert man zu den Ruinen der altberühmten
Burg Welhartic und kann in einem Tage hin und zurück sein. Man
geht über Hartmanic, Ober-Krušec (Körnsalz), Lukau, Kojšic,
Jiřičná (Köhlerdorf), Petrowic, Libětic und Přeštanic. Zu
Wagen fährt man von Petrowic aus über Hlawňowic. In Unter-
Krušec wurde in den letzten Jahren in einem Keller eine runde Mar-
mortafel mit einer griechischen Aufschrift gefunden, die deutsch lautet:
„Dies Denkmahl setzte den unterirdischen Göttern Kalyke zur Erinnerung
an ihren geliebten Gatten Philumenos, mit dem sie 20 Jahre lebte.“
Vielleicht daß der Stein in den Kreuzzügen nach Böhmen kam. Er wird
im Museum zu Prag aufbewahrt. — In dem erlengeschmückten, von der
Olšowka (olše, Erle) durchschlängelten Jiřičná sollen einst in grauer
Zeit zwei Jungfrauen geherrscht haben, die auf ihres Besitzthums Fülle
so eingebildet waren, daß sie in frechem Uebermuthe Schuhe, nicht etwa
von Gold, sondern von Brodteig trugen. Dafür wurden sie sammt ihren
Schätzen verzaubert, nämlich in Euten verwandelt, als welche sie zu gewissen Zeiten noch sichtbar werden sollen. Der Schlüssel zu ihren Schätzen
wird noch aufbewahrt und dem jeweiligen Gutsbesitzer beim Antritte der
Verwaltung feierlich übergeben, und es heißt, daß die Schätze immer weiter
nach Westen rückten, je länger sie unentdeckt in der Erde vergraben lägen.
— In Petrowic ist die Kirche zu den Aposteln Petrus und Paulus
merkwürdig, ein sehr altes Gebäude in byzantinischem Styl, mit einem
starken, bis in die Spitze gemauerten Thurme, festungsartig angelegt, auf
Zeiten deutend, wo die Gotteshäuser noch vor Ueberfällen geschützt und
vertheidigt werden mußten. Schon 1384 war sie eine Pfarrkirche. Der
Markt Welhartic mit einer sehenswerthen Kirche und einer Papier-
mühle, im 16. Jahrhunderte blühend durch Silberbergbau, der auch in
den benachbarten Städtchen Bergstadtl und Hrádek betrieben wurde,
liegt in einer Erweiterung des Ostružnathales. Ueber dem Markt erhebt
sich die einst starke, mächtige Burg selbst (S. 27) auf einem Gneißfelsen, der
sich gegen Norden sanft herabsenkt, doch furchtbar jäh gegen Süden abstürzt,

wo die forellenreiche Ostrujna oder Pstrujna (pstruh, Forelle) durch
eine wildromantische Schlucht fließt und im Hintergrunde der waldbedeckte
abgerundete Berg Borek emporsteigt. So gesehen gewährt die Burg
einen äußerst pittoreskten Anblick. Hat man das Nordplateau erstiegen,
so leitet durch eine schon von Alters her bestehende Meierei ein Fahrweg
zu der Burg, die durch einen in das Gneißgestein gesprengten sehr breiten
und tiefen Graben von aller Nachbarschaft getrennt war. Durch ein
thurmartiges, gothisch gewölbtes Thor betritt man zuerst den Theil, welcher die Vorburg von Welhartic bildete. Rechts läuft eine Ringmauer,
mit Schießscharten versehen und mit einem auswärts vorspringenden halb-
runden Thurme verstärkt; links, dieser Bastion gegenüber, steigt der Felsen
mehrere Klaftern hoch empor und auf ihm thront ein viereckiges Gebäude,
das ehemals als Kastell, vielleicht auch als Warte diente, von dem Landvolke allgemein Putna (Butte) genannt wird und ein in seiner Art
einziges Beispiel altböhmischen Fortifikationsbaues ist. Dieser 57 Schuh
lange, 30 Schuh breite Koloß, dessen Wand 8 Schuh Dicke hat, war
nämlich nur aus dem zweiten Stockwerk der Hochburg zugänglich, obwohl
er 17 Klaftern weit von ihr absteht, und zwar läuft zwischen ihm und der
Hochburg eine auf Pfeilern und gothischen Spitzbogen ruhende Brücke
dahin, die aber isolirt ist und nur durch Fallbrücken mit ihm und der
Hochburg in Verbindung gesetzt werden konnte. War der Burgherr vom
Feinde verfolgt, so begab er sich aus dem zweiten Stockwerke der Hochburg über die erste Brücke auf die isolirte Brücke, zog die Fallbrücke hinter
sich auf und eilte über die zweite Fallbrücke, die er gleichfalls hinter sich
aufzog, in das Kastell. Die Ostseite des Kastells sowohl, als die isolirte
Brücke umgibt eine Ringmauer, die sich in ihrer südöstlichen Fortsetzung
an die Hochburg anschließt. So diente das Kastell auch zur Vertheidigung der Vorburg. Aus der Vorburg rechts gelangt man in den unteren
Schloßhof, der die ganze Abend- und Mittagsseite der Hauptweste umzog
und meistentheils Wirthschaftsgebäude in sich schloß; links leitet über eine
gemauerte Brücke, bei den Merkmahlen eines zweiten Thores vorbei, durch
eine schmale Pforte ein Steg in den oberen und inneren Hof der Hochburg. Hier thürmt sich ein dreistöckiges Gebäude von unregelmäßiger
Form empor, dessen Hoffronte mit längst fehlenden Gallerien verziert
war. Im ersten Geschoße breitete sich ein geräumiger durch fünf Fenster
erhellter Ritterfaal aus, von dessen ehemaliger Pracht einige Reste ver-
loschener Wandmalerei, der glatte Gypsanwurf und ein eingestürzter Kamin
zeugen. Aus dem zweiten Stockwerke führt eine Pforte zu der oben erwähnten originellen Bogenbrücke. Vom dritten Stockwerke sind nur einige
vermauerte Fenster sichtbar, die sonst einen zweiten Saal beleuchtet haben
mochten. An diese mit Wehmuth erfüllende Ruine lehnt sich südwärts
ein langes, einstödiges Gebäude, worin der Revierförster wohnt und zwei

Gewölbe sich befinden, in deren einem während des Hussitenkrieges die von Karlstein hieher übertragene böhmische Krone aufbewahrt worden sein soll; doch bestreitet Palacky die Angabe in seiner Geschichte.

Wer die mit so viel Geist befestigte, einst gewiß prachtvolle Burg Welhartic erbaute, ist unbekannt. Sie mag in der zweiten Hälfte des

Petrowitzer Kirche.

13. Jahrhunderts entstanden sein. Der junge tapfere Bušek von Welhartic wurde im Jahre 1332 von dem Prinzen Karl, als derselbe aus Frankreich nach Böhmen zurückkehrte und sein Vater ihn mit dem Titel eines Markgrafen von Mähren betheilte, zum Kämmerling gewählt

und blieb dessen treuer Begleiter. Sein Sohn Jeßek zeichnete sich durch mehrere frommsinnige Werke aus und gab 1373 dem welhartier Pfarrer die Erlaubniß, auf einem Hügel bei dem Marktflecken die noch heute bestehende Kapelle zur Ehre des heiligen Frohnleichnams und der heiligen Maria Magdalena zu errichten. Er vermälte seine Töchter Katharina und Anna mit den Herren Johann dem Aelteren von Neuhaus und Hynek dem Aelteren von Nachod auf Adersbach. So wurde Johann von Neuhaus Herr auf Welhartic, ein Mann von hervorragenden Eigenschaften, der sich beim Ausbruche der husitischen Wirren auf die Seite der Utraquisten schlug. In Folge eines Tausches trat er die Hälfte von Welhartic an seinen Verwandten, Herrn Heinrich von Rosenberg auf Krumau, ab. Seit dieser Zeit hatte die Burg zwei Gebieter, welche sie jedoch durch einen gemeinschaftlichen Kastellan verwalten ließen. Johann von Neuhaus hinterließ den Sohn Meinhard und die Tochter Elisabeth. Von der letzteren sei bemerkt, daß sie an den Herrn Ernest Flaška von Pardubic-Richenburg verehelicht wurde, aus welchem Geschlechte der erste Erzbischof Prags und Freund Karls IV. und der Dichter Smil stammten, dessen geniale Geistesprodukte 1855 zu Leipzig in deutscher Bearbeitung erschienen. Meinhard von Neuhaus aber wurde der Besieger der Taboriten in der entscheidungsvollen Schlacht bei Lipan 1434, in welcher auch Prokop der Große seinen Tod fand. Nach Erlöschung der Linie von Neuhaus-Welhartic gelangten in den Besitz der Burg die Swihowský von Riesenberg, die Rozmital, welche von den Königen Wladislaw II. und Ludwig eine allgemeine Bergfreiheit erhielten, Adam I. von Sternberg auf Grünberg, die Planský von Seeberg, Wenzel Smrčka von Mnich auf Cecelic, die Pergler von Perglas, die sich im dreißigjährigen Kriege an dem Aufruhr der böhmischen Stände betheiligten und nach der Schlacht auf dem weißen Berge die Burg verloren, worauf sie Eigenthum des kaiserlichen Generals Don Martin de Hoefhuerta wurde. Dieser ließ sie, da sie indessen ziemlich eingegangen war, restauriren und vererbte sie auf seine angenommene Tochter Anna Maria, welche sich mit einem Freiherrn von Dohna und zum zweiten Male mit einem Baron von Farnsbach vermälte, jedoch so viele Passiva hatte, daß die Burg an den Karmeliterkonvent der kleineren Stadt Prag veräußert ward. So wechselte das einst machtumstrahlte Welhartic seine Gebieter fortwährend und verfiel dabei immer mehr, bis es endlich an die Grafen von Desfours und zuletzt an den Freiherrn von Sturmfeder von Oppenweiler kam, der sich um die Erhaltung der Burg verdient machte.

4. Nach Schüttenhofen und Rabi.

Ueber Hartmanic geht es auch nach Schüttenhofen und Rabi, nur daß man von Hartmanic nicht wie früher links, sondern rechts ablenkt. Der Ausflug erfordert selbst zu Wagen einen Tag. Man kommt über Neustadtel durch das mit Langendorf bei Libějic nicht zu verwechselnde stattliche Dorf Alt-Langendorf, an welches Neu-Langendorf stößt. Die Häuser des letzteren sind in einer ¼ Stunde langen Reihe gebaut und bloß von Holzhauern und Holzflößern bewohnt. Es befindet sich daselbst ein Holzrechen auf der Wotawa mit einem Flößkanal und einem sehr großen Holzplatze, auf welchem das vom Gute Stubenbach geflößte Holz bis zur weiteren Verflößung nach Prag aufgeschlichtet wird.

Die königliche Stadt Schüttenhofen (Sušice) liegt wunderschön am linken Ufer der Wotawa zwischen dem mit einer Kapelle geschmückten Schutzengelberge und den Bergen Stráj und Swatobor. Ueber den Namen der Stadt wurde schon das Nöthige vorgebracht. Sie zerfällt in die eigentliche Stadt und in die untere und obere Vorstadt und zählt im Ganzen über 400 Häuser mit etwa 1700 Einwohnern. Merkwürdig sind das in der Mitte des Hauptplatzes gelegene Rathhaus, die Dechanteikirche zum heiligen Wenzel und die Begräbnißkirche zu Mariä Himmelfahrt, beide mit alten Grabmählern, sowie die Stadt überhaupt, einst blühend durch Goldwäscherei und Malzhandel, manche Spuren alter Herrlichkeit an sich trägt. Ob sie schon im 8. Jahrhunderte angelegt worden, mag dahin gestellt bleiben; wohl aber mögen die Goldwäschereien an der Wotawa Anlaß zu ihrer frühzeitigen Gründung gegeben haben. Im 12. Jahrhunderte befand sie sich, wie schon angeführt wurde, in den Händen der bairischen Grafen von Bogen; aber schon 1257 benützte Přemysl Otakar II., als er von seinem Bruder Philipp, Erzbischof von Salzburg, um Hilfe wider die Baiern angesprochen wurde, die Gelegenheit, die Stadt an sich zu bringen und vereinigte sie mit der Krone Böhmens.

König Johann von Luxemburg ließ im J. 1322 die Stadt mit einer Mauer umgeben und beschenkte sie mit Privilegien, eben so sein Sohn und Nachfolger Karl IV. Im Jahre 1421 machte Žižka, während er gleichzeitig die benachbarte Burg Rabi belagerte, einen Angriff auf Schüttenhofen und verheerte es. Wladislaw II. bestätigte 1472 den Bürgern ihre früheren Privilegien. Da sich die Stadt 1547 wie die meisten anderen königlichen Städte weigerte, Kaiser Ferdinand I.

im Kriege gegen den schmalkaldischen Bund zu unterstützen, so wurden ihr nach der Schlacht bei Mühlberg alle Privilegien und Besitzungen entzogen, doch erhielt sie durch die Gnade des Kaisers die meisten Privilegien wieder. Sehr viel litt sie durch häufige Feuersbrünste, von welchen die 1707 und 1839 die furchtbarsten waren. Schüttenhofen hat aus dem 14. und 16. Jahrhunderte mehrere gelehrte Männer aufzuweisen, die in ihr das Licht der Welt erblickten und Lichter der Welt wurden; so den Magister Heinrich, welchen Karl IV. zum Lehrer des bürgerlichen und geistlichen Rechtes an der Prager Universität berief, ferner die Magister Aram und Sophronius Rossacius, die sich beide in der Rechts- und Staatswissenschaft auszeichneten, und den Magister Johann Rossacius, der mehrere prosaische und poetische Werke hinterließ. Uralte Erinnerungen, noch aus der Heidenzeit, knüpfen sich an den Berg Swatobor und die aus ihm entspringende Quelle Wodolenka. Der Berg ist der höchste bei Schüttenhofen, sich an 2650 Fuß über das Meer erhebend und nimmt sich von Gutwasser am schönsten unter den übrigen aus, da er majestätisch wie ein Löwe durch die Landschaft dahin gestreckt liegt. Schon sein Name (Svatý bor, heiliger Hain) deutet auf die Heidenzeit. Er war sonst mit Eichen bewachsen, jetzt ist er meist mit Nadelholz bedeckt. Unter dem Landvolke sind noch mancherlei Sagen über ihn im Umlauf. So heißt es, daß sich unter ihm ein großer See befinde, der Schüttenhofen einst zu überschwemmen drohe; ferner, daß er einen Schatz in sich schließe, der, wenn Schüttenhofen auch drei Mal in Flammen aufginge, hinreichen würde, um es neu aufzubauen. Als vor einigen Jahren ein gewisser Stephan Kabé aus Schüttenhofen als Gesell in Baiern arbeitete, soll ihm sein Meister ein altes Buch gezeigt haben, in dem von Schüttenhofen und besonders von dem heidnischen Berge Swatobor viel aufgezeichnet stand, namentlich, daß dort seltene Kräuter aller Art wüchsen. Da Schüttenhofen ehemals zu Baiern gehörte und das Christenthum durch bairische Priester in diese Gegend kam, so ist es nicht unwahrscheinlich, daß irgend ein bairischer Chronist etwas vom Swatobor niederschrieb. Vor längerer Zeit grub auf dem Berge ein Bauer zufällig ein kleines Götzenbild von Bronze aus, das in die Hände des damaligen Besitzers von Knežic, Herrn Ritters Anton Hubacius von Kotnow, dann der Gräfin Wratislaw, geborenen Běšin von Běšin, gelangte und jetzt bei Herrn Ritter Lambert Hubacius von Kotnow verwahrt wird und in der Museumszeitschrift 1847 S. 542 genau beschrieben ist. Ueber den Ursprung der Quelle Wodolenka herrscht folgende Sage: Zur Zeit, wo sich im Klatauer Bezirke das Christenthum auszubreiten begann und den Heiden Gefahr drohte, flüchtete sich die Jungfrau Wodolenka auf den Berg Swatobor bei Schüttenhofen und legte den Hof Wodolenow an. Auf ihrem Sterbelager verlangte sie, dort

begraben zu werden, wohin sie zwei weiße Ochsen ziehen würden. An
derselben Stelle entsprang hierauf die nach ihr benannte Quelle. Noch
im Jahre 1748 war das Grab der Heidenjungfrau mit einem hölzernen
Geländer umgeben. Weil aber das Volk sie für eine Heilige hielt und
verehrte, ließ Graf Ferdinand Desfours 100 Schritte von dem Grabe
eine Kapelle bauen, und bei dieser Gelegenheit wurde wahrscheinlich das

Schüttenhofen.

Grab zerstört. Durch die edle Gemalin des früher erwähnten Freiherrn
Sturmfeder von Oppenweiler ist die Quelle Wodolenka zum Wohle der
Menschheit zu einem Gesundbade hergerichtet.

Von Schüttenhofen führt die Straße an der großen Zündhölzchen=
fabrik des Herrn Fürth vorbei durch das reizende Wotawathal über
Tobrin, dann über den Berg Cepic und das Dorf Budětic nach

dem 74 Häuser und etwas über 600 Einwohner zählenden Städtchen Rabí, in dessen nächster Nähe sich gegen Osten auf einem Kalkfelsen die Ruinen der gleichnamigen Burg erheben (S. 23). Nicht leicht kann es Reste eines derartigen alten Bauwerkes geben, die einen geisterhafteren Eindruck machten, einen Eindruck, der selbst beim hellen Tageslicht mit Schauer erfüllt. Gleich einer in weißem Todtenhemd zur Schau gestellten Leiche blickt die fahlgraue Burg den Besucher an. Und wandelt man in ihrem Inneren, so wähnt man, da sich noch Ställe, Keller, Küche, Gesindestuben, Rittersaal, Verließ wohl erkennen lassen, in einem lebendigen Grabe umher zu gehen. Aus den Ueberresten läßt sich schließen, daß die Burg einst zu den festesten und zugleich größten in Böhmen gehörte. Auf der Westseite des länglichrunden Berges, auf dem sie kreisförmig erbaut war, zwischen ihr und der Stadt, dehnte sich die Vorburg aus, in die ein großes zum Theil noch erhaltenes Thor und eine kleine Pforte führte. Die Vorburg nahm fast die ganze Westseite des Schloßberges ein und hatte ihre Bastionen, von denen aber bloß noch eine und zwar nur ein wenig über dem Israeliten=Friedhofe sichtbar ist. Hier steht jetzt eine Reihe kleiner Häuser. Man kam im vorigen Jahr, als man den Grund zu einem neuen Gebäude grub, auf einen alten Keller, von dem man früher nichts wußte. Die Burg selbst über der Vorburg hatte drei Höfe, von denen jeder seine eigene Befestigung und sein mit Gittern und Zugbrücken ver= sehenes Thor besaß. In den ersten Hof gelangt man auf einem steilen Wege. Das Haupt= oder äußere Thor ist fast ganz eingestürzt, man ge= wahrt nur, daß eine eigene Zugbrücke zur heil. Dreifaltigkeitskapelle führte, die außerhalb der Burg auf der Nordseite steht. Diese Kapelle ist noch ganz erhalten und nach der Aufschrift am Chor 1498 von Půta Swi= howský von Riesenberg in gothischem Styl erbaut. Der linke dem heil. Georg geweihte Seitenaltar ist alt. Der kleine Altar zur rechten Hand, von Johann Heinrich Chanowský von Dlouhá=Wes (Langendorf) und seiner Gemalin Anna Barbara, geborenen Ca= stolar von Dlouhá=Wes 1636 errichtet, hat ein hübsches Bild der heil. Jungfrau Maria, auf dem auch die Errichter dargestellt sind. Der erste Hof ist der umfangreichste und nimmt fast die Hälfte des ganzen Burgraumes ein. In ihm befanden sich die Wohnungen für die Knappen und das Gesinde, in der Mitte des Hofes die geräumigen Pferdeställe, die noch erhalten sind. Neben den Pferdeställen liegen zwei große Mauer= stücke, von denen eines 1792 einen Bauer, der dort unvorsichtig herum grub, erschlug. Auf der Westseite des Hofes ragt eine große runde Ba= stion; etwas weiter gegen Norden tritt aus der Burgmauer ein viereckiger Thurm hervor, in den man aber nur auf einer Leiter hinaufkriechen kann. Die Stiege im Inneren ist noch unbeschädigt. Auf der Ostseite des Hofes finden sich Mauern, die deutlich erkennen lassen, daß hier Gefängnisse

waren, in die man aber nur durch Gänge aus dem zweiten Hofe gelangen
onnte. Durch ein zweites noch wohlerhaltenes Thor, neben dem sich
Küche, Speisekammern und unter ihnen Keller befanden, kommt man auf
steilem Pfade (da keine Zugbrücke mehr vorhanden ist) in den zweiten
Hof, worin Wohnungen für das Gefolge, ein großer Rittersaal mit vielen
Gemächern und eine Kapelle waren. Aus einem viereckigen Thurme treten
zwei große Steine über die Burg hinaus, auf denen ein Balkon ruhte.
In der Mitte dieses nicht großen Hofes war ein tiefer Brunnen, der
jedoch gegenwärtig verschüttet ist. Unter dem Volke heißt es, daß er so
viel kostete, als der Bau der ganzen Burg. Durch ein kleines Thor tritt
man endlich in den dritten Hof, der eng war und sich um die ganze
Hochburg herum zog. Dies Gebäude bildet ein längliches Viereck von
vier Stockwerken, dessen Mauern etwa 15 Klaftern hoch sind. Aus den
verbrannten Balken im Gebäude läßt sich schließen, daß es durch eine
Feuersbrunst zerstört wurde, was bei den übrigen Gebäuden, wo man
gleichfalls, obwohl nur wenige, Balken trifft, nicht zu sehen ist. Vor
einigen Jahren ließ der jetzige Besitzer der Burg Se. Durchlaucht
Gustav Fürst von Lamberg in diesem Gebäude eine Treppe bauen,
auf der man bis auf die Höhe steigen konnte. Da die Treppe zu Grunde
ging, ließ der Fürst im vorigen Jahr eine neue Treppe herstellen, auf der
man bequem empor gelangen kann. Oben tritt man auf festen Breterfuß-
boden, um den ein Geländer läuft. Dieser Punkt ist für den Besucher Rabi's
der wichtigste, da er einen Ueberblick der ganzen ausgedehnten Burg und
eine schöne Aussicht gewährt. Gegen Osten erblickt man Zichowic,
die hohe Kirche von Nezamyslic, das Pfarrdorf Albrechtec und
hinter ihm den Berg Zbanow, dann das Dorf Groß-Chmelná.
Gegen Süden zeigt sich die Kirche auf dem Schutzengelberge bei
Schüttenhofen, dieses selbst und die erwähnte große Zündhölzchenfabrik, im Hintergrunde der Swatobor und die dunklen Berge
des Böhmerwaldes. Gegen Westen erhebt sich der Berg Zban,
auf dem ein Wallgraben zu gewahren ist. Ohne Zweifel stand hier einst
ein zu Burg Rabi gehöriger Wartthurm. Unter den Leuten der Gegend
geht die Sage, daß das Gebäude auf dem Berge Zban, wovon noch
Reste übrig sind, durch einen unterirdischen Gang mit Burg Rabi zusammen hing. Rechts vom Berge Zban gewahrt man die Kirche mit
der Gruft der Grafen von Taaffe bei Nalzow (Elischau) und
etwas weiter das Pfarrdorf Pole. Gegen Norden erscheint der Berg
Prachen, von dessen uralter jetzt nur in einigen Trümmern vorhandener Burg der frühere Prachiner Kreis seinen Namen führte. Hat man
sich an dieser reizenden Aussicht ergötzt, so überblickt man von seinem
hohen Standpunkte unter sich die ungeheure Burg. Alle Mauern stehen
auf Felsengrund und sind von Kalkstein, nirgend mehr aber sieht man

ein Dach; doch sind die Mauern noch so fest, als ob sie gegossen wären. Am stärksten sind sie gegen Süden, besonders die Wallmauer, die neun Ellen dick ist, so daß man auf ihr fahren konnte. Schade, daß Menschenhand im verflossenen und am Anfange des jetzigen Jahrhunderts mit der Burg so schonungslos verfuhr, ausgrub und wegführte, was sie nur konnte und, wie an anderen Orten, so auch hier einen wahrhaften Vandalismus übte. Innigen Dank muß man daher dem edelgesinnten Fürsten Lamberg zollen, daß er, wie schon gesagt wurde, die Stiege auf das höchste Gebäude zum zweiten Male herrichten und die Burg mit sperrbaren Thüren versehen ließ, und daß er einen in einem Häuschen bei der Burg wohnenden Schlüsselverwahrer dazu bestimmte, die Fremden umher zu führen, wodurch der weiteren Beschädigung vorgebeugt ist.

In welchem Jahre die Burg Rabi erbaut wurde, ist nicht genau bekannt; mit Gewißheit jedoch läßt sich behaupten, daß dies in der zweiten Hälfte des 13. Jahrhunderts geschah. Bereits 1287 schrieb sich Póta, aus dem Geschlechte des uns schon von Riesenberg her bekannten Drslaw. „Póta von Jung-Potstein" (de Juveni Potstein) und dieses Jung-Potstein soll ursprünglich Rabi gewesen sein. Vergleicht man damit die unter dem Volke noch jetzt lebende Sage, daß ein gewisser Púta (Póta) die Burg Rabi erbaute, so gewinnt die Sache um so mehr Wahrscheinlichkeit, obwohl sich nicht darthun läßt, wann und aus welchem Grunde sich später der Name Potstein in Rabi verwandelte. Am Anfange des 14. Jahrhunderts gab es viele Nachkommen Drslaw's in verschiedenen Zweigen, ihre Macht aber war deßhalb nicht mehr so groß, als in dem frühern Jahrhunderte, weil sie die bisherige Stammesverbindung aufgelöst und das gemeinschaftliche Vermögen unter 40 Glieder vertheilt hatten. Die Burg Rabi war das ganze 14. Jahrhundert hindurch im Besitze der Herren Swihowský von Riesenberg, nur daß sich die Besitzer nicht alle namentlich anführen lassen. Erst im 15. Jahrhunderte befinden wir uns mit Burg Rabi auf festerem historischen Boden. Bis zum Jahre 1420 wurde die Burg für eine der stärksten im ganzen Königreiche und für uneinnehmbar gehalten. In diesem Jahre war Johann Swihowský von Riesenberg Herr auf Rabi, wie es scheint, Brudersohn des Herrn Břeněk, eines eifrigen Husiten, den Žižka Bruder nannte und der in der Schlacht bei Sudoměřic fiel. Da Johann Swihowský von Riesenberg nicht auf der Seite der Husiten stand und sich im Prachiner Kreise die Nachricht verbreitete, daß Žižka nach der Zerstörung der Klöster von Mühlhausen und Nepomuk mit großer Macht gegen Rabi ziehen wolle, bargen daselbst viele Geistliche und Weltliche der Umgegend alle ihre Kostbarkeiten, eine Menge Kleinode von Gold, Silber und Edelgestein, auch theuere Gewänder, Waffen und dgl. Žižka gelang es jedoch, sich der Burg in kurzer Zeit zu bemächtigen,

worauf seine Krieger, von Fanatismus getrieben, nicht bloß sieben ge-
fangene Mönche und Priester, sondern auch sämmtliche vorgefundene
Schätze in der Vorburg verbrannten, nichts schonend, als Waffen, Pferde
und Geld. Zizka nahm die Söhne des Besitzers, Johann und Wilhelm, in Schutz und Obhut, doch wurden diese später Hauptfeinde der
Husiten. Als Zizka im Monat Juli 1421 die Burg Rabi zum
zweiten Mal belagerte, wurde er von einem Pfeile in das Gesicht
getroffen, so daß ihm die Pfeilspitze in dem einzigen gesunden Auge, das
er noch hatte, stecken blieb und mit gänzlicher Blindheit drohte. Ein
solches Unglück ließ sich weder durch die Eroberung der Burg und der
nahen Feste Bor, noch durch die Gefangennehmung des hochangesehenen
Herrn Meinhard von Neuhaus gut machen. Die Aerzte zu Prag
zogen zwar den Pfeil aus Zizka's Auge, konnten ihm jedoch das Gesicht
nicht wiedergeben. Auf dies Ereigniß thaten sich die Besitzer Rabi's viel
zu gute. Beweis dessen, daß sie die Geschichte auf einem Thor abbilden
ließen. Balbin beschreibt das Bild, das zu seiner Zeit noch zu sehen
war, ausführlich. Links saß zu Roß in voller Rüstung Zizka, bewaffnet
mit einem eisernen Streitkolben; ihm folgten mehrere Krieger zu Fuß.
Vom Thurme beim Burgthor sah Ritter Přibik Kocowský herab.
Sein losgeschnellter Pfeil flog in die Oeffnung von Zizka's erschlossenem
Helm und unter dem Bilde stand geschrieben:

Přibik Kocowský: Bist Du's, Bruder Zizka?
Zizka: Ich bin's.
Přibik Kocowský: Wahr' Deine Blöße!
Darunter waren folgende lateinische Verse zu lesen:

Zisska sub hac turri jaculo percussus ocellum,
Qui tantum unus erat, perdidit atque operam.
Caecus ut oppressit patriamque fidemque . . . .
Daemone (sic meritus) caeca barathra petit.

Diese Verse verfaßte Erzbischof Ladislaw von Gran,
Kanzler des Königreiches Ungarn. Sie dürften deutsch lauten:

Unter dem Thurme hier verlor, vom Pfeile getroffen,
Zizka sein zweites Aug', Auge und Mühe zugleich.
Aber nachdem er umnachtet sein Land bedrängt und den Glauben,
Ward in des Abgrunds Nacht endlich zum Lohn er gestürzt.

Die Husiten suchten den Unfall ihres Feldherrn auf alle mögliche
Weise zu rächen, und verheerten die übrigen Swihowský'schen Besitzungen.
Zizka selbst nahm keine Rache durch neue Belagerung und Eroberung der
Burg. Johann Swihowský von Riesenberg blieb bis 1423 Herr von
Rabi, dann trat er es seinem Sohne Johann Swihowský, so wie die

Burg Swihau seinem zweiten Sohne Wilhelm ab. Ohne Zweifel ließ noch er das von Žižka beschädigte Rabi neu herstellen. Johann Swihowský von Riesenberg der Jüngere gehörte sammt seinem Bruder Wilhelm zum Bunde des Pilsner Kreises, hielt sich also an König Sigmund und die Kirche, war demnach antihusitisch. Schon 1424 befand er sich im Rathe Sigmund's zu Ofen und wurde 1425 als königl. Rath nach Brünn geschickt, um Frieden zu unterhandeln. Im Jahre 1434 wohnte er der Schlacht bei Lipan bei und gehörte zu den vornehmsten Männern der österreichischen Partei. Im Jahre 1438 trug er bei Albrecht's Krönung den goldenen Apfel. Im Jahre 1450 war Herr Johann Swihowský von Riesenberg schon todt, und wir finden als Herrn von Rabi seinen Sohn, Wilhelm den Jüngeren. Dieser Wilhelm war 1469 Oberstkämmerer des Königreiches Böhmen und eines der muthigsten und vorzüglichsten Häupter der königlichen Partei. Seine Gemalin, Scholastika Plichta von Zerotin, soll ihn auf seinen Fahrten begleitet haben, und auch ihren Muth erheben die gleichzeitigen Schriftsteller vielfältig und vergleichen sie mit Bellona an der Seite des Kriegsgottes. Im Jahre 1468 verschrieb ihm König Georg für seine treuen und beharrlichen Dienste, als seinem Rathe, 100 Schock jährlich auf Pisek bis zur Rückzahlung von 4000 ungarischen Gulden. Sein Name kommt in böhmischen Urkunden, sowohl Privaturkunden als öffentlichen, häufig vor. Im Jahre 1502 am 15. August fand zu Rabi eine große Versammlung des böhmischen Adels statt. Die Veranlassung war ein Streit zwischen dem Herren= und Ritterstande einerseits und dem Bürgerstande andererseits in Betreff vieler Punkte, besonders des Bierbrauens, welches der Bürgerstand dem Herren= und Ritterstande wehrte, da es den hauptsächlichsten und einträglichsten Erwerb des Bürgerstandes bildete. Am meisten verdroß den an diesem Tage zahlreich versammelten Adel, daß sich ein Herr von Janowic auf die Seite der Bürger schlug. Die Sache kam zur Entscheidung vor den König. Das Urtheil fiel zu Gunsten des Herren= und Ritterstandes aus, wodurch der Bürgerstand keinen geringen Schaden litt. Im Jahre 1503 schloß Púta Swihowský einen Vergleich mit den Bürgern des einst gleichfalls durch Goldwäscherei blühenden, 1307 durch König Rudolph I. Tod merkwürdig gewordenen Horažďowic wegen Führung des Wassers in die Stadt und erneuerte in demselben Jahre die Rechte und Privilegien der Bürger. Im Jahre 1504 starb Púta Swihowský in Folge eines Blutsturzes. Er war ohne Zweifel ein guter Freund des berühmten Bohuslaw Hassenstein von Lobkowic, da ihn dieser in einer lateinischen Grabschrift feierte. Noch müssen wir eines komischen Vorfalles erwähnen, der sich unter Púta Swihowský zu Rabi zutrug und den Balbin in seinen Schriften anführt. Herr Púta hielt auf Rabi zu seiner Ergötzung einen

Affen von ungewöhnlicher Größe, den er sich aus fernen Ländern verschafft
hatte und den er ungemein liebte. Im Jahre 1494 begab sich Herr
Půta nach Prag, den Affen aber ließ er auf Rabi, und dieser, schlecht
bewacht, entsprang in den benachbarten Wald. Hier erblickte ihn zuerst
ein Bauer aus Hajná, der eben beschäftigt war, Holz zu fällen. Er er-
schrak nicht wenig, da er glaubte, das ihm ganz unbekannte Thier sei
der leibhaftige Teufel. Alsogleich rannte er in sein Dorf und verkündigte
dort, daß er im Walde den Teufel gesehen. Diese Kunde erregte im
ganzen Dorfe einen Sturm. Nach langer Berathung beschloßen die Leute,
bewaffnet gegen den Teufel zu Felde zu ziehen und gedachten ihn entweder
zu verjagen, oder, sei es todt oder lebendig, in ihre Gewalt zu bekommen.
Sie hofften, ihr Dorf werde durch solche Heldenthat weit und breit zu
Ruhm gelangen und sie würden sich bei ihrer Obrigkeit großes Ansehen
erwerben und so vielleicht von einigen Abgaben und Frohndiensten befreit
werden. Sie bewaffneten sich mit Hacken, Sensen, Dreschflegeln, Stangen
und allerlei Werkzeugen, und zogen wider den vermeintlichen Teufel in
den Wald. Der Affe kroch, als er den Haufen Bewaffneter gewahrte,
schnell auf den Gipfel eines hohen Baumes und schien von dort mit
Grinsen und unterschiedlichen Geberden die unten stehenden Bauern zu
verlachen. Da beschloßen die Leute, den Baum umzuhauen, um sich des
Teufels zu bemächtigen. Sie legten Hand ans Werk. Als aber der
Baum schon zu sinken begann, sprang der Affe auf einen andern, und
als sie auch diesen zum Sinken gebracht, auf einen dritten und so immer
weiter, so daß die Bauern endlich sahen, sie würden auf diese Weise des
Affen nicht habhaft werden. Sie begannen daher mit Steinen und Knüt-
teln dermaßen nach ihm zu werfen, daß er ganz erschöpft und bluttriefend
an einem Aste hängen blieb, worauf die Beherztesten empor krochen und
ihn mit einem tödtlichen Schlage hinab schleuderten. Jetzt berathschlagten
sie, wie sie den gefangenen Teufel am Leben erhalten könnten; als sie
aber den Affen fesseln wollten, biß er so grimmig um sich, daß sie endlich
einstimmig den Beschluß faßten, ihm den Tod zu geben. Er fiel als
Opfer des Wahns, und seine Leiche wurde feierlich auf die Gemeindestube
gebracht. In kurzem verbreitete sich das Gerücht, in Hajná sei der Teufel
erschlagen worden, und die Leute strömten haufenweise herbei, um den
verstorbenen Satan zu sehen. Die Bauern von Hajná wollten ihn jedoch
niemanden zeigen, bevor ihn nicht Herr Půta Swihowský gesehen hätte.
Sobald also Herr Půta nach Rabi zurück kam, begaben sich die Richter
und die Vorsteher zu ihm und erzählten ihm, wie sie im Walde von
Hajná den Teufel gefangen und wie er ihnen bald entwischt wäre, daß
sie ihn aber endlich mit großer Mühe in ihre Gewalt bekommen und
erschlagen hätten, und daß sie seine Leiche noch auf der Gemeindestube
verwahrten. Herr Půta lachte und befahl ihnen, den todten Teufel auf

Burg Rabi zu bringen denn er war sehr begierig, das Wunder zu sehen. Und sie brachten den erschlagenen Affen unter ungeheurem Menschenzulauf auf Burg Rabi. Bald jedoch verwandelte sich Půta's Lachen in nicht geringen Zorn, als er in dem angeblichen Teufel seinen' armen Affen erkannte. Er ließ in der ersten Aufwallung den Abgesandten Hajná's wacker den Pelz ausklopfen und verordnete, das Dorf solle auf alle künftigen Zeiten den Namen „Narren=Hajná" (Bláznivá Hajná) führen, und zur Strafe, daß sie ihm seinen theueren Affen erschlagen, sollten die Hajnáer eine neue jährliche Abgabe zahlen. Diese Abgabe hieß Affensteuer (pensio similialis), und Balbin bezeugt, daß diese Affensteuer noch zu Ende des 17. Jahrhunderts entrichtet wurde, und daß das Dorf in den Büchern fortwährend „Narren=Hajná" hieß.

Nach Půta Swihowský's Tode erscheint 1506 Wilhelm Swihowský von Riesenberg auf Rabi und Kozlé. Spätere Besitzer der Burg Rabi waren Heinrich und Břetislaw Swihowský von Riesenberg, welche sie 1544 an Heinrich Kurzbach von Drachenberg und Milčic für 7800 Schock Groschen verkauften. Dieser verkaufte die Burg 1557 an Diwiš Malowec von Libějowic für 10.000 Schock Groschen. Ritter Diwiš Malowec war jedoch nicht lange Besitzer von Rabi, denn 1559 waltete hier schon der böhmische Crösus, jener berühmte Wilhelm von Rosenberg, von dem wir später umständlicher handeln werden, und hatte hier seine eigenen Beamten. Im Jahre 1561 ging Rabi mittelst Ueberlassung in Folge einer Schuld von 20.000 Schock Groschen landtafelmäßig vollkommen von Ritter Diwiš Malowec auf Herrn Wilhelm von Rosenberg über, der es aber nicht über zwei Jahre behielt, sondern 1563 mit Ritter Adam Chanowský von Dlouhá=Wes und Ritter Balthasar Ehrt einen Vertrag schloß, demzufolge für die Burg und Stadt Rabi jeder von ihnen für seinen Theil 6750 Schock Meißner Groschen zahlen sollte. Nach Adam Chanowský's Tode 1598 ging Rabi auf Christoph Chanowský von Dlouhá=Wes über, kaiserl. Rath, Vice=Landesrichter und Burggrafen des Königgrätzer Kreises, und blieb hierauf bei den Chanowský bis zum Anfange des 18. Jahrhunderts, obwohl sie es sammt Zugehör vielfach unter sich theilten und Theile davon auch veräußerten, die sie jedoch immer wieder an sich brachten. Der ritterliche Stamm von Dlouhá=Wes (Langendorf), welchem die Chanowský entsprossen waren, zählte von jeher mehrere Zweige, namentlich die Chanowský, Kraselowský, Castolar und Dlouhowský. Gegenwärtig besteht nur ein Zweig, welcher die Namen „Chanowský, Kraselowský, Dlouhowský von Langendorf" in sich vereinigt. Der Stamm gehört zu den ältesten Böhmens, da Sprößlinge von ihm schon im 14. Jahrhunderte zahlreich erscheinen. Bemerkenswerth ist der

Umstand, daß Johann Hynek Dlouhowesků von Dlouhá-
Wes, Weihbischof und Dompropst von Prag, Generalvikar und Suffra-
gan des Erzbisthums, der durch viele Schriften in der böhmischen Literatur
bekannt ist, mit dem uralten Rittertitel sich begnügend, seine Erben ver-
pflichtete, sich nicht in den Herrenstand erheben zu lassen, wofern sie im
Besitz der Fideikommißgüter verbleiben wollten. Ohne seinen letzten Willen
zu ändern, starb der ehrwürdige Bischof am 10. Januar 1701, nachdem
er 10.000 Gulden zu einem Hause für siechgewordene Priester bestimmt
hatte. Später, und zwar 1820, wurde dennoch ein Dlouhowesků zum
Freiherrn erhoben. So lange die Chanowský im Besitze Rabi's waren,
befand sich dort ein mit schwarzem Tuch bedeckter Kasten, der sich, wenn
ein Dlouhowesků, Castolar oder Chanowský sterben sollte, stets mit Prasseln
und Poltern bewegt haben soll. Der Sarg befindet sich jetzt in der
Kirche von Kraselow (Krasslau). Zu Ende des 17. Jahrhunderts stand
ein Theil Rabi's öde, weil auf ausdrücklichen Befehl Kaiser Leopolds I.
keine Burg mehr bewohnt werden sollte; ein Theil jedoch war, wenngleich Beckowský 1700 Rabi zu den öden Schlössern rechnet, bis zum
Jahre 1708 bewohnt, da dort bis zu dieser Zeit das Archiv aufbewahrt
wurde. Im Jahre 1708 verkaufte Johann Wilhelm Ritter Chanowský von Dlouhá-Wes die Burg Rabi an Johann Philipp
Grafen von Lamberg, Fürst-Bischof von Passau, der gleich in diesem
Jahre das Archiv und alles sonst auf Rabi Befindliche nach Zichowic
schaffen ließ; von dieser Zeit an blieb Rabi öde. Später wurde es zur
Herrschaft Zichowic geschlagen und hatte vom Jahre 1708 an folgende
Besitzer aus dem erlauchten Hause Lamberg: 1760 Johann Heinrich, 1804 Karl Eugen, 1834 Gustav Fürsten von Lamberg,
der sich dadurch verdient machte, daß er der weiteren Verwüstung der
durch Bau und Geschichte so interessanten Burg Einhalt that. Das Museum zu Prag bewahrt in seiner archäologischen Sammlung einen hohlen
Schlüssel aus Rabi, der durch seine Länge merkwürdig ist, welche 3' beträgt, und dann ein großes, schönes Relief, welches den Gekreuzigten
darstellt und unter dem Kreuze die schmerzenreiche Mutter mit Johannes
dem Evangelisten, aus dem Anfange des 16. oder vielleicht noch aus dem
Ende des 15. Jahrhunderts.

5. Nach Bergreichenstein und Karlsberg.

Wir schreiten nun zu unserem letzten Ausfluge von Gutwasser aus,
nämlich zu dem nach Bergreichenstein, indem wir uns merken, daß
man daselbst gut bewirthet wird und die Straße von dort nach Winterberg, unserer nächsten Station, führt. Man gelangt nach Bergreichen-

stein entweder auf dem Fußwege über Kundratic, oder auf dem Fahr=
wege über Hartmanic, welche Orte beide uns schon bekannt sind. Auf
keinen Fall versäume man, von dem Wege links abzubiegen und Stt.
Maurenzen oder die Stt Mauritiuskirche zu besuchen. Einsam
steht sie da, festungsartig gleich der zu Petrowic angelegt, ein altehrwür=
diges Gebäude, das zu ernsten Betrachtungen stimmt. Aber wunderschön
ist der Blick ins grüne romantische Thal, durch welches sich von Unter=
reichenstein herab zwischen mehreren Ortschaften die Wotawa, mit kleinen
Inseln geschmückt, malerisch dahin schlängelt!

An gähnenden Abgründen vorüber geht es nun in das Thal selbst
und dann, vorbei an einer Mühle, auf einer Brücke über die Wotawa,
den hohen Berg nach Bergreichenstein hinan. Eine Viertelstunde
vor Bergreichenstein erhebt sich die Kirche zum heil. Nikolaus, ein an=
sehnliches Gebäude, wahrscheinlich schon im Anfange des 14. Jahrhunderts
entstanden, und die ältere Pfarrkirche der Stadt mit drei Kapellen in der
Nähe. Man erhält durch das Gotteshaus einen Begriff von der Be=
deutung, deren sich einst Bergreichenstein erfreute. Ihren Ursprung ver=
dankt die Stadt den reichen Goldwäschereien und Goldbergwerken, die
einst in der ganzen Umgegend, dem schon erwähnten böhmischen Kalifor=
nien, betrieben wurden. Noch jetzt ist sie eine k. Bergstadt mit einer
Dekanalkirche, 200 Häuser und 1800 Einwohner zählend. Aber in welch
großartigem Flore stand sie in früheren Zeiten! Um die Mitte des 14.
Jahrhunderts gab es da über 300 Quid= oder Goldmühlen, und die
Stadt vermochte König Johann von Luxemburg bei seinem Zuge
gegen die Festung Landshut in Baiern mit 600 Mann zu unterstützen.
Von König Johann erhielt sie im Jahre 1345 ihre ersten Privilegien.
Auch die späteren Regenten erwiesen sich gnädig gegen die Stadt; Kaiser
Rudolph II. war es, der ihr den Rang einer k. Bergstadt verlieh.
Allein der dreißigjährige Krieg, durch welchen der Bergbau in Böhmen
überhaupt erlag, trug das Seinige dazu bei, um auch Bergreichenstein in
Verfall zu bringen.

Doch ließ der unvergeßliche Karl IV., der sich durch so viele Bauten
in Böhmen verherrlichte, von dem das Karolinum, der Karlsplatz, die
Karlsbrücke und der Karlshof in Prag, Karlstein und Karlsbad den
Namen führen, kein Denkmahl übrig, das von seinem Wirken auch bei
dem einst so wichtigen Bergreichenstein Zeugniß gäbe? Wir brauchen nur
auf die nahe, noch als Ruine imposante Burg Karlsberg zu blicken,
welche er zum Schutze Bergreichensteins erbaute. Sie ragt auf einem
Ausläufer des Berges Bosum (Ždanovská horn), welcher an 3300 Fuß
über die Meeresfläche empor steigt. Der Ausläufer hat drei Kuppen.
Die östliche, Holm (Homole) genannt, ist die höchste, doch kahl. Die
mittlere trägt auf einem jäh abstürzenden Felsen die Trümmer der kleinen

Beste Deðichlöffel; auf der dritten, die von der früheren etwa 200
Klaftern gegen Westen entfernt und durch eine Tiefe von ihr getrennt ist,
erhebt sich Karlsberg. Es verleiht der ganzen Gegend zwischen Schüttenhofen und Bergreichenstein etwas Malerisches, Romantisches, und kann
mit Recht eine Zierde des Böhmerwaldes heißen. Von Bergreichenstein

Karlsberg.

leitet ein krummgewundener Fahrweg über das Dorf Gayerle (Kavrlik),
zum Theil durch dichten Nadelwald, zu dem ersten auf der Ostseite am
Fuße des Schloßberges gelegenen Thore, das durch einen noch jetzt sichtbaren Graben und durch eine Fallbrücke geschützt war. Von diesem Thore
geht man auf einem steileren Wege rechts, zwischen der zum Theil schon

eingestürzten Burgmauer und dem felsigen Schloßberge, bis zu dem westlichen Ende der Ruine, wo sich eine kleine Ausfallsthür befindet, zu
welcher, zwischen dem Fahrweg und dem zweiten Thor, ein schmaler Pfad
führt. Von diesem geräumigen Platze aus konnte der belagernde Feind
durch Steine und Kugeln, die man von der hohen Burgmauer auf ihn
schleuderte, so gut abgewehrt werden, daß sein Bestreben, die Burg zu
erobern, fruchtlos bleiben mußte. Gelang es ihm dennoch, bis zum zweiten
Thore vorzudringen, so stand ihm hier ein tiefer, ausgemauerter Graben
im Wege, über den er bei der größten Anstrengung nicht hinüber zu setzen
vermochte. Ueber diesen Graben führte abermals eine Fallbrücke zu dem
zweiten Thore; da sie aber schon längst nicht mehr vorhanden ist, so sieht
der Besucher, wenn er geraden Weges in die Burg gelangen will, sich
genöthigt, aus dem Graben hinauf zu kriechen. Wer bequemer dahin
kommen will, muß etwas links über einen abschlüssigen Felsen schreiten,
und gelangt dann über die eingestürzte Burgmauer in den ersten Hof,
der, wie die ganze Ruine überhaupt, mit Epheu, Moos, Farrenkräutern,
Gras, Gesträuch und Waldbäumen reich bewachsen ist. In diesem ersten
länglich viereckigen Hofe, dessen Thor auf der Westseite durch eine viereckige Bastion geschützt war, sind zwei verfallene Keller. Der eine befindet
sich in der eben angeführten Bastion; doch muß man über eine an 10
Fuß hohe Mauer kriechen, ehe man zu seinem Eingange gelangt. Der
zweite Keller befindet sich dem ersten gegenüber auf der Ostseite des Hofes,
wo ihn ein tiefer und breiter Graben von dem Haupttheile der Burg
trennt. Dieser Keller ist noch zugänglich und geräumig, doch mit einer
Menge Schutt angefüllt. Ueber den erwähnten Graben dieses Hofes
führte einst eine Fallbrücke durch ein drittes noch erhaltenes Thor erst zu
dem eigentlichen, etwas höher liegenden Burghofe, der zwar sehr eng,
aber dafür sehr lang ist. Ueberhaupt hat die ganze Bauart Karlsberg's
etwas Ungewöhnliches und kann wahrhaft originell genannt werden. Jeder
kann sich bei dem ersten Anblick überzeugen, daß sich der Bauherr nach
der Lage des länglichen und dabei schmalen Berges richtete, auf dem die
Burg steht; denn die Länge der Burg beträgt über 70 Wiener Klaftern,
die Breite an mancher Stelle höchstens 10. Ein breiter Graben, fast
inmitten der ganzen Länge der Burg, zwischen dem ersten und zweiten
Hofe, scheidet die Felsenwohnstatt in zwei Theile, die nebstdem noch durch
eine hohe und starke Mauer getrennt waren. Der zweite Hof, der zur
Zeit der Gefahr für sich allein vertheidigt werden konnte, umschließt die
ehemalige, noch ziemlich erhaltene Hochburg, ein viereckiges, 26 Klaftern
langes und 5 Klaftern breites Gebäude. Beide Flanken der Hauptburg
schmücken viereckige, hoch in die Luft ragende Thürme. Auch dieses Gebäude ließ sich, wenn sich der Feind schon alles Uebrigen bemächtigt hatte,
noch vertheidigen; denn außer einer engen und niedrigen Pforte auf der

Westseite gleich neben dem westlichen Thurme führte kein anderer Zugang dahin, und zwar mußte man wieder über eine kleine Fallbrücke. Die Dicke der Mauer beträgt fast 8 Schuh. Der östliche Thurm hatte innen, wie man sich noch überzeugen kann, nebst einem Keller vier Stockwerke, von denen jedes für sich ein Gemach bildete. Im dritten Stockwerke ist auf dem Anwurf noch eine alte Malerei wahrzunehmen, Heiligengestalten darstellend. Die bedeutende Höhe gestattet jedoch nicht, die Arbeit näher zu untersuchen, und da der Thurm kein Dach hat, so hausen hier Sturm und Regen nach Willkür und tilgen allmälig den alten Schmuck hinweg. Durch einen engen Gang kommt man endlich in das Innere des zwischen den zwei Thürmen befindlichen umfangreichen Gebäudes. Dasselbe ist viereckig, hatte zwei Stockwerke und ist noch jetzt 60 Schuh hoch, hat jedoch kein Dach mehr, keine verbindenden und sondernden Wände und nur grüner Rasen bedeckt den leeren Raum, über dem sich der blaue Himmel wölbt. Die Stätte, wo einst Karl IV. geräuschvolle Versammlungen hielt, wo über das Schicksal von Ländern und Nationen entschieden ward, diese Stätte ist wüst und öde. Wo in späteren Tagen tapfere Ritter walteten und die goldliefernden Bergwerke unten bewachten, wuchert Farrenkraut und auf den Mauern strebt die Tanne und Kiefer empor. Das erste Stockwerk des Hauptgebäudes enthielt ohne Zweifel prachtvolle Gemächer, denn in den großen, regelrecht ausgeführten Fensterwölbungen auf der Nordseite sind noch jetzt auf dem Anwurf Malereien zu gewahren, die das Fegefeuer, die Sonne u. s. w. darstellen; allein auch hier hausen die Elemente unbarmherzig und üben ihre zerstörende Macht an den uralten Verzierungen. Mit Mühe gelangt - man von hier in den zweiten Thurm auf der Westseite. Dieser Thurm hat ein halbeingestürztes, von Ziegeln gebautes Dach, und man entdeckt dort noch einige halbverfaulte Balken, welche die einzelnen Stockwerke von einander schieden. Beide Thürme sind gleicher Art, gothischen Styls, 15 Klaftern hoch und die Steinwiderlagen um die Zinnen herum zeugen von früher vorhandenen Galerien. Vor einigen Jahren ließ die Stadtgemeinde von Bergreichenstein die Waldbäume, welche die Burg beinahe schon verdeckten, auf Antrieb des k. k. Bezirksvorstehers Hartmann von Hartenthal umhauen, so daß Karlsberg besonders von Schüttenhofen aus einen pittoresken Anblick gewährt. Vielleicht wird auch der allgemeine Wunsch des Publikums erfüllt und wenigstens einer der Thürme von Karlsberg so eingerichtet werden, daß man ihn bequem wird besteigen können.

Da die Umgegend von Schüttenhofen im 12. und im Anfange des 13. Jahrhunderts, wie wir schon wissen, den Grafen von Bogen gehörte, so kann es immer sein, daß diese die erwähnte kleine Veste Oedschlössel bei Karlsberg erbauten. Wahrscheinlicher ist es, daß dies erst, wegen der öfteren Einfälle der Baiern, unter König Johann von

Luxemburg geschah, unter welchem die Goldgewinnung bei Bergreichen=
stein zu solcher Höhe stieg. Sein Nachfolger Karl IV. jedoch war es,
der im Jahre 1356 durch den Baumeister Veit Hedwabný zur grö=
ßeren Sicherheit Bergreichensteins eine Burg errichten ließ, und zugleich
den Bürgern von Schüttenhofen, Prachatic und anderen Bewohnern des
Landes gebot, das Werk nicht zu hindern, sondern im Gegentheil zu för=
dern. Im Jahre 1361 war die prächtige Burg aufgebaut und bekam
nach ihrem Gründer den Namen Karlsberg, und weil zu jener Zeit
die alte Zupenverfassung aufhörte, dagegen die Eintheilung des Landes
in Kreise immer mehr Wichtigkeit gewann, verlieh Karl IV. durch eine
eigene Urkunde dem jeweiligen Besitzer von Karlsberg das Richteramt und
das Recht der Justizausübung im Prachiner Kreise. Bergreichenstein blieb
zwar eine privilegirte Bergstadt, mußte jedoch an Karlsberg jährlich zwei
Schock sechzehn Groschen und drei Viertel Heller Schoßgeld zahlen, so wie
es auch seinen böhmischen Namen „Kasperské Hory" von Karlsberg
zu führen anfing. Einige Jahre später, etwa um 1365, überließ Karl
IV. die Burg auf Lebenszeit seinem Freunde Johann, mit dem Bei-
namen Očko von Wlašim, Erzbischof von Prag, der sie auch bis zu
seinem Tode besaß. Im Jahre 1366 bewilligte Karl IV. der Burg die
Führung und zollfreie Benützung einer Straße von Passau durch den
Böhmerwald, welche der „goldene Steig" genannt ward und von deren
Wichtigkeit für den Handel später die Rede sein wird. Nach Karls IV.
Tode im Jahre 1378, aber noch bei Lebzeiten des Erzbischofs Johann
Očko, nämlich im Jahre 1379, machte König Wenzel IV. bei Johann Landgrafen von Leuchtenberg eine Anleihe von 9775
ungarischen und böhmischen Gulden, wofür er ihm 977 Gulden oder 270
Schock Groschen Zinsen zahlte, und bei welcher Gelegenheit er ihm unter
anderem Karlsberg in eventum verschrieb. Als der Erzbischof 1380
starb, fiel Karlsberg, als ursprünglich k. Burg, der Kammer des Königreiches Böhmen zu, doch gleich im folgenden Jahre überließ Wenzel IV.
die Burg seinem Gläubiger Johann Landgrafen von Leuchtenberg als Pfand zum lebenslänglichen Genusse. Der Landgraf residirte
mehrere Jahre auf Karlsberg, verschönerte es auf alle Weise und ließ
das Richteramt durch einen Burggrafen ausüben, der gleichfalls auf
Karlsberg seinen Sitz hatte. Im Jahre 1402 verpfändete der Landgraf
die Burg an Habart von Hartenberg, was König Wenzel, da er
selbst von diesem Habart Geld geborgt, durch eine Urkunde genehmigte.
Im Jahre 1411 ging Karlsberg von Habart von Hartenberg mit Be-
willigung König Wenzels auf Peter Zmrzlík von Swojšín und
auf Worlik, k. Münzmeister, über, welchem Wenzel zur Herstellung der
Burg 200 Schock Groschen bewilligte. Peter von Swojšín war ein
Liebhaber der Literatur und hatte Anna von Frimburg, eine geistreiche

Tante, zur Gemalin, deren Wort König Wenzel IV. ein williges Ohr lieh. Peter hinterließ zwei Söhne, Peter und Johann. Der ältere folgte in dem Besitze Karlsbergs. Unter ihm, im Jahre 1434, wurde Karlsberg von den Nürnbergern belagert, und die kleine Beste Oedschlössel von ihnen zerstört. Peter II. hielt es, gleich seinem Vater, mit den Taboriten, weßhalb wohl Karlsberg durch Žižka keinen Schaden erlitt. Später kam die Burg an Zdenek von Sternberg, welchem Zdislaw von Sternberg folgte, dann an Bohuslaw von Schwamberg und dessen Sohn Heinrich. Damals war die Burg so eingegangen, daß König Wladislaw II. im Jahre 1493 zur Herstellung derselben 100 Schock Groschen bewilligte. Im Anfang des 16. Jahrhunderts besaß die Burg Puta Swihowsky von Riesenberg, Oberstlandesrichter des Königreiches Böhmen, nach dessen Tode sie der k. Kammer zufiel. Im Jahre 1538 überließ Ferdinand I. Karlsberg seinem Rathe, dem deutschen Vicekanzler und k. Burggrafen auf Karlsberg, Georg von Lokšan, auf 10 Jahre und schenkte ihm das sogenannte Freihaus in Bergreichenstein, welche Stadt damals zu Karlsberg gehörte. Doch schon im Jahre 1543 besaß die Burg pfandweise Bretislaw Swihowsky von Riesenberg und im Jahre 1553 Ludwig Tomarow von Enzenfeld. Aus allem dem erhellt, daß Karlsberg beinahe fortwährend verpfändet war, welcher Fall bei wenigen Burgen Böhmens stattgefunden haben dürfte. Als Kaiser Rudolph II. Bergreichenstein zu einer k. Bergstadt erhob, erließ er den Bürgern die Summe, welche sie jährlich an Karlsberg zu zahlen hatten, und verkaufte an sie, so wie an die Bürger von Schüttenhofen, mehrere Dörfer der Herrschaft Karlsberg. Doch blieb Karlsberg noch immer eine k. Burg, auch nach Kaiser Rudolph's II. Tode. Im Jahre 1614 verpachtete Kaiser Mathias die Burg an die Reichensteiner für 180 Schock Groschen, und diese mußten dort auf eigene Kosten einen Thorwächter unterhalten. Im Jahre 1617 endlich verkaufte er an sie die Burg Karlsberg sammt vier verlassenen Höfen und dem Dorfe Gayerle für 4200 Schock Meißner Groschen und von dieser Zeit an blieb Karlsberg bis auf den heutigen Tag im Besitze der Bergreichensteiner. Als sie die Burg übernahmen, war sie sehr herabgekommen. Sie ließen dieselbe in besseren Stand setzen, doch war die Ausbesserung nicht bedeutend, da es die Bürger für überflüssig hielten, auf ein so großes Gebäude viel zu verwenden, das ihnen nach ihrer Meinung nichts nützen konnte. Der dreißigjährige Krieg, der bald darauf ausbrach, belehrte sie jedoch, daß ihnen Karlsberg auch im 17. Jahrhunderte gute Dienste zu leisten vermöge; denn bei einem feindlichen Ueberfalle fanden sowohl sie, als die Bewohner der Umgegend dort ihre Zuflucht. Die Schweden aber drangen niemals bis vor Karlsberg. Als der dreißigjährige Krieg beendigt und der Friede geschlossen war,

kam auf ein Mal im Jahre 1655 der Befehl, alle festen Burgen im
Königreiche zu schleifen. Dieser Befehl bot den Bergreichensteinern will-
kommene Veranlassung, für die Herstellung Karlsbergs nicht das Geringste
mehr zu thun. Sie zerstörten zwar Karlsberg nicht im eigentlichen Sinne,
allein sie nahmen und führten schonungslos hinweg, was sie nur brauchen
konnten, und ließen die einst so berühmte Burg in einer Verwahrlosung,
die von Jahr zu Jahr ärger und verletzender wird. Dies sind die Schicksale Karlsbergs, bei denen wir um so länger verweilen zu sollen glaubten,
als es galt, dem glorreichen Andenken Karls IV. Rechnung zu tragen.

V.

Winterberg.

Für diejenigen, die von Außergefield nicht nach Gutwasser zurück wollen,
sei nochmals bemerkt, daß von Außergefield über Plän é (S. 71) eine
bequeme Straße nach Winterberg führt. Die Straße von Bergreichenstein dahin ist ihrer Abwechselung wegen bei weitem vorzu-
ziehen. Je mehr man sich von Bergreichenstein entfernt, um desto schöner
lagern sich, wenn man den Blick rückwärts kehrt, die Berge um dasselbe.
Vor Milau (Milov) erreicht diese Verglagerung alpenartige Grandio-
sität, Berge steigen hinter Bergen empor, bis die letzten den Himmel
zu berühren scheinen. Wir hatten, als wir dieses Weges zogen, das
Glück, daß sich gerade ein Regenbogen über die Gebirgslandschaft spannte,
wodurch sie natürlich an Reiz und Herrlichkeit gewann. Ueber die
Brunn- und Stübenhäuser den hohen Milauer Berg hinab, gelangt man zu dem schon besprochenen Stachau (Stachov), das sich mit
seiner neuen weißen Kirche inmitten großer grüner Wiesen recht hübsch
ausnimmt. Weiter kommt man durch das niedliche Klein-Zdikau
(Zdíkov malý) und das stattliche Groß-Zdikau (Zdíkov veliký), bis
man endlich den Boden der Herrschaft Winterberg betritt. Diese Sr.
Durchlaucht dem Fürsten Adolph Schwarzenberg gehörende
Herrschaft ist eine der ansehnlichsten Böhmens. Ihre Ausdehnung beträgt
7 Quadratmeilen. Die Poststraße nach Passau in Baiern windet sich
durch sie. Im Umfange der Herrschaft ragen die Böhmerwaldriesen, der
Kubani und der Schreinerberg, an deren steilen Flanken und auf

deren Rücken sich wahrhafter Urwald ausbreitet; es arbeiten auf der Herrschaft zwei der berühmtesten Glasfabriken, Adolphshütte und Leonorenhain; es liegen da die Stadt Winterberg selbst und der große Marktflecken Husinec, der Geburtsort des weltbekannten Hus. Der eigentliche Reichthum der Herrschaft besteht in ihren Waldungen, die über 23.500 Joch einnehmen. Ein bedeutender Theil des Holzes wird auf den drei Hauptgewässern, der Wolinka, der Blanic und der Moldau, verflößt, und zwar: auf der Wolinka nach Strakonic

Burg Winterberg.

und von da auf der Wotawa weiter in die Moldau und bis Prag; auf der Blanic nach den Herrschaften Libějic, Wodňan und Protiwin; auf der Moldau bis zum spitzenberger Holzrechen bei Salnau auf der Herrschaft Krumau, von wo es auf der Achse an den großen fürstl. Flößkanal geführt wird, auf dem es weiter nach Oesterreich bis nach Wien gelangt.

Die Stadt Winterberg liegt an der Passauer Straße am Wolinkabach in einem von Bergen eingeengten romantischen Thale. Sie zerfällt in den Schloßbezirk, die eigentliche Stadt und die Vorstadt, und zählt im Ganzen 210 Häuser mit 850 gewerbfleißigen Einwohnern. In der Vorstadt befindet sich der Gasthof zum goldenen Stern, welcher der besuchteste und der Empfehlung würdig ist. Imposant thront das fürst= liche Schloß auf einem hohen, aus ungeheuren Massen bestehenden Gneiß= felsen. Indem sich dieser auf den unten in die Stadt Eingehenden gleich= sam herab zu stürzen droht, scheint er jeden mit kecker Stirn heraus zu fordern, zu versuchen, ob es möglich sei, hinan zu klimmen. Das Schloß ist ein weitläufiges, aus verschiedenen Theilen zusammen gesetztes, wahr= scheinlich aus den Zeiten der Herren von Neuhaus oder derer von Rosenberg rührendes Gebäude, Sitz mehrerer herrschaftlichen Aemter und Wohnung der Beamten. Es hat eine schöne, geräumige Kapelle, nebst welcher noch eine kleine, ältere, nicht mehr benützte, mit gothischer Wölbung und Spuren von Malerei, merkwürdig ist; doch kann man zu der letzteren nur von einer Beamtenwohnung auf schmaler Treppe gelangen. Im Bezirke des Schlosses sind auch die Ruinen einer älteren Burg, der Hasen= oder Haselburg, böhmisch Básta, über deren Erbauung und Zerstörung nichts bekannt ist. Im Jahre 1856 schlug der Blitz in das herrliche Schloß ein, und es wurde um so leichter eine Beute der Flammen, als man ihm bei seiner hohen Lage mit Wasser nur mühsam beikommen konnte; doch überzeugten wir uns 1858, daß es durch die Sorgfalt des regierenden Fürsten beinahe ganz wieder in seiner früheren Gestalt hergestellt war. Unterhalb des Schlosses breitet sich die Stadt aus, die noch alte Ringmauern und 3 Thore hat. Die Straßen sind bei dem bergigen Terrain abschüssig und enge, die Häuser alter= thümlich, mit Gemälden und Wappen versehen. Da gewahrt man die Schilder des Niklas von Husinec, der Malowece, des Peter Wok von Rosenberg, der Kolowrate u. a. m. Die Errichtung der Pfarrkirche zur Heimsuchung Mariä fällt vor das Jahr 1384.

So wenig noch über die Geschichte der Stadt Winterberg ver= öffentlicht wurde, dies ist gewiß, daß sie einst ein glänzender Herrensitz und eine feste Gränzstadt war, und daß ihre Bürger, die noch jetzt gutes Bier erzeugen, ansehnlichen Handel mit Malz nach Baiern trieben. Dieses wurde auf dem goldenen Steige, der auch hierher führte, auf Saum= pferden nach Baiern gefördert, und von dort Salz als Rückfracht nach Böhmen geschafft. Im Jahre 1484 befand sich in Winterberg eine Buch= druckerei, von deren Druckwerken noch einige in der Bibliothek des Mu= seums zu Prag aufbewahrt werden. Als die ältesten Besitzer Winter= bergs sind die Kapliř von Sulewic bekannt, ein in der Geschichte Oesterreichs merkwürdiges Geschlecht. Ein Kapliř von Sulewic zog 1456 mit König Ladislaw Posthumus nach Belgrad, und vertheidigte dort, noch als junger Mann, den Grafen von Cilly unerschrocken gegen die Nachstellungen des nach Herrschaft strebenden Ladislaw Hunyadi. Ein anderer Kaplir wurde zwar 1621 als eifriger Anhänger Friedrichs von der Pfalz auf dem altstädter Ring zu Prag enthauptet; doch der Enkel desselben, Kaspar Zdenek, k. k. Feldzeugmeister, stand bei der zweiten Belagerung Wiens durch die Türken 1683 mit an der Spitze

Stadt Winterberg.

des daselbst von Kaiser Leopold I. eingesetzten geheimen Rathes, theilte mit dem heldenmüthigen Starhemberg die Sorge für die Vertheidigung der Stadt, und wurde in Anerkennung seiner vielfältigen Verdienste in den Grafenstand erhoben. Von den Kaplir von Sulewic finden sich Urkunden aus dem Jahre 1424, als Winterberg noch ein Marktflecken war.

Später gelangten die Ritter Malowec auf Chejnow zum Besitze Winterbergs. Im Jahre 1547 wurde die Herrschaft dem Peter Malowec konfiscirt, weil er sich an dem Aufstande gegen Kaiser Ferdinand I. betheiligt hatte, und im Jahre 1553 an Joachim von Neuhaus verkauft. Von diesem oder einem seiner Nachkommen gelangte sie an das Haus Rosenberg, das ein Nebenbuhler des Königsgeschlechtes der Premysliden war und an Macht und Einfluß, gleich den Grafen von Bogen, sich mit souverainen Häuptern Europa's maß. Im Jahre 1601 folgte dem Wilhelm von Rosenberg Herr Wolf Nowohradský von Kolowrat im Besitze Winterbergs. Nach dem Aussterben der Rosenberge wurde 1630 Johann Ulrich Fürst von Eggenberg Eigenthümer. Johann Christian Fürst von Eggenberg vererbte die Herrschaft 1710 an seine Gemalin Marie Ernestine, geborene Fürstin von Schwarzenberg, welche sie im Jahre 1719 ihrem Bruder Adam Franz hinterließ, seit welcher Zeit die Herrschaft mit den übrigen ausgedehnten Besitzungen des erlauchten fürstlichen Hauses Schwarzenberg vereinigt blieb.

Bei Winterberg liegt die „Mayers Neffen" gehörige renommirte Glasfabrik Adolphshütte, dem jetzigen Fürsten von Schwarzenberg zu Ehren so genannt, die für sich allein 350 Menschen beschäftigt. Es wird sich bei Leonorenhain noch bessere Gelegenheit ergeben, den großartigen Unternehmungsgeist jener Firma und ihres Gründers zu besprechen.

VI.

Prachatic.

Zu einer noch höheren Stufe der Entwickelung, als in Schüttenhofen und Winterberg, ja zu einer Stufe der Entwickelung, wie nicht bald wieder in einer andern Stadt Böhmens, gelangte das Bürgerthum in Prachatic. Wenn wir die Fahrstraße nach dieser 2½ Meilen von Winterberg entfernten Stadt über Husic und Husinec einschlagen, so senken wir uns zwar von den Höhen des Böhmerwaldes zu dessen Vorbergen hinab, doch werden wir in kurzem dahin zurück biegen, um ihn, obschon nicht auf den kürzesten, so doch auf den interessantesten Wegen zu durchmessen. Die Straße nach Husinec führt durch eine wohl

angebaute, bevölkerte Landschaft, die aber sonst nichts besonders Merk=
würdiges bietet. Auf einer Anhöhe vor Husinec jedoch eröffnet sich die
Ansicht von Wällisch=Birken, Helfenburg, Barau, während
das Auge links bis in die Gegend von Wolin, rechts bis in die von
Wodňan und Chelčic schweifen kann. Wällisch=Birken (Vla-
chovo Březí) am Fuße des elstiner Gebirgsjoches ist ein Städtchen,
worin sonst die Tuchmacherei stark betrieben wurde. Seinen Namen
erhielt es nach einem früheren Besitzer, dem italienischen Grafen Mille=
simo, zum Unterschiede von einem gleichnamigen Orte auf der Herrschaft
Protiwin. Malerisch erhebt sich bei dem Dorfe Jawornic in dichter
Waldung auf hohem Berge die Ruine Helfenburg. Die Burg wurde
1360 von den Brüdern Jodok und Udalrich Rosenberg erbaut
und 1378 von ihnen an Karl IV. verkauft, der sie dem Prager
Erzbisthum schenkte. Im Anfange des 16. Jahrhunderts war sie
wieder im Besitze der Rosenberge. Ihre Zerstörung scheint erst im
dreißigjährigen Kriege erfolgt zu sein. Die Ruine ist noch ziemlich er=
halten. Man erkennt den ehemaligen Wallgraben, eine Brücke zum
Hauptthor, zwei Höfe, das Hauptgebäude mit einer Kapelle, einen in
Felsen gehauenen Brunnen, zwei Thürme u. s. w. Ein unterirdischer
Gang soll bis zu dem Berge Hradišt bei Barau geführt haben. Vor
etwa 100 Jahren diente eine nahe Felsgrotte, vor deren Eingang noch
ein Kreuz steht, einem Einsiedler zum Aufenthalt. Auch 1824 schlug ein
junger Eremit hier seinen Wohnsitz auf, zog es aber vor, statt nach alter
Weise von Kräutern und Wurzeln zu leben, sich von Milch und anderen
Viktualien zu nähren, die ihm nebst reichen Geldspenden die durch seine
Scheinheiligkeit getäuschten Landleute vorbrachten, bis die Behörde ihn
endlich fortschaffte. Auf dem Berge Hradišt bei Barau (Bavorov)
ragte einst gleichfalls eine Burg, wo die mächtigen Herren Bawor
von Strakonic walteten. Die Burg ist verschwunden. Barau ist
ein ansehnlicher Marktflecken mit einer reich dotirten Kirche, deren Hochaltar ein schönes Gemälde der Himmelfahrt Mariä schmückt und deren
drei Glocken sich durch ihr harmonisches Geläute auszeichnen. Weit in
die Vergangenheit zurück reichende Erinnerungen knüpfen sich an die
Städte Wolin (Volině) und Wodňan (Vodňany) (S. 19). Die Dekanal=
kirche von Wolin erscheint schon 1374 als solche und mehrere aus der Zeit
des letzten Přemysliden Wenzel III. herrührende Münzen, die 1817 bei
dem Ueberbau des Kirchthurmes gefunden wurden, machen es wahrschein=
lich, daß die Kirche unter der Regierung jenes Monarchen 1305 oder
1306 entstand. Auf einer kleinen Anhöhe bei der Dechantei befinden
sich die Reste einer alten Burg, die nun zu einem herrschaftlichen Schütt=
boden umgeschaffen ist. An historischen Nachrichten über sie mangelt es
gänzlich. Zu Wodňan sollen bei der Herstellung der uralten Johannis-

kirche in der Vorstadt im Thurmknopfe Urkunden gefunden worden sein,
aus denen hervorgeht, daß der heil. Adalbert bei der Erbauung des
Thurmes zugegen gewesen und das Kreuz auf demselben eingesegnet.
Wäre dies gegründet, so fiele die Zeit der Erbauung der Kirche schon
in das 10. Jahrhundert. Die urkundlich sicher gestellte Geschichte der
Stadt beginnt aber erst 1336 unter der Regierung König Johanns
von Luxemburg. Schwer wurde Wodňan für seinen Abfall von
Husens Lehre, unter deren erste Bekenner es gehört hatte, im Jahre
1420 von Zižka gezüchtigt. Er kam nach der Verwüstung von Prachatic, steckte die Stadt in Brand und opferte eine große Anzahl Bürger
dem Tode. Treu hielt Wodňan an den Königen Georg von Poděbrad und Wladislaw II. Gegenüber Kaiser Ferdinand I. weigerte es sich zwar, Beistand wider den schmalkaldischen Bund zu leisten
und wurde dafür gestraft; doch unterstützte es den Kaiser bereitwillig
gegen die Türken ein Mal durch Vorstreckung einer Summe von 700
Schock böhmischer Groschen, das andere Mal durch Vorausbezahlung
einer zweijährigen Steuer. Im 16. Jahrhunderte zeichnete sich die Stadt
durch ihren blühenden Kulturzustand aus, indem damals mehrere gelehrte
Männer dort theils lebten, theils ihre Bildung erhielten. So Wenzel
Nikolaides, ein Freund Melanchthons, der böhmische Gesänge auf
Hus und Hieronymus hinterließ, die 1554 zu Wittenberg mit einer Vor-
rede von Melanchthon in Druck erschienen — der Arzt Thomas von
Husinec — Bartholomäus Baronides von Löwenberg,
der seine beträchtliche Büchersammlung der Prager Universität vermachte
— der Rechtsgelehrte Wenzel von Radlow — der Dichter und
Philologe Johannes Campanus — der Theologe Jacobus So-
phianus von Baltenberg. Im dreißigjährigen Kriege wurde die
Stadt 1620 von Herzog Maximilian von Baiern erobert und
hart mitgenommen; ihr Wohlstand ging allmälig zu Grunde, doch bestand
daselbst noch 1731 eine Buchdruckerei. Aber welch ein merkwürdiger,
uns erst vor wenigen Jahren bekannt gewordener Mann, dem an natürlicher Geistesbegabung kaum jemand seiner Zeitgenossen gleich kam, erhielt
von dem Dorfe Chelčic den Namen, das in der Nähe von Wodňan
liegt! Er war vermuthlich um das Jahr 1390 geboren, da er schon im
Jahre 1420 gelehrte Disputationen mit den ersten Theologen seiner Zeit,
Magister Jacobell und dem Taboritenpriester Martinek, hatte. In seiner
Jugend studirte er an der Prager Hochschule, doch nur kurze Zeit, so
daß er weder einen gelehrten Grad, noch eine hinreichende Kenntniß der
lateinischen Sprache erlangte; es scheint, daß er vorhatte, in ein Kloster
zu treten, hiervon jedoch durch die in der böhmischen Kirche entstandenen
großen Bewegungen abgebracht wurde. Gewiß ist, daß er ein Laie blieb
und ohne ein geistliches oder weltliches Amt zu verwalten, später still

und zurückgezogen in dem Dorfe Chelčic lebte. Dies war Peter Chelčický, der geistige Vater der böhmischen Brüder. Seine Schriften scheinen
erst zwischen den Jahren 1433 und 1443 verfaßt zu sein, nämlich noch
vor dem endlichen Falle der Taboritenmacht und bereits nach dem Beginne
der Streitigkeiten der böhmischen Nation mit dem Baseler Koncil, woraus
zu ersehen, daß er sich der Schriftstellerei erst im reiferen Alter zuwandte.
Das Christenthum ist nach seiner Lehre das Element des Geistes, das
Reich der Freiheit, wo der Mensch von selbst und auf natürliche Art
nach dem Guten strebt, wo kein Widerstand und keine Unordnung, folglich
auch keine Nöthigung, kein Zwist und kein Zwang ist. Die Idee, die
Chelčický's Lehre am meisten kennzeichnet und ihm eigenthümlich angehört,
ist die absolute Verwerfung des Rechtes zum Kriege, ja des Rechtes zur
Menschentödtung überhaupt. Man darf sich nicht wundern, daß ein Zeit-
alter, wo in den furchtbaren Husitenkämpfen so Gräßliches und Entsetzliches vollführt wurde, auch einen frommen Denker weckte, damit er kühn
gegen die Quelle protestire, aus der so vieles Unheil floß. Er betrachtete
das Blutvergießen ausnahmslos für eine abscheuliche Sünde nicht nur
desjenigen, der sich in Uebermuth und Uebermacht zum Angriff erhob,
sondern auch desjenigen, der sich mit Gewalt zur Wehr stellte. Sein
Styl trägt das Gepräge der Originalität an sich, wie der Autor selbst
und wird dadurch ungemein interessant. Oft meint man einen Schriftsteller der Neuzeit vor sich zu haben, und nicht selten erinnert Chelčický,
in den ironischen Ton fallend, lebhaft an die Weise des Philosophen von
Samosata. Von dem Geiste dieser Schriften beseelt, durch Umgang mit
dem Verfasser selbst und seinen Schülern vertraut geworden, stiftete Ritter
Gregor die böhmische Brüderunität, aus der eine Masse ausgezeichneter
Schriftsteller, zuletzt auch der weltbekannte Schulreformator und Pädagog
Comenius hervor ging und als deren Hauptkennzeichen sich vor allen drei
angeben lassen: 1) daß sie immer der Praxis des Christenthums ihr
Augenmerk mehr zuwandte, als der christlichen Lehre; 2) daß sich bei
ihr Frömmigkeit und Verstand stets in ungetheilter Thätigkeit zeigten,
und daß in ihr 3) der Grundsatz der Reform gleich von vornhinein in
die Glaubenslehre mit aufgenommen wurde. Sie hat in Herrenhut noch
heutigen Tages ihren Sitz.

Mit wahrhaft erschütternden Gefühlen betritt man Husinec. Es
ist ein ansehnlicher, belebter, heiterer böhmischer Marktflecken an der
Blanic mit etwa 160 Häusern und 1200 katholischen Einwohnern;
aber hier wurde einst Hus geboren. Wer, der die Geschichte kennt und
ein Herz im Busen trägt, sollte da nicht bewegt, ergriffen, erschüttert
werden! Bei dem Namen Hus erwacht eine Welt bedeutungsvoller Begebenheiten, die sich in unabsehbarer Kette an einander reihen. Der
ganze Husitenkrieg, aus dem wir schon so manche Einzelheit vorzuführen

Gelegenheit hatten, der ganze fünfzehnjährige Hussitenkrieg stellt sich dem
Geiste dar, ein scenenreiches Bild von schauderhafter Großartigkeit, wie
ein riesiger Feuerbrand. Und mit diesem Kriege war es nicht abgethan.
Der Protestantismus hätte nimmer so reißende Fortschritte gemacht, wenn
ihm der Hussitismus nicht die Bahn gebrochen, wenn die Gemüther auf
ihn nicht durch diesen vorbereitet worden wären. An Hus reiht sich
Luther, an den fünfzehnjährigen Hussitenkrieg der dreißigjährige Krieg, zu
dem Böhmen in das Horn stieß, dessen letzter Akt in Böhmen spielte,
und durch den es an den Rand des Verderbens gebracht wurde. Und
dauern die Wirkungen von Husens erstem Auftreten nicht noch fort? Ist
nicht ein Riß geblieben in der gesammten Christenheit? Die Kirche hat
Hus verurtheilt, und es kommt uns nicht in den Sinn, auch wäre hier
gar kein geeigneter Ort dazu, erst einer neuen Prüfung zu unterziehen,
in wiefern er schuldig gewesen — dies läßt sich nicht in Abrede stellen,
daß es Wenige gab, an deren Erscheinung so viele unmittelbare und
mittelbare, beabsichtigte und nicht beabsichtigte Folgen von Wichtigkeit
geknüpft gewesen wären, als an die Erscheinung des Hus. Er bleibt eine
welthistorische Gestalt. Noch zeigt man in Husinec das Haus Nr. 36,
wo er das Licht der Welt erblickte. Zwei Männer so ungewöhnlicher,
besonderer Art erstanden aus den Vorbergen des Böhmerwaldes, Hus
und Chelčický.

Von Husinec ist es eine Stunde nach Prachatic. Die Stadt,
amphitheatralisch von Bergen umschlossen, die sich nur nach Böhmen
öffnen, liegt in einem romantischen, von dem forellenreichen Bache Zirowý
durchflossenen Thalkessel. Sie zählt mit der Vorstadt an 330 Häuser
und 2600 Einwohner. Es gab früher daselbst über 130 Branntwein-
brennereien, die ihre Waare, den sogenannten Perlbranntwein, auch bloß
Prachaticer geheißen, weit und breit verführten. Die Wochenmärkte sind
noch von größter Wichtigkeit für den benachbarten Bergdistrikt, da durchschnittlich 100 Fuhren mit Getreide und anderen Lebensmitteln hier eintreffen.
Prachatic ist die bedeutendste unter den Städten, die wir bisher kennen
lernten. Gleich an ihren Befestigungswerken und an dem gothischen Thor,
dessen weitgespannter Bogen den Durchblick auf ein zweites gothisches
Thor gestattet, erkennt man, daß die Stadt alt sein und eine Geschichte
haben müsse. Aber wie überrascht wird man, wenn man das Innere
betritt! Man wähnt in einer Art Nürnberg zu sein. Ueberall Häuser
mit mittelalterlichen Giebeldächern, Stuccaturarbeiten, schönen Gewölben,
theils auf die Wand gemalten, theils in sie eingegrabenen Bildern,
Wappen und Denkschriften. Hier, doch kaum mehr wahrnehmbar, ein
Mann mit Bart, im Talar, auf einem Tische eine Weltkugel vor sich
habend; dort eine Reihe von Königen und Kaisern; hier eine Scene aus
der heiligen Schrift, dort wieder eine blutige Schlacht voll Graus und

Schrecken. Am erhaltensten sind die Gemälde und Denkschriften auf dem
Rathhause des Hauptplatzes. Zunächst unter dem Dache auf dem
Karnieß sind mit lebhaften Farben in Weibesgestalt die 8 Tugenden ab-
gebildet, in folgender Ordnung: 1. Patientia (Geduld), sitzend in dem
Schatten eines Baumes, ein Lamm zu ihren Füßen — 2. Prudentia
(Klugheit) mit einem Spiegel, in welchen ein Basilisk schaut, der sich so
selbst tödten soll — 3. Caritas (Liebe) mit zwei Kindlein zu ihren Füßen
— 4. Justitia (Gerechtigkeit) mit Schwert und Wage — 5. Fides

Geburtshaus des Hus.

(Glaube) mit Kreuz und Kelch — 6. Spes (Hoffnung) gefesselt zum
Himmel blickend, versehen mit einem Anker — 7. Fortituda (Tapferkeit) mit einem an eine Säule geschmiedeten Löwen — 8. Temperantia
(Mäßigkeit) mit einem Hunde, der vor einer Schüssel steht und nach
dem in sie fließenden Wasser lechzt. In der zweiten Reihe unter dem
Karnieß finden sich von links nach rechts 1. Salomon, das Urtheil fäl-
lend über die zwei Weiber, die sich um ein lebendes Kind stritten, 2.
die zwei jüdischen Richter, die Susanna anklagten, von Daniel abgeurtheilt,

3. dieselben Richter, Susanna im Bade überfallend, 4. zwölf Richter, die zwischen zwei anwesenden Parteien entscheiden sollen, 5. zwei Bilder, den Richter vorstellend, der sich gegen das strenge Verbot des Königs Kambyses bestechen ließ, und, nachdem er der Ungerechtigkeit überwiesen worden, in Gegenwart des Königs geschunden wurde, 6. worauf der König den Richterstuhl mit der Haut des Geschundenen zu überziehen befahl, von welcher Zeit an jeder, der zu richten hatte, ob ein königlicher Prinz oder ein anderer Richter, sich auf den Stuhl niedersetzen mußte, 7. über diesen zwei Bildern ein ungeheuer großer, doch ungestalter Mann, im Munde Schwert und Lilie, in der Rechten einen Geldbeutel, mit der Linken Geld ausstreuend, darunter das Distichon: Utere me vives, et si petis otia veris — Disce frui: et si vis vivere, vive diu. 8. unter diesem Manne zwischen den Gerichtsscenen das Rosenberg'sche Schild mit der Aufschrift: Wilhelmus a Rosenberg. In derselben Reihe, doch etwas niedriger stehen die Denksprüche: 1. a) Respublica nomen universae civitatis est, pro qua mori et nos cui totos dare, et in qua omnia nostra ponere et quasi consecrari debemus. b) Eo omnis vitae nostrae ratio est transmittenda, ut magnam nominis nostri famam et maximis in rempublicam meritis collatis posteris relinquamus. 2. a) Ad rempublicam plurima veniunt commoda, si moderatrix omnium rerum praesto est sapientia; hinc ad ipsos, qui eam adepti sunt, laus, honor, dignitas convenit. b) Est boni magistratus, commoda civium defendere, non divellere, atque omnes aequitate eadem continere. 3. a) Civis est is, qui patriam suam diligit, atque bonos omnes salvos incolumesque esse desiderat. b) Civem oportet aequo et pari cum civibus jure vivere, neque submissum neque abjectum et efferentem, tum in republica velle, quae tranquilla et honesta. 4. a) Millies perire est melius, quam in sua civitate sine armorum praesidio vivere non posse; praesidium charitate et benevolentia civium septum esse oportet, non armis. b) Ulla non est civitas, cum leges in ea nihil valent, cum jura nocent et cum mores depravantur. 5. Nihil est tam aptum ad jus conditionemve naturae, quam lex, sine qua nec hominum ullum genus stare, nec rerum natura omnis nec etiam ipse mundus stare potuerit. b) In omni civitate sunt tres species hominum, scilicet: divites, mediocres et pauperes, inter quos mediocres sunt optimi, quia medium semper est optimum. 6. a) Arbores vetulae et invidae arbusculas subnascentes nonnunquam suis ramis impediunt, nec efflorescere sinunt. b) Multarum improbitate depressa veritas tandem emergit in lucem. Sic faciunt quidam senes in magistratu; cum vident bonae indolis juvenem, invidia capti variis modis deprimunt, nec eluctari sinunt. Arist. lib. 4 pol. Ueber den untersten Fenstern findet sich von links nach rechts ein Richter, der Parteien vor

Stadt Prachatitz.

15*

sich hat und von der einen Geschenke nimmt; doch in seinem Rücken greift der Tod nach ihm. Dabei die böhmische Aufschrift:

> Zdoj pro dary křiwé soudjš chudého,
> Wytrhni te z soudu i libu mého;
> Nemůžete práwa osudu zbijti,
> Gehoj, coj žiwé jest, nemůž ugijti.
>
> Bohatý chytře, wida zlé, wrhne se
> Chudý, před se gda, w ſſkodu mralj se;
> Práwem každý newinný bývá dawen,
> Skrz dary bývá winný pomſty zbawen.
>
> Práwo pawučiné se přirownáwá,
> Giž brauk prorazj, muška w nj zůſtáwá.

Deutsch etwa:

> Verurtheilst den Armen du, weil du bestochen,
> Ich raff' dich weg, er wird gerochen:
> Des Himmels Gerichte niemand entgehet,
> Es waltet ob allem, was da bestehet.
>
> Der Reiche, vorsichtig, weiß Schaden zu meiden,
> Der Arme, achtlos, stürzt sich in Leiden;
> Die Unschuld oft vor Gericht wird erdrücket,
> Die Schuld sich der Rache durch Geld entrücket.
>
> Es gleicht das Recht dem Gewebe der Spinnen:
> Der Käfer durchbricht's, die Fliege bleibt d'rinnen.

Ueber dem Thore des Rathhauses ist das Stadtschild aus Stein mit der Jahreszahl 1571.

Solcher Ueberreste aus der mittelalterlichen Zeit gibt es in Prachatic noch eine Menge. Freilich ist vieles durch den Brand von 1832, vieles durch Nachlässigkeit und Sorglosigkeit zu Grunde gegangen, doch sind hinlängliche Zeugnisse von dem Reichthum und der Kultur der ehemaligen Bürger vorhanden. Nur darf man sich nicht die Mühe verdrießen lassen, die verschiedenen Gassen der Stadt zu durchstreifen, die Decken in den Eingängen der Häuser zu untersuchen, die Gemächer zu besehen, ja selbst die Dachböden zu durchforschen. Wie früher der Ring oder Hauptplatz von Prachatic sich ausnahm, zeigt noch ein Gemälde auf der Schießstätte. Ehrfurchtgebietend erhebt sich über der alterthümlichen

Stadt die Dechanteikirche zum heil. Apostel Jakob dem Größeren, das bedeutendste Baudenkmahl derselben. Die Außenseite hat den Char= akter des frühgothischen Stuls. Die Façade wird durch zwei gewaltige Thürme flankirt, von denen jedoch der nördliche nicht ausgebaut und ohne eigentliche Bedachung ist, während den südlichen um vieles höheren das konventionelle Zwiebeldach bedeckt. In der Mitte der Façade öffnet sich das schmucklose Portal in mächtiger Spitzbogenform. Der innere Kirchenraum stellt sich als eine dreischiffige Hallenkirche dar, deren Länge 47 Schritte beträgt, von denen 7 auf die Halle unter der westlichen

Haus in Prachatic.

Empore (dem Musikchor), 20 auf das Schiff und auf das aus dem Achteck geschlossene Presbyterium entfallen. Das Presbyterium, welches 12 Schritte in der Breite zählt, ist mit einer einfachen Kreuzwölbung bedeckt, welche ohne Zweifel aus der ersten Bauperiode der Kirche, dem Anfange des 14. Jahrhunderts, herrührt. Das Langhaus wird durch sechs Polygonalpfeiler in drei Schiffe getheilt, von denen das mittlere dieselbe Breite wie das Presbyterium hat, während auf jedes Seiten= schiff nur die Hälfte dieser Breitendimension (6 Schritte) kommt. Die

Wölbung des Langhauses fesselt vor allem die Aufmerksamkeit. Sie stellt
sich nämlich als ein aus unzähligen ohne Rippenverbindung an einander
gefügten Kappen gebildetes Sterngewölbe dar. In kunstreichen Kombi-
nationen entsenden die Sterne der drei Gewölbjoche des Mittelschiffes
und die neun Travéen der beiden Seitenschiffe ihre zahlreichen Strahlen
nach allen Richtungen. Einen besonders lebhaften Eindruck macht aber
die niedrige Sternenwölbung unter der Empore, wo die kunstvolle Konstruktion des Strahlengeflechtes dem Auge näher gerückt erscheint. Dieses
phantastische Gewölbsystem, das insbesondere im südlichen Böhmen in der
zweiten Hälfte des 15. und im Anfange des 16. Jahrhunderts sehr be-
liebt war, läßt sich als einer der letzten Ausläufer des gothischen Styls
betrachten, und dieser Umstand allein reicht hin, die Ueberzeugung zu wecken,
daß die Wölbung der Dechanteikirche zu Prachatic aus dieser späten Periode stammt. Diese Ansicht wird durch den Anblick der Pfeiler des
Langhauses zur Gewißheit; denn man gewahrt an denselben in einer
Höhe von etwa dritthalb Klaftern die Reste von Ansätzen der Bogen,
welche sich ursprünglich über den niedrigen Seitenschiffen spannten. Wahrscheinlich wurden nach dem älteren Brande von 1507 die Seitenschiffe
bis zur Höhe des Mittelschiffes, das damals die neue Wölbung erhielt,
erhöht, wodurch das Gotteshaus in eine Hallenkirche umgewandelt ward.
Beachtung verdienen im Inneren der Kirche auch das Tabernakel aus
Bronze links vom Hochaltar, die Schnitzarbeiten am Hochaltar und die
Geißelung Christi aus Marmor in Hautrelief. Auf einer der alten,
gleichfalls mit Schnitzereien gezierten hölzernen Kirchenbänke sind folgende
Verse zu lesen:

Die lieb ist gen Himmel gflong,
Die Gerechitkiit über mer gezong,
Die warhaitt ligtt gefangen,
Dye vntrav hatt dye weltt übergangen.

Eine der schönsten Ansichten der Stadt gewährt der nahe Felsen
Skalka.
Doch rollen wir die Blätter der Geschichte von Prachatic auf!
Nach Einigen soll Prachatic von Herzog Wojen um das Jahr 811
angelegt worden sein. Unter den Bewohnern der Stadt lebt noch jetzt
die Sage, der heil. Adalbert habe die Kirche zu den heil. Aposteln
Petrus und Paulus auf dem städtischen Kirchhofe zu Alt-Prachatic,
einem nicht weit entfernten Dorfe, geweiht. Jedenfalls ist das Alter der
Stadt für sehr hoch anzunehmen. Sie war anfangs landesfürstlich,
wurde aber später an das Wyšehrader Domkapitel verschenkt. Besonders
durch den Salzhandel, den sie auf dem schon öfter erwähnten und eigens
zu besprechenden goldenen Steige mit Passau trieb, gelangte sie frühzeitig

zu Wohlstand und Reichthum. Noch heutigen Tages, obwohl dieser Handel längst aufhörte, wird zu Prachatic spät Abends die sogenannte Säumerglocke geläutet, die sonst den Säumern in der Nacht das Zeichen gab, daß sie von der Stadt nicht mehr ferne seien, und sie den Weg finden lehrte. Schon im 14. Jahrhunderte, ja vielleicht vor demselben, blühte hier eine Literatenschule, d. h. eine Schule oder Gesellschaft von Sängern zur Verherrlichung des Gottesdienstes. Diese Literatenschule war aber nur eine Abtheilung einer größeren Anstalt, wo Künste und Wissenschaften überhaupt gepflegt wurden. Das Gebäude der Anstalt, zu dem vermuthlich auch das Haus gehörte, auf welchem der früher erwähnte Mann mit der Weltkugel zu gewahren ist, steht noch gegenwärtig, zwischen dem untern Stadtthore und der Dechanteikirche, und bietet mit dieser, von dem Garten vor dem Stadtgraben betrachtet, einen höchst interessanten Anblick. Es wurden an der Prachaticer Lehranstalt bedeutende Männer gebildet, so Wenzel Menšik, Rektor der Prager Universität im 14. Jahrhunderte, und der wahrscheinlich durch jenen Mann mit der Weltkugel dargestellte Christannus von Prachatic, welcher durch seine Kenntnisse in der Theologie, Medicin, Mathematik und Astronomie einen solchen Ruhm erlangte, daß Leute aus weiter Ferne zu ihm reisten, um sich bei ihm Rathes zu erholen, besonders nachdem er den Tod König Wladislaws von Polen 1433 und viele andere Dinge prophezeit hatte, wie es heißt. Auch Johann von Trocnow, der sich später unter dem Namen Zižka weltbekannt machte, soll zu Prachatic in die Schule gegangen sein. Dies hat etwas für sich. Denn damals gab es weder im Osten, noch Süden von Prachatic eine Stadt Böhmens, die ansehnlicher gewesen wäre. Otakars II. Pflegekind, Budweis, begann erst empor zu kommen, und war auch manche Stadt größer als Prachatic, so konnte sich doch keine an Wohlstand mit ihm messen, das sich der wichtigsten Handelsprivilegien erfreute. Daß wenigstens Hus ein Zögling der dortigen Schule war, behaupten die Prachaticer fest. Hierdurch fiele auf Zižka's racheglühende Sympathie für Hus, als seinen gewesenen Mitschüler und vielleicht Jugendfreund, neues Licht. Schwer büßten die Prachaticer seinen Zorn am dritten Tage nach St. Martini d. i. am 21. Nov. (nach Palacky am 12.) 1420). Die eigentliche Ursache, warum Zižka gegen die Stadt gezogen kam, kaum daß der Rauch und Qualm des zerstörten Wyšehrad sich gelegt hatte, ist nicht bekannt; vielleicht war er ergrimmt, weil die Prachaticer den vor Prag lagernden Kaiser Sigmund nach Kräften unterstützten, oder weil sie den bedrängten Wyšehradern heimliche Hilfe geleistet, oder weil sie kein Salz nach Prag geliefert, während dieses an nichts, nur an Salz, Mangel litt, oder weil sie die utraquistische Partei in der Stadt beleidigt und mißhandelt hatten. Wir schildern die Einnahme von Prachatic durch Zižka mit den über tragenen Worten des Chronisten Laurenz von Brezowá: „Am besagten Tage zog Zizka, der Taboritenführer, mit seinen Brüdern und Schwestern, unter Vortragung des allerheiligsten Leibes Christi, heran, um Prachatic zu erobern. Als die Bürger dies erfuhren, schloßen sie die Thore der Stadt und bestiegen zur Vertheidigung die Wälle. Nachdem sich Zizka genähert, redete er ihnen erst gelassen zu: „Oeffnet das Thor und laßt uns mit dem hochwürdigsten Leibe Christi und den Priestern ruhig in die Stadt. Wir versprechen dafür, Euch keinen Schaden zuzufügen, weder am Leben noch sonst an einem Gut." Sie entgegneten höhnisch: „Wir brauchen weder Eueren Leib Christi, noch Euere Priester, da wir einen Leib Christi und Priester haben, die uns taugen." Als dies Zizka vernahm, rief er mit mächtiger Stimme: „So schwöre ich jetzt zu Gott, daß ich, wenn ich Euch mit Gewalt unterwerfe, niemanden am Leben lassen, sondern Alle insgesammt hinzumorden gebieten werde!" Und sogleich winkte er den Brüdern, die Stadt von allen Seiten zu berennen, und diese legten an vielen Stellen die Leitern an und drangen die Mauern empor, da die Bogen- und Wurfschützen der Taboriten den Bürgern hart zusetzten. Die Bürger vertheidigten die Wälle mit Feuergewehren, Pech und Steinen, indem sie angstvoll über die Brustwehr hinaus spähten; doch die Taboriten erstiegen an mehreren Stellen die Mauern, schlugen einige Bürger mit Dreschflegeln auf dem Walle todt, verfolgten andere in den Gassen und schlachteten sie, wie Vieh, dahin, und nachdem sie das Thor geöffnet, trugen sie mit den Brüdern und Schwestern den Leib Christi unter Gesang in die Stadt. Sie vertheilten sich, plünderten die Häuser, und tödteten entweder, indem sie bloß Weiber und Kinder schonten, die hier und da versteckten Männer sogleich, oder führten sie gefangen zu Zizka. Diese alle, mit Ausnahme von etwa siebenen, die der Lehre hold waren, befahl Zizka in die Sakristei der Kirche zu sperren, und als dieselbe mit 85 sehr eng an einander stehenden Personen gefüllt war, befahl er alle zu verbrennen, nicht darauf achtend, daß sie mit zum Himmel erhobenen Händen um Gotteswillen flehten, er möchte ihres Lebens schonen, damit sie ihre Sünden bereuen und nach dem Willen der Taboriten thun könnten. Die Taboriten, wie taub, kümmerten sich nicht um die Thränen und Bitten, schütteten Pech mit brennendem Stroh auf die Häupter der in die Sakristei Verschlossenen und vertilgten so mit Rauch und Feuer Alle, worauf sie das Gewölbe von oben durchbrachen und sie unter dessen Steinen gleichsam ins Grab betteten, damit sie dort verfaulten. Von den 235 Erschlagenen, die auf den Gassen lagen, bestatteten sie einige, andere warfen sie in den Brunnen eines Bürgers. Und nachdem sie alle Weiber und Kinder vertrieben hatten, besetzten sie selbst die Stadt und verschanzten sich, die eigenen Hände fleißig ans Werk legend." Noch heutigen Tages werden in Prachatic die mit gothischer Aufschrift versehene Thür, welche Žižka's Brüder durchbrachen, die Sakristei, in welche sie auf die Eingeschlossenen Pechkränze schleuderten, und das Fenstergitter gezeigt, das die armen Opfer in der Todesangst krumm bogen, als sie es, um zu entkommen, aus der Mauer zu reißen versuchten. Wie viel bei dieser Gelegenheit von der Stadt und der Dechanteikirche abbrannte, ist ungewiß. Genug, daß die einst durch Handel und Kultur so blühende, bevölkerte, fröhliche Stadt verödet war. Die Rache, die Žižka geübt, reihte sich an die Scenen einer sicilianischen Vesper und französischen Bartholomäusnacht. Prachatic blieb, da auch der Wyšehrad in Trümmern lag, ohne Obrigkeit, bis es auf Bitten der Bürger von Kaiser Sigmund in die Zahl der königl. Kammerstädte aufgenommen wurde. Es behielt jedoch diese Eigenschaft nicht lange. Schon 1430 befand es sich im Privatbesitze eines gewissen Johann Ritka von Sedlec, von welchem es 1444 durch Kauf an Ulrich von Rosenberg gelangte. Zehn Jahre später war es wieder Eigen-thum der königlichen Kammer, die es 1460 dem wyšehrader Probste Johann von Rabstein zur Nutznießung verlieh. Bis 1492 waren theils Verwalter, theils Besitzer Niklas von Guttenstein, Bu-rian von Martic, Katharina Guttenstein und Heinrich von Rabstein. Später kam Prachatic an die Herren von Rou-pow. Unter diesen brannte es 1507 durch ein starkes, schnell um sich greifendes Feuer beinahe ganz ab, worauf es an die Herren von Rosenberg verpfändet wurde, die bis zum Erlöschen ihres erlauchten Geschlechtes Eigenthümer blieben. Obwohl Prachatic unter den Rosen-bergen seines einträglichen Salzhandels wegen mit Winterberg, Záblat, Plan, Netolic, Husinec, Jakob Černin von Chudenic und auf (Wälisch-) Birken, Budweis, Pisek, Klatau, Schüttenhofen und Berg-Reichenstein in Streit und Fehde gerieth, so gewann es durch das Rosenberg'sche Haus doch ungemein, besonders durch den feingebildeten, kunstsinnigen und prachtliebenden Wilhelm von Rosenberg. Unter ihm hob und ver-besserte sich nicht nur der Besitzstand von Prachatic, sondern die Stadt nahm auch an Glanz und Schönheit zu. Es wurde das früher beschrie-bene Rathhaus in italienischem Styl, es wurde mit großem Aufwande der Stadtbrunnen gebaut, dessen zerlegte Steine aber bei unserer letzten Anwesenheit leider unbeachtet umher lagen; es erhob sich so manches stattliche, von Kunstsinn zeugende Bürgerhaus. Wilhelms Bruder und Nachfolger, Peter Wok, unter welchem Prachatic durch Kauf die Herr-schaft Helfenburg an sich brachte, schloß die Reihe der Rosenberge. Im Jahre 1600 wurde Prachatic wieder eine königl. Stadt. Allein von der Höhe, die es nach Žižka's Siege neu erklommen, sank es für immer im dreißigjährigen Kriege herab. Luthers Lehre hatte nämlich auch in Prachatic Anhänger gefunden, und so schlug sich die Stadt auf die

Seite Friedrichs von der Pfalz, und wurde als fester Gränzplatz von
Mansfeld'schen Truppen besetzt. Da rückte um den 24. September 1620
der kaiserl. General Graf Bouquoy von Longueval mit seinen
Kriegsvölkern heran, während Herzog Maximilian von Baiern
gegen Wodňan zog. Von dem Felsen Skalka begann Bouquoy die Stadt
furchtbar zu beschießen. Endlich befahl er die Leitern zum Sturm anzulegen, das trotzende Prachatic der Plünderung preisgebend. Die kaiserlichen Truppen drangen über die Wälle, durch das untere Thor — es
entstand ein entsetzliches Blutbad, in welchem an 1500 Menschen das
Leben verloren. Die Angaben in Betreff des Tages, wann die Stadt
erobert wurde, bei deren Einnahme nach Einigen auch Herzog Maximilian
gegenwärtig gewesen sein soll, schwanken zwischen dem 27. und 28. September. So sehr lag Prachatic darnieder, daß es vom Erdboden wie
verschwunden schien; anderthalb Jahre hindurch geschah seiner keine Erwähnung. Hierauf wurde es dem Fürsten Johann Ulrich von
Eggenberg geschenkt, erlangte aber um so weniger seine frühere Bedeutung, als der Salzhandel, eine Hauptquelle seines ehemaligen Ein-
kommens, einen andern Weg nahm. Dazu wurde es im Jahre 1832
von einer gräßlichen Feuersbrunst heimgesucht, die 137 Häuser in Asche
legte, acht Menschen verzehrte und im Ganzen einen Schaden von mehr
als einer halben Million in Silber anrichtete. So besitzt Prachatic, auch
in seiner kümmerlich fortlebenden Literatengesellschaft, nur noch Spuren
dessen, was es einst gewesen. Allein es sind ehrwürdige Spuren, und
so mögen sie von den böhmischen und deutschen Bürgern der Stadt geehrt
werden! Mit vereinten Kräften mögen die Bürger streben, das nach
Möglichkeit zu erhalten, was ihnen geblieben; denn wer die Vergangenheit aufgibt, gibt auch halb die Zukunft auf!

Sehr zu empfehlen ist in Prachatic das Gasthaus des Herrn Meß-
ner, eines Bruders des bekannten Schriftstellers, und ganz geeignet, demjenigen zum längeren Aufenthalte zu dienen, der Ausflüge in die Umgegend zu unternehmen gedenkt. Wir rathen, den Berg Libin zu besteigen,
an dessen Fuße Prachatic liegt, und von dem man eine weite, herrliche
Aussicht genießt. Wir rathen ferner, den lieblichen Badeort Grünschädel, und von da die äußerst merkwürdige Ruine Hus oder Gans
zu besuchen. Nicht leicht kann eine Ruine einen so eigenthümlichen Eindruck machen. Hier lacht kein Feld, keine Flur, keine Hütte, keine Aussicht. Rauh und wild ist die Umgebung. Waldbedeckte Berge, melan-
cholisch, schauerlich gruppirt, reihen sich um die Burg, welche sich sonst
auf einem von Mitternacht nach Mittag hinziehenden, länglich schmalen
Felsen erhob, der gegen Osten, Süden und Westen von der rauschenden
Blanic umflossen, stellenweise senkrecht aus dunklem Thal emporragt,
und nur nördlich durch eine kleine Senkung mit den höheren Waldungen

zusammenhängt. Auf dem ganzen Schloßberge findet sich gegenwärtig nichts, als ein Gewirre von Schutt, Mauertrümmern, Felsenmassen und tiefen Löchern, was alles ein alter Fichtenwald bedeckt, so daß sich von der ehemaligen Eintheilung wenig unterscheiden läßt. Wie gleichwohl aus den Trümmern zu ersehen, so war die Burg in die obere und untere getheilt; beide Theile trennte ein den Fels der Breite nach durch=

Die Gans.

schneidender Graben. Die obere Burg lag nördlich, die untere südlich. An der Südspitze sieht man Reste eines angeblichen Thores, in welches über den noch erkennbaren Schloßgraben eine Zugbrücke leitete. Dies ist das bedeutendste Ueberbleibsel der versteckten, einsamen, jetzt nur Raben und Eulen zur Einkehr dienenden Burg. Sie wurde von den Herren Kaplíř von Sulewic auf Winterberg unter Johann von Luxem=

burg 1341 erbaut zum Schutze der Säumer, die auf dem nicht weit von da entfernten goldenen Steige Handel mit Passau trieben. Woher ihr Name Hus (Gans) rühre, ist unbekannt. Im Jahre 1390 kam sie in den Besitz Sigmund Huler's von Orlik, der ein Liebling König Wenzels IV. war, zuletzt aber seiner Intriguen wegen auf dem altstädter Rathhause zu Prag enthauptet wurde. Sein Bruder Andreas verkaufte die Burg an den Ritter Niklas von Hußinec, Grundherrn, Freund und wärmsten Anhänger des Meisters Johann Hus. Auf der Burg Hus war es, wo Ritter Niklas eine so große Zahl von Glaubensgenossen sammelte, daß er mit ihnen 1419 gegen Prag aufzubrechen beschloß, um König Wenzel vom Throne zu verjagen. Nur die Beredsamkeit des Priesters Koranda war vermögend, die Verbündeten auf andere Gedanken zu bringen. Nach Niklas von Hußinec Tode wird die Geschichte der Burg auf die Dauer des Hussitenkrieges ganz dunkel. Erst im Jahre 1440 finden wir den Raubritter Habart von Lopata als ihren Eigner. Die Raubzüge desselben mußten ungemein großartig und für die Umgegend sehr empfindlich sein, weil zu Ende dieses Jahres die ganze Nachbarschaft auf mehrere Meilen in der Runde in Masse aufstand und sich zur Vernichtung des Raubnestes verband. Die vornehmsten Theilnehmer des Bundes waren: Přibik von Klenau, Johann Sedlecký von Prachatic, Peter von Swojšin auf Karlsberg, Zmrzlik von Lnář, die Woršaner, Klatauer u. a. m. Trotz dem harten Winter und dem hohen Schnee, der in dieser Gebirgsgegend bis tief in den Mai liegen bleibt, umlagerten sie die Burg dennoch schon im Februar 1441 und setzten ihr von allen Seiten aufs heftigste zu. Die Räuber lachten der Anstrengungen, da das Schloß ungemein fest war. Schon dauerte die Belagerung 6 Monate, schon begannen die Belagerer an einem guten Erfolge zu verzweifeln, als sich ein neuer Feind in der Burg einfand, der mächtiger wirkte, als alle Angriffe von außen — der Hunger. Von ihm furchtbar gedrängt, fing die Besatzung an, mit Přibik von Klenau zu unterhandeln und erhielt sammt ihrem Anführer freien Abzug. Die Verbündeten aber steckten das Raubnest an allen vier Ecken in Brand und rissen es nieder (am 8. September 1441), und seitdem blieb die Burg Hus, nachdem sie gerade ein Jahrhundert gestanden, eine öde Ruine. Das Volk in der Umgegend glaubt, daß dort große Schätze verborgen lägen. Es erzählt von der alten Gans, daß sie goldene Eier brüte.

VII.

Wallern.

Wir biegen von der freien, offenen Ebene, die wir berührten, in das Böhmerwaldgebirge zurück. Munter geht es von Prachatic, indem der Libin links bleibt, den Fahrweg bergauf. Die Brust erweitert sich oben auf den Höhen, wo sie die frische, von Kräuterdüften gewürzte Luft in sich schlürft. Rings umher breiten sich Auen und Wälder aus, in deren ungeheuren Teppich hier und da hervor blickende Ortschaften eingewirkt sind. So geht es fort, bis man endlich nach einer etwa 3 Stunden langen Fahrt Wallern vor sich erblickt (S. 83). Es ist ein ansehnlicher Marktflecken, der mit allen dazu gehörigen Einschichten über 220 Häuser und mehr als 2000 Einwohner zählt. Allein nicht deßhalb ist es merkwürdig, sondern durch Lage, Bauart und Einwohnerschaft. Es gehört unstreitig zu den eigenthümlichsten Ortschaften des Böhmerwaldes. Gleich einer Insel liegt es in einem Meere saftig grüner Matten. Wenn wir den Ausdruck „saftig" abermals gebrauchen, so möge man uns das verzeihen; der Reisende, dessen Auge an die fahle, sonnenverbrannte, staubbedeckte Umgebung einer Hauptstadt gewöhnt ist, kann sich an solchem Grün nicht genug satt sehen und keine passendere Bezeichnung dafür finden. Ueberall auf den Matten sind Scheuern zur Aufbewahrung des Heu's, sogenannte Heustadeln, zerstreut. Durch Wallern fließt der Langwiesenbach, der eine Stunde vom Orte in die Moldau fällt. Er scheint zahmer, sanfter Natur; wir sahen ihn aber auch schon in wildem, unbändigem Toben. Am 4. September 1857 hatte sich ein Wolkenbruch über Wallern entleert, die ganze Umgegend war besäet mit Hagel, der sich wie ein weißes Linnentuch über sie legte und ihr so mitten im Sommer ein winterliches Aussehen verlieh. Da brauste und schäumte der angeschwellte Langwiesenbach durch Wallern, Holzscheite, Breter und Geräthschaften auf seinen Fluthen daher tragend, riß die obere Brücke entzwei und zeigte selbst Lust, hier und da in die Wohnungen einzubrechen. Das Thal von Wallern ist rings von einem Kranze der höchsten Böhmerwaldberge eingefaßt: im Osten von dem Lichtenberge und seinen Ausläufern, dem großen Steinberge, dem Schusterberge, kleinen Steinberge und Maistadt, im Norden und Westen von dem Schreiner und seinen Anhängen, dem Hochmark, Stegenberge und Prlizberge, im Süden von dem Tussetberge und den Armen des Hochwalds und des Plöckelsteins. Dieses

alles gibt dem Marktflecken vor anderen Ortschaften des Böhmerwaldes vorzugsweise einen Alpentypus. Auch die Bauart Wallerns ist eigenthümlich.
Dadurch, daß die Häuser von Holz sind, mit niedrigen, flachen, steinbeschwerten
Dächern, würde es sich eben nicht von anderen schon genannten Ortschaften
unterscheiden. Allein die Häuser stehen eng beisammen, so daß oft kaum ein
Mensch zwischen ihnen durchschlüpfen kann; dadurch rücken auch die Dächer
an einander, so daß, von einer Anhöhe betrachtet, die Wohnungen unter
den Dächern verschwinden, wie der Leib einer Schildkröte unter der Platte,
und ganz Wallern gleichsam nur e i n Dach scheint. Es läßt sich bequem
von einem Dache auf das andere gehen, was bei Feuersgefahr zu Statten
kommen mag. Die Häuser sind mit Galerien und Giebelschmuck versehen
und haben im Innern manche besondere Einrichtung. Eigenthümlich sind
auch die W a l l e r e r oder W a l l i n g e r selbst. Ihr Hauptgeschäft ist nebst
Ackerbau und Garn - und Leinwanderzeugung die Viehzucht. Es werden
alljährlich an 400 Ochsen gemästet und meistens nach Prag verkauft. Die
Wallinger dulden, gleich den Stachauern, keine Fremden unter sich und
heiraten auch nur unter einander. Ihre Sitten sind einfach, derb und
streng. Noch zeigt man den Schandstein, um welchen sonst vor der versammelten Gemeinde die gefallenen Mädchen herum geführt wurden. Zu
Zank und Streit sind die Wallinger aufgelegt, doch liegt es nur an der
Behandlung, um mit ihnen aufs beste auszukommen. So entspann sich
1790 zwischen ihnen und einem Fürsten Schwarzenberg ein Proceß, welcher
30 Jahre währte. Schon hatten sie in drei Instanzen gesiegt; da kam der
Fürst zu ihnen, gewann sie durch die dem Schwarzenberg'schen Hause überhaupt eigene Freundlichkeit und der Proceß hatte ein Ende. Sie gestanden
dem Fürsten freiwillig zu, was er beanspruchte. Dem Körper nach sind die
Wallinger hochgewachsen, starkknochig, durch schwarze Haare und Augen und
gebogene Nasen gekennzeichnet. Auch die Weiber sind hochgewachsen, dabei
schwachbusig, frühalternd. Die Sprache der Wallinger ist kerndeutsch, mit
dem Bairischen verwandt, zum Theil wohl altdeutsch. Der Brunnentrog
heißt bei ihnen „Grant", die Thürschwelle „Drischhübel", der Dreschflegel
„Drischel", das Hemd „Pfeit", das Kind „Knechtel", Besuch machen „in die
Peil gehn", haushalten „gamern", sich waschen „zweg'n". Dabei haben sie
manche Ausdrücke aus dem Böhmischen angenommen. So heißen sie die
Galerie am Hause „Babelatsch" (pavláč) und rufen den Gänsen zu, wenn
diese kommen sollen „Hussi", wenn sie aber gesucht werden sollen „Hurje".

Woher die Wallinger stammen, darüber wissen sie selbst keine rechte
Auskunft zu geben, obwohl sie ein öffentliches, auf der Gemeindestube vor-
liegendes Gedenkbuch besitzen. Einige halten sie für Ueberbleibsel römischer
Kolonisten, die sich einst vor den Stürmen der Völkerwanderung in diesen
Gebirgsschlupfwinkel flüchteten, und später von den Deutschen mit der die
römischen Nachkommen bezeichnenden Sylbe „Wal" (Wälsche, Wlachen) be-

nannt wurden. Indessen heißt Wallern im Böhmischen Volary (von volar, Ochsenzüchter, Ochsenhändler, was auf die Beschäftigung der Wallinger paßt), und der Name kann auch aus dem Böhmischen kommen. Andere bringen

Gasse in Wallern.

die Wallinger mit dem goldenen Steige in Verbindung, der über Wallern, wo gleichfalls noch spät Abends die Säumerglocke geläutet wird, nach Pracha- tic führte. Das Thal von Wallern war ein bequemer Ort zu Verkehr und

Raft, und so mochte hier schon frühzeitig eine Ansiedlung entstehen. Aus
den Privilegien Peters von Rosenberg 1506 erhellt, daß Wallern
schon damals ein Marktflecken war, vielleicht anfangs mit böhmischen Einwohnern, wo aber allmälig Deutsche aus Südbaiern ansässig wurden. Peter
Wok von Rosenberg ertheilte 1596 dem Orte das Recht, fremden Säumern,
welche den goldenen Steig vermieden und in anderen Orten Verkäufe machten,
wodurch das Einkommen von Wallern beeinträchtigt wurde, Roß und Ladung wegzunehmen. Die eine Hälfte der verfallenen Güter sollte der Obrigkeit, die andere dem Orte gehören. Noch Andere meinen, Peter Wok von
Rosenberg habe die Wallinger im 16. Jahrhunderte aus der Schweiz berufen, um der Viehzucht in dieser Gegend aufzuhelfen, und darum hätten
sie auch das Weiderecht bis zum bairischen Wald hin besessen. Wie dem sei,
jedenfalls sind die Wallinger ein wackeres, arbeitsames, kernhaftes Völklein,
aus dessen Mitte schon mancher tüchtige Mann hervorging, wie z. B. Jakob
Beith, der zur bessern Existenz des Bürgermeisters von Wallern ein eigenes Kapital stiftete, und dessen zwei Söhne sich als Besitzer der Herrschaften
Libodh und Kolin um Vaterland und Menschheit Verdienste erwarben. Man
wirft den Wallingern vor, daß sie eingenommen sind für ihre alten Ge-
wohnheiten. Das starre Festhalten am Alten ist nun freilich nicht zu loben,
aber eben so wenig das leichte Ueberspringen zum Neuen. Mögen die Wallinger dem wahrhaften Fortschritt huldigen, ohne die alte Charakterfestigkeit
aufzugeben, ohne hinein zu gerathen in die moderne Charakterschlaffheit
und Charakterlosigkeit!

VIII.

Leonorenhain.

Wie durch einen englischen Park führt die Straße von Wallern nach Leonorenhain (S. 79), welches man, indem das von lauter Holzhauern bewohnte Dorf Guthausen links bleibt, zu Wagen leicht in einer Stunde erreichen kann. Welch ein Kontrast zwischen Wallern und Leonorenhain! Jenes
ein einfacher Marktflecken beinahe noch im Naturzustand, dies eines der großartigsten Kunstetablissements! Vor 23 Jahren gab es noch kein Leonorenhain.
Die Stätte war eine Wildniß, von so altem Wald bedeckt, daß man bei der
Durchgrabung des Bodens 5 Schichten verfaulter Baumwurzeln über einander fand. Und jetzt blüht hier, am Einflusse des Kapellenbaches in die

Moldau, eine der vorzüglichsten Glasfabriken Europa's! Ihr Gründer war Hr. Johann Mayer, der nicht mehr unter den Lebenden weilt. Sein Geschäft wird unter der Firma „Mayers Neffen", die bereits bei den Kunst= ausstellungen zu Wien, München, Paris und London die ersten Auszeich= nungen errang, von Hrn. Kralik auf das ruhmvollste fortgeführt. Mayers Neffen gehören nebst Leonorenhain noch die Glasfabriken Adolfshütte, die schon bei Winterberg erwähnt wurde, Kaltenbach, Franzensthal und Ernstbrunn, woraus man sich einen Begriff von der Ausbreitung des Geschäftes machen kann. Leonorenhain ist die bedeutendste. Hier kann man sich über die Erzeugung des Industrieartikels, worin Böhmen von keinem Lande der Welt übertroffen wird, am besten unterrichten. Da flam= men die Oefen, wo der Kies zuerst geglüht wird; da poltern die Pochwerke, wo er zu Mehl zerstampft wird, um ihn zur Mischung mit jenen Ingredien= zien, welche das Geheimniß jeder Glasfabrik bilden, geeignet zu machen; da stehen die Glasmacher an den Schmelzöfen, jeder vor seinem Topfe, ziehen die Masse mit der Pfeife heraus, in welche sie hinein blasen, so daß die Masse aufschwillt wie eine Seifenblase an einem Strohhalm, und stecken dann die Masse in die hölzerne Form, worauf die Eintragungen kommen und das geformte Stück in den Kühlofen schaffen; da schnurren in den Mühlen die vom Wasser getriebenen Räder, an welchen das Glas den kostbarsten Schliff erhält; da sitzen in eigenen Räumen still die Künstler, von welchen die Gefäße mit den schönsten Malereien geschmückt werden. Auch das Ge= schäft des Einpackens und Verladens einer so gebrechlichen Waare verdient Beachtung. Ungeheure Holzvorräthe sind bei der Glasfabrik aufgelagert. Leonorenhain beschäftigt über 800 Arbeiter, die theils im Orte, theils in der Nachbarschaft wohnen. Es umfaßt nebst den Fabriksgebäuden und Arbeiter= wohnungen ein Herrenhaus mit hübschem Garten, eine Schule, eine Schieß= stätte, die auch als Theater verwendet wird, und ein Gasthaus, wo man auch über Nacht Unterkunft findet.

Die musikalisch gebildeten Hrn. Besitzer bereiteten uns in ihrem Schlosse nach vollbrachter Arbeit einen Abend, an den wir uns stets dankbar erin= nern werden. Wir bekamen nebst Piècen anerkannter Meister auch die hoff= nungsvollen Kompositionen eines der Familienglieder zu hören. Zu unserer Ergetzung waren einige Glasmacher mitbeigezogen worden, die bairische und österreichische Volkslieder sangen. Die Gesellschaft wurde sehr belebt und heiter. Da wandten wir uns an einen der Glasmacher mit der Bitte, etwas zu improvisiren, was die Leute, sobald sie einmal aufgelegt sind, leicht treffen. Und horch, sogleich sang er lachend das G'stanzel:

Die Glasmacherleut'
Sein gar lustige Herr'n,
Und wann's halt kein Geld han,
So kleppern's mit b'n Scherb'n,

worauf er jobelte und ein komisches G'stanzel an's andere reihte, nach jedem immer wieder das Jodeln erneuernd.

Solcher Strophen, die oft ohne allen Zusammenhang sind, wie dem Sänger eben die einzelnen Einfälle kommen, hörten wir in verschiedenen Gegenden des Böhmerwaldes und fügen hier einige, indem wir den wechselnden Dialekt bloß andeuten, als Zugabe bei:

> Allweil sein die Bauern lustig,
> Allweil sein sie toll und voll —
> Wann es kommt zum Steuergeben,
> Hohl' der Teufel s' Bauernleben.

> Wannst in Himmel willst käme,
> Mußt d' Zeitung mitnehme,
> Denn auch im Himmel han's di gern,
> Wenn's eps Neues inne wer'n

> Gegrüßt seist, mei Bruder,
> Der Herr is mit dir,
> Du bist voller Gnaden,
> Geh', zahl e Maß Bier!

> Dirnel, du klein's,
> Hast e Haus oder nit,
> Hast e Geld oder nit,
> Lassen thu' i di nit.

> Acht Tag' is e Wocha,
> Zwölf Monat' e Jahr,
> Kaum hat d' Lieb' anghebt,
> Is schon wieder gar.

Aber Leonorenhain ist nicht bloß verherrlicht durch seine Kunst in der Erzeugung des Glases; es findet sich in seiner Nachbarschaft eine Naturmerkwürdigkeit, durch die man sich aus Böhmen nach Amerika versetzt wähnt, und die zu schauen man um soweniger versäumen möge, je seltener sie in Europa von Tag zu Tag wird. Dies ist der Urwald des Kubani's (S. 75, 143) (Boubín) und Schreinerberges. Noch gibt es an manchen Stellen des Böhmerwaldes nicht bloßen Hochwald, sondern Urwald im wahrsten, eigentlichsten Sinne des Wortes; jener ist anerkannt der schönste. Um sich die beste Gelegenheit zu verschaffen, ihn zu bewundern, begebe man sich nach dem von Leonorenhain nur ½ Stunde entfernten Dorfe Satawa zu dem Oberförster Herrn Brand. Wir haben schon ein Mal die Tugenden des

Böhmerwald-Forstpersonals hervor gehoben; an Herrn Brand wird sich bestätigen, daß unser Lob keine Lüge war. Nicht bloß auf Weisung des wackeren Forstmeisters in Winterberg Herrn John, aus eigenem Antriebe leistet der Biedermann dem Reisenden jeden möglichen Dienst mit rühmens- werther Freundlichkeit. Von ihm erbitte man sich einen Führer, ohne welchen man im Urwald leicht irre gehen und Schaden nehmen könnte. Einer der lohnendsten Gänge ist der von der „Schwelle" (was eine Schwelle sei, wurde schon erklärt) zum „Fürstensitz", der von dem Waldbesitzer Seiner Durchlaucht Adolf Fürsten von Schwarzenberg seinen Namen hat. Man betritt den Urwald. Von welchem Staunen wird man bald erfaßt, von welch wonnesüßen Schauern überrieselt! Ehrfurchtgebietendes Schweigen herrscht ringsumher, von keines Singvogels Stimme unterbrochen, höchstens daß man das Kreischen eines Geiers oder das Geräusch flüchtigen Rothwildes vernimmt. Ein magisches Dunkel verbreitet sich, da die Sonnen- strahlen von oben durch die dichten Aeste der Bäume nur schwach durchzuschei- nen vermögen. Hier hat noch keines Menschen Axt gewaltet, kein Forstmann irgend eine Kultur versucht, kein Wanderer einen Pfad getreten. Alles ist, wie es Gott erschaffen; man fühlt sich so recht an dem Busen, an dem Herzen der Mutter Natur. Der üppigste Pflanzenwuchs entfaltet sich auf dem Boden; die aufsprossenden Kräuter reichen dem Schreitenden bis über die Kniee, an den Oberleib. Und die Baumwelt, welch ein Schauspiel! Ko- lossale Stämme, so mächtig und umfangreich, daß sie 4 — 6 Männer nicht umspannen, erheben sich überall, so hoch, daß man Mühe hat, zurückgebeugten Hauptes ihr Ende mit dem Auge abzusehen. Die langen, weit reichenden Aeste neigen sich nieder, an die Schneelast erinnernd, welche sie im Winter zu tragen hatten. Aber der gewaltige Sturm hat manche der Kolosse dennoch langhin auf den Boden geschleudert; zuweilen liegen sie kopfüber gestürzt und strecken die Wurzeln gleichsam wie Arme flehend zum Himmel. Doch hundertfältiges neues Leben entwickelt sich auf den mit Moos überwachsenen Baumleichen; ganze Wälder junger Bäumchen schießen aus ihnen empor und werden allmälig eben so groß und stark, als die ins Grab Gebetteten, bis diese in Staub und Moder zerfallen. Die Gräber wandeln sich zu Wiegen. Und eben die auf dem Boden ruhenden, mit Moos umhüllten Riesenstämme, die sogenannten Ranen oder Ronen, sind es, die oft das feinste Resonanzbodenholz liefern. Gleichsam in Betrachtung der verlebten Jahrhunderte versenkt steht dort ein Baumgreis mit lang herabhangendem Flechtenbarte; ein anderer, der sein Haupt schon abgeschüttelt, hält sich noch kaum mit den Wurzeln in der Erde, so morsch, daß er nach einem geführten Streiche zerbirst, zersplittert, zerstiebt. In dem oft chaotischen Gewirr von durch einander liegenden Stämmen gilt es die Gymnastik üben, um fort- zukommen; man muß unterkriechen, sich hinüber schwingen, auf einem Stamm schreitend balanciren und dabei Acht haben, daß man hinab springend nicht im Sumpfe stecken bleibe; doch gern erträgt man alle Beschwerden, da sich, je weiter man bringt, immer interessantere Gruppen und Bilder enthüllen. Majestätisch wird die Scene, wenn ein Gewitter über den Urwald zieht, der Donner in den Bergen wiederhallt, der Blitz das Dunkel lichtet, während man im Urwald, von den dichten Aesten der Bäume geschützt, lange un- benetzt vom Regen dahin gehen kann. Dank dem edlen Fürsten von Schwarzenberg, daß er, wie wir erfuhren, den eben geschilderten Ur- wald nicht der rastlos fortschreitenden Kultur anheim geben, sondern als bleibendes Denkmahl in seiner Ursprünglichkeit erhalten will! Er wird sich so, indem er eine Quelle der Belehrung und des erhabensten Genusses vor dem Versiegen bewahrt, ein doppelt anerkennenswerthes Verdienst erwerben.

Wer aber die Mühen des Urwaldes überwunden, der begnüge sich nicht damit; er strebe weiter, um den vollen Lohn seines Unternehmens zu ernten! Es winkt ihm der an 4260 Fuß hohe Gipfel des Kubani's; er steige zu ihm hinan! Dort kann er, da der Kubani der am meisten vorstehende unter den Riesenbergen des Böhmerwaldes ist, das Auge bei- nahe ohne Gränzen in das Innere Böhmens schweifen lassen; dort erblickt er fast alle höchsten Gipfel des Böhmerwaldgebirges, den Arber, den Rachel, den Lusen, den Hohenstein, den Plöckelstein, den Hochsicht; dort schaut er die Berge und Bergrücken, die sich im Süden Böhmens an den Gränzen von Oesterreich erheben, und über sie hinaus bei heiterem Wetter in blauer Ferne die Alpen Steiermarks und Salzburgs.

IX.

Kuschwarta und der goldene Steig.

Von Leonorenhain ist man über Wolfsgrub und Pumperle, an der grasigen Moldau hinauf, zu Wagen leicht in ¾ Stunden in Kusch- warta, sonst auch Bärenloch (S. 115), einem Dorfe von etwa 70 steiner- nen, weißgetünchten, hübschen Häusern mit 650 Einwohnern, wo man in dem Gasthause des Herrn Reif die beste Bewirthung und Pflege findet, die man sich wünschen kann. Unter den liebens- und achtungswerthen Per- sönlichkeiten des Böhmerwaldes verdient Herr Reif besonders hervorge- hoben zu werden. Um 1735 siedelte sich sein Vater, der früher bei Wallern domicilirte, in Kuschwarta an. Obwohl Reif nur die Hauptschule in Pisek besuchte, wo er auch Böhmisch lernte, so kann sich doch nicht leicht jemand

in der Umgegend an Spekulations- und Unternehmungsgeist mit ihm
messen. Er ist in Kuschwarta nicht nur Gastwirth, sondern auch Postex-
peditor, da hier die Straße von Winterberg nach Passau durchführt, und
Bäcker. Er baute in Kuschwarta 6 Häuser und eines, zu welchem eine
bedeutende Wirthschaft gehört, in dem benachbarten Dorfe Landstraßen. Er
baute die Schwelle am Kubani, die erwähnt wurde, und mehrere Wege
und Straßen. Er errichtete bei Kuschwarta die schon besprochene Mühle,
wo nicht nur Breter gesägt, sondern so zu sagen alle Holzindustriezweige
des Böhmerwaldes zusammen betrieben werden. Er handelt mit Holz, Getreide, Gyps, kehlheimer Platten und mailänder Wetzsteinen. Bei diesem
Handel hat er sich eine Münzsammlung angelegt, worin Geldsorten aus
allen Ländern Europa's, aus allen Welttheilen vorkommen. Auch zwei rö-
mische Münzen sind in ihr enthalten, die in der Nähe von Kuschwarta
ausgegraben wurden. Dabei ist Reif ein trefflicher Familienvater, ein ge-
diegener Freund, ein Hort der Hilfsbedürftigen und Armen. Von seinen
Arbeitern läßt er sich butzen, gleichwohl weiß er sich bei ihnen die schul-
dige Achtung und Ehrfurcht zu verschaffen. Seine Verdienste fanden schon
hohen Ortes Anerkennung; im Jahre 1847 ertheilte ihm der damalige
Landesgouverneur Erzherzog Stephan ein Belobungsdekret. In der jüngsten
Zeit kam eine Deputation der Wallinger zu ihm, die ihn bat, die Verwaltung des höchst beträchtlichen Vermögens von Wallern zu übernehmen;
er lehnte jedoch seiner anderweitigen Geschäfte wegen den gewiß von Vertrauen zeugenden Antrag ab. Heil dem wackeren Manne! Möge seine Tüch-
tigkeit in seinen Kindern fortleben, wozu die beste Hoffnung vorhanden ist!

Kuschwarta ist ein Centralpunkt für die lohnendsten Ausflüge. Wer
Buchwald nicht von Außergefield besucht hat, kann es von Kuschwarta
zu Wagen in 3 Stunden erreichen. Nach Winterberg gelangt man, an
Leonorenhain vorbei, über Ober-Wulhau (Vltavice hořejší) an
der warmen Moldau hinauf, ebenfalls in 3 Stunden. Nach dem ro-
mantisch gelegenen Passau in Baiern, das mit einer prächtigen Dom-
kirche prangt und wo 1552 der Vertrag geschlossen wurde, welcher den
Protestanten nach langen Kriegen die Ausübung ihrer Religion und bürgerlichen Rechte gestattete, ist es zu Wagen sechs Stunden. Durchaus nicht
unterlassen darf man den Ausflug auf den Hohenstein, Dreisesselberg, Dreieckstein und Plöckelstein. Man thut am besten, wenn
man ihn zu Fuße macht, da der Weg stellenweise sehr schlecht ist. Dieser
führt über das sogenannte bairische Häusel, wo man sich schon in
Baiern befindet, und über Bischofsreut nach Bairisch-Frauenberg,
das am Fuße des Hohensteines liegt. Von hier leitet ein ganz bequemer
Waldpfad zum Hohenstein selbst. Der Hohenstein, Dreisesselberg,
Dreieckstein und Plöckelstein sind nur verschiedene Punkte eines und
desselben gewaltigen, sich über 4000 Fuß erhebenden Bergrückens. Die

Besteigung desselben kann die Krone aller Bergbesteigungen im Böhmerwalde genannt werden. Was den Bergrücken kennzeichnet, das sind die ungeheuren Granitblöcke, die sich dort häufen, oft gleich ägyptischen Pyra-
miden und indischen Pagoden empor gethürmt sind, und von denen vielleicht der Plöckelstein seinen Namen erhalten. Auch der Hohenstein ist
eine Masse auf und über einander lagernder Granitblöcke. Eine hölzerne
Stiege führt auf die Spitze. Welch ein Rundbild entfaltet sich dort! Gegen Böhmen zu wird der Horizont zwar durch einen Kranz mächtiger
Berge beschränkt; doch schwelgt das Auge in dem herrlichen Schwarzgrün
der Wälder, von denen die Berge bedeckt sind. Desto weiter öffnet sich
die Aussicht nach Oesterreich und Baiern, wo aus der wellenförmigen freud-
lichen Landschaft überall lachende Flecken und Weiler winken, bis das Auge
dort in luftiger, blauer Ferne die Alpen gewahrt, dort am äußersten
Rande die Alpen in voller Schönheit und Erhabenheit. Gleich einem
in Schlachtreihe aufmarschirten Heere von Helden, gleich einem Burgwalle
mit Zinnen und Thürmen stellen sie sich dort in langer Frontallinie dar.
Eine lohnendere Alpenschau gewährt kein anderer Gipfel des Böhmerwaldes, auch keiner der übrigen genannten drei Punkte des Bergrückens. Die
Entfernung zwischen dem Hohenstein und Dreisesselberg beträgt
nur etwa 200 Schritte. Der Dreisesselberg (S. 111) ist niedriger als der
Hohenstein, von der böhmischen Seite gar nicht sichtbar. Seine Granitblöcke sind amphitheatralisch gelagert. Sie haben das Eigenthümliche, daß
sie in Folge von Verwitterung meist natürliche Sessel bilden. Zwischen
solchen Sesseln zur Linken und Rechten führt eine in den Stein gehauene
Stiege auf die Platte, die gleichfalls einen Sessel bildet. Daher wohl der
Name des Punktes. Ihn von dem Umstande abzuleiten, daß hier drei
Regenten, jeder auf seinem Grund und Boden, bei einander sitzen können,
weil die Gränzen Oesterreichs, Baierns und Böhmens zusammenstoßen, ist
falsch, da sich die Gränzen der genannten drei Länder erst beim Dreieckstein berühren. Von bairischer Seite geht ein Fahrweg auf den Dreisesselberg, und an Festtagen werden Speise und Trank hinauf geschafft,
und die zahlreichen Gäste feiern, der herrlichen Aussicht genießend, einen
fröhlichen Tag. Vom Dreisesselberg am Dreieckstein vorbei zum
Plöckelstein schreitet man auf lauter Granit gegen zwei Stunden. Wem
sollten bei diesem Gange zwischen einem Erzherzogthum und zwei Königrei-
chen nicht unwillkürlich die merkwürdigen geschichtlichen Beziehungen beifallen, in welche die drei stattlichen Länder seit grauester Zeit bis
auf den heutigen Tag kamen! Baiern (Bojoarien) und Böhmen (Bojer-
heim) haben ihren Namen von einem und demselben Celtenstamme, der
sie einst bewohnte. Die Babenberger, die vor den Habsburgern über Oesterreich herrschten, stammten aus dem heutigen bairischen Franken. Heinrich
Jasomirgott von Babenberg wurde von Kaiser Konrad III. mit Baiern be-

lehnt, trat es aber später an die Welf'sche Partei ab, wofür er das berühmte Privilegium Fridericianum erhielt. Zu Regensburg in Baiern nahmen
die ersten 14 böhmischen Lechen das Christenthum an und längere Zeit
gehörte Böhmen zum regensburger Sprengel, bis es einen eigenen Bischof bekam und das neue Bisthum dem mainzer Erzbischof untergeordnet
wurde. Geboten nicht die mit den Přemysliden verwandten bairischen
Grafen von Bogen über bedeutende Strecken Böhmens und stand Böhmen
aus Mangel an Salz mittelst des öfters erwähnten goldenen Steiges nicht
Jahrhunderte lang in Handelsverbindungen mit Passau in Baiern? Der
Uebertritt Baierns von Přemysl Ctakars II. auf Rudolfs von Habsburg Seite trug hauptsächlich dazu bei, daß Letzterer sich rasch des Do-
naugebietes bemächtigte und so die Katastrophe bewirkte, in Folge welcher
Ctakar auf den Besitz der österreichischen Länder verzichten mußte. Friedrich der Schöne von Habsburg kriegte mit Ludwig dem Baiern um die
deutsche Kaiserkrone, und Böhmens König, Johann von Luxemburg, stand
auf Ludwigs Seite, bis sich Friedrichs und Ludwigs Feindschaft in die
zärtlichste Freundschaft verwandelte, welchen Stoff sich der treffliche Uhland
zum Vorwurf eines Drama's erkor. Unter Karl IV. gehörte ein großer
Theil des heutigen Baiern im Norden der Donau theils direkt, theils
durch Lehensverband zu Böhmen. Nach Kaiser Albrechts II. zu baldigem
Tode wurde in Böhmen während des langen Interregnums Herzog Albrecht von Baiern zum König gewählt, der jedoch die ihm angebotene
Krone nicht annahm. Wie mächtig wurde Kaiser Ferdinand II. im dreißigjährigen Kriege, mit welcher auch in einem dalmatinischen Volkslied verherrlichten Tapferkeit Kaiser Leopold I. bei der zweiten Belagerung Wiens
durch die Türken von Baiern unterstützt! Leider war im bairischen Erb-
folgekriege Karl von Baiern auf der Seite der übrigen Gegner Maria
Theresias und ließ sich sogar in Prag zum Könige Böhmens krönen, nahm
jedoch kein glückliches Ende. Kaiser Joseph II. hätte Baiern beinahe mit
dem österreichischen Staate vereinigt, indem er es gegen die Niederlande
einzutauschen gedachte. Auf das schönste sind Oesterreich und Baiern gegenwärtig in den erhabenen Personen Franz Josephs I. und Elisa-
beths an einander geknüpft. Gieße der Himmel seinen besten, vollsten
Segen auf den heiligen Seelenbund! Unter solchen Betrachtungen nähert
man sich allmälig dem Plöckelstein, dem dritthöchsten Riesensohne
des Böhmerwaldes nach dem Arber und Rachel, die beide zu Baiern
gehören, folglich dem höchsten im böhmischen Antheil, indem er 4350 Fuß
über dem Meer empor steigt. Schaurig ist die Gegend, die gleichsam den
Vorhof zu ihm bildet — eine moorige, sumpfige Strecke, aus welcher nur
einzelne Bäume hervorragen, theils mit Aesten, die der Sturm zerknickt
hat, theils astlos, abgerindet, ganz kahl, gleich nackten, armseligen Bettlern,
dastehend. Ist man auf der Kuppe, da gähnt plötzlich zu des Wanderers

Füßen nach der böhmischen Seite hin ein furchtbar jäher, entsetzlicher Abgrund. Jenseits desselben lacht das herrliche Moldauthal bei Salnau (S. 103), in der Tiefe des Abgrundes aber liegt der Plöckelstein-See mit seinem dunklen Wasser, wald- und felsumschlossen, still und einsam, abgeschieden von der Welt, gleich den übrigen Seen des Böhmerwaldes (S. 107). Das ist ein Anblick, bei dem ein eigenthümliches Gemisch von Empfindungen rege wird! Stifter nennt den See das Auge des Bergriesen und er hat Recht; denn der See hat die Gestalt eines Auges und die an seinem Rande im Wasser sich ansammelnden Baumstämme stellen gleichsam die Brauen des Auges vor. Die Slowaken in den Karpaten heißen jeden ihrer Seen „Meeresauge" (Mořské oko). Die beschriebene Partie von Kuschwarta aus beansprucht einen vollen Tag; dafür findet man des Abends nach überwundenen Beschwerden bei Herrn Rosenberger in den sogenannten Lackenhäusern unten in Baiern am Fuße des Dreisesselberges eine Herberge mit allem Komfort, das ein wohlbestelltes Gasthaus zu bieten vermag.

Bei Kuschwarta erhebt sich auf felsigem Hügel eine Kapelle; weit höher auf dem steilen Vorsprung eines Nachbarberges die Kunzwarte. Unter allen noch erhaltenen Burgruinen ist sie die am schwersten zugängliche, denn nur von Südost, wo sich ungeheure Felsblöcke über einander thürmen, vermoderte Baumstämme tiefe Schluchten bedecken und dichtes, undurchdringliches Gestrüpp einen natürlichen Verhau bildet, windet sich, kaum bemerkbar, ein schmaler Pfad aufwärts. Hat man diesen nicht gefunden, so ist alle Mühe, den Gipfel zu erreichen, fruchtlos, weil von andern Seiten der Fels senkrecht, ja überhängend, mehr als 20 Klafter emporsteigt. Die Ruine ist ein starkes, regelmäßiges Mauerviereck. Von der Ostseite leitet eine enge Pforte. in das Innere, wo man an den Balkenlöchern die Eintheilung des Thurmes in drei Stockwerke wahrnimmt. Alle Fenster sind gegen Südost gekehrt. Im zweiten Geschosse befand sich ein kleiner Saal, weiter oben aber ist das Mauerwerk sehr verwittert und aus den Ritzen entkeimen. mit dickem Moos überwachsen, junge Kiefern und Fichten. Aus der Geschichte ist über die Kunzwarte, von wo der Blick über ein wildromantisches Gebirgsland schweift, nichts Näheres bekannt. Ihr Name soll von einem gewissen Ritter Kunz rühren, und aus ihrem Namen entstand in böhmischem Munde der Name des Dorfes selbst. In späterer Zeit soll sie, wie man aus dort gefundenen Scherben von Schmelztiegeln schloß, Falschmünzern zum Schlupfwinkel gedient haben. Ursprünglich war sie, was ihr Name besagt und ihre Bauart bezeugt, eine Warte. Ihre nur nach Südost gekehrten Fenster deuten darauf hin, daß sie hauptsächlich die Bestimmung hatte, den goldenen Steig zu beobachten, der sich aus jener Gegend nach Böhmen wand. Ein Arm desselben zog sich zwischen ihr und dem gegenüber ragenden Tussetberge, auf dem zur Hut gleichfalls eine kleine Veste stand, gegen Wallern hin und von da, an der Burg Hus vorbei, nach Prachatic. Ein anderer Arm zog sich über Buchwald und Außergefield nach Bergreichenstein. Dies alles läßt sich von der Kunzwarte vortrefflich ausnehmen, und hier endlich ist der geeignete Ort, daß wir die wichtigste Handelsstraße Böhmens in alter Zeit um desto ausführlicher besprechen, je weniger über sie bis jetzt dem deutschen Publikum kund geworden.

In der Legende vom heiligen Günther heißt es, er habe mit

Kunzwarte.

Hilfe seiner Klosterbrüder den goldenen Steig um 1040 angelegt. Doch fällt dessen Entstehung gewiß in noch ältere Vorzeit. Welchem Volke nämlich immer die ehemaligen Bewohner Böhmens angehört und wie einfach sie gelebt haben mochten, das Bedürfniß des Salzes, an dem es Böhmen gebrach, stellte sich bei ihnen gewiß sehr bald ein. Möglich, daß es die nördlichen Bewohner aus Sachsen, namentlich aus Halle holten;

es jedoch aus Sachsen bis nach dem Süden Böhmens zu schaffen, war,
wenn auch nicht unausführbar, so doch mit den größten Schwierigkeiten
verbunden, und ganz den Vortheilen entgegen, welche die Nähe Salzburgs
und Halleins und die in den südlichen Ländern herrschende Kultur dar-
bot. Auch weiß die ganze Geschichte des Salzhandels nichts hiervon. Die
Stadt Passau war gleich in den ersten Jahrhunderten nach Ch. G. angelegt worden. Daß den kriegerischen Römern in jenen Gegenden der Böhmerwald kein hinlänglich sicheres Bollwerk schien und sie es für nöthig
hielten, dort mehr zum Schutze, als aus Eroberungslust, ein festes Lager
mit stehender Besatzung zu errichten, ist ein Beweis, daß von jener Seite
öftere und mächtigere Angriffe auf sie erfolgten. Sie waren zu kundige
und kluge Krieger, um sich dort zu verschanzen, wo keine Gefahr drohte.
Wurden sie aber vom Böhmerwald aus angegriffen, so geschah dies gewiß nicht von ungefähr und auf gut Glück, sondern unter der Leitung
von Wegweisern, welche die bequemsten und kürzesten Pfade der ungeheuren Wildniß kannten. Zu solcher Kenntniß waren die Wegweiser nicht
durch Vergnügungs- oder aus Wißbegierde unternommene Reisen gelangt,
sondern das Bedürfniß hatte sie dazu geführt, das in der Herbeischaffung
des Salzes von Hallein Befriedigung suchte. In Passau begannen aber
auch Gewerbe und Handel zeitlich empor zu blühen; denn es läßt sich
nicht begreifen, wie ohne Handwerker und Kaufleute die dortige Besatzung
auf längere Zeit hätte bestehen können. Zudem trieben damals die An-
wohner der Donau und des Inns schon ausgebreiteten Handel, und Passau, das an einer günstigen Stelle auf einer von der Donau und dem
Inn gebildeten Halbinsel lag, konnte nicht müßig zusehen. Die Salzträger
lernten also allmälig auch andere Waare, als Salz, kennen und zogen
nicht mehr so sehr nach Hallein, als nach Passau. Der Weg, den sie ein-
schlugen, sollte jedoch nicht bloß gangbar für den menschlichen Fuß, nicht
unansehnlich bleiben, sondern durch Bedeutung und Ertrag allen damaligen Straßen Böhmens den Vorrang abgewinnen, sollte jeden Monat
von den Hufen vieler tausend Rosse getreten werden, das ganze Königreich mit den nothwendigsten Gegenständen versehen, und so endlich mit
vollem Recht den Namen des goldenen Steiges erhalten. Dazu
trugen günstige Umstände von selbst bei. Amerika war noch nicht entdeckt,
Amsterdam lag noch unter Morästen verborgen; das brittische Eiland besaß nicht einmal die Wichtigkeit, die es unter Julius Cäsar besessen, ge-
schweige denn, daß es mit seinen Schiffen Neptuns gesammtes Reich beherrscht hätte. Die schwachen Reste des nordeuropäischen Handels hatte
zwar den mehr durch eigene Uneinigkeit, als durch Feindeswuth zu Grunde
gerichteten Nordslawen die Hansa entwunden, vornehmlich aber vereinigte
sich Europa's Handel in der Hand Italiens. Hier thronte im Westen
Genua, im Osten Venedig. Sobald die Waaren des Orients zu Wasser

das Ufer Italiens erreicht hatten, übernahm sie das Rad, um sie auf
dem Festland zu verbreiten. Was nach Deutschland, Böhmen und Mähren
bestimmt war, wurde alles nach Regensburg, dem damaligen Sitze der
Kaiser und der Hauptniederlage zwischen Italien und dem Norden geschafft. Von hier wurde es zu Schiff und zu Wagen über Passau theils die
Donau entlang nach Krems und Mähren, theils die Enns entlang nach
Steiermark und Kärnthen geführt. Nur was seitwärts nach Böhmen sollte,
das hatte kein Wagengeleis vor sich, und konnte nicht anders, als zuerst
auf menschlichem Rücken, später auf Saumrossen dahin geschafft werden,
und dies geschah auf der via Bohemica, dem böhmischen oder prachaticer Wege, der mit der Zeit der goldene Steig genannt wurde.
Daß von dem Zolle, der auf dem goldenen Steige zu Prachatic einlief
und dem wyšehrader Kapitel zugewiesen war, große Summen in
die Kasse des Kapitels flossen, beweist der Vergleich, den der wyšehrader Probst Peter, um einem längeren Streite ein Ende zu machen, 1235
mit dem Dechant, Kustos und Scholastikus desselben Kapitels schloß. Gemäß diesem Vergleiche trat Peter für die Hälfte des prachaticer Zolls
— eine Hälfte genossen die wyšehrader Pröbste schon lange vordem —
den Domherren alle zur Probstei gehörigen Einkünfte, namentlich die Güter
Žitenic, Malečow, Žirec, Ugezd, mit sämmtlichen Höfen, Weinbergen,
Gärten und Zehenten von Leitmeritz, Unter-Wyšehrad u. s. w. ab, wofür er den Steig zu erhalten, gegen Ueberfälle zu schützen und einen bedeutenden Theil des Zolls auf die Befestigungswerke und die Kirche von
Prachatic zu verwenden hatte. Es ist jedoch bekannt, daß trotzdem die
Einkünfte der wyšehrader Pröbste, als geborener Kanzler Böhmens, größer waren, als die aller übrigen Aemter und Würden des Landes, ja
daß sie beinahe den Einkünften der Regenten selbst gleichkamen. Diese
Einträglichkeit des goldenen Steiges entsprang aus den vielen Privilegien, womit ihn die Regenten sowohl vielleicht ihren Kanzlern zu Liebe,
als weil es die Wohlfahrt des Landes erheischte, ausgestattet hatten. Denn
damals gebot es die Nothwendigkeit, daß das Land nach keiner Seite
hin offen stehe, und gleichwie die Burgen und Sitze der Herren nur auf
schwer zugänglichen Bergen erbaut und den ganzen Tag verschlossen waren,
kaum durch ein Seitenpförtlein Eintritt gönnend, so schien das ganze
Land am sichersten zu sein, wenn es überall durch umwegsames Gebirge
und dichten Wald gesperrt bliebe. Darum gab es im ganzen prachiner,
klatauer und großen Theils auch bechiner Kreise keinen anderen Zugang,
als jenen Steig, und es durfte sich in Böhmen niemand von ihm anderswohin wenden, als nach Prachatic, dem damaligen Hauptstapelplatze
des Landes. Erst von da wurden die Waaren des Auslandes, besonders
das Salz, in den pilsner Kreis, den berauner Bezirk, nach dem nördlichen
Mähren und Böhmen verführt. So stand die Sache im 11. und 12.

Jahrhunderte und etwas später. Mit dem Waarentransport von Passau nach Prachatic und von da wieder nach Passau beschäftigten sich in jener Zeit meistens die Bewohner Böhmens, die nicht selten nach Hallein um Salz zogen, wobei Passau zum bloßen Durchgangspunkte diente. Als jedoch durch die Kriegszüge Otakars nach Baiern der goldene Steig, der bisher für Wagen nicht eingerichtet war, breiter wurde und das Fürstenthum Passau durch Lichtung des Böhmerwaldes und Gründung von Städtchen und Gemeinden an Macht gewann, suchten die Bischöfe Passau's von dem Steige auch für ihre Unterthanen Nutzen zu ziehen. Otto, einer der trefflichsten Bischöfe von Passau, setzte auf dem Landtage zu Niederhausen 1256 fest, es solle den Einwohnern von Waldkirchen, Schafweg und Zwiesel frei stehen, Salz und andere Waaren über das Gebirge nach Böhmen zu schaffen und zur größeren Aufmunterung bewilligte er den Säumern sieben Schillinge weniger 10 Pfennige Ersatz für jedes Roß, das sie auf dem Steige bei Tag, nicht bei Nacht, einbüßen würden. Dieses Privilegium bewog die Bürger von Passau, durch einhelligen Beschluß das Salz aus den Pfannen, die dem Erzbischof von Salzburg gehörten, auf gemeinsame Rechnung zu kaufen, und was davon über den einheimischen Bedarf erübrigte, für den Handel zu bestimmen. Der in Passau von dem goldenen Steige einlaufende Zoll floß in die Einkünfte des Frauenklosters in Niederburg, welches Recht König Wenzel 1399 der Dechantin des Klosters durch eine eigene Urkunde bestätigte, als die Mehrheit der passauer Bürger für den Bischof Rupert von Bergen, der Wenzels Gunst besaß, gegen den Bischof Georg von Hohenlohe, welchen der Herzog von Oesterreich und der Papst unterstützten, auftrat, und sich in Wenzels Botmäßigkeit begab. Durch diesen Schritt erhielten die Passauer mehr Privilegien auf dem Steige, namentlich die Bestätigung des Privilegiums, das ihnen schon Rupert auf Erhebung eines Zolls von Wein, Bier und Honig und auf den Salz- und Getreidestapel verliehen hatte. Da der goldene Steig im passauer Gebiete keinen Seitenweg duldete, und auch in Böhmen niemand eine andere Richtung, als die nach Prachatic, einschlagen durfte, wurde dies den Waldbewohnern rechts und links von Prachatic bald fühlbar, und sie bewarben sich bei den Regenten Böhmens um die Erlaubniß zu Abweichungen vom Steige. Dies war zuerst bei Winterberg der Fall, wohin von jeher wöchentlich 12 Reffträger Salz lieferten. Den Winterbergern schien an dem Salze nicht genug, und sie hätten gern eine Salzniederlage in ihrer Stadt errichtet, indem sie die Säumer fortwährend zu sich lockten. Den hierüber zwischen dem Probst von Wyšehrad, zugleich Patriarchen von Antiochia, Wenzel, und dem Herrn Hanuš Kaplíř von Sulewic entstandenen Streit entschied König Wenzel in einer Sitzung zu Winterberg am 8. Januar 1404 zu Gunsten von Prachatic. Vier Stunden weiter links, als Winterberg, liegt Bergreichenstein. Karl IV. war der Stadt ihres reichen Goldbergbaues wegen gewogen, und ertheilte ihr 1366 Montags vor den heiligen drei Königen ein besonderes Privilegium, worin er sagt: „Wir geben jedermann kund und zu wissen, daß Wir zum allgemeinen Besten und zum Frommen Unseres Königreiches Böhmen und der Krone, so wie aller Unserer Lande insgesammt, eine Straße zu bauen angeordnet haben aus Passau nach Böhmen über Gwild, und ertheilen hiermit zur Beruhigung aller der Kauf- und Handelsleute, welche die genannte Straße benützen und sie bauen werden, dem Bürgermeister und Rathe und den Bürgern von Bergreichenstein, Unseren lieben Getreuen, die Gnade, daß jede Waare, welches Namens immer, auf der genannten Straße bei Bergreichenstein vorüber gehen, und, wenn sie bei Tag anlangt, dort sammt dem Fuhrwerk über Nacht bleiben soll. Daher gebieten Wir allen geistlichen und weltlichen Fürsten . . . aufs strengste und bei Verlust Unserer Huld, daß sie Unsere Getreuen zu Bergreichenstein in dem Genuß dieser Gnade nicht beeinträchtigen, sondern sie darin schützen und schirmen und vertreten." Es hatte den Anschein, als ob die neue Straße von Passau über Gwild (Außer- und Innergefield) dem goldenen Steige und den Prachaticern eine Todeswunde versetzen würde, doch geschah dies keineswegs. Vielleicht daß die Bergreichensteiner in ihrem Bergbau einen größeren Vortheil fanden, als im Handel, vielleicht und am wahrscheinlichsten, daß der Weg zu ihnen zu beschwerlich war — kurz sie bekannten in dem mit Prachatic im 16. Jahrhunderte ausgebrochenen Streite selbst, daß sie kaum für ihren eigenen Bedarf hinlänglichen Salzvorrath in der Stadt hätten. Auch die erwähnte Straße hinterließ kaum eine Spur von sich, und es hätte längere Dauer und mehr Nutzen gehabt, wenn Karl seine beabsichtigte Verbindung zwischen der Donau und Moldau zu Stande gebracht haben würde. Wie Salzhändler und andere Handelsleute frühzeitig zur Linken vom goldenen Steige abwichen, was später auch Schüttenhofen und Klatau thaten, so gebar auch zur Rechten jedes neue Jahr neue Nebenbuhler desselben und neuen Krieg. Netolic suchte nur verstohlener Weise und auf Kosten des goldenkroner Klosters, welchem Dialar das Recht verliehen, Wein und Salz zu Wasser und zu Land in Oesterreich zu verführen, eine Salzniederlage bei sich zu errichten; offen jedoch und mit aller Gewalt bestrebte sich Budweis, das von Passau auf der Donau, dann über Schellenberg bis Priethal zu Lande geführte Salz weiter nach Böhmen und nach Mähren zu schaffen, da es doch von Karl IV. bloß ein Privilegium auf die aus Oesterreich vom Mühlfluß über Freistadt gehende Straße besaß, von welcher, nach einer Verordnung König Georgs, Schweinitz zu einem Wagen, Wittingau zu zwei Wagen, vom Jahre 1463 an aber beide Städte zu drei Wagen (vielleicht wöchentlich) Salz zu nehmen be-

fugt waren, jedoch mit dem Bedeuten, daß sie es nicht aus der Stadt
verführen, und wenn ·sie mehr bedürften, sich nach Budweis wenden
sollten. All diesen Nebenbuhlern zum Trotze blühte der goldene Steig
dennoch in dem Maße, in welchem das Land überhaupt gedieh. Obwohl
Karl und sein Sohn Wenzel den umliegenden Städten Privilegien über
Privilegien ertheilten, obwohl besonders diejenigen, die Budweis um-
gingen, kaum den leeren Wagen behielten, wenn sie ertappt wurden, und
ihre ganze Ladung einbüßten, deren Erlös dazu verwendet wurde, um
Gräben um die Stadt aufzuwerfen und Mauern zu bauen, so bestand
doch bloß zwischen den zwei Städten ein Vertrag, welche der goldene
Steig verknüpfte, zwischen Prachatic und Passau. Bis zu der Zerstörung des Wyßehrads und der darauf erfolgten Einnahme von Prachatic durch Zizka 1420 waren, wie schon gesagt wurde, die wyße-
hrader Pröbste im Genusse des Steigzolles. Von der Zeit an verloren
Prachatic und der goldene Steig für länger ihre Wichtigkeit, die Frei-
briefe hatten, da sie mit dem Schwerte nicht geschützt werden konnten,
keine Giltigkeit mehr; Gewalt und Raub griffen um sich, und auf dem
goldenen Steige plünderte besonders Habart Lopata, der auf der Burg
Hus saß, mit seinen Reisigen die Säumer. Diese ungünstigen Verhältnisse und die Vertilgung des größeren Theils der Bewohner von Prachatic wußte, wie es scheint, vornehmlich Winterberg zu seinem Vortheil zu kehren, indem es eine bedeutende Anzahl von Säumern an sich
zog, so zwar, daß sich 1502 unter Herrn Zdenek Malowec von Chejnow und auf Winterberg schon eine Salzniederlage in der Stadt befand, welche die Prachaticer, einem eigenen Vertrag zufolge, zu dulden
versprachen, wobei sie auch den Säumern gestatteten, ihren Weg nach
Belieben zu nehmen. Allein obschon sich durch diesen Vergleich der goldene Steig in zwei Arme theilte, so brachten es die Prachaticer dennoch
dahin, daß die winterberger Salzniederlage niemals Wichtigkeit erlangte
und ihnen keinen Abbruch that, ja daß Ferdinand I., welcher 1546 den
Städten Pisek und Winterberg günstige Privilegien verliehen hatte, diese
1547 widerrief, als sich die Prachaticer mit ihren Ansprüchen meldeten,
die Entscheidung des weiteren ganzen Streites aber auf weiteres Ge-
hör verschob. Es trug hierzu die alte Gewohnheit der entfernten Salz-
abnehmer im Lande bei, der unter vielen schlechten Wegen minder schlechte
nach Prachatic, die Zerstörung der Burg Hus, der treffliche Boden um
die Stadt, der in kurzem nach ihrer Eroberung durch Zizka von allen
Seiten neue Bewohner herbei lockte, die Zutheilung der Stadt zur königlichen Kammer und die Erneuerung ihrer alten Privilegien
von Kaiser Sigmund, vor allem aber der Umstand, daß sie bald
unter den mächtigen Schutz des Hauses Rosenberg kam. Unter den
glorreichen Herren dieses Hauses gelangte der goldene Steig, obwohl der

Zoll nicht mehr in die Kasse der Obrigkeit, sondern in die königliche
Kammer floß, zu seiner größten Berühmtheit; da strömten, wie aus dem
Streite der Prachaticer mit den Städten Klatau, Schüttenhofen und Bergreichenstein zu ersehen, jede Woche über 1000 Saumrosse zur Stadt, woraus sich schließen läßt, welchen Nutzen die königliche Kammer genoß,
welchen Vortheil die Gemeinde zog, die noch später über 100.000 Schock
meißner Groschen im Handelsgeschäfte hatte, und wie viel die einzelnen
Bürger gewannen, von denen mehr als zwei Drittel Niederlagen in
ihren Häusern besaßen, wie die Bauart der Häuser bis zum letzten Brande
bezeugte. Doch unter den Herren aus dem Hause Rosenberg war es
auch, wo das Verderben an dem goldenen Steige zu nagen begann und
sich immer tiefer in ihn einfraß, bis es ihn ganz und gar verzehrte, so
daß es kaum mehr möglich, seinen Lauf mit voller Bestimmtheit anzugeben. Die Schuld lag an der Zeit, welche den Handel und die Meeres-
herrschaft vom Süden auf den Norden übertrug, und Nationen, über
denen bisher Dunkelheit geschwebt, den Stern des Ruhmes und der Macht
entschleierte. Ein Theil der Schuld lag jedoch auch an den Passauern.
Da sie bisher allein den Salzhandel in Händen gehabt, führten sie gemäß
den alten Kontrakten mit den Erzbischöfen von Salzburg das
Salz unmittelbar aus Hallein und Berchtesgaden aus. Die salzburger
Obrigkeit begann aber von Zeit zu Zeit an dem Salze zuzuschlagen,
wogegen sich die Passauer sträubten. Da schloß der Erzbischof von Salzburg Wolf Dietrich um 1580 einen Vertrag mit den Baiern, die längst
mit schelem Auge auf den Handel gesehen hatten. Die Passauer protestir-
ten mit ihrem Bischof gegen die Schiffahrt aus dem Inn in die Donau,
worauf die Baiern einen andern Weg suchten, Niederlagen besonders in
Schärding und Vilshofen errichteten, bei dem Letzteren auch eine Brücke
über die Donau bauten und auf neuen Steigen Salz nach Böhmen zu
schaffen anfingen. So wurde in Bergreichenstein die alte Niederlage wieder
hergestellt, in Schüttenhofen und Klatau wurden neue eröffnet. Die Prachaticer mit Wilhelm von Rosenberg traten nachdrücklich dagegen auf,
indem sie immer neue Beschwerden und Bitten bald bei dem König, bald
bei dem Kammergericht und dem Landtag einbrachten, und theils die
Gefahr schilderten, die dem ganzen Königreiche durch eine solche Erschlie-
ßung des Landes drohe, theils auf die Kränkung und Verkürzung ihrer
Gerechtsamen hinwiesen. Da alles nichts half, wurde zwischen dem Hause
Rosenberg einerseits und den Passauern, ihrem Fürsten
und dem Erzbischof von Salzburg andererseits ein Vertrag geschlossen folgenden Hauptinhalts: „1) Passau und Prachatic verbinden sich, den goldenen Steig mit Salz, Getreide u. s. w. wechselseitig
für immer zu versehen. 2) Die Säumer sollen weder in der einen, noch
in der andern Stadt gedrückt, sondern es soll mit ihnen mild verfahren

werden, damit sie Aufmunterung bekommen, die Straße zu ziehen. 3) Da zwischen den Piselern und Prachaticern eine alte Uebereinkunft besteht, daß die Fuhrwerke aus Böhmen, Mähren und Schlesien in Pisek nicht nach den Oberstädten gelassen werden, so sollen die Prachaticer mit Hilfe Seiner Gnaden (Wilhelms von Rosenberg) dahin trachten, daß der Uebereinkunft Genüge geleistet, und die Fuhrleute nirgend anderswohin gelassen werden, als nach Prachatic. 4) Seine fürstlichen Gnaden, der Erzbischof von Salzburg, Wolf Dietrich, verpflichten sich huldreich, wofern die genannten zwei Städte auf einen hinlänglichen und sicheren Salzabsatz bedacht sein werden und ihn bewerkstelligen, was nur durch Abwehrung der Fuhrleute von den Oberstädten geschehen kann, daß auch Seine fürstlichen Gnaden das Salzgeschäft in die alte, flüssige und gute Ordnung bringen wollen, wobei Seine fürstlichen Gnaden ehrfurchtsvoll anzugehen sind, die Prachaticer mit den Passauern und dem Rosenberg'schen Hause und anderen Vereinsgenossen so zu verbinden und einen solchen gemeinschaftlichen Salzhandel einzuleiten, daß, wenn künftig die Baiern oder Andere dem Salzhandel Hindernisse in den Weg legten, wie jetzt, oder etwas zu Wasser oder zu Lande dagegen unternähmen, alle Vereinsgenossen zu einander ständen, mit Rath und That, sei es vor Gericht oder sonst wie, und sich wechselseitig unterstützten, ferner auch darauf bedacht wären, daß der Bundesvertrag von Seiner Majestät dem Kaiser bestätigt werde. 5) Sollte eine Partei sichere Kunde erhalten, daß gegen die Handelsgesellschaft und den goldenen Steig etwas im Plane oder im Werke sei, so hat sie davon die andere Partei ungesäumt in Kenntniß zu setzen. 6) Keine Partei mehr soll sich ohne Wissen der anderen mit dem Hause Baiern in Betreff des Salzhandels in Unterhandlung einlassen, noch weniger etwas hierin beschließen." Ungeachtet dieses Vertrages konnte Wolf Dietrich von Salzburg, wie sehr ihn auch die Nichteinhaltung der alten Verbindlichkeiten schmerzte, die neue Verbindlichkeit gegen Baiern nicht aufheben; es wurde kaum so viel erreicht, daß in Folge des alten Rechtes etwas mehr Salz nach Passau kam. Endlich entschwand durch den unter Rudolf II. mit den Baiern in Pilsen 1606 geschlossenen Vertrag den Prachaticern alle Hoffnung, daß sie sich dieser ihrer Nebenbuhler entledigen würden, indem die Salzniederlagen der oben genannten zwei Städte durch ein eigenes Mandat bestätigt wurden. Gleichwohl blieben den Prachaticern genug Abnehmer und dem goldenen Steige genug Säumer; selbst das entscheidungsvolle Jahr 1620, welches den Geldvorrath des prachaticer Verschleißes fast erschöpfte und die Zahl der Säumer außerordentlich verringerte, schlug dem goldenen Steige keine so schmerzliche Wunde, als das Patent Kaiser Leopolds I. vom 1. September 1692. Denn noch 1626 hatte die Gemeinde von Prachatic 100.000 Schock meißner Groschen

im Handelsgeschäft, obwohl sich schon das Salz von Gmunden mit Macht
ins Land drängte. Noch aber war es nicht verboten, halleiner Salz einzuführen, obgleich Ferdinand II. das gmundner Salz in Böhmen zu verkaufen
gestattete und es durch einen eigenen Erlaß von Jahre 1628 in Schutz
nahm; noch im Jahre 1630 schirmte er die alten Privilegien der Städte
mit folgenden Worten: „Wir verordnen, daß man die Salzhändler und
Fuhrleute, welche früher das halleiner oder bairische Salz in das Königreich führten, so wie die Einwohner, die mit diesem Salze Handel trieben
oder die sich desselben bedienen werden, auf den rechten und wohlbeschaffenen Wegen gemäß dem alten Herkommen nicht aufhalte und um
so weniger ihnen wehre, Salz in das Land zu schaffen." Auch erfolgte
während seiner Regierung keine Aenderung im Salzhandel nebst der früher
erwähnten, außer daß die denselben betreffenden Berichte in deutscher
Sprache überreicht werden mußten, da sie bisher in böhmischer eingesandt
worden waren. Unter Ferdinand III. wurde bereits auf das in den Jahren
1639 und 1652 in das Königreich eingeführte Salz ein starker Zoll gelegt. Allein um den goldenen Steig war es noch immer nicht geschehen,
bis hier 1659 auch für das gmundner über Linz eingeführte Salz eine
Niederlage errichtet und ein gewisser Weißenregner zum ersten Salzbe-
amten bestimmt wurde, welcher den Befehl hatte, eine Kufe Salz zu
4 fl. 30 kr. zu verkaufen, wovon die Gemeinde 15 kr. Nutzen zog. Von
dieser Zeit an lag der goldene Steig gleichsam im Todeskampfe, nur
manchmal Lebenszeichen von sich gebend, und dies fast nur dann, wenn
ihn die Todeshand mit neuer Gewalt erfaßte, um ihm den letzten Streich
zu versetzen. Dies geschah durch das oben erwähnte Patent Leopold s I., womit aus dem Grunde, daß bisher viel unverzolltes Salz
in das Land geschafft worden sei, verordnet wurde: 1) daß künftig kein
bairisches Salz eingeführt werden solle, außer es habe die Mauth entrichtet und sei angesagt worden; 2) daß bei dem gmundner Salze —
wegen zwei schwerer Kriege und zu zahlender Schulden — 39 kr., bei
einem Scheffel bairischen Salzes — so hieß jetzt auch das halleiner —
1 fl. 49 kr. und bei einem Scheffel sächsischen Salzes 3 fl. 9 kr. zu-
geschlagen würden. Uebrigens sollte das fremde Salz zur Hebung der
gmundner Niederlage weder über die Moldau und Elbe, noch
vollends in die Städte, wo Salzniederlagen wären, verführt werden.
Da losch das Lebenslicht des goldenen Steiges aus und der Böhmerwald schüttete seine Nadeln auf ihn und bedeckte sein Grab mit Moos,
und die Zeit vertilgte seinen Namen und sein Andenken dermaßen, daß
kaum ein Prachaticer mehr, noch weniger ein entfernterer Bewohner des
Böhmerwaldes weiß, welcher Segen sich von ihm auf die ganze Umgegend von Prachatic ergoß. Doch auch nicht die kaiserliche Niederlage
gmundner Salzes vermochte sich in Prachatic lange zu erhalten. Wem

hätte im Norden beifallen sollen, Salz in Prachatic abzunehmen, da er in Budweis, in Moldau-Tein und in Pisek zu jeder Stunde so viel kaufen konnte, als er wollte. Diejenigen, die hinter Prachatic wohnten, hatten, wenn auch mehr Gefahr dabei war, doch mehr Gelegenheit, sich mit bairischem Salz zu versehen. Daher verkaufte die Gemeinde 1682 bei dem überhand nehmenden Schmuggel und der steigenden Theuerung des gmundner Salzes nur 2000 Kufen Salz. Endlich schlug der ganzen prachaticer Niederlage die letzte Stunde, indem sie mit dem kaiserlichen Patent vom Jahre 1706 nach Krumau übertragen oder vielmehr dort zu Grabe getragen wurde. Es kam das strenge Verbot, Salz aus Passau auszuführen, wogegen nach Passau weder Branntwein, noch ein anderes Produkt eingeführt werden durfte. So endete dieser Salzverschleiß, einst der berühmteste im Lande, nach 620 Jahren seiner historischen Dauer, nachdem er früher, bevor er in dem Buche der Geschichte verzeichnet wurde, vielleicht noch ein Mal so viel Jahre gewährt hatte. Die Freiheiten des goldenen Steiges bestanden darin: 1) Konnten die Prachaticer jeden Fuhrmann, Säumer und Restträger, der von Passau seinen Weg in Böhmen anderswohin, als zu ihrer Niederlage nahm, aufhalten, Beschlag auf seine Ladung legen und sie theils zum Besten ihrer Gemeinde und zur Ausbesserung und Instandhaltung des goldenen Steiges, theils zu Handen der Obrigkeit verwenden; 2) durften die Bewohner von ganz Böhmen, Mähren und Schlesien sich nur von der prachaticer Niederlage aus mit Salz versorgen, indem einige über Moldau-Tein bis nach Prachatic, andere, besonders aus dem berauner Bezirke, nach Pisek fuhren; 3) durfte auch zur Zeit des Krieges und der Theuerung, und zwar nach der ausdrücklichen Anordnung Wenzels IV. und Wladislaws, selbst wenn die Könige Böhmens mit dem Bischofe von Passau und seinem Kapitel in keinem guten Einvernehmen stünden oder wohl gar Krieg führten, weder den Bürgern von Passau, noch denen von Prachatic auf dem goldenen Steige irgend ein Hinderniß in den Weg gelegt werden, welches Verbot so geachtet wurde, daß selbst unter Ferdinand I. zur Zeit einer großen Theuerung das auf das ganze Land erstreckte Verbot, Getreide auszuführen, für den goldenen Steig zwei Mal aufgehoben ward. Aehnlicher Freiheiten genoß in Folge des Handels auf dem goldenen Steige außer Prachatic auch die Stadt Pisek, indem die Fuhrleute aus dem berauner Bezirke, aus dem pissner und später auch aus dem taborer Kreise nur aus der piseker Niederlage Salz nehmen und insbesondere die Pilsner, wenn sie nach Mähren oder aus Mähren zurück wollten, über Pisek oder Budweis fahren mußten, widrigenfalls sie Gefahr liefen, aufgehalten zu werden und ihre Ladung zu verlieren. Die Hauptartikel, die auf dem goldenen Steige nach Böhmen eingeführt wurden, waren besonders Salz, Wein und nebst einigen

Kleinwaaren Leinwand, da um Paſſau herum ſchon im 8. Jahrhunderte Flachsbau und Linnenweberei aufzublühen begannen. Ausgeführt wurden aus Böhmen nach Paſſau und in die umliegenden Gegenden Getreide aller Art, Butter, Käſe, Fiſche, deren in Prachatic nach den alten Rech= nungen noch vor 182 Jahren an 30.000 Centner verkauft wurden. Bier ſcheint ſich unter den Ausfuhrsartikeln nicht befunden zu haben; dagegen verſorgten die Prachaticer nicht nur Paſſau, ſondern auch deſſen ganze Umgegend mit rothem und weißem Malz, indem ſie in ihrer Stadt eine höchſt bedeutende Innung gründeten, die aus mehr als 30 ſich bloß mit der Trocknung des Malzes beſchäftigenden Bräuern beſtand. Später, als die Paſſauer ſelbſt Malz zu trocknen anfingen und dieſen Ertrag nicht mehr den Böhmen laſſen wollten, wandte ſich die Induſtrie der Pra= chaticer auf die Branntweinbrennerei, die ſich ſo emporſchwang, daß ſelbſt nach der Abbrechung des Handels mit Paſſau der berühmte prachaticer Branntwein noch im Anfange des laufenden Jahrhunderts tief nach Oeſter= reich, Salzburg und Böhmen und in andere Länder verführt wurde. Reicher Segen ſtrömte vom goldenen Steige auf einen großen Theil Böhmens aus, beſonders auf den prachiner Kreis. Der Handel mit den oben angeführten Ausfuhrsartikeln überwog bei weitem den mit Ein= fuhrsgegenſtänden. Von Kreiſen, die ſich beinahe ausſchließlich vom Feld= bau nähren, wie der prachiner, budweiſer, taborer, ja die meiſten Kreiſe Böhmens, konnte der Steig keinen andern Namen erhalten, als den des goldenen, da er ihnen ſtets lebhaften Abſatz ihrer Produkte ver= ſchaffte. Die nächſten Orte und Herrſchaften bei Prachatic ſetzten ihr übrig bleibendes Getreide ſchon vor dem Winter kontraktmäßig dahin ab. Den größten Vortheil aber zog die Stadt Prachatic ſelbſt, ſo daß ſie nicht nur bloß zur Wohlhabenheit, ſondern zum Ueberfluß gelangte, wovon faſt alle Häuſer der Stadt bis zum letzten Brande zeugten. Doch knüpf= ten ſich an den goldenen Steig auch manche Beſchwerlichkeiten und Bür= den. Die ganze Welt wollte damals ein Privilegium ſein, der Organis= mus des Zeitalters verlangte es ſo; folglich war auch der goldene Steig ein Kind dieſes privilegirten Organismus. Was jedoch dem goldenen Steige zugeſtanden wurde, konnte rechtmäßiger Weiſe anderen Städten nicht verweigert werden. So wurde eine Straße nach Piſek, eine Straße nach Budweis abgeſteckt, und den Fahrenden aufgelegt, der Privilegien wegen einen Umweg, nicht von einer Stunde oder zweien, ſondern von mehreren Meilen auf den heilloſeſten Pfaden zu machen. Damit aber niemand geraden Weges nach Hauſe kehren könnte, laſtete auf den pri= vilegirten Städten die Verbindlichkeit, nicht nur die privilegirten Wege und Brücken auszubeſſern, ſondern auch alle nahen und entfernten Seiten= wege zu bewachen, zu ſperren und manchmal ganz zu verhauen. Zu dieſem Zwecke mußte täglich eine Menge von Bürgern bewaffnet, auch

17*

zu Roß, Haus und Geschäft verlassen, hier in Hinterhalten auf Fuhrleute und Säumer lauern, dort sie in Herbergen und Nachtlagern überfallen, oder das hier und da versteckte Salz durchsuchen, wodurch derartige Städte zu Geldauslagen genöthigt wurden und Zeitverlust erlitten,
indem sie sich zugleich Feindschaft und Haß zuzogen. Jetzt finden sich von
dem einst besuchten, einträglichen, berühmten goldenen Steige höchstens
einzelne Balken, mit denen er, stets die Höhen suchend, an tieferen,
moorigen Stellen belegt war.

X.

Zum grossen Flösskanal und nach Oberplan.

Nun weiter zum großen Flößkanal! Ihn mit seinem durch den gra-
nitnen Flößlberg bei Hirschbergen gehauenen Tunnel nicht gesehen
zu haben, eines der merkwürdigsten und bewunderungswürdigsten Bau-
werke, wodurch der Böhmerwald vorzugsweise charakterisirt wird, wäre
unverzeihlich. Man geht über Böhmisch-Röhren, ein an dem ehemaligen goldenen Steige gelegenes Dorf, das seinen Namen von einer
Wasserröhre oder einem Brunnen hat, an dem die Rosse der Säumer
getränkt wurden. Auf der Anhöhe vor dem Dorfe kann man von Kuschwarta Abschied nehmen, denn der Weg führt hierauf abwärts in das ro-
mantisch schöne Thal von Tusset, einem meist von Holzhauerfamilien
bewohnten Dorfe an der kalten Moldau. Links auf dem felsigen
Gipfel des Tussetberges sind die Ruinen der Burg Tusset, die von
einem Herrn von Rosenberg erbaut worden sein soll, und gleich
der Kunzwarte bei Kuschwarta zur Bewachung des goldenen Steiges diente.
Auch ist auf dem Berge eine Kapelle mit einem Muttergottesbilde, zu
welchem aus Böhmen und Baiern gewallfahrtet wird. Wer ferner die
Resonanzbodenfabrik des Herrn Bienert bei Mader nicht besuchte, hat hier Gelegenheit, die aufs beste eingerichtete seines Schwie-
gersohnes zu besichtigen. Wir können nicht umhin, hier einen neuen
Zug der im Böhmerwalde heimischen Gastfreundlichkeit dankend zu erwähnen. Als wir in Tusset anlangten, fühlten wir uns etwas erschöpft,
da die Sonne heiß herniederbrannte. Wir fragten nach dem Wirthshause.
Man wies uns zur Fabrik, an welche das Wirthshaus stößt. Da sahen
wir vor der Thür eine Frau stehen. In der Meinung, es sei die Wirthin,

verlangten wir Labung. Die Frau führte uns sogleich bereitwillig in ein nettes Zimmer, wo sie uns Bier und Butterbrod auftischte. Das Zimmer

Lusseler Thal mit Fabrik.

sah wohl keiner Wirthsstube ähnlich; doch meinten wir, die Wirthin habe uns ihr eigenes Wohnzimmer angewiesen. Auf unsere Anfrage, wo der Fabrikeherr sei, erhielten wir zur Antwort, daß er sich eben nicht daheim befinde. Wir wollten endlich Rechnung machen; allein die vermeintliche Wirthin weigerte sich durchaus, Bezahlung anzunehmen. Das Räthsel löste sich zuletzt — die freundliche Frau war nicht die Wirthin, sondern die Fabriksfrau selbst, Herrn Bienerts eigene Tochter. Noch ein Mal herzlichen Dank ihr!

Wer von Kuschwarta nach Tusset gefahren, der lasse seinen Wagen auf dem Fahrwege zum Flößkanal kommen und versäume nicht, sich zu Fuß durch den Wald dahin zu begeben. Welch ein herrlicher Gang voll Abwechslung! Der Pfad leitet zuerst durch ein Stück Urwalds, wo sich einzelne Bilder des Kubani's wiederholen; links und rechts krachen aber bereits die lichtenden Aexte der Holzhauer. Hat man den Urwald hinter sich, so eröffnet sich eine Partie, die einem englischen Parke gleicht. Allmälig endet der Park und man schreitet durch einen großen Holzschlag, wo Hunderte von Klaftern Holzes aufgeschlichtet liegen. Bald jedoch befindet man sich auf einer rings von Wäldern und Bergen eingeschlossenen, mit mannshohen Gräsern bewachsenen, einsamen stillen Heide, durch die geschwätzig bloß ein Bächlein rauscht. Ist der Wanderer über sie hinweg, so empfängt ihn ein stattlicher Hochwald mit seinem kühlenden Schatten, bis sich der Fahrweg zeigt und man plötzlich vor dem ersehnten Tunnel des großen Flößkanals steht.

Dieser Kanal, dessen nähere Beschreibung bereits im ersten Theile geliefert wurde, leistet die erfprießlichsten Dienste, indem er den ungeheuren Holzreichthum des Böhmerwaldes auf das augenfälligste repräsentirt. An 24.000 Klaftern Holz, die sonst in dem dunklen Schooße der Wälder, gleich Schätzen in verzauberten Schlössern, begraben lägen, werden jährlich auf ihm zur allgemeinen Benützung in die Mühl, auf ihr in die Donau, und auf dieser bis in die Hauptstadt des Kaiserreiches, bis nach Wien geschafft, wobei Tausende von Menschen Erwerb und Nahrung finden. Nicht nur das Holz von den gewaltigen Bergen, an deren Fuße er sich, parallel mit der Moldau, eine zweite Moldau selbst, dahin zieht, trägt er auf seinen Wellen weiter, sondern auch das Holz des oberen Gebirges und der entfernten Herrschaft Winterberg, das auf der Moldau bis Spitzenberg geflößt und von da ihm auf der Achse eine Stunde weit bis nach Neuofen zugeführt wird. Und wie stattlich zieht er sich, theils in Granit gehauen, theils gemauert, dahin! An sieben Meilen beträgt seine Länge, indem er zur Zeit der Holzflößung im Frühjahr 21 Waldbäche in sich aufnimmt, die nöthigen Schleusen zum Ein- und Durchlaß der Speisungszuflüsse enthält, mittelst Brücken über die Rinnsale der Bäche setzt und hier bei Hirschbergen, wo wir stehen, den sich ihm in den Weg stemmenden Flößlberg mit einem mächtigen Tunnel von 221 Klaftern Länge acht Schuh Höhe, 9½ Schuh Breite durchbricht. Rühmt sich die Lombardei ihrer Kanäle zur Bewässerung des Reises, Holland seiner Kanäle zur Entwässerung und Fruchtbarmachung des morastigen Bodens, Böhmen kann auf seine Holzflößkanäle

Tunnel bei Hirschbergen.

stolz sein, unter welchen derjenige, der sich unseren Augen zeigt, der größte, der bedeutendste ist. Das erlauchte Haus Schwarzenberg, das ihn baute, hat sich in ihm neben den anderen Denkmählern, die es sich bereits im engeren und weiteren Vaterlande setzte, eines errichtet, welches dem Flügelschlage der dahin stürmenden Zeit die längsten Jahrhunderte kühn zu widerstehen vermag. Gleich am Tunnel liegt das erst in neue= ster Zeit bei Anlegung des Flößkanales entstandene und nur von Holz= hauern bewohnte Dorf Hirschbergen mit einem fürstlichen Kanal= aufseherhause. Herrlich ist der Gang durch das Thal von Hirschbergen, wie durch ein Alpenthal, an den üppigsten Wiesen vorbei zwischen hohen, dichtbewaldeten, dunkelgrünen Bergen. Der Alpeneindruck verstärkte sich bei uns, da wir, durch das Thal schreitend, Mädchen jodeln hörten, die eben Reisig aus dem Wald nach Hause trugen. Allmälig aber rücken die Berge auseinander, das Seitenthal erweitert sich, man tritt in das Hauptthal der von ausgedehnten Filzen eingesäumten Moldau. Am jenseitigen Ufer hinter den Dörfern Salnau (Zelnava) und Parkfried steigt das salnauer Gebirge empor, am diesseitigen der Hochsicht, im südlichsten Hintergrunde an der österreichischen Gränze das St. Thomas= Gebirge (S. 99). Indem man auf dem diesseitigen, rechten Moldau= ufer fortwandert, gelangt man, an einer Flachsröstfabrik vorbei, welche der um die Hebung der vaterländischen Industrie hochverdiente Herr Lanna gründete, an die Moldau zum Holzrechen von Spitzen= berg, wo das geflößte Holz aufgefangen und gelandet wird, um, wie schon bemerkt ward, auf der Achse zum großen Kanal nach Neuofen geschafft zu werden. Eine hölzerne Brücke führt über den breiten Fluß. In einer Stunde hat man endlich Oberplan (Planá) erreicht, wo man bei Herrn Berger oder Herrn Altrichter eine gute Nachtherberge trifft. Oberplan ist ein ansehnlicher Marktflecken, der über 100 Häuser mit mehr als 1000 Einwohnern zählt. Der Ort ist alt, gehörte früher zu den Besitzungen des Klosters Goldenkron, und erhielt auf dessen Ansuchen die Marktgerechtigkeit von Karl IV. im Jahre 1349. Der Pfarrkirche zur heiligen Margaretha wird schon 1384 erwähnt. Hier glaubt man sich bereits in Oesterreich; auch kann man zu Wagen in einem halben Tage bis Linz gelangen. Die Bauart der weißgetünchten, mit grünen Jalousien versehenen Häuser, die Sprache der Einwohner ist österreichisch, wäh= rend die bisher beschriebenen Gegenden den bairischen Typus an sich tragen. Oberplan ist auch der Geburtsort des ausgezeichneten Dichters Stifter. Zum Schlusse des genußreichen Tages begebe man sich auf den mit einer Kapelle geschmückten Kalvarienberg Oberplans, wo man das ganze schöne, durch viele Ortschaften belebte Moldauthal von Salnau bis zum St. Thomasgebirge überblickt.

XI.

Wittinghausen auf dem Skt. Thomasgebirge.

Ein neuer genußreicher Tag steht uns bevor. Das Ziel unserer Reise ist für heute die Ruine Wittinghausen auf dem Skt. Thomas-gebirge. Dieses Gebirge gehört orographisch zwar nicht zu dem System des Böhmerwaldes, sondern reiht sich an das zur Donau hinab ziehende Gebirge Ober-Oesterreichs; allein es ragt noch in Böhmen und so nah an unserem Wege, daß wir, wenn wir es nicht erstiegen, einen um desto ärgeren Fehler begingen, als es das herrlichste Naturschauspiel darbietet und sich die wichtigsten Erinnerungen aus Böhmens Geschichte mit ihm verknüpfen. Wir entfernen uns von der Moldau, die wir jedoch am Fuße des Skt. Thomasgebirges, wo sie von ihrem südlichen Laufe nach Osten ablenkt, um zuletzt gegen Norden umzubiegen, wieder begrüßen. Die Fahrstraße schlingt sich im Thale fort über Stuben (Hůrka) und Schwarzbach weiter nach Friedberg. Eine Viertelstunde vor Schwarz-bach finden wir ein berühmtes Graphitbergwerk mit einem Zechen-hause, drei Dampfmaschinen und einem Pferdegöpel. Es ist zum Theil fürstlich Schwarzenbergisch, zum Theil wird es von einer Gewerkschaft aus dem nahen Dorfe Mugrau betrieben. Alljährlich werden 35- bis 40.000 Ctr. Graphit zu Tage gefördert, welcher unter der Benennung schwarzbacher Graphit seinen Absatz hauptsächlich nach England findet, wo er als Maschinenschmiere und zum Schwärzen von Eisen- und anderen Geräthen verbraucht wird. In Friedberg (auch Frimburg und Freiburg), einem Marktflecken von mehr als 100 Häusern mit etwa 800 Einwohnern, sind wir bereits am Fuße des Skt. Thomasgebirges, am linken Ufer der Moldau, die hier den plattener und den nachle-ser Bach aufnimmt. Die Pfarrkirche zum heiligen Bartholomäus wurde 1305 von Heinrich von Rosenberg dem Stifte Schlägel in Oesterreich übergeben, welches seit dieser Zeit ununterbrochen das Patronat über sie ausübt. Durch die große Feuersbrunst im Jahre 1857 erlitt der Ort furchtbaren Schaden. Das Gasthaus des Bürgermeisters ist zu empfehlen. Nach eingenommenem Mahl kann der Nachmittag der Ersteigung des Gebirges gewidmet werden, das sich an 3000 Fuß über das Meer er-hebt. Zuerst ist die Moldaubrücke zu überschreiten; dann führt ein beque-mer Fahrweg durch den Wald auf die Höhe. Hier liegt einsam das Dorf

Skt. Thomas mit einem alterthümlichen Kirchlein. Ueber dem Dorfe ragen die ansehnlichen Ueberreste der Burg Wittinghausen, die noch im 17. Jahrhunderte bewohnt war. Am 3. December 1618 wurde sie von den österreichischen Aufrührern des Nachts überfallen und erobert. Im Jahre 1621 hielt sie der kaiserliche Hauptmann Fux mit 200 Mann besetzt. Im Jahre 1648 lauschte in ihr eine fürstlich Eggenbergische Besatzung unter dem Kommando des Kornetts Wintix, um sie gegen die Schweden zu vertheidigen; doch kamen diese nicht hierher. Zur Ruine verwandelte sich die Burg wahrscheinlich auf denselben kaiserlichen Befehl, in Folge dessen Karlsberg und so viele andere Schlösser Böhmens abgebrochen wurden. Aber verfügen wir uns in das viereckige Gebäude, das ohne Dach, mit öden Fensterhöhlen, über den Befestigungswerken zum Himmel starrt! Von welch unaussprechlich schöner Aussicht werden wir da überrascht! Durch die eine Fensterlücke gegen Norden überblicken wir das smaragdne Thal der Moldau, die sich wie ein Silberband hindurch- windet, mit all den von uns vormittags durchwanderten und noch vielen anderen Ortschaften: Friedberg, Schwarzbach, Stuben, Ober- plan, Glöckelberg, wo sich der große Flößkanal nach Oesterreich wendet, Unter-Wuldau (Vltavice dolní) an der Straße nach Aigen in Oesterreich u. s. w. Und durch die Fensterlücke gegen Süden, was enthüllt sich uns da? Was breitet sich vor unseren staunenden Augen aus wie ein Meer mit riesenhoch empor gethürmten Wogen? Es sind die Kalkalpen Oesterreichs und Steiermarks, so nah, daß wir sie mit den Händen greifen zu können meinen.

Vergessen wir jedoch nicht, indem wir in der Betrachtung dieses Bildes schwelgen, die historische Bedeutung näher zu erwägen, die unserem Standpunkte zukommt. Wittinghausen (Vitkův kámen) hat seinen Namen von Witek, dem Ahnherrn der vom 12. bis ins 17. Jahrhundert oft genannten böhmischen Herrengeschlechter von Rosenberg, Neuhaus, Landstein, Austi und von Sträž, und der früh erloschenen beson- deren Linien von Krumau, Wittingau, Grazen, Lomnic u. a. m., die alle zum Zeichen ihrer gemeinschaftlichen Abstammung eine fünfblättrige Rose im Wappen führten; Wittinghausen, später wohl umgebaut, wie seine Reste zeigen, soll der ursprüngliche Stammsitz gewesen sein. Hiermit erschließt sich unserem geistigen Auge ein Horizont, der bei weitem größer ist, als derjenige, welchen unser körperliches überschaut, ein Horizont, der eine ganze Welt merkwürdiger Gestalten und Begebenheiten umfaßt. Die so umfang- und inhaltsschwere Geschichte der Witkowece, warum hat sie noch keinen eigenen Darsteller gefunden? Hier seien zur Orientirung für die Folge nur einige Momente aus der Geschichte des Geschlechtes Rosenberg-Krumau hervorgehoben.

Witek, der Ahnherr, lebte in der zweiten Hälfte des 12. Jahrhundertes. Im Jahre 1169 war er oberster Truchseß am Hofe König Wladislaws I. von Böhmen, im Jahre 1184 Kastellan von Prachin. Seiner Sendung an Kaiser Friedrich I. 1173 wird in der böhmischen Geschichte gedacht, so wie seiner Gefangennehmung in der blutigen Schlacht bei Lodenic 1179. Noch im Jahre 1192 unternahm er eine Wallfahrt zum Grabe Christi, starb aber bald nach der Heimkehr 1194. Er hatte fünf Söhne, unter denen er der Sage nach eine fünfblättrige Rose mit verschiedenen Farben und Abzeichen als Wappen einsetzte. So ist er in

Wittinghausen.

einem Gemälde, das zu Krumau aufbewahrt wird, dargestellt. Wok, ältester Sohn von Witeks zweitem Sohne, war der erste Regent seines Hauses. Er erbaute die mächtige Burg Rosenberg 1246 und gründete 1259 das prachtvolle Stift Hohenfurt. Nach einer Sage stand nämlich an der Stelle der jetzigen Skt. Anna-Kapelle des Stiftes schon früher eine ähnliche Kapelle, zu welcher die Bewohner der umliegenden Ortschaften zu wallfahren pflegten. Auch Wok soll dies einst von seiner Burg Rosenberg aus unternommen haben. Er mußte bei der Gelegenheit über die

Moldau. Da keine Brücke auf das andere Ufer führte, benützte er eine bekannte Furt. Doch der Fluß war so hoch angeschwollen, daß Wok in Lebensgefahr gerieth. In seiner ärgsten Noth gelobte er, daß er, wenn er dem drohenden Verderben entgehe, an der Stelle der Kapelle ein Kloster errichten wolle. Es ward ihm Rettung durch göttliche Hilfe, er erfüllte sein Gelübde, und der Ort erhielt den Namen „Hohe Furt, Hohenfurt" (Vyšší brod). Pichler hat die Sage in einem trefflichen Gedichte bearbeitet. Wok erwarb sich Ruhm in Staats und Kriegsgeschäften. Er war unter König Otakar II. Oberstlandesmarschall in Böhmen 1254 bis 1262, GeneralKapitän von Oesterreich, Steiermark und Kärnthen 1260 bis 1262 und hatte wesentlichen Antheil an Otakars großem Siege über die Ungarn an der March 1260.

Nach seinem Tode zu Gratz in Steiermark 1262 übernahm die Regentschaft des Hauses Budiwoj von Krumau, Sohn von Witeks erstem Sohne, dem später in dieser Würde sein Sohn Zawiš von Falkenstein folgte, gewöhnlich auch „von Rosenberg" geheißen, von Palacký der wunderjame Zawiš genannt. Ungleich Wok in der Anhänglichkeit an König Otakar, gehörte er zu dessen gefährlichsten Gegnern. Als Otakar gegen Rudolf von Habsburg das erste Mal nach Oesterreich zu Felde gezogen war, erregte Zawiš, das Haupt der Wittewece, mit denen von Riesenburg und anderen Baronen und Rittern im Rücken des Königs einen so bedenklichen Bürgerkrieg, daß Otakar sich genöthigt sah, Frieden zu schließen und sich hinterdrein all die Konsequenzen ergaben, die Otakars Fall und Ende bewirkten. Gleichwohl stieg Zawiš, der einzige unter denjenigen, die sich durch Verrath zu Werkzeugen des traurigen Sturzes gemacht hatten, zu Macht und Glück empor. Otakars Witwe, Königin Kunigunde, schlug nämlich im Sommer 1279 ihren Hof auf dem uralten Schlosse Grätz bei Troppau auf. Da war auch Zawiš unter den Männern, die sich an den Hof drängten und um Kunigundens Gunst sich bewarben. Er war schön, tapfer und galant, ausgezeichnet durch Geist und Kenntnisse, ein bei Mit und Nachwelt in Böhmen gepriesener Dichter. Die Cantio Zavissonis de amore (in einer Handschrift des 15. Jahrhundertes im fürstlich Schwarzenberg'schen Archiv zu Wittingau) führt wohl mit Unrecht seinen Namen, da Fassung und Sprache ganz dem 15. Jahrhunderte angehören. Dagegen ist es sehr wahrscheinlich, daß die böhmische Literatur ihren kostbarsten Schatz, die königinhofer Handschrift, diesem Zawiš zu danken habe. Der einzige böhmische Kodex (im Museum zu Prag) kann, nach allen inneren und äußeren Kennzeichen, sehr gut um's Jahre 1284 für die Königin Kunigunde selbst geschrieben worden sein. Daß aber die darin enthaltenen Gedichte verschiedenen Verfassern und Zeiträumen angehören, unterliegt keinem Zweifel. Nicht nur das gemeine Volk, auch hochgestellte Personen

staunten Zawiš an und fürchteten ihn als einen Zauberkünstler. Dem
Reize einer solchen Person erlag die bis dahin tadellose Königin, sie
zog den gefährlichen Mann näher an sich, ernannte ihn zu ihrem Haus=
hofmeister und vermälte sich heimlich mit ihm. Die neue Verbindung
blieb jedoch nicht lange verborgen, und fand allgemeine Mißbilligung.
Als Ctalars zwölfjähriger Sohn König Wenzel II. 1283 aus der Haft
seines Vormundes, des Markgrafen Otto von Brandenburg, nach Böh=
men zurück kehrte, wendete sich Kunigunde erst brieflich an ihn, um seine
Gesinnung zu erforschen. Er sehnte sich nach der Mutter. Im Vertrauen
des Sohnes befestigt, brachte Kunigunde es bald dahin, daß der junge
König ihren geliebten Zawiš nicht nur begnadigte, sondern auch an seinen
Hof zog und ihm Einfluß auf die Regierung gestattete. Die Unzufrieden=
heit mehrerer Barone hatte keinen Erfolg. Dem Beneideten blieb nicht
nur sein Einfluß, sondern er mehrte sich auch ungemein, nachdem Zawiš
erlaubt worden war, seine Vermälung mit Königin Kunigunde 1284
öffentlich in Prag mit großem Pomp zu feiern und fortan als des
Königs Stiefvater vor der Welt aufzutreten. Seitdem führte er die Re=
gierung in Wirklichkeit allein, und ließ nur den Schein derselben dem
jungen Könige; dieser aber erwies ihm alle Ehre, die er dem Gemal
seiner Mutter schuldig zu sein glaubte, so wie er ihm jenes dankbare
Vertrauen zollte, das dessen Ueberlegenheit in Geschäften und der Sorge
für des Reiches Wohl erforderte. Es läßt sich auch nicht läugnen, daß
Zawiš mit Umsicht und Nachdruck auf die Wiederherstellung und Befe=
stigung der durch das Interregnum so sehr geschwächten königlichen Macht
und öffentlichen Ordnung hinarbeitete und sich als Staatsmann und Feld=
herr bewährte. Hiedurch gelang es ihm, sich mehrere Jahre in seiner hohen,
aber auch schlüpfrigen Stellung zu erhalten; um jedoch am Ende nicht
dennoch zu fallen, bedurfte er einerseits einer vollkommeneren Unbescho=
tenheit, andererseits einer dauerhaften Gunst des Glückes. Wenn auch etwa
König Wenzel vergaß, wie schwer er sich einst gegen Ctalar vergangen
und auf welche Art er nachher sich empor geschwungen, so vergaßen es
doch seine Feinde nicht, und sein herrisches Benehmen machte ihm auch
viele Freunde abwendig. Alle diese Widersacher gewannen an Kaiser Ru=
dolf eine für Zawiš höchst gefährliche Stütze. Zu seinem Unglücke starb
Kunigunde 1285. Als mit der 1287 in Prag eingeführten Königin
Guta, Rudolfs Tochter und Wenzels Gemalin, der böhmische Hof eine
neue Gestaltung bekam, gab Zawiš seine bisherige Stellung auf und
zog sich in den Privatstand zurück. Die Gunst des ungarischen Hofes,
die Zawiš durch Kunigunde erlangt hatte, verminderte sich nach dem
Tode. Um sie zu befestigen und Schutz gegen etwaige Anschläge seiner
Feinde zu gewinnen, bewarb er sich bei König Ladislaw von Ungarn um
dessen jüngste Schwester, welche damals im Kloster lebte, und erhielt sie;

der Papst ertheilte die nöthige Dispens. Als Zawiš jedoch mit prächtigem Geleit und vielen Schätzen auszog, um die königliche Braut zu
holen, ward er von einem seiner Feinde, Hynek von Lichtenburg, hinter
Caslau überfallen, sein Gefolge zerstreut, und die schätzebeladenen Wagen
wurden erbeutet; er selbst rettete sich durch Flucht in das feste Kloster
Opatowic. Doch bald sammelte er seine Leute wieder, rüstete sich noch
stärker und glänzender aus als zuvor und gelangte glücklich an den
ungarischen Hof nach Stuhlweißenburg, wo ihm Jutta mit königlichem
Pomp angetraut wurde. Nach seiner Rückkehr lebte er mit seiner neuen
Gemalin zurückgezogen und ruhig auf dem jetzt unbekannten Schlosse
Fürstenberg an der mährischen Gränze in Böhmen. Mittlerweile hatten
seine Feinde König Wenzels Gemüth ganz gegen ihn eingenommen. Am
meisten verdroß es diesen, daß der stolze Vasall die ihm von seiner ersten
Gemalin überlieferten königlichen Güter und Schätze, worunter auch Kron-
schätze gewesen sein sollen, nicht herausgeben wollte. Als hierauf Zawišens
neue Gemalin eines Knaben genas und der hocherfreute Vater die Könige
Böhmens und Ungarns, so wie Herzog Heinrich IV. von Breslau zu
einer Zusammenkunft an der ungarisch-böhmischen Gränze einlud, damit
sie als Pathen den Neugeborenen aus der Taufe hüben: sahen hierin
seine Feinde nur eine Verschwörung gegen König Wenzel, und einen An-
schlag, ihn dort um das Leben zu bringen; Wenzel selbst ließ sich dies
einreden und entbrannte um so heftiger von Rachsucht. Im Rathe seiner
Vertrauten wurde daher beschlossen, sich des gefährlichen Mannes mit
List zu bemächtigen. Der König nahm die Einladung zum Feste an, bat
jedoch seinen Stiefvater, ihn dazu abzuholen und zu geleiten. So kam
Zawiš mit Wenigen auf das prager Schloß und wurde mit Auszeichnung
empfangen. Er verehrte bei dieser Gelegenheit der Königin Guta einen
kostbaren Schleier von äußerst feiner Arbeit; die junge Fürstin aber,
die bereits von seinen Zauberkünsten gehört, scheute sich den Schleier
auch nur anzurühren und befahl ihn als eine böse Versuchung ins Feuer
zu werfen. Als Zawiš wieder gehen wollte, erklärte man ihm, er müsse
bleiben, er sei des Königs Gefangener. „Das heißt, wenn ich will!" entgegnete er und griff zum Schwerte. Neun Ritter, die beauftragt waren,
ihn zu entwaffnen, konnten seiner nicht Meister werden; erst nach langem
Kampfe gelang es ihnen, ihn zu Boden zu werfen und zu fesseln, ihn
zu tödten war ihnen verboten. Aber selbst eine zweijährige schwere Ge-
fangenschaft vermochte den Trotz des stolzen Zawiš nicht zu brechen, und
seine Burgen wurden durch die Thätigkeit seiner Verwandten und die
Treue seiner Mannen ihm noch immer erhalten. Aus der Verlegenheit,
in welcher man sich befand, half endlich Kaiser Rudolfs Rath, Zawiš
gebunden vor die noch unbezwungenen Schlösser zu führen und die Be-
satzungen durch Androhung seiner Hinrichtung zur Uebergabe zu bewegen.

Mehrere Burgen sollen auf diese Art in des Königs Gewalt gebracht worden sein, obgleich Zawiš sich auch da zu keiner Bitte herbeiließ. Erst vor Frauenberg traf ihn sein Verhängniß. Dort befehligte sein Bruder Witek und setzte dem königlichen Heere, an dessen Spitze Herzog Nikolaus von Troppau stand, denselben Trotz, wie Zawiš, entgegen. König Wenzel kam selbst ins Lager, um zur Nachgiebigkeit zu mahnen und das Gewicht der furchtbaren Drohung zu verstärken; Witek glaubte nicht, daß man zum Aeußersten schreiten werde, und verweigerte die Uebergabe. Da ritt König Wenzel davon und gab dem Herzog Nikolaus volle Macht, mit Zawiš zu thun, was ihm beliebe. Nikolaus verstattete seinem alten Feinde nur kurze Frist, sich durch Beichte und Kommunion zum Tode zu bereiten. Auf der Flur unterhalb der Burg wurde ein Gerüst erbaut; ein scharfes Fallbret, eine Art Guillotine, schlug dem Gefangenen am 24. August 1290 im Angesicht seiner Brüder den Kopf ab. So endete der wunderbare Zawiš, eine Art Waldstein, nur höher begabt und vielseitiger entwickelt, unter dem Henkerbeil! Der böhmische Dichter Macháček hat ihn zur Hauptperson einer Tragödie gewählt. Die alten Nachrichten behaupten, sein Tod sei von vielen Frauen Böhmens beweint worden; keine sagt, was mit seiner eigenen Frau und deren Kinde geschehen. Sein Sohn erster Ehe, Ješek oder Johann, wurde vom Könige den Rittern des deutschen Ordens übergeben und nach Preußen abgeführt, wo er die Würde eines Landesmeisters erlangt haben soll. Seine Brüder Witek und Wok flüchteten zuerst nach Ungarn, dann nach Polen. Die übrigen Witkowece söhnten sich nach langen Verhandlungen mit dem Könige aus, der ohnehin seine That schwer bereute, und erhielten sich so im Besitze ihrer Güter.

Krumau überging nun auf die Linie Rosenberg, bei der es fortwährend verblieb. Regent des Hauses wurde Heinrich, Wok I. älterer Sohn, welcher unter König Wenzel II. die Würde eines Oberstburggrafen und später die eines königlichen Oberstlandeskämmerers bekleidete. Bei dem Feldzuge des nach dem Aussterben der Přemysliden zum Könige erwählten Habsburgers Rudolf gegen den widerspenstigen Bawor von Strakonic 1307 half er Horažďowic belagern und brachte bei der Gelegenheit die für unüberwindlich gehaltene Burg Klingenberg durch List in seine Gewalt.

Ihm folgte sein Sohn Peter. Dieser hatte sich dem geistlichen Stande geweiht, war als Mönch in das Stift Hohenfurt eingetreten und konnte nur nach langen Bitten seiner Verwandten bewogen werden, die Kutte abzulegen und die Gubernatur seines Hauses anzunehmen. Gleichwie Zawiš eine Königswitwe und eine Königsschwester zu Gemalinen gehabt, so vermälte sich Peter 1316 mit Viola, Witwe nach dem letzten Přemysliden König Wenzel III. Er nahm an den Fehden der Landesbarone

gegen Johann von Luxemburg lebhaften Antheil, focht aber in Frankreich gegen die Engländer mit seinem König, und gewann dessen Neigung besonders dadurch, daß er in einem Treffen die feindliche Haupt-
fahne mit eigener Hand eroberte und dadurch den Sieg entscheiden half.
Krumau erhob er zu einer Stadt und befestigte es, so wie er viele Kirchen
baute und andere geistliche Stiftungen machte. Gebeugt vom Alter übertrug er die Gubernatur auf seine zweite Gemalin, Katharina von Wartenberg, und zog sich, ein Nachtreter Diocletians und Vorläufer Karls V.,
wieder als Mönch in seine Zelle nach Hohenfurt zurück, wo er 1348
sanft entschlief.

Von seinen fünf Söhnen folgte zuerst Jobok oder Joöt, Oberstlandeskämmerer in Böhmen, dessen Gemalin, Agnes von Wallsee, das
Klarissinnenkloster zu Krumau stiftete, so wie er in bester Eintracht mit
seinen Brüdern die zwei ansehnlichen Burgen Helfenburg und Maidstein
erbaute und drei Klöster gründete, das Minoritenkloster zu Krnmau, das
Augustinerkloster zu Wittingau und das Paulanerstift zu Beuraffel. Nach
seinem Tode 1369 folgte Ulrich in der Regentschaft, der sich vielfältigen Kriegsruhm erwarb. Er schied 1390 von hinnen, nachdem er alle
seine Brüder überlebt hatte.

Sein Sohn Heinrich II. war unter König Wenzel IV. Oberstlandeskämmerer und dann Oberstburggraf zu Prag. Im Jahre 1394 brach
zwischen ihm und König Wenzel eine blutige Fehde aus, in welcher Heinrich die Stadt Wodňan, dann die königlichen Burgen Kugelweit und
Humpolec einnahm und letztere zerstörte. Als Wenzel von Jobok, Markgrafen von Mähren, in Beraun gefangen genommen und nach Přibenic
gebracht worden, ließ ihn Heinrich auf seinen Burgen Soběslau, Wittingau,
Maidstein, Krumau und Wittinghausen eng verwahren und übergab ihn
sodann den Herren Kaspar und Gundaker von Starhemberg, welche den
König und Kaiser auf ihr Bergschloß Wildberg in Oesterreich brachten,
und erst auf die schriftliche Versicherung, daß er das Erlittene nicht vergelten wolle, wieder in Freiheit setzten. Heinrich starb in seiner Burg zu
Krumau 1412.

Sein Sohn Ulrich II., noch unmündig, stand bis 1418 unter der
Vormundschaft Čeněks von Wartenberg und ließ sich von diesem bere-
den, zur husitischen Partei überzutreten; doch sagte er sich bald wieder
von den Husiten los und wurde der eifrigste Vertheidiger der katholischen Sache. Von Kaiser Sigmund zum Hauptmann des bechiner und
prachiner Kreises ernannt, überfiel er 1420 die husitisch gesinnte Stadt
Wodňan, eroberte sie und ließ ihre Ringmauern niederreißen; dann zog
er vor die neuangelegte Stadt Tabor, schloß sie ein und belagerte sie
aufs heftigste. Hier aber überraschte ihn Niklas von Husinec mit zahlreichen Reiterscharen, so daß Ulrich unter großem Verluste sich zurück-

ziehen mußte. Gleich darauf fiel Žižka in den prachiner Kreis ein, nahm
Prachatic mit Sturm, drang bis an die Moldau vor, verheerte Goldenkron, und fügte dem Herrn von Rosenberg unberechenbaren Schaden
zu. Um dieselbe Zeit nahmen die Taboriten die Burgen Groß- und
Klein-Pribenic und bedrängten ihn auch von dieser Seite. Ulrich schloß
hierauf mit Žižka und den Taboriten einen Waffenstillstand, der bis zur
Fastnacht des nächsten Jahres währen sollte. Kaum jedoch hatte er denselben zu Stande gebracht, so brachen zwischen ihm und dem budweiser
Stadthauptmann Leopold Krajir von Krajk auf Landstein ernsthafte Mißhelligkeiten aus, die bald eine Fehde herbeiführten. Seit dieser Zeit
dauerte der verheerende Krieg auf den Rosenberg'schen Besitzungen mit
geringer Unterbrechung fort. Im Jahre 1422 drangen die Hussiten bis
Hohenfurt vor, und nur mit größter Anstrengung rettete Ulrich dies schöne
Kloster, die Gruft seiner Vorfahren, vom Verderben; dafür ging seine
Stadt Priethal in Rauch auf und wurde nebst mehreren Gehöften bis
auf den Grund zerstört. Drei Jahre später 1425 bestürmten die Waisen
die Burg Wittingau, und als sie da nichts ausrichten konnten, drangen
sie weiter südlich vor, eroberten Gratzen und verheerten die Gegend weit
und breit. Ulrichs Verdienste um die katholische Sache anerkennend, vertraute Kaiser Sigmund 1432 mehrere Güter und Schlösser des Süd-
westens seiner Obhut. Dadurch wurde der Zorn der Kelchner von neuem
angeregt. Kaum erschien das Frühjahr 1433, so brach der Waisenhaupt-
mann Capek von Sán über Wittingau her in die Rosenberg'schen Besitzungen ein, und richtete seinen verwüstenden Zug gerade gegen Krumau. Die ihm von Ulrich entgegengestellten Schaaren wurden aufs Haupt
geschlagen. Schrecken bemächtigte sich aller Gemüther, und als Capek in
Welešin einrückte, da hielt jedermann das nur eine Meile entfernte, bisher
vom Feinde unberührte Krumau für verloren. In dieser kritischen Lage
nahm Ulrich seine Zuflucht zum Gelde. Er schloß zu Welešin gegen Er-
legung einer großen Summe mit dem Sieger Waffenruhe auf sechs
Monde, worauf Capek seine Waffen gegen Pilsen kehrend, die Gegend
von Krumau verließ, um ein Jahr später 1434 in der furchtbaren Schlacht
bei Lipan die Kraft seiner Partei durch Ulrichs Verwandten, den berühmten Meinhard von Neuhaus, für immer gebrochen zu sehen. Nach diesem
entscheidungsvollen Siege ging Ulrich gegen seine Widersacher offensiv vor.
Vorerst wandte er sich gegen den Landesverderber Johann Reznik, berente
und erstürmte die Burg Lomnic, die er seiner Herrschaft Wittingau
einverleibte, und schlug endlich im Verein mit noch anderen Landesbaronen
1434 eine Abtheilung der Taboriten bei Kreč aufs Haupt, worauf er
die Burgen Ostromeč und Bezejow eroberte und noch andere Vortheile
über die im Lande zerstreuten Gegner errang. Nach Kaiser Sigmunds
Tode 1437 wählten Ulrich von Rosenberg, Meinhard von Neuhaus, Ha-

nus von Kolowrat u. a. m. nebst den Pragern und mehreren Städten
den Herzog Albrecht von Oesterreich zum Könige Böhmens. Ein anderer
Theil, an dessen Spitze Hynce Ptáček von Pirkstein stand, wählte den
polnischen Prinzen Kasimir. Albrecht wurde zu Prag gekrönt, und rückte
vor das widerspänstige Tabor. Ulrich allein führte ihm 4000 Kämpfer
zu. Nach dem frühzeitigen Hinscheiden Albrechts 1439, unter welchem
die Länder, die gegenwärtig den mächtigen österreichischen Kaiserstaat bil=
den, zum ersten Male beinahe alle vereinigt waren, nahm sich Ulrich des
nachgeborenen Ladislaw eifrig an. Er züchtigte 1440 den benachbarten
Raubritter Smil von Krems und zerstörte dessen Veste. Im Jahre 1444
brachte er Prachatic durch Kauf an sich, obwohl diese wichtige Stadt erst
später in den bleibenden Besitz der Rosenberge gelangte. Im Jahre 1449
feierte er zu Krumau die Vermälung seiner schönen Tochter mit Herrn
Johann Liechtenstein auf Nikolsburg aufs prachtvollste. Die Hochzeits=
feier währte eine ganze Woche hindurch. Die Braut war eben jene Perchta
(Bertha), welche noch heutigen Tags unter dem Namen der **weißen
Frau** im Andenken des Volkes, besonders im Süden Böhmens, lebt.
Ihre Ehe war nicht glücklich und die Klagen, die sie heimlich an ihre
Familie schrieb und die im wittingauer Archiv aufbewahrt sind, erwecken
noch jetzt die Theilnahme der Leser. Nach Böhmen zurückgekehrt, brachte
sie ihre übrigen Tage in Trauer und Wohlthun für die Armen, besonders
zu Neuhaus und auf den Rosenberg'schen Schlössern, zu. Balbin war,
wie es scheint, der erste, der die bekannten Volkssagen von der weißen Frau
verzeichnete. Im Jahre 1450 wurde Ulrich zu Krumau durch einen Be=
such des berühmten Aeneas Sylvius, nachmaligen Papstes Pius II. und
im Jahre 1451 eben dort durch einen Besuch des weltberühmten Kreuz-
predigers Johann Kapistran beehrt. Allein nach 30jährigem fruchtlosen
Ankämpfen gegen den Hussitismus war er der Gubernatur seines Hauses
um so müder, je einflußreicher, majestätischer Georgs von Podĕbrad Ge-
stirn emporstrahlte. Bis zum Jahre 1448 hatte eigentlich er die Ge-
schicke Böhmens geleitet, freilich nur gleichsam hinter dem Vorhange und
nicht direkt, indem er mit überlegener Klugheit alles, was verhandelt
wurde, nach seinem Sinne zu wenden und zu drehen wußte, nicht den
geraden Weg ging, Täuschungen und Winkelzüge nicht verschmähte. In
Gegenwart Kapistrans vertraute er die Regierung seinem ältesten Sohne
Heinrich III., und indem er sich nur eine Herrschaft zu seinem Lebens-
unterhalte vorbehielt, übergab er alle übrigen seinen Söhnen, um fortan
in Ruhe nur Gott dienen und für das Heil seiner Seele sorgen zu können.
Er hielt von dieser Zeit an seinen Hof theils zu Krumau, theils auf der
Burg Maidstein, sehnsuchtsvoll oft zurückblickend und der Klage sich
hingebend. Zwar wurde die oberste Leitung des Hauses noch ein Mal
in seine Hand gelegt, als sein Sohn Heinrich 1452 mit mehr als 2000

Fußknechten und 400 Reitern zur Befreiung Ladislaws aus Kaiser Friedrichs IV. Vormundschaft auszog; doch das Mißgeschick, das ihn abermals traf, konnte ihn nicht zur Erneuerung der früheren Thätigkeit
locken. Zum Lohne für die bewiesene Anhänglichkeit schenkte der königliche
Jüngling Ladislaw Herrn Heinrich von Rosenberg die Stadt Budweis
zum lebenslänglichen Nutzgenusse, und fachte dadurch Heinrichs Eifer zu
solcher Flamme an, daß dieser, nur an Heldenthaten denkend, 1456 wieder
bedeutende Streitkräfte sammelte, und mit ihnen nach Ungarn gegen die
Türken rückte. Siegreich kehrte Heinrich auch von diesem neuen Zuge zurück, doch erkrankte er plötzlich in Wien, und starb dort, troß allen ange-
wandten Mitteln, in der Blüthe seiner Jahre 1457. Durch den Tod
seines geliebtesten Sohnes wurde die Kraft des ohnehin schwergebeugten
Herrn Ulrich vollends gebrochen; er begann zu siechen, bis er 1462 zu
Krumau sein vielbewegtes Leben endete.

Nach Heinrichs III. Tode 1457 übernahm Ulrichs II. dritter Sohn,
Johann, die Regentschaft. Er wurde von König Ladislaw zum obersten
Hauptmann Schlesiens erhoben, und in dieser Würde von Ladislaws Nachfolger auf dem böhmischen Throne, Georg von Podébrad, bestätigt. Merkwürdig ist es, daß Johann, der Sprosse des stolzen Rosenberg'schen Hauses,
der Sohn Ulrichs, nicht nur dem neuen Emporkömmling sich fügte, sondern
mit Treue an ihm hing und sein Blut für ihn vergoß, bis er zum zweiten
Male vom Bannstrahl des Papstes getroffen ward. Da erst trat er zur
päpstlichen Partei über. Nachdem Johann seine Tapferkeit in vielen Fehden
aufs glänzendste bewährt, starb er 1472, angeblich an der Pest.

Die Gubernatur gelangte nun an den ältesten Sohn, den obwohl
erst sechzenjährigen, so doch schon kränkelnden Heinrich IV. Das Vor-
züglichste, was er that, war, daß er 1475 in Uebereinstimmung mit seinen
Brüdern auf seinen Besitzungen zahlreiche Bergwerke eröffnete. In demselben Jahre sah man in Krumau eine seltene Naturerscheinung. Es kam
nämlich am Tage der Himmelfahrt Mariä eine solche Menge Zugheu-
schrecken mit großen Köpfen in die Gegend von Krumau, besonders in
das Dorf Wettern, daß die Sonne zwei volle Stunden unsichtbar blieb
und die Luft total verfinstert wurde. Gleich darauf übergab Heinrich die
seine Kräfte erschöpfende Verwaltung seinem Bruder Wok, und zog sich
auf die Burg Rosenberg zurück, wo er 1489 unvermält sein Leben schloß.

Wok war gleichfalls erst 16 Jahre alt, als er die Regierung antreten sollte. Sich zu schwach fühlend, um solche Last zu tragen, ging
er mit seinen Brüdern zu Rathe. Diese wählten einstimmig ihren Oheim
Bohuslaw von Schwamberg zum Regenten, der auch dieses Amt gewissen-
haft bis 1478 verwaltete. Allein in diesem Jahre rückte plötzlich während der Uneinigkeit, die in Böhmen nach Georgs von Podébrad Tode
bezüglich des künftigen Königes Platz gegriffen, eine Abtheilung ungari-

 jcher Völker, von König Mathias Corvinus gesandt, in Budweis ein.
Schwamberg wurde zu einem Besuche geladen, gefangen genommen und
nach Ungarn abgeführt. Bestürzung herrschte unter den Rosenbergen nach
Schwambergs Gefangennehmung, da er, dem Vertrage gemäß, sein Amt
bis 1492 hätte fortführen sollen. Wok, der sich bisher am Hofe des Herzogs von Baiern aufgehalten, eilte nach Ofen, und brachte dort durch
Zureden den indeß schon in Freiheit gesetzten Oheim dahin, daß er ihm
die Gubernatur abtrat. So trat 1478 Wok II. die Regierung an. Sein
erstes Thun war, daß er König Wladislaw II. von Polen als Herrn
anerkannte und mit allem Glanze des Rosenberg'schen Hauses an dessen
Hof erschien. Er wohnte dem vielgepriesenen Turnier bei, das am St.
Hippolyttage 1482 auf dem altstädter Ring zu Prag gehalten wurde,
und schloß endlich 1483 mit Kaiser Friedrich IV. Frieden, wodurch die
langwierige Fehde zwischen Oesterreich und seinem Hause ihr Ende fand.
Als er nach König Mathias' Tode 1490 Wladislaws ungarischer Krönung beiwohnte, ernannte dieser ihn und den damaligen Oberstburggrafen Johann Jenec von Janowic zu obersten Hauptleuten des Königs-
reiches, welche Würde jedoch Wok nur drei Jahre bekleidete. Durch stete
Kränklichkeit an kräftigem Wirken gehindert, trat nämlich Wok sowohl
die Gubernatur als die Hauptmannswürde seinem jüngeren Bruder Peter
ab, und begab sich nach Wittingau zur Ruhe, wo er 1505 starb.

Peter II. war ein wissenschaftlich durchgebildeter Mann. Sein Hauptaugenmerk wandte er auf das Emporbringen seiner Besitzungen. Er brachte
die Stadt Prachatic käuflich an sich und ließ das latroner Thor zu
Krumau sammt dem Thurme und anderen Befestigungswerken aufbauen,
die Burg Krumau neu herstellen, die Stadt Wittingau befestigen. Die
krumauer Bergwerke standen damals in solcher Blüthe, daß aus drei
Gruben binnen einem Vierteljahre 432 Mark Silber und aus diesen wieder
10 Mark Gold gewonnen wurden, das im Kern besser als das beste
ungarische Gold gewesen sein soll. Im Jahre 1519 beschloß Peter, der
Regentschaft müde, diese Würde seinem Vetter Johann, Malteser-Grand-
prior zu Strakonic, zu übergeben und sich in den Ruhestand zurück zu ziehen. Hiermit jedoch waren Johanns jüngere Brüder nicht einverstanden,
schritten zu eigener Wahl und trugen die Gubernatur ihrem jüngsten
Bruder Heinrich an, der einwilligte. Peter erklärte seine Zustimmung,
doch behielt er sich die eine Hälfte der sämmtlichen Besitzungen zum Nutzgenusse vor, was später Anlaß zu Streitigkeiten gab.

Die Rosenberg'schen Güter waren nämlich nach Peter I. gewöhnlich
in dem gemeinschaftlichen Besitze aller Familienväter und großjährigen
Brüder und Vettern. Die großjährigen Söhne nahmen oft bei Lebzeiten
des Vaters an der Verwaltung Theil. Zuweilen war der Nutzgenuß
einzelner Güter bestimmten Familiengliedern zugewiesen, alle wichtigeren

Verfügungen jedoch und die bezüglichen Urkunden wurden entweder von ihnen gemeinschaftlich oder wenigstens mit ausdrücklicher Berufung auf das abwesende Familienglied ausgestellt. Als aber Peter II. nach dem Ableben seiner Brüder 1513 zum Alleinbesitz gelangt war, schrieb er sich zuerst nicht nur „Starší a dědič domu našcho" (Aeltester und Erbe des Hauses) und erwirkte sich in der Oktave der heiligen drei Könige 1519 von König Ludwig den Konsens zur willkürlichen Disposition mit seinem sämmtlichen Vermögen, sondern verfügte auch 1521 testamentarisch über die sich vorbehaltene Hälfte. Es kam noch vor Peters II. 1523 erfolgtem Tode zu heftigen Auftritten, die hierauf drei Jahre fortdauerten, und ge= wiß in blutige Fehden übergegangen wären, hätte nicht Heinrichs V. frühzeitiger Tod den Ausbruch verhindert. Dieser hatte seinem König Ludwig, als derselbe mit zahlreichen Schaaren gegen die Türken nach Ungarn rückte, 600 Streiter zugeschickt und wollte dem Zuge persönlich beiwohnen, erkrankte jedoch unterwegs plötzlich und verschied 1526 in dem Kloster zu Zwettel.

Nun übernahm Grandprior Johann II. die Regierung. Er ver= glich sich mit den durch Peters II. Testament berufenen Erben und stellte die Gütergemeinschaft der Rosenberge wieder in der Art her, daß sich der Aelteste des Hauses jedes Mal des Titels eines „Vladař domu" (Verwalters oder Regenten des Hauses) bedienen und die Administra= tionsgeschäfte allein führen sollte. Im Jahre 1528 ertheilte Kaiser Ferdinand I. den Rosenberg'schen Brüdern auf fünfzehn Jahre das Recht, eige= nes Geld, die sogenannten weißen Groschen und andere Silbermünzen, zu prägen. Nach Johanns II. Hinscheiden 1532 trat sein zweiter Bruder, Jodok oder Joǒt II. die Verwaltung an. Auch er entbrannte von der Begierde, sich in den Türkenkriegen heilige Lorbern zu sammeln. Mit Genehmigung des Königs von Polen nahm er 200 ukrajin'sche Kosaken in Sold, sandte die herrlich ausgerüstete Truppe unter Anführung des Rit= ters Bernhard von Brabant voraus an die Waag und folgte selbst auf der Donau in zwei Schiffen mit 160 Lanzenknechten, 48 Pferden und mehreren Geschützen. Nach seiner Rückkunft brach im südlichen Böhmen eine Pest aus, die ihn zwang, von Krumau nach Sobčslau über zu sie= deln, und hier war es, wo er eine Botschaft Kaiser Ferdinands empfing, durch welche ihn dieser ersuchte, ihm für die Dauer des Türkenkrieges die 234 metallenen Kanonen zu überlassen, die theils zu Krumau, theils auf den übrigen Rosenberg'schen Schlössern verwahrt waren. Joǒt ließ dem Kaiser vorstellen, daß dies Geschütz das einzige Mittel sei, seine zahl= reichen Burgen wider die Anfälle innerer Feinde zu vertheidigen; dagegen verhieß er, seinem Herrn als treuer Unterthan abermals mit einem auserlesenen Heereshaufen beizustehen. Wirklich sandte er 1537 eine Schaar von 60 völlig gerüsteten Reitern mit 4 Feldstücken zur Armee nach Ungarn.

Ein Beweis, wie wohlgefällig Ferdinand diesen Dienst aufnahm, war 1538 ein Besuch der Kaiserin Anna auf dem Schlosse Krumau. Festlich empfing Joēt den erhabenen Gast, bewirthete die Kaiserin aufs prachtvollste und ließ sie hierauf feierlich zu ihrem erlauchten Gemale nach Linz geleiten. Noch verdient ein Ereigniß in der Familie Joēt's hervorgehoben zu werden. Seine Tochter Eva wurde nämlich, obwohl erst nach seinem Tode, die Gattin des heldenmüthigen Vertheidigers von Szigeth, des unsterblichen Grafen Niklas Zrinyi, wodurch zwei der edelsten Geschlechter Oesterreichs in Verbindung traten.

Auf Joēt, der 1539 starb, folgte der jüngste Bruder **Peter III.** der Hinkende. Dem habsburgischen Hause mit besonderer Wärme zugethan, sandte er 1543 Kaiser Ferdinand 652 Fußknechte, 164 wohlberittene Reisige und 48 Wagen mit Munition gegen die Türken zu Hilfe. Da bei dem fürchterlichen Brande zu Prag 1541 auch das Rosenberg'sche Haus eingeäschert worden war, legte er 1545 den Grundstein zu einem neuen, prächtigen Hause auf dem Hradčin. In demselben Jahre starb er.

Die von Peter III. seinen beiden Neffen **Wilhelm** und **Peter Wok,** Söhnen Joēts II. gesetzten Vormünder führten die Regierung auf das treueste und ordentlichste, bis sie dieselbe 1550 dem indeß zum kräftigen Jüngling heran gewachsenen **Wilhelm** von Rosenberg übergaben. Wilhelm reiht sich an die glänzendsten Erscheinungen des Rosenberg'schen Hauses. Wir hatten schon bei Prachatic Gelegenheit, ihn hervorzuheben; hier sei uns vergönnt, sein Bild auszuführen. Bereits in den Jünglingsjahren bekleidete Wilhelm die wichtigsten Aemter. Im Jahre 1556 befand er sich als Gesandter auf dem Reichstage zu Augsburg, um für Kaiser Ferdinand I. Hilfe gegen die Türken zu ermitteln. Vermochte er auch nicht den Zweck seiner Sendung zu erreichen, so erwarb er sich doch die Freundschaft und Achtung der Reichsfürsten in so hohem Grade, daß sie ihn zum Reichsbaron erhoben, ja daß es das herzogliche Haus von Braunschweig nicht verschmähte, ihm eine seiner Prinzessinnen zur Gemalin zu geben. Wilhelm war prachtliebend. Seine Schlösser waren der Sitz des Vergnügens und aller Annehmlichkeiten, welche das Leben verschönern können. Vorzüglich entfaltete er den Schimmer seiner Reichthümer, als einst Erzherzog Ferdinand seine Einladung auf das Schloß Weseli annahm. Das Fest begann am 16. April 1561 mit einer Tafel, welcher Hunderte der benachbarten Erlen beiwohnten. Am zweiten Tage fand eine große Jagd statt. Zum Beschlusse derselben wurden plötzlich vier jener Bären losgelassen, welche, wie es heißt, die Rosenberge zum Andenken an ihre der Fabel angehörende Abstammung von dem italienischen Geschlechte der Ursini (Ursus, Bär) zu halten pflegten. Viele Gäste, durch den Anblick der Bestien erschreckt, fürchteten für ihr Leben; da traten vier Rosenberg'sche Jäger auf und erlegten voll Muth und Gewandtheit

die Ungethüme. Am dritten Tage veranstaltete Wilhelm einen Hahnen=
kampf, und man machte Wetten, deren sich England nicht zu schämen ge=
braucht hätte. Den vierten Tag stritten Gladiatoren um einen Preis von
100 Thalern; andere Kämpfer bewarben sich um den Lohn des Sieges
über wilde Thiere. Der fünfte Tag war zum Wettrennen zu Fuß und zu
Roß, dann zu einem Caroussel bestimmt, und neue Preise von Tausenden
in Goldgulden waren ausgesetzt. Der sechste Tag war einem Turnier ge=
widmet, dessen Mitglieder, in Truppen abgetheilt, sich durch Farbe und
Rüstung prunkvoll unterschieden; auf dem Balle, welcher dem Turnier
folgte, erschienen die Gäste insgesammt in glänzender Verkleidung. Aber
die übrigen Tage waren der Bewirthung von Armen geweiht, deren
Tausende an der Tafel des wohlthätigen Wilhelm Labung fanden, worauf
sie mit milden Gaben bedacht wurden. Höchst befriedigt schied der Erzherzog
und Wilhelm ließ zur Erinnerung an die ihm zu Theil gewordene Ehre
von dieser Zeit an täglich einige hundert Arme speisen. In demselben
Jahre vermälte sich Wilhelm, da seine erste Gemalin, Katharina von
Braunschweig, schon 1559 gestorben war, zum zweiten Mal und zwar
mit Sophia, Tochter des Kurfürsten Johann von Brandenburg. Das
Beilager wurde zu Berlin mit fürstlichem Pomp begangen. Wilhelm hatte
mehrere Centurien Berittener aus Böhmens Adel zum Gefolge, die auf
seine Kosten verpflegt wurden. Ein glänzendes Fest zu Krumau beschloß
die seltene Feierlichkeit. Als Wilhelm 1563 zu der Krönung Erzherzog
Maximilians, als Königs von Ungarn, nach Preßburg zog, sammelte
er ein Gefolge von 200 Reitern, die sämmtlich gleiche, prächtige Gewänder
trugen. Interessant ist auch die Begebenheit, die der böhmische Dichter
Picek in einem Drama bearbeitet hat. Es kamen einige von Wilhelms
angeblichen Verwandten aus Italien, um die Rosenberg'schen Schätze zu
sehen, von denen sie bereits Wunderdinge vernommen. Wilhelm, der, wie
sich von selbst versteht, die Gäste auf das herrlichste bewirthete, versprach
ihnen dieselben an einem bestimmten Tage zu zeigen. Mittlerweile be=
rief er die Vorsteher seiner Herrschaften zu sich auf das Schloß Krumau
und sprach zu ihnen verstellter Weise: „Ich kann Euch nicht verhehlen,
daß Verwandte von mir angelangt sind, um ihre alten Ansprüche auf
mein gesammtes Vermögen geltend zu machen. Es bleibt mir nichts übrig,
als sie durch eine Million baaren Geldes zu befriedigen oder ihnen meine
Güter abzutreten. Eine so große Summe kann ich nicht aufbringen. Wollt
Ihr also, daß ich meine Güter behalte und Euer Herr bleibe, so trachtet,
daß Ihr ein Anlehen bei meinen Unterthanen zu Stande bringet.“ Und
siehe, bald kamen Abgeordnete aller Gemeinden der weitläufigen Rosen=
berg'schen Besitzungen. Sie brachten Geld in Säcken, das sie ihrem Herrn
zum Geschenke darboten, indem sie sich seiner Gnade aufs neue empfahlen.
Wilhelm ließ an jeden Sack einen Zettel mit dem Namen des Eigen=

thümers heften, und den Abgeordneten bedeuten, sich nach einer Woche
wieder in Krumau einzufinden. Der Tag war erschienen, an dem Wilhelm
den Gästen seine Schätze zu zeigen versprochen. Er führte sie in seinem
Schlosse umher. In dem ersten Gewölbe sahen sie eine Menge goldener
Ketten, Armbänder und Ringe, und anderes sehr kunstreich gearbeitetes
Geschmeide. In dem zweiten standen gar viele große Leuchter, Becher,
Schalen und Kannen von Gold und Silber. Das dritte Gewölbe prangte
mit zierlichen Kunstwerken und kostbaren Edelsteinen. In dem vierten befanden sich Kisten, mit Gold- und Silbermünzen vollgehäuft. Einige der
Münzen trugen Rosenberg'sches Gepräge aus dem Wilhelm gehörigen Bergwerke Reichenstein in Schlesien. „Was Ihr bisher gesehen,“ sprach Wilhelm zu seinen Vettern, „war mein Eigenthum. Was ich jetzt Euch zeigen
werde, gehört meinen Unterthanen, die es mir brachten, weil sie vernahmen,
Ihr wäret gekommen, um meine Herrschaften in Besitz zu nehmen, wenn
ich Euere Ansprüche nicht mit baarem Geld befriedigen könnte.“ Und er
führte sie in eine Kammer, wo die Geldsäcke mit den Zetteln lagen, an
Werth den Schatz des vierten Gewölbes fast überwiegend. Da gestanden
die erstaunten Gäste, daß Wilhelms schönster Schatz des Volkes Liebe sei.
Wilhelm berief hierauf die Eigenthümer der Geldsäcke, dankte ihnen für
ihre Bereitwilligkeit, gab jedem seinen Geldsack zurück, und veranstaltete
ein Fest für die guten Leute. Als der Becher auf das Wohlsein der Anwesenden herumging, ward ein kunstreich gearbeiteter goldener Pfau mit
ausgebreitetem Juwelenschweife auf die Tafel gestellt. Wilhelm drehte eine
Schraube an dessen Brust, und es floß rother und weißer Wein aus den
Oeffnungen, womit die Becher gefüllt wurden, um unter Jubel geleert
zu werden. Von diesem Gastmahl entstand bei den Bürgern von Wittingau
das Sprichwort: „In Böhmen werden gute Zeiten sein, wenn goldene
Pfaue wieder Wein schwitzen.“ Nach Kaiser Ferdinands I. Tode leistete
Wilhelm dessen Sohne, Maximilian II., in den Verhandlungen sowohl bezüglich der Türkenkriege, als der Erwerbung Polens für das Haus Oesterreich die wichtigsten Dienste. Er wurde dafür 1570 zum Oberstburggrafen
von Böhmen ernannt. Seine Vorgänger führten bloß den Titel von
Burggrafen und dann von Oberstburggrafen Prags. Wilhelm war der
Erste, welchem der Titel eines Oberstburggrafen des Königreiches beige-
legt wurde. Als er 1576 auf dem polnischen Reichstage für den Erzherzog Ernst von Oesterreich sprach, erhob sich der Wojwod von Krakau
mit den Worten: „Du sprichst sehr schön für den Prinzen, warum willst
Du nicht lieber sprechen für Deine eigene Sache? Wir wissen sehr gut,
daß Du Eigenschaften besitzest, die Dich zum Herrscher tauglich machen.
Bewirb Dich um die Krone Polens für Dich selbst, und man wird auf
Dein Bestes bedacht sein.“ Ueberrascht dankte Wilhelm der Wahlversamm-
lung für ihr Vertrauen, doch verbat er sich die ihm angetragene Ehre,

da er an seinem Herrn keine Untreue begehen wollte. Unter Kaiser Ru=
dolf II. waren Wilhelms Arbeiten ein neues Steuersystem, welches er
auf dem böhmischen Landtage 1577 vorlegte, und ein verbesserter Münz=
fuß in Böhmen. Im Jahre 1578 vermälte er sich zum dritten Mal mit
der Prinzessin Anna von Baden. Unter den Gästen, welche das Fest zu
Krumau durch ihre Gegenwart verherrlichten, befanden sich die Mutter der
Braut, der Markgraf Philipp von Baden, Albrecht, Pfalzgraf am Rhein,
der Herzog Albert von Baiern mit seinem Sohne Wilhelm, der prager
Erzbischof Anton, welcher die Trauung verrichtete, und viele andere Große
Böhmens. Bei den Gastereien wurden, wie Balbin berichtet, verzehrt:
40 Hirsche, 50 Damhirsche, 20 Wildsücke, 2130 Hasen, 250 Fasane,
30 Auerhähne, 2050 Repphühner, 150 gemästete Ochsen, 546 Kälber,
654 Schweine, 450 Schöpse, 5135 Gänse, 3106 Kapaune, Hähne und
Hühner, 18.120 Karpfen, 10.209 Hechte, 6.380 Forellen, 5.200 Schock
Krebse, 7096 geräucherte Fische, 350 Stockfische, 1.200 Seespatzen, 675
Bricken, 300 Seidel Grundeln, 780 Häringe, 4 Hausen. An Eiern gin=
gen auf 30947 Stück. An ungarischen, tiroler und österreicher Weinen
wurden ausgetrunken: 1.100 Eimer, an spanischen Weinen 40 Tonnen,
an Bier 903 Faß. Die Rosse der anwesenden Gäste verzehrten 3.703
Strich Haber. Uebrigens wurden noch für die Gäste an die Stadtgast=
häuser bezahlt 7.354 fl. 4 kr. Man kann sich hieraus einen Begriff machen,
wie großartig es bei Wilhelms dritter Hochzeitsfeier herging. Kaiser Ru=
dolf selbst besuchte einige Zeit darauf das Brautpaar zu Krumau, welche
Ehre der erfreute Wilhelm durch neue Feste feierte. Und Wilhelm führte
1587 noch seine vierte Gemalin, Polyxena von Pernstein, heim. Damals
wurde die zu Krumau mit dem gewohnten Gepränge stattfindende Trau=
ung durch die Gegenwart Kaiser Rudolfs selbst verherrlicht. In Prag
wurden mehrere tausend Arme durch volle drei Tage reichlich bewirthet.
Allein obwohl sich Wilhelm vier Mal vermält hatte, so war doch aus
allen diesen Ehen kein männlicher Erbe entsprossen. Er starb, nachdem
er 1585 noch mit dem goldenen Vließe geschmückt worden war, 1592
ohne Sohn in seinem Palaste auf dem Hradein. Die Leiche wurde in
die Skt. Georgskirche nächst der königlichen Burg gebracht und auf ein
Trauergerüst gelegt. Das Innere der Kirche war ganz mit schwarzen Ta=
peten behängt und mit einer Unzahl von Kerzen beleuchtet. Das Leichen=
begängniß, das am 26. Oktober stattfand, gehörte zu den feierlichsten, die
jemals in Prag gesehen wurden, die Begräbnisse von Königen und Kai=
sern nicht ausgenommen. Wir wollen uns auch hierüber nach der Beschrei=
bung einiger gleichzeitigen Chronisten unterrichten. Den Zug eröffnete die
zahlreiche kleinere Schuljugend aus den Lehranstalten der Jesuiten, welche
der Entschlafene begünstigt und für die er zu Krumau ein Kollegium
gestiftet hatte. Auf die Schuljugend folgten die Choralisten des prager

Doms, die kleinere Brüderschaft der heiligen Jungfrau Maria aus dem Jesuitenkollegium mit grünen Kerzen, die Brüderschaft des allerheiligsten Frohnleichnams von Skt. Thomas mit rothen Kerzen, die größere Brüderschaft der Alumnen und Priester mit gelben Kerzen, die Konventualen der Minoriten von Skt. Jakob und die Kapitularen des Prämonstratenserstiftes Strahow. An beiden Seiten derselben gingen 2000 trumauer Unterthanen und Bergknappen, letztere mit brennenden Grubenlichtern, alle mit einer rothen Rose, als dem Rosenberg'schen Wappen, an ihrer Kleidung. Hierauf folgten die Beamten sämmtlicher Rosenberg'schen Herrschaften, dann die kaiserlichen Symphonisten, ferner das hochwürdigste Domkapitel mit gelben Kerzen, der Abt des Stiftes Strahow als Pontifikant mit mehreren Diakonen und Subbiakonen, vier Leichenfahnen aus schwarzem Damast und vier Trauerpferde. Nun kam ein edles, in schwarze Seide gehülltes Roß mit fünf in Gold gestickten Wappen, wovon eines an der Brust, zwei an jeder Seite sich befanden, eine Fahne aus schwarzem Damast mit dem großen Rosenberg'schen Wappen, dann ein zweites, gleich dem ersten geziertes Roß und eine schwarzdamastene Fahne mit dem Rosenberg'schen Reiterwappen und der Dekoration des goldenen Bließes, weiter ein drittes eben so geschmücktes Roß und die eigentliche Trauerfahne, aus doppeltem schwarzen Seidenstoffe ohne alle Verzierung bestehend. Zum Tragen der Fahnen und zum Führen der Rosse war der ausgezeichneteste Adel gewählt; die höchsten Mitglieder desselben folgten zu Fuß. Auf schwarzen Polstern trugen Graf Schlick die vergoldeten Sporen Wilhelms, Adam von Waldstein das Schwert, Albert Smiřický den vergoldeten mit schwarzen und weißen Federn verzierten Helm, Adam Gallus Popel von Lobkowic das Wappen, Adam von Sternberg das goldene Bließ. Die Leiche selbst wurde von dreißig Rittern getragen. Die Bahre war mit schwarzem Damast bedeckt, auf dem ein langes weißes Kreuz und sechs in Gold gestickte Rosenberg'sche Wappen schimmerten. Kaiserliche Soldaten zu Fuß und zu Roß begleiteten die Bahre. Hinter ihr ging Wilhelms Bruder, Peter Wok, gestützt auf zwei Begleiter aus dem Ritterstande; der Oberstreichskanzler Adam von Neuhaus wurde in einem Sessel getragen. An seiner Seite ging Wilhelms Neffe, Graf Johann Zrinyi und andere Große, als: Freiherr von Hoffmann, Joachim von Neuhaus, Graf Fürstenberg, Udalrich Popel und Georg Popel von Lobkowic, Paul Sixt Trautson und der florentinische Gesandte, nebst einer langen Reihe des übrigen Adels und verschiedener Hofherren. Nun erst begann der weibliche Zug unter dem Vortritte der Dienerschaft. An der Spitze befand sich, von zwei Herren geführt, die trauernde Witwe, Polyxena von Pernstein, ihr folgten die nächsten Anverwandten nebst mehr als 600 adeligen Frauen. Von Tausenden leuchtender Fackeln umgeben, bewegte sich der Zug langsam und feierlich nach der Augustinerkirche zu Skt.

Thomas. Als er bei dem Skt. Veitsdome vorbei wallte, sollen gleichsam vor Schmerz der Schwängel aus der Glocke und der Zeiger auf dem großen Uhrwerke des Thurmes herausgesprungen und zur Erde gefallen sein. In der Skt. Thomaskirche, wo die Todtenfeier vor sich ging, blieb die irdische Hülle des Verblichenen so lange, bis die Grabstätte zu Krumau für sie zubereitet war.

Nach Wilhelms Tode übernahm sein einziger Bruder Peter Wok die Gubernatur. Er war ein Freigeist, gestattete auf seinen Gütern allen Sekten freie Religionsübung und berief 1595 die ersten nicht katholischen Prediger nach Krumau, denen er die Skt. Elisabeths-, nachherige Skt. Jodoskirche einräumte. Auch seine Ehe, die er 1580 mit Katharina von Ludanic geschlossen, war nicht mit Kindern gesegnet. Peter Wok starb 1611.

So erlosch in Peter Wok das männliche Geschlecht der Rosenberge. Fünf Jahrhunderte hatte es geblüht, die bedeutendsten, imposantesten, einflußreichsten Persönlichkeiten aus seinem Schoße hervorgebracht, und schwang es sich gleich auf keinen Thron empor, so stand es doch mit den Herrschermächten Europa's in fortwährendem Verkehr, in mannigfacher verwandtschaftlicher Berührung. Städte und Reiche vergehen, Paläste und Burgen zerfallen, so sank auch das Haus der Rosenberge ins Grab. Aber es hat sich in der Geschichte Oesterreichs einen bleibenden Platz erworben, und im Süden Böhmens, über den es einst machtumstrahlt gebot, mahnt beinahe jeder Stein aus älterer Zeit noch heutigen Tags an die Rosenberge.

XII.

Ueber den Grafensteig zu den Moldaufällen und nach Hohenfurt.

Der Geschichte Fackel, die wir uns auf den Ruinen vor Wittinghausen angezündet, erleuchtet unsere ganze künftige Wanderung. Wie angenehm auch von Friedberg nach Hohenfurt der gewöhnliche drei Stunden lange Fahrweg über Malsching ist: so sei doch jedem gerathen, den Fußweg über den Golitschberg, Woraschne und den Hirschberg zu wählen. Dieser Weg gewährt den doppelten Vortheil, daß man erstens den noch wenig bekannten und doch so wunderschönen Grafensteig

kennen lernt, und daß man zweitens gerade längs den sehenswerthen
Moldaufällen nach Hohenfurt gelangt. Um einen Führer zu erhalten, wende man sich an den Bürgermeister und Gastwirth zu Friedberg, durch dessen Güte wir der Obhut des Försters aus dem benachbarten Stüblern und seines freundlichen Adjunkten empfohlen wurden.
Schon der Weg über den Golitschberg ist erfreuend und erhebend
durch den weiten Umblick, den man genießt, indem die schon 1384 mit
einem eigenen Pfarrer besetzte Kirche von Malsching zur heiligen Margaretha fortwährend sichtbar bleibt. Hinter Woraschne beginnt der
Grafensteig, der von dem jetzigen Besitzer Rosenbergs, dem Grafen
Buquoy, Nachkommen des Siegers in der Schlacht auf dem weißen
Berge, Sohne des berühmten Gelehrten und Erfinders der Hyalithmasse,
den Namen führt. Erst in der letzten Zeit ließ der natur- und kunst-
liebende Graf den Steig herrichten. Derselbe windet sich bequem den
felsenreichen Hirschberg hinan und ist an den interessantesten Punkten mit
einladenden Ruhesitzen versehen. Je höher man steigt, um desto mehr
öffnet sich dem Blicke das im grünen Wald- und Wiesenschmucke pran-
gende Thal der Moldau, die, bald sich verbergend, bald wieder zum Vorschein kommend, in malerischen Krümmungen von Friedberg daher fließt.
Man kann sich nicht trennen von dem Anschauen dieses Bildes, das zu
den reizendsten des Böhmerwaldes gehört. Ist man aber auf dem höchsten Gipfel oben, dann genießt man nicht nur nach der einen Seite hin
den Anblick des Moldauthals, sondern die Scheidewand fällt auch auf
der anderen Seite ganz, und das Auge schweift über eine ungeheure,
mit Ortschaften hier und da durchwirkte, lachende Berglandschaft. Eben
so bequem, als man auf den Hirschberg empor gelangte, steigt man von
ihm hinab zum Moldauthal. Hier trifft man zuerst das Dörfchen Kienberg mit zwei alterthümlichen Kirchlein zum heiligen Prokop und zum
heiligen Ulrich, wovon das eine auf dem linken, das andere auf dem rechten
Moldauufer, dem ersteren gegenüber, steht. Sie wurden 1361 geweiht,
um 1640 — 1644 renovirt, befinden sich aber jetzt, gleich der St. Wenzelskapelle bei Viertel, in verwahrlostem Zustande. Ihre Weihe fällt in die
Zeit der Regierung Jodoks oder Joßts I. von Rosenberg, eines
der fünf Söhne Peters I. des Mönches. In Anlage und Bauart sind sie
einander ähnlich, und sollen der Sage nach von zwei Brüdern, Prokop
und Ulrich, gegründet worden sein. Beide hatten ein und dasselbe Edel-
fräulein zum Gegenstande ihrer Liebe erkoren. Während jedoch der eine
Bruder auf einem Kreuzzuge im gelobten Lande abwesend war, gelang
es dem andern, welcher die Ungeduld seines Herzens nicht zu zähmen
vermochte, die Geliebte als Braut heimzuführen. Haß entbrannte in der
Brust des Zurückgekehrten, als er erfuhr, was in seiner Abwesenheit vor-
gefallen; eine blutige Fehde entspann sich zwischen den zwei Brüdern.

Hier bei Kienberg trafen sie zusammen, ohne sich zu kennen, da sie das Visier geschlossen hatten. Wüthend fielen sie einander an, doch kaum hatten sie die Schwerter geschwungen, um sich wechselseitig zu zerfleischen, da ließ sich eine Stimme vom Himmel vernehmen, die rief: „Versöhnet Euch! Ihr seid ja Brüder." Und erschüttert öffneten die Kämpfenden ihr Visier, erkannten sich, schleuderten die wilden Schwerter bei Seite, sanken sich

Kirche in Kienberg.

gerührt in die Arme, und zum Andenken an ihre Versöhnung erbauten sie die zwei sich ähnlich sehenden Kirchlein und weihten sie ihren Namens= patronen, von denen Prokop, der Landesheilige, den Satan muthig be= zwang und vor den Pflug spannte. Von dem Dörschen Kienberg gelangt man auf einem lieblichen Spazierpfade zu einem Eisenhammer, bei welchem eine hölzerne Brücke von dem linken auf das rechte Moldauufer leitet. Man bleibe auf dem linken Ufer, wo der Pfad fortgeht, Ruhesitze darbietend zur Betrachtung der Moldaufälle, die zwar schon weiter oben beginnen, hier aber sich in vollster Schönheit darstellen. Man darf sich unter den Moldaufällen keine Wassermasse denken, die plötzlich und auf ein Mal über einen Felsen hinab fluthet, wie etwa der Traunfall zwischen Lambach und Gmunden; auch keine solche, die sich in Kaskaden= sprüngen aus der Höhe in die Tiefe stürzt, wie etwa der Wasserfall bei Golling; ebenso keine, die, in Millionen Tropfen aufgelöst, schleierförmig niederstiebt, wie etwa der zierliche Schleierfall im Naßfeld bei Gastein. Die Moldau stürmt hier bei stufenweise allmäligem Gefälle, das jedoch von Friedberg bis Hohenfurt auf drei Stunden 468 wiener Fuß beträgt, ¹/₂ Stunde lang über zahlreiche, bisweilen klaftergroße Granitblöcke dahin, die von den steilen Felsenwänden des Hirschbergs auf dem linken und des Kienbergs auf dem rechten Ufer im Verlaufe undenklicher Zeiten in das Flußbett rollten und stellenweise eingefallenen Mauern gleich aufge= häuft liegen. Das Gebrause des über die Bergtrümmer dahin schäumenden Flusses ist auf eine Stunde weit zu hören. Eine Grabschrift bezeichnet die Gefahr, die droht, wenn der Fluß anschwillt. Sie lautet buchstäblich: „Ich bin im Moldaufluß ertrungen und liege hier in dieser Wißterei 1832". Die wildromantische, sich aufs äußerste verengende Schlucht heißt die Teufelsmauer. Wie die Sage erzählt, wollte hier der Teufel, als Wok I. von Rosenberg das Stift Hohenfurt gründete, eine Quer= wand durch die Moldau errichten, den Fluß anstauen und so das ganze hohenfurter Thal sammt dem Stifte überschwemmen. Dort oben auf dem schwindligen Felsen, der Teufelskanzel, stand er in der Nacht, in der er sein verruchtes Werk auszuführen gedachte, und feuerte seine Gesellen zur Arbeit an; allein der Bau brach zusammen, als die erste Stunde schlug. Daher der Name der Teufelsmauer. Freundlich schimmert in die finstere, von Wogenlärm erfüllte Schlucht die bereits erwähnte Kirche von Malsching herein aus ihrer Höhe, stillen Triumph feiernd ob dem miß= lungenen Treiben der Hölle in der Tiefe.

Endlich lichtet sich das Dunkel, das Wellengetöse verhallt, man betritt das erweiterte Thal, einzelne Gebäude des Marktfleckens Hohenfurt erscheinen, und indem man eine auf Steinpfeilern ruhende Holzbrücke überschreitet, ist man vor dem Stifte selbst. Hier steht die im herrlichsten Naturpark am rechten Borde der Moldau von den Rosenbergen gepflanzte Waldrose, Glanz und Duft verbreitend rings im Kreise. Hier steht der geweihte Bau, wo die meisten Rosenberge schlummern, von Wok I., dem Gründer, bis auf Peter Wok, den Ersten dieses Namens und den letzten männlichen Sprossen seines Geschlechtes. Der furchtbare Sturm des Husiten= krieges, der nicht minder furchtbare des 30jährigen Krieges zog unter Donner und Blitz an dem ehernen Bau vorüber, aber keiner von beiden wagte ihn zu verletzen, und so steht er noch immer altehrwürdig da, und feierte im Laufe des verflossenen Jahres seine sechshundertjährige Dauer.

Das Stift ist von seinem frühesten Ursprunge an mit Cistercienfern besetzt, einem geistlichen Orden, welcher nach seinem Stammkloster Citeaux unweit Dijon in Frankreich, wo er 1099 entstand, seinen Namen führt, und hundert Jahre nach seiner Entstehung durch die Thätigkeit des heiligen

Teufelskanzel.

Bernhard von Clairvaux, den man den honigfließenden Lehrer und dessen Schriften den Fluß des Paradieses hieß, und der selbst von Luther hochgestellt wird, schon 800 reiche Abteien in verschiedenen Ländern Europa's besaß. Früher durch großen Theils noch erhaltene Mauern, Bastionen und Thürme stark befestigt, umfaßt das Stift die Kirche zum heiligen Bartholomäus, die Kapelle zur heiligen Anna, das Konventsgebäude, die Prälatur, ein Spital mit einer Kapelle des heiligen Joseph, eine Apotheke, ferner ein Bräuhaus, einen Gemüsegarten und die Lokalitäten des Bezirksamtes. Es liegt nicht in dem Zwecke dieses Werkes, all die zahlreichen Sehenswürdigkeiten zu schildern, die sich in dem Stift Hohenfurt befinden; die wichtigsten hervorzuheben, muß genügen.

Ueberwältigend ist der Eindruck, welcher auf den in die **Kirche** Eintretenden der prachtvolle Hochaltar übt, obwohl er durch seinen Renaissancestyl gegen die gothische Bauart der Kirche absticht. Durch gelbe hohe Fenster fällt ein solcher Goldschimmer auf ihn, daß er wie im Verklärungsglanze erscheint, und den Anschauenden in eine andere Welt empor trägt. Die Kirche ist ein dreischiffiges Hallengebäude, 70 Schritte in der Länge messend, von denen das aus dem Achteck konstruirte Presbyterium 16 einnimmt. Ein Querschiff, dessen Seitenkapellen einen zweiseitigen Schluß (aus dem Dreieck) haben, scheidet es vom Langhause, welches durch 10 hochgestreckte Polygonalpfeiler in das 10 Schritte breite Mittelschiff und zwei Abseiten, die zusammen der Breite des mittleren Schiffes gleichkommen, gesondert erscheint. Ein kunstreich gearbeitetes Eisengitter trennt das Presbyterium und einen Theil des Langhauses, wo sich die Sitze der Geistlichen befinden, von dem übrigen Langhause. An den Pfeilern zeigt sich die Eigenthümlichkeit, die man auch an den Pfeilern der krumauer Dechanteikirche gewahrt, nämlich daß dieselben in ihrem obern Theile eine Abstufung bilden, worauf sie sich in schmälerer Dimension bis zu dem Punkte fortsetzen, wo ihre Deckplatten die Rippen der einfachen Kreuzwölbung aufnehmen. Die Decke des Querschiffes und des Presbyteriums bilden gleichfalls einfache Kreuzgewölbe. Die langgestreckten Fenster der Kirche sind mit schönem Maßwerk versehen, besonders prachtvoll stellt sich das Maßwerk in dem großen Fenster über dem westlichen Eingange dar. Die Konstruktion des hohen und überaus lichten Langhauses hat den Charakter des 14. Jahrhundertes. Hingegen gewahrt man in der geräumigen Sakristei und insbesondere an der Thür, welche in die rechte Kreuzvorlage führt, Motive, die an den romanischen Styl erinnern. Im Bogenfelde über dieser Thür stellt sich nämlich eine alterthümliche Skulptur dar, die segnende Hand, von Weinranken umgeben. Auch der Eingang aus dem Kreuzgange in die Sakristei läßt den romanischen Typus nicht verkennen. Nahe liegt die Vermuthung, daß das Presbyterium und das Querschiff sammt der Sakristei Reste der ursprünglichen von Wok I. erbauten Kirche sind, an welche etwa 100 Jahre später das Langhaus angebaut wurde. — Links vom Hochaltar ist in der Wand ein rothmarmorner **Gedenkstein Woks I.**, ihn darstellend, wie er geharnischt, mit Schwert und Tartsche, hoch zu Roß einher sprengt. Am Heft der Schwertklinge steht die Jahreszahl 1259, auf dem Spruchbande die Inschrift: Wok d'rosnbrk pri. fundatō hujus loci. Auf dem Schilte

rechts im Gedenkstein, dem Schilde der Gemalin Wols I., Hedwig von
Schauenburg, liest man eine Inschrift, die auch für Peter Wok, den letzten
Rosenberg, ein Gebet erfleht: Ultimus Fundator Petrus Wok moritur
1611. Orate pro eis. Zu beiden Seiten des Presbyteriums befanden
sich bis 1840 alte Wandgemälde, wovon das eine Wols Rettung aus
dem Fluthenschwall der Moldau, das andere Wok mit dem Modell seines
Stiftes in der Hand darstellte, wie er, umgeben von Cistercienserpriestern,
vor der heiligen Jungfrau kniet. Durch ungeschickte Restauration wurden
die Bilder verdorben. Den Platz des erstern füllt jetzt ein treffliches, gleichfalls Wols Rettung darstellendes Oelgemälde von Hellich aus. In der
Nische des linken Seitenschiffes unter einer hölzernen Thür im Kirchenpflaster liegt der rothbraune Marmorgrabstein des Grafen Johann
Zrinyi, Sohnes des Helden von Szigeth aus dessen zweiter Ehe mit
Eva von Rosenberg. Mit Johann, der kurz nach Peter Wok von Rosenberg starb, war jedoch das glorreiche Zrinyi'sche Geschlecht nicht erloschen;
denn es blieb noch ein Sprosse aus des Helden von Szigeth erster Ehe.
Durch diesen wurde das Geschlecht fortgepflanzt, bis es erst 1703, um
ein Jahrhundert später als das Rosenberg'sche, zu Grabe sank, nachdem
es noch den Dichter Niklas erzeugt, der seinen Urgroßvater durch ein Epos
in magyarischer Sprache verherrlichte. — Die Nische des rechten Seitenschiffes bewahrt den größten Kunstschatz der Kirche, das berühmte Madonnenbild. Wocel sagt darüber: „Ergreifend ist die Wirkung des seelenvollen Antlitzes der Madonna und der lieblichen Züge des Jesukindes,
wiewohl die Extremitäten der Figuren steif erscheinen. Das Gemälde ist
auf Goldgrund und ringsum von kleineren Gemälden eingerahmt, gleich
dem Madonnenbilde der Minoritenkirche zu Krumau, mit welchem es
die größte Aehnlichkeit in Konception, Styl und Ausführung hat, indem
es durch seine zarte, innige, fromme Auffassung an die Werke des An-
gelifo da Fiesole erinnert." Mikowec äußert über das Bild: „Die herrliche Madonna von Hohenfurt übertrifft noch die königsaaler und die
jetzt auf dem Wyšehrad befindliche Maria de pluvia an verklärtem Lieb-
reiz. Nach links geneigt, hält sie das unbekleidete Kind im Arm, welches
spielend nach dem schön und einfach herabfließenden Kopfschleier der göttlichen Mutter greift. In dem Goldgrund sind neben dem Nimbus zwei
Engel in einfachen Contouren ciselirt. Die Madonna stammt wahrscheinlich aus der Gründungszeit des Klosters und ist sicher vorkarolinisch."
Nach dem Zeugnisse vorhandener Urkunden wurde bereits am Anfange
des fünfzehnten Jahrhundertes zu dem Bilde gewallfahrtet. — Vor dem
Hochaltar und hier und da im Kirchenpflaster sieht man die Grabsteine
mehrerer Aebte, vergebens aber forscht das Auge nach dem Deckel der
großen Gruft der Rosenberge. Es heißt, bei der Bestattung des
letzten Rosenberg Peter Wok sei auf dessen Anordnung der Deckstein der

Gruft durch Schrauben vernietet und der Eingang so vermauert worden,
daß er nicht mehr zu finden. Der Sage nach sollen die Rosenberge nicht
in Särgen ruhen, sondern als Skelette im Kreise auf Stühlen sitzen.
Balbin erzählt die Sage, die ihm von hohenfurter Mönchen mitgetheilt
worden war: „In Altovadensi coenobio eadem ratione, tamquam in
senatu, in sellis sub choro ecclesiae in grandi camera sedere Rosenses
proceres mortuos, imo meras mortes et sceleta, vestibus et carnibus
longa aetate amissis, quaedam etiam vix ossibus haerentes apparuere,
a senibus in eo coenobio, qui viderunt, accepi."

Än die Sakristei gränzt der Kapitelsaal. Die Architektur desselben hat die unverkennbaren Kennzeichen des Uebergangsstyles und rührt
ohne Zweifel aus der Gründungszeit des Stiftes. Er bildet ein Quadrat
von mäßiger Dimension. In der Mitte erhebt sich eine kannelirte, mit
dem Akanthuskapitäl geschmückte Säule, deren Form an die Säulen im
Kapitelsaale zu Goldenkron erinnert. Ein schönes Netzgewölbe bildet die
Decke. Dem Eingang des Saales gegenüber zwischen zwei schmalen Spitz-
bogenfenstern glänzt eines der herrlichsten Cirkelfenster mit prächtigem,
ganz erhaltenem Maßwerk. Zu Boden gewahrt man die Grabsteine
mehrerer älteren Aebte: des Paul von Kapellen aus dem bekannten alt-
österreichischen Herrengeschlechte, des Thomas Hohenfurter, Paul Klötzer
u. s. w. Aber in der linken Wand des Kapitelsaales soll das Haupt
eingemauert sein, welches der Staatsmann, Held und Dichter Zawiš
von Falkenstein vor Frauenberg unter dem Fallbei verlor.

Noch verdient der gothische Kreuzgang im alten Konventsgebäude
Hervorhebung, ein Werk des 14. Jahrhundertes. Die mit edlem Maßwerk reichverzierten Fenster lassen das Licht nur gedämpft einfallen. An
den Wänden hangen Bilder, welche den heiligen Bernhard von Clairvaux und die frömmsten Brüder des Ordens darstellen, ohne eben besonderen Kunstwerth zu besitzen. Die vier Seiten des Ganges aber um-
schließen ein reizendes Gärtchen, worin aus zwei über einander stehenden
Granitschalen das klarste Quellwasser in ein Becken von alter Arbeit
plätschert.

Auch die Bibliothek, die Gemäldegalerie und die Kunst-
und Raritätensammlung des Klosters dürfen nicht vergessen werden. Die Bibliothek, für welche der gelehrte Abt Johann Quirin
Mikl im verflossenen Jahrhundert einen Saal an das alte Konventsgebäude anbauen ließ, umfaßt 37.000 Bände. Sie besitzt mehrere Minia-
turwerke und zwar: ein Pontificale romanum aus dem 14. Jahrhunderte, — einen Liber precatorius aus dem 14. Jahrhunderte mit lieblichen Bildern in den Initialen und mit Randverzierungen, deren Zart-
heit den französischen Miniaturstyl verräth, — einen großen Kodex aus
dem 14. Jahrhunderte, der einen Theil der heiligen Schrift enthält, —

ein Antiphonale aus dem 15. Jahrhunderte, dessen Miniaturen zwar keinen besonderen Werth haben, dessen Randverzierungen aber mit ihren Architekturen, Genien, Arabesken u. s. w lebhaft an die Wandmalereien Pompeji's erinnern. Die Gemäldegalerie enthält manches interessante Bild der deutschen, niederländischen und italienischen Malerschule. Gefesselt wird die Aufmerksamkeit durch neun Bilder auf Goldgrund, welche

Hohenfurter Kapitelsaal.

unbedingt zu den schönsten alten Denkmahlen böhmischer Kunst gehören. Diese Bilder sind à la tempera auf Holz gemalt, jedes derselben ist 2½' lang und eben so breit. Sie stellen Scenen aus dem Leben Christi dar und zwar: 1) Den englischen Gruß. Maria in demüthiger Anmuth im Gebete hingegossen; der Engel voll Lieblichkeit; ein Spruchband zwischen dem Engel und Maria enthält mit gothischer Minuskel die Worte: Ave

Maria gratia plena; oben Gott Vater segnend, von einem Kreise um=
schlossen. 2) Die Geburt Christi. 3) Die heiligen drei Könige (unlängst
restaurirt). 4) Christus im Oelgarten. 5) Christus am Kreuze; das
Angesicht des gekreuzigten Heilands voll göttlicher Ruhe; Maria in
Ohnmacht hingesunken und von zwei Frauen gehalten; ferner Johannes,
in dessen schönem Antlitz sich der innigste, gefühlvollste Ausdruck spiegelt.
Dieses Bild, das in Zeichnung und Ausführung vortrefflich ist, kann den
Künstlern unserer Tage als Vorbild innigfrommer Auffassung bei reli=
giösen Darstellungen dienen. 6) Die Kreuzabnahme, ein herrliches Bild,
in welchem der Schmerz der zahlreichen naturwahr bewegten Gestalten
auf ergreifende Weise ausgedrückt erscheint. 7) Die Auferstehung Christi.
8) Maria's Himmelfahrt. Große Mannigfaltigkeit in den Zügen der in
freudiger Verwunderung empor blickenden Apostel. 9) Die Sendung des
heiligen Geistes (restaurirt). Die Umrisse der Figuren dieser Bilder sind
mit schwarzen Linien gezogen, die Farben kräftig mit feinen Lasuren.
Obwohl die Farben sich an vielen Stellen vom Temperagrunde abgelöst
haben, so stellen sich die Bilder im Ganzen ziemlich gut erhalten dar,
und es wäre sehr zu bedauern, wenn man die Restaurirung derselben, die
man vor einigen Jahren angefangen, fortsetzen sollte. Die Bilder befanden
sich ehemals in der Stiftskirche, mußten jedoch den Bilderwerken der
Renaissanceperiode, mit denen man später die Kirche ausstattete, Platz
machen. — Im Klosterschatze wird unter anderen Kostbarkeiten ein
prachtvolles goldenes Kreuz von drei Fuß Höhe aufbewahrt, eines der bedeu=
tendsten Kunstdenkmahle in Europa. Es ist ein Doppelkreuz mit eingelegten
Reliquien und Emailbildern von Heiligen. Die Ausführung sowohl, als
die beigefügten griechischen Aufschriften kennzeichnen den byzantinischen
Ursprung. Ueberdies ist das Kreuz auf das reichste mit Perlen und Edel=
steinen geziert; man zählt noch jetzt 166 Perlen und 44 Edelsteine. Aber
nicht die Kostbarkeit des Materials und des Schmuckes, sondern das über=
aus zart und kunstvoll ciselirte Arabeskenornament, das gleich einem
durchsichtigen Schleier das ganze Kreuz überdeckt, verleihen diesem Meister=
werke byzantinischer Kunst einen unschätzbaren Werth. Der Fuß des Kreuzes
jedoch rührt aus der Renaissanceperiode. Mikowec sagt, das Krucifix gelte
für ein Geschenk des Zawis von Falkenstein, der es durch seine zweite
Gemalin, eine ungarische Prinzessin, aus Ungarns Kronschatze erhalten haben
solle. Wocel äußert, es lasse sich urkundlich nachweisen, daß das Kreuz
dem Kloster 1412 von Heinrich II. von Rosenberg als Geschenk übergeben
worden sei. Auch des berühmten Wilhelm von Rosenberg goldenes Vließ,
d. h. ein ähnlicher, zum gewöhnlichen Gebrauch bestimmter Typus des=
selben, sammt der dazu gehörigen zwei Fuß langen, kunstreich gearbeiteten
goldenen Kette und Wilhelms Siegelring befinden sich unter den im Stift
Hohenfurt aufbewahrten Raritäten.

Was die Geschichte des Stiftes anlangt, so wissen wir, daß es 1259 Wok von Rosenberg gründete. Die ersten Cistercienser kamen aus Wilhering in Oesterreich. Der erste Abt Otto war gleichfalls von dort. Die Stiftungsurkunde Woks hat sich nicht erhalten, nur ein Bestätigungsbrief des prager Bischofs Johann III. vom 1. Juni 1259. Langsam schritt der Bau vorwärts trotz seiner reichen Dotation und den mannigfachen Begünstigungen, die ihm von Seiten der Rosenberge zu Theil wurden. Noch im Jahre 1293 sah sich der prager Bischof Tobias von Bechin veranlaßt, einen Indulgenzbrief zu erlassen, um die Gläubigen zu milden Beisteuern für die Vollendung der Stiftskirche zu ermuntern. Einen neuen Aufschwung nahm das Kloster unter Peter von Rosenberg, dem Mönch, der selbst längere Zeit in ihm lebte und seine Tage darin beschloß. Karl IV. befreite das Stift 1348 von allen Steuern. Heinrich II. von Rosenberg erwirkte 1403 den Aebten das Recht der Infel und des Hirtenstabes. Während des Hufitenkrieges wurde das Stift 1422 von den Taboriten zwar angefallen und gebrandschatzt, aber nicht zerstört, welches Glück es Ulrich II. von Rosenberg verdankte, der es in guten Vertheidigungsstand gesetzt hatte. In der ersten Periode des dreißigjährigen Krieges wurde es durch die Mandate der Direktoren und des Winterkönigs hart bedrängt und einige Zeit lag darin eine Abtheilung ständischer Reiter. Beträchlichen Schaden erlitt es durch Feuersbrünfte, unter welchen die von 1690 die verderblichste war. Ein Hofdekret von 1691 verlieh dem jeweiligen Abte Sitz und Stimme bei den böhmischen Landtagen. Im Jahre 1785 setzte Kaiser Joseph II. die Zahl der Konventsglieder von 65 auf 18 herab. Gegenwärtig beläuft sich dieselbe auf 55 Priester und sechs Novizen. Mehrere der ersteren versehen Pfarreien oder Lehrkanzeln.

Weiter abwärts am rechten Ufer der Moldau, unweit von dem Punkte, wo sich der Fluß nach Norden wendet, liegt der Marktflecken Hohenfurt mit 146 Häusern und 1100 Einwohnern. Nach Millauer bestand der Markt früher als das Stift, und dieses erhielt seinen Namen von jenem. Die Einwohner nähren sich hauptsächlich von Spinnerei und Bleicherei groben Garns für Lebzelter und Lichtzieher, wovon jährlich mehrere hundert Centner nach Ober-Oesterreich, Salzburg und Tirol, so wie nach Baiern und Böhmen verkauft werden. Die Privilegien des Marktes sind von Johann II. von Rosenberg, Peter Wok, Kaiser Mathias, Karl VI. und Maria Theresia. Sonst ist über den Markt eben nichts Erhebliches zu berichten, außer daß er unter allen Orten, die wir im Böhmerwalde kennen lernten, der einzige ist, wo die Gastwirthe wohl ihr Schild vor das Haus, ihr Geschäft aber an den Nagel hängen. Dies hat seinen eigenen Grund. Die geistlichen Herren des Stiftes üben nämlich die größte Gastfreundlichkeit; jeder Reisende

findet bei ihnen die forgfamfte Verpflegung. Hierauf achtend, rechnen
die Gaftwirthe des Marktes gar nicht auf Fremde, es wäre denn vielleicht eben Marktzeit, und es koftet nicht fo fehr Geld, als Beredfamkeit
und Heldenmuth, bis man fich bei ihnen eine Unterkunft erobert. Noch
fei bemerkt, daß 1 ½ Stunde füdweftlich von Hohenfurt hoch im Gebirge
das Dorf Kappeln liegt, das fich, gleich Wittingbaufen, durch weite
Ausficht in die Alpen Ober-Defterreichs und Steiermarks auszeichnet.

XIII.

Rosenberg.

In zwei Stunden zu Fuß legt man den Fahrweg von Hohenfurt nach
Rofenberg zurück. Da das Gemüth erfüllt ift von der Gefchichte der
gewaltigen Rofenberge, fo zittert man vor Ungeduld, ihre Wiege zu erblicken, ihren Aufenthalt, bis fie ihren Sitz nach Krumau übertrugen.
Allein wie die Perlen, die man bei Rofenberg im Moldauffluffe findet,
von der Mufchelfchale, fo ift Rofenberg von einer Wald- und Bergfchale
umfchloffen, felbft eine Perle. Plötzlich fteht man ftill, wie von einem
Zauberfchlage getroffen: das erfehnte Rofenberg liegt vor den über-
rafchten Blicken. Herrlich windet fich unten in fmaragdnem Thale die
junge Moldau dahin, mit ihrem Bogen einen ftolzen Bergvorfprung um-
fpannend. Am linken Ufer breitet fich das alterthümliche Städtchen
Rofenberg aus mit etwa 190 Häufern und 1250 Einwohnern. Eine
Brücke führt auf das rechte Ufer in die Vorftadt Latron. Aus ihr
zieht fich der Weg hinan zur mächtigen Burg, die den ganzen Bergvorfprung einnimmt, und wo der freiftehende runde, mit einzelnen Fichten bewachfenen Jakobinerthurm von impofanter Höhe das Auge
befonders feffelt. Man fteht wie gebannt, verfunken in den malerifchen
Anblick voll echter Romantik.
Wir blieben in der Gefchichte des Haufes Rofenberg bei Peter
Wok dem Letzten. Sein Bruder und Vorgänger Wilhelm, gierig nach
den Gütern des wittingauer Klofters, die er einzuziehen und zur Bezahlung feiner Schulden zu verwenden gedachte, hatte verboten, dort
neue Novizen aufzunehmen. Der letzte Kloftergeiftliche fchrieb hinten auf
den Altar einen Fluch, kraft deffen die beiden Brüder keine Kinder hinter-
laffen und mit ihnen die Rofenberge ausfterben follten. Das gefchriebene

Wort ging an Wilhelm und Peter Wok in Erfüllung. Peter Wok besaß, wie schon bemerkt wurde, den katholischen Eifer nicht, welcher die Rosenberge von jeher durchglüht hatte. Nach dem 1601 erfolgten Tode seiner Gemalin ward er sehr jähzornig, so daß er in der Aufregung oft seine getreuesten Diener enthaupten ließ. Kam er wieder zur Besinnung, so fragte er, wohin sie gerathen seien, und bereute das Geschehene. Von

Rosenberg.

Pferden und reichbesetzten Tafeln war er ein Liebhaber; auch hielt er sich im Schlosse zu Wittingau ein Harem von sechzehn Frauen aus den verschiedensten Ländern, aus Frankreich, Spanien, Italien, Teutschland, Polen, der Türkei und Indien. Dabei jedoch hatten die Armen an ihm einen großen Wohlthäter. Täglich, sobald im wittingauer Schlosse Mittags und Abends die Glocke geläutet wurde, strömten sie dort aus der Stadt und der Umgegend zusammen und bekamen jeder ein Stück Fleisch, ein Stück Fisch, ein Stück Brod und eine halbe Pinte Bier. Schulden halber, die zum großen Theil schon sein Bruder aufgehäuft, sah sich Peter Wok genöthigt, mit Kaiser Rudolf einen Vertrag abzuschließen und ihm 1602 Krumau nebst anderen Besitzungen zu verkaufen. Als die von Kaiser Rudolf gegen die Stände Böhmens zu Hilfe gerufenen passauer Truppen 1611 arg im Lande hausten, ließ Peter Wok, der schon früher zu Krumau ein Zeughaus gebaut, Wittingau befestigen und täglich des Abends Geschütze losfeuern. Die in Budweis liegenden Passauer, welche die Schüsse hörten, pflegten zu sagen: „Der alte Hund bellt, wir gehen nicht hin." Uebrigens verstand sie Peter Wok auch durch Geld zu beschwichtigen. Allein in demselben Jahre starb er, kinderlos gleich seinem Bruder, nachdem er noch versucht hatte, sich mit der Kirche auszusöhnen. Sein Leichenbegängniß zu Wittingau war nicht minder feierlich, als das seines Bruders zu Prag.

Die nächsten Ansprüche auf Rosenberg hatte nun Graf Johann Zrinyi, allein auch er wurde kurz nach Peter Wok vom Tode weggerafft. In Folge eines vorgeblich von Peter Wok herrührenden Testamentes kam Rosenberg in die Hände Johann Georgs von Schwamberg, der es Schulden halber bald seinem Sohne Peter übergab. Das Haus Schwamberg betheiligte sich jedoch an dem Aufstande gegen den Kaiser, die Schwamberg'schen Güter wurden nach der Schlacht auf dem weißen Berge zur Kammer eingezogen und so schenkte Ferdinand II. Rosenberg sammt Gratzen seinem getreuen, hochverdienten Feldherrn Karl Bonaventura von Longueval, Baron von Bauz und Grafen von Buquoy, bei dessen Familie es bis auf den heutigen Tag blieb.

Nach dieser Betrachtung steigen wir in das Städtchen Rosenberg hinab, wo wir in dem Gasthause der Frau Meier gut versorgt werden. Das Städtchen hat trotz der Feuersbrunst, von der es 1636 großen Theils in Asche gelegt wurde, noch viel Alterthümliches. Wie in Prachatic und Wallern mit der Säumerglocke, so wird hier mit dem Zizkaglöcklein geläutet. Im Jahre 1420 nämlich, wo Zizka Prachatic eroberte und im südlichen Böhmen überhaupt umher tobte, soll er auch Rosenberg bedroht haben. Die Einwohner dankten Gott, als er abgezogen war, ohne Schaden zu thun, und zum Andenken an seinen Abzug erschallt noch jetzt das nach ihm benannte Glöcklein. Vor allem vermag die Pfarrkirche zum heiligen Nikolaus, die schon 1279 bestand, Interesse einzuflößen. Sie zählt bloß vierzig Schritte in der Länge, wovon auf das Presbyterium zwanzig Schritte kommen, so daß sich dasselbe eben so lang, als das Langhaus, darstellt; die Breite des letzteren beträgt aber siebzehn, die des Presbyteriums eilf Schritte. Das Gewölbe des aus dem Achteck geschlossenen Altarhauses stellt sich als ein aus tiefeinschneidenden Kappen kunstvoll gefügtes Sterngewölbe dar, welches durch die lebhafte Licht- und Schattenwirkung seiner phantastischen Formen das Auge fesselt. Eben so eigenthümlich ist das prachtvolle Netz- werk der Wölbung des Langhauses. Sechs Polygonalpfeiler sondern das Mittelschiff, das dieselbe Breite wie das Presbyterium hat, von den Seitenschiffen ab. In der Deckenwölbung erscheint die eigenthümliche Konstruktion der Kappenwölbung, welche die meisten Bauten der Rosen- berge im südlichen Böhmen charakterisirt, in ihrer brillantesten Beleuch- tung. Das Innere der Kirche ist von der gräflichen Familie aufs wür- digste hergerichtet. Der große Feldherr Karl Bonaventura wurde in der Kirche begraben; doch niemand mehr vermag die Stätte näher zu bezeichnen, wo er den seligen Schlaf der Gerechten schläft.

Ueber die Moldaubrücke gelangt man auf das rechte Ufer. Auf ihr welch köstlicher Genuß, indem der Blick den Fluß hinauf, den Fluß hinab schweift, hier auf dem pittoresken Städtchen ruht, dort sich zu der kühnen, stolzen, waldumkränzten Felsenburg empor richtet, während das Ohr mit Vergnügen dem Rauschen der Wellen lauscht! Ein schöneres Bild dürfte nicht leicht eines Malers Genius ersinnen, eines Malers Pinsel ausführen. Die Natur ward um Rosenberg umher zur Dichterin, und der Mensch in seinen Bauwerken dichtete ihr nach.

Aus der auf dem rechten Ufer gelegenen Vorstadt Latron führt ein doppelter Weg zur Burg hinan, ein neuer, sich windender, bequemer Fahrweg, und ein alter zwischen ehemaligen Befestigungen. Wir wählen den letzteren. Die Burg zerfällt in zwei Theile, in den Neubau, der einst die Vorburg bildete und zur Rechten bleibt, wenn man hinauf kommt, und in die alte Burg zur Linken. Zwischen beiden erhebt sich isolirt der schon erwähnte Jakobinerthurm. Wir begeben uns über eine Holzbrücke, deren Stelle früher vermuthlich eine Zugbrücke einnahm, in die alte Burg. Sie trägt, obwohl von Wok I. schon 1246 ge- gründet, in Folge von Restaurationen keinen älteren Charakter als den des 16. und 17. Jahrhunderts an sich. Aber welche Schätze, Perlen in der Burgschale, werth daß sie nicht blos flüchtig beschaut, sondern gründlich studirt werden, findet der Besucher im Innern! Es hat sie mit Sach- kenntniß und ordnendem Geist der 1851 verstorbene Graf Georg Franz August gesammelt, bekannt in ganz Europa sowohl durch seine Schriften, als durch die herrlichen Erzeugnisse seiner Glasfabriken in der Umgegend von Gratzen. In die Fußstapfen des Vaters ist der edle Sohn getreten. Auf einer freischwebenden mit kunstreichem Holzgeländer und dem Bu- quoy'schen Wappen verzierten Treppe gelangt man in eine ganze Reihe von Gemächern, Sälen und Gängen, die mit Merkwürdigkeiten angefüllt sind. — Ein Gemach ist dem Andenken der Rosenberge gewidmet. Hier zeigt man nebst den Bildnissen mehrerer Gubernatoren des Rosenberg'schen Hauses, wie Wols I., Wilhelms und Peter Wols des Letzten, auch das Bild der unglücklichen Bertha, der weißen Frau von Neuhaus. Sie trägt ein weißes Gewand. Goldenes Lockenhaar wallt ihr vom Haupte auf den Nacken. Betrübniß prägt sich auf dem bleichen Antlitz und in den seelenvollen blauen Augen aus. Die weiße Frau soll zu Rosenberg geboren worden sein, und noch jetzt erzählt man dort von ihr, daß sie sich um Mitternacht in der Burg sehen lasse, um vor bevorstehendem Unglück zu warnen. — Die mit dem Porträt des 1684 dahin geschiedenen Grafen Ferdinand, k. Obersten und Stifters des Servitenklosters zu Gratzen, geschmückte Rüstkammer enthält eine auserlesene Sammlung älterer Schutz- und Trutzwaffen aller Art, die theils an den Wänden hängen, theils um die in der Mitte der Halle emporstrebende Säule gruppirt sind. — Eine überraschende Wirkung macht der Rittersaal. Er wird von den durch die bunten Scheiben der schmalen Fenster gedämpft einfallenden Tagesstrahlen magisch beleuchtet. Stühle, Tische, Schränke, eine Menge kostbarer Trinkgefäße und Speisegeschirre, Teppiche, Kronleuchter, Architektur und Schnitzwerk, Wandmalerei und Vergoldung, kurz die ganze Einrichtung und Ausstattung bis auf den riesengroßen mit Figuren in erhabener Arbeit versehenen Ofen, alles mahnt an vergangene Jahrhunderte der Pracht und Fülle, der Größe und Herrlichkeit. Ein meisterhaft gearbeitetes, früher reich vergoldetes Gitter führt zu einer dunklen, gewölbten Nische, die einst besonders prächtig gewesen sein muß, wie nebst anderem Schmuck die Deckenvergoldung und die Spuren von Edelsteinen bezeugen, womit Halsgeschmeide und Armbänder an den weiblichen Gestalten der mythologischen Wandgemälde ausgelegt waren. In dem Kranze werthvoller Bildnisse, womit der Rittersaal geziert ist, strahlen auch die Kaiser Ferdinands II. und seiner ersten Gemalin Anna Maria, Herzogin von Baiern, des Feldherrn Karl Bonaventura und seiner Gemalin Magdalena, Gräfin von Biglia, sowie seiner Enkel Ferdinand und jenes Philipp Emanuel, der 1688 aus den Händen Karls II. von Spanien den Fürstenhut empfing. — Das Maximiliansgemach ist nach Maximilian de Longueval, seit 1566 erstem Grafen von Buquoy, benannt. Entsprossen dem altfranzösischen Geschlechte der Herren von Longueval burgundischer Linie, hauchte der Held bei der Belagerung von Tournai 1588 an der Brust seines Freundes und Waffenbruders Alexander Farnese, Herzogs von Parma, das Leben aus. Leider fehlt sein Bildniß hier, doch dafür zeigt sich in goldener Rüstung, das Scepter in der Hand, Kaiser Maximilian I., der ritterliche, geniale Herrscher und Dichter, welcher den Habsburgern die Stufen zur höchsten Weltmacht baute, so daß sie endlich über ein Reich geboten, worin die Sonne nicht unterging; ferner Kaiser Maximilians erste Gemalin Maria von Burgund, Maximilians von Longueval Gönner Don Juan d'Austria, Longuevals

Waffenbruder Alexander Farneſe und König Philipp II., der ſeinen treuen
Diener Maximilian von Longueval zum Grafen erhob. In der Niſche
eines ſäulenumgebenen Altars erſcheint eine kunſtvoll geſchnitzte Madonna
mit dem Chriſtuskind, unter dem Altar ein Betſchämel, auf deſſen Sammt-
kiſſen koſtbare Kirchengeräthe, Gebetbücher mit ſchönen Malereien und
Roſenkränze von edlen Steinen bereit liegen. Der Plafond beſteht aus
Getäfel von Eichenholz; übrigens iſt das Gemach mit ſchön geformten
Schränken, werthvollen Kunſtwerken und einem Ofen aus feiner, glacirter
Erde mit Figuren in erhabener Arbeit ausgeſchmückt. — Ein anderes
Gemach feiert die Erinnerung an den öfters genannten, in Böhmens
Geſchichte eine Rolle von Wichtigkeit ſpielenden Feldherrn Karl Bona-
ventura. Er war kaum eilf Jahre alt, als ſein Vater Maximilian vor
Tournai fiel. Durch Alexander Farneſe, Prinzen von Parma, wurde er
in den Kriegsdienſt eingeführt, ſtudirte als junger Officier an der Uni-
verſität zu Douai und verſah einige Zeit Hoſtavaliersdienſte bei Philipp II.
zu Madrid. In dem niederländiſchen Kriege ſammelte er ſich frühzeitig
Lorbern. Nach der Belagerung von Oſtende wurde er mit dem Kalatrava-
Orden und dem goldenen Bließe ausgezeichnet. Der Ruf ſeiner mili-
täriſchen Talente war ſo groß, daß ihm Heinrich IV. von Frankreich den Marſchallsſtab anbot; allein Buquoy zog es vor, ein Diener
des habsburgiſchen Herrſcherhauſes zu bleiben. Als ſolcher ward er in
der böhmiſchen Periode des dreißigjährigen Krieges eine Hauptſtütze
Kaiſer Ferdinands II. Schon belagerte Thurn 1619 die Hauptſtadt
des Reiches, Wien; da brachte Buquoy, nachdem er bereits früher
Frauenberg und Roſenberg gezüchtigt, ohne wohl damals daran zu
denken, Roſenberg werde bald ſein Beſitzthum werden, dem Grafen
Mannsfeld bei Záblat (dem bei Moldau-Tein, nicht dem bei Prachatic)
eine ſo empfindliche Niederlage bei, daß die böhmiſchen Direktoren einen
Befehl nach dem andern an Thurn abſchickten, er möchte eilen, Böhmen
zu ſchützen. Thurn ſah ſich gezwungen, die Belagerung Wiens aufzuheben.
Gleichwohl machte er ſpäter, durch friſche Truppen verſtärkt, neue Miene,
vor Wien zu rücken. Da zog Buquoy aus Böhmen nach Oeſterreich, um
Wien zu decken. Vor den Mauern der Kaiſerſtadt kam es zu einer entſcheidenden Schlacht. Buquoy hatte kaum 18.000 Mann beiſammen, doch
treffliche Befehlshaber, unter denen ſich auch der ſpäter ſo berühmt gewordene Graf Albrecht von Waldſtein befand. Thurn hingegen zählte, nachdem noch Bethlen Gabor, der verbündete Fürſt von Siebenbürgen, zu
ihm geſtoßen, an 60.000 Mann. Von dieſer überlegenen Macht wurde
Buquoy an einem Oktobernachmittage angegriffen. Der Kampf war mör-
deriſch; allein um Mitternacht mußte Thurn vom Streite abſtehen und
Buquoy zog ſich über die Donaubrücke, die er hinter ſich abbrechen ließ.
Zu wiederholten Malen verſuchte es Thurn, über die Donau zu ſetzen,

doch erreichte er seinen Zweck nicht, theils weil das jenseitige Ufer stark mit Kanonen bespickt war, theils weil der schnelle Strom zu hoch ging. Im Jahre 1620 überfiel Buquoy die Aufständischen bei Langenlois, tödtete über 1000 Mann und trieb die Uebrigen in die Flucht. Hierauf operirte er gemeinschaftlich mit Herzog Maximilian von Baiern. Da erlagen Krumau, Budweis und Prachatic; die Stadt Pisek wurde mit Sturm genommen und erfuhr ein so hartes Schicksal, daß die benachbarten Städte, Strakonic, Winterberg, Schüttenhofen, Klatau und andere, ihre Thore von selbst öffneten, und endlich erfolgte der verhängnißvolle Sieg des kaiserlichen Heeres auf dem weißen Berge vor Prag, hauptsächlich durch Buquoy's Verdienst, der zu Pferde saß und kommandirte, obgleich er früher in den Scharmützeln bei Rakonic eine Wunde erhalten. Buquoy wurde mit den Herrschaften Rosenberg und Gratzen belohnt und gegen Bethlen Gabor nach Ungarn berufen. Er legte im Frühjahre 1621 hundert eroberte Fahnen zu den Füßen seines Herrschers nieder, allein bald darauf fiel er bei der Belagerung Neuhäusels, durchbohrt von 13 Wunden. Einer Prophezeiung gemäß, sollten aus den 13 Todeswunden eben so viele Sprossen des Buquoy'schen Geschlechtes erblühen, und in der That erhielt Karl Bonaventura durch seinen Sohn Karl Albert 13 Enkel. Hier in diesem Gemache prangt das Bildniß des großen Feldherrn, welches ihn in der kostbaren Rüstung darstellt, die ihm Kaiser Ferdinand II. schenkte. Ihm zu beiden Seiten erblickt man seine Waffenbrüder, den kühnen Dampierre und den enthaltsamen Tilly, der gegen sich selbst am strengsten war. Auch erscheint sein Vorbild in der Kriegskunst, Spinola, Buquoy's Gemalin Magdalena und die Infantin Isabella Klara Eugenia, Tochter Philipps II., aus deren Händen er Magdalenen empfing. Andere Gemächer sind dem Andenken an Karl Bonaventura's Sohn, Karl Albert, und an seine schon erwähnten Enkel Ferdinand und Philipp Emanuel geweiht. In dem Gemache des Letzten, dem sogenannten Empfangs- saale des Fürsten Philipp Emanuel, tritt in der Form eines halben Dreiecks ein großer Erker weit hinaus, dessen Getäfel und Ein- richtungsstücke Muster von Holzarbeiten sind und der so gewisser Maßen einen Repräsentanten des Böhmerwaldes abgibt. Auch ist er mit merk- würdigen Trinkgefäßen, Eßgeschirren und Vasen ausgestattet. Hier hangen die Bildnisse des Fürsten Philipp Emanuel und seiner Gemalin Maria Magdalena, Gräfin von Hornes; ferner zeigen sich im Porträt Kaiser Karl V. nebst seiner Enkelin Isabella Klara Eugenia und dem Gemal derselben Erzherzog Albrecht, Gouverneur der Niederlande, und dann König Karl II. von Spanien, welcher den Grafen Philipp Emanuel 1688 zur Würde eines Fürsten erhob, nebst Gemalin Königin Marie geb. Herzogin von Orleans. — Aber noch sind wir mit den Sehens- würdigkeiten Rosenbergs nicht zu Ende, noch muß, und zwar mit Nachbruck, der herrliche Korridor genannt werden, worin in lebensgroßen Abbildungen die Helden der Kreuzzüge strahlen. Wer würde nicht bewundernd all des Großen gedenken, das in sechs gewaltigen Zügen von 1096 — 1248 auf das Feuerwort eines schlichten Einsiedlers, Peters von Amiens, unter der Anführung eines Gottfried Bouillon, eines Konrad III. von Deutschland und Ludwig VII. von Frankreich, dann eines Friedrich Barbarossa, Philipp August und Richard Löwenherz, weiter eines Andreas II. von Ungarn, ferner eines Kaisers Friedrich II., endlich eines Ludwig des Heiligen von Frankreich geschah! Wer würde nicht die wichtigen, weitverbreiteten Folgen würdigen, welche die Kreuzzüge hatten, da sie die Völker Europa's mit religiöser Begeisterung und Unternehmungskraft beseelten, den ersten Gemeingeist in ihnen weckten, und denselben eine neue Weltanschauung, ein neues Reich der Kenntnisse und Erfahrungen erschloßen! Wen hätten nicht die unsterblichen Gesänge Tasso's mit Entzücken erfüllt, welche den ersten Kreuzzug und die Eroberung Jerusalems durch Gottfried von Bouillon verewigen! Hier stehen die Helden dieser Kreuzzüge gleichsam lebend vor uns, erweckt aus dem Grabe durch den Pinsel wackerer Künstler, und sie befinden sich in der Buquoyburg am rechten Platze, da sich das Geschlecht der Buquoy eines so hohen Alters rühmt, daß es seinen Ursprung bis von den Helden der ersten Kreuzzüge abzuleiten vermag. — Nicht bloß jedoch die lohnendsten Kunstgenüsse, auch einen seltenen Naturgenuß gewährt die alte Burg. Die Aussicht ist von Bergen und Wäldern begränzt, doch vereint sie in engumrahmtem Bilde eine Fülle des Zauberhaften. Aus den Fenstern schweift das Auge auf der einen Seite über das Städtchen Rosenberg gegen Hohenfurt, auf der andern verfolgt es über üppige Wiesen die Straße nach Krumau. Das Bild hat auch bei hellem Sonnenschein etwas Düsteres, gewinnt aber dabei an Romantik, und das aus der Tiefe herauf tönende Rauschen der Moldau, die sich wie ein Silbergürtel um die Burg schlingt, wiegt die Seele in süße Empfindungen.

Ueberaus befriedigt verläßt man die alte Burg, um den Jakobinerthurm und den Neubau zu besehen. Der Jakobinerthurm, der früher zur Vorburg gehörte, steht jetzt, wie schon bemerkt wurde, isolirt. Er ist rund, vierzehn Klaftern hoch, reicht eben so tief in die Erde und hat Mauern von zwei Klaftern in der Dicke. Oben trägt er Fichten, einem siegreichen Helden gleichend, der stolz sein Haupt mit grünen Reisern schmückt. Woher sein Name kommt, ist unbekannt. Der Neubau erwuchs aus den Ruinen der Vorburg, ähnlich der jungen Welt von Pflanzen, die aus den Baumruinen des Urwaldes frisch und lustig emporschießt. Er enthält die einfach, aber äußerst geschmackvoll eingerichteten Sommerwohnungen der gräflichen Familie. An die Gebäude stoßen liebliche Gartenanlagen mit Sandwegen, Blumenbeeten, Glashaus, Spring

brunnen, Lauben und Pavillons, in der Höhe, in der sie sich befinden,
an die schwebenden Gärten der Semiramis erinnernd. So kann man,
hier lustwandelnd, sich abermals in das Anschauen der reizenden Berglandschaft versenken, und dann über eine neue angelegte kurze Kettenbrücke
schreiten; um sich noch auf den Spaziergängen zu ergötzen, die rings um
Rosenberg im Walde angelegt sind, und wieder zu schönen Punkten führen;
denn Rosenberg und seine Umgebung ist voll Poesie.

XIV.

Krumau am Schöninger.

Der Weg von Rosenberg nach Krumau an der rechten Seite des
Moldauflusses, auf lustiger Höhe zuerst nah' an ihm fortgehend, dann
weiter ablenkend, zuletzt zu ihm zurückkehrend, bietet ein schönes Landschaftsbild nach dem anderen dar. Mannigfaltig gelagerte Berge und
frischgrüne Wälder, angenehme Wiesen, Gärten und Aecker, aus welchen
bald hier, bald dort Ortschaften hervorblicken und zwischen welchen die
lebenverleihende Moldau abwechselnd zum Vorschein kommt, beschäftigen
und ergötzen das Auge. Es befremdet, daß der Weg in solcher Höhe,
oft über jähe Abhänge geführt ist, so daß er sich für schweres Fuhrwerk
nicht eignet. Hierdurch wird der Verkehr mit Linz, an den Krumau eben
so sehr angewiesen ist, als Budweis, beeinträchtigt, und Krumau leidet
offenbaren Schaden. Man gelangt dahin über die Dörfer Horra (Harachy),
Ottau (Otov. Záton) mit einer interessanten Kirche und der benachbarten
Ruine eines Wartthurmes sammt Wallgraben, Attes, Pohlen (Spoli),
in dessen Nähe an der Moldau die Ueberreste eines zerstörten Schlosses, und über Lupenz (Sloupenec). Wie man schon aus diesen
Beispielen ersieht, so haben hier die deutschen Ortschaften nebst einem
bedeutungslosen deutschen Namen einen bedeutsamen böhmischen, aus
dem der Deutsche durch Mundgerechtmachung, die mitunter wahrhaft komisch wird, entstanden ist. In den obigen Beispielen erinnert der
böhmische Name des Dorfes Horra an das edle Geschlecht der Grafen
Harrach, aus dem ein hochverdientes Glied gegenwärtig Präsident des
Vereins zur Ermunterung des Gewerbgeistes in Böhmen ist. Die
Grafen Harrach stammen aus dem böhmischen Geschlechte der Ère-

benär von Hřeben und Horoch. Die Burg Hřeben stand einst bei Netrowitz (Netřebice), das fünf Stunden westlich von Gratzen an der linzer Straße liegt. Ein obrigkeitlicher Meierhof heißt dort noch so. Schon in der Mitte des 13. Jahrhunderts kam Přibik von Har-rach in das Erzherzogthum Oesterreich, und dieser soll der Ahnherr der jetzigen Grafen von Harrach sein, die in Oesterreich und Böhmen Be-

Kirche zu Ottau.

sitzungen haben. Přibik starb 1289. Das Geschlecht der Hřebenář von Horoch erlosch zu Ende des 17. oder im Anfang des 18. Jahrh. Ot, otec bedeutet Vater (wie übrigens auch der deutsche Name Otto), záton Anfurt, spol, spolu zusammen, gemeinschaftlich, sloupenec ein Pflanzengeschlecht. Solcher Beispiele ließe sich noch eine Menge anführen. Ein Exempel komischer Mundgerechtmachung ist der Dorfname Pod-

wurſt, entſtanden aus Podvoří (po láng₀, dvůr Hof). Ein anderes
Erempel ſtatuirte früher der Name, welchen das Dorf Ostrá Hora
(Scharfberg) im Teutſchen trug; doch änderte ihn die Behörde um.
Dies beſtätigt, was wir ſchon bei den Freibauern vorbrachten, nämlich,
daß ſolche deutſche Ortſchaften ſonſt von ſlawiſchen Böhmen bewohnt waren.

Nach etwa fünf Gehſtunden liegt die Stadt Krumau, die bedeu=
tendſte, die wir bisher kennen lernten, im Ganzen über 730 Häuſer mit
faſt 5500 Einwohnern zählend, in ihrer ganzen Schönheit und Erhaben=
heit zu den Füßen des Wanderers. Sie liegt wie in einem Garten,
von der Moldau ſo innig umarmt, daß ſie gleichſam auf den Armen
derſelben getragen zu werden ſcheint, gekrönt mit einer umfangreichen,
prachtvollen, majeſtätiſchen Burg, begünſtigt von Pan, Flora und Ceres,
bewohnt von herzlichen und regſamen Menſchen, umkränzt von Bergen,
unter welchen im Hintergrunde, wenn man von Roſenberg kommt, der
höchſte Punkt des Blanſker Waldes (Blanský les), der 3374 Fuß hohe
Schöninger mit dem Joſephsthurm, ſtolz zum Himmel emporragt.
Kann Prachatic als ein Repräſentant des entwickelten Bürgerthums gelten,
ſo repräſentirt Krumau die entwickelte Adelsmacht in ihrer ganzen Größe
und Herrlichkeit. Das iſt das Krumau, das mit Roſenberg um den
Vorrang des Alters ſtreitet, mit welchem es übrigens in der Anlage
ſehr viel Aehnlichkeit hat, da hier wie dort Burg und Stadt durch den
Moldaufluß geſchieden und durch eine Brücke verbunden ſind, und in
Krumau gleichfalls ein Stadttheil Latron heißt, aus welchem man zur
Burg hinan ſteigt. Das iſt das Krumau, das Roſenberg dadurch den
Vorrang abgewann, daß die Roſenberge nach Beerbung der untergegan=
genen krumauer Linie ihren Hof zu Krumau aufſchlugen. Das iſt das
Krumau, das einen Aeneas Sylvius und einen Capiſtran in ſeinen Mauern
ſah, das durch den Beſuch einer Anna, Gemalin Kaiſer Ferdinands I.
beehrt wurde, das bei der Vermälung Wilhelms von Roſenberg mit
der Prinzeſſin Anna von Baden die erſten Häupter des deutſchen Rei=
ches zum großartigſten Feſte vereinigte, das auch das Glück genoß, einen
Kaiſer Rudolf II. feierlich zu empfangen. Das iſt das Krumau, das
noch gegenwärtig die Hauptſtadt eines Herzogthumes iſt. Hier
aber haben wir die uns aus der Geſchichte der Roſenberge bereits be=
kannten Schickſale Krumau's noch mit denjenigen zu ergänzen, die es er=
fuhr, als Peter Wok, der letzte Roſenberg, dahin war. Dieſer hatte
es, wie wir wiſſen, 1602 an Kaiſer Rudolf II. verkauft. Der
Kaiſer ſchien es für ſeinen natürlichen Sohn Don Julius d'Auſtria
beſtimmt zu haben, der es von 1605 — 1608 bewohnte. Durch ſein
zügelloſes Leben brachte es der Prinz dahin, daß ihn der erzürnte Vater
zuletzt, wie es heißt, einzumauern und ſo verſchmachten zu laſſen befahl.
Ein Gemach der Burg führt noch den Namen des Juliuszimmers.

Krumau blieb eine Familienbesitzung des kaiserlichen Hauses. Im Jahre 1622 schenkte Kaiser Ferdinand II. die Stadt und Herrschaft Krumau nebst anderen Besitzungen seinem Oberst-Hofmeister, Direktor des geheimen Rathes, Ritter des goldenen Bließes 2c. Johann Ulrich Freiherrn von Eggenberg für dessen getreue und ersprießliche Dienste und im Jahre 1623 verlieh er demselben nicht nur die Fürstenwürde, sondern vermehrte auch die Schenkung und erhob Krumau zu einem Fürstenthum mit herzoglichem Titel, so daß Johann Ulrich sich Fürst zu Eggenberg und Herzog zu Krumau schrieb. Johann Ulrich starb 1634, sein Sohn und Nachfolger Johann Anton 1649. Seit 1611 bis um diese Zeit hatte Krumau in Folge des sich zuerst vorbereitenden und dann wirklich ausbrechenden dreißigjährigen Krieges viel zu tragen. Im Jahre 1611 bemächtigten sich desselben die von Kaiser Rudolf II. zu Hilfe gerufenen passauer Truppen. Durch die Verpflegung dieser ungebetenen Gäste gerieth die Stadt in eine Schuldenlast von 30.000 fl., so daß sich Kaiser Mathias bewogen fand, ihr nicht nur die Steuer für das genannte Jahr und die Rückerstattung der von der Herrschaft erborgten Getreidevorräthe zu erlassen, sondern sie auch 1614 mit einem Besuche zu beglücken, bei dem es zu Krumau eben so lebhaft und fröhlich herging, als unter den Rosenbergen. Im Jahre 1618 diente nebst Budweis hauptsächlich Krumau zum Sammelplatze der gegen die aufständischen Böhmen bestimmten kaiserlichen Armee. Da rückte am 12. November der spanische Feldhauptmann Ferdinand Caratti von Carare mit seiner Mannschaft ein, und wohnte bis zum 24. September 1620 im Schlosse. Ferner wohnten daselbst und wurden aus der herrschaftlichen Küche verpflegt der Feldmarschall Karl Bonaventura Graf v. Buquoy, der Oberstlieutenant Philipp von Palant, Don Balthasar Marabas, Johann Aldringer, auch der später so berühmt gewordene Graf Albrecht von Waldstein, damals Oberster eines Kürassier-Regiments, u. a. m. Welche Auslagen dies verursachte, kann man sich leicht vorstellen. Im Jahre 1624 wurden Stadt und Burg sammt der ganzen Herrschaft durch die gewaltsame Einquartirung der bairischen Hilfstruppen hart bedrängt, so daß sich endlich auf Verwendung des Fürsten Eggenberg der Kaiser selbst ins Mittel legte. Im Jahre 1648 wurde Krumau am 20. Sept. von einer Abtheilung des schwedischen Heeres, welches am 23. Aug. die Stadt Tabor mit Sturm erobert hatte, überfallen. Der schwedische General Wirtenberg ertheilte zwar der Burg, Stadt und Herrschaft, so wie den zum Herzogthum Krumau gehörigen Besitzungen gegen eine Ranzion von 12.000 fl., wovon die Hälfte sogleich erlegt werden mußte, eine Salva-guardia-Urkunde, allein die Schweden nahmen dennoch in den Dörfern Pferde und Rindvieh weg. Am 2. Oktober rückten die kaiserlichen Truppen unter General Sporf wieder ein. Nun erhielten zwar die

Krumauer von General Wirtenberg bei der noch rückständigen Hälfte
der Ranzion einen Nachlaß von 1500 fl., der Rest von 4500 fl. jedoch
mußte ungeachtet des inzwischen abgeschlossenen Friedens bezahlt werden,
weil die Schweden drohten, Böhmen nicht zu räumen, bevor nicht alle
dergleichen Rückstände berichtigt sein würden. Johann Anton Fürst
von Eggenberg hinterließ bei seinem Tode 1649 zwei noch unmün-
dige Söhne, Johann Christian und Johann Seifried, über
welche die Mutter Anna Maria, geborene Markgräfin von Brandenburg,
zur Vormünderin eingesetzt ward. Als Beide für vogtbar erklärt worden
waren, verglichen sie sich in Ermangelung eines väterlichen Testamentes
durch Verträge von 1665 und 1672 dahin, daß Johann Christian der
Aeltere die Fideikommißherrschaft Ehrenhausen in Steiermark und die in
Böhmen gelegenen Herrschaften, Johann Seifried der Jüngere dagegen
die übrigen Herrschaften in Steiermark und Krain erhielt, wobei die
Regierung über die gefürstete Reichsgrafschaft Gradiska von Johann
Christian geführt, das Einkommen aber zwischen beiden Brüdern gleich-
mäßig getheilt werden sollte. Allein Johann Christians Ehe mit Marie
Ernestine, geborenen Prinzessin von Schwarzenberg, blieb kinderlos, und
so kam Krumau, nachdem Johann Christian 1710, sein Bruder Johann
Seifried 1713, dessen Sohn 1716 und in demselben Jahre auch der
Sohn von diesem, der letzte männliche Sprosse des fürstlichen Hauses
Eggenberg, gestorben war, Krumau testamentarisch an Maria Ernestine und nach ihrem Tode 1719 an das erlauchte Haus Schwarzenberg, in dessen Händen es sich noch gegenwärtig befindet. Auch
während dieser Veränderungen und im weiteren Verlaufe der Zeit hatte
Krumau schwere Prüfungen zu bestehen. Im Jahre 1694 herrschte in Folge
Mißwachses eine große Hungersnoth. Im J. 1740 litt die Stadt durch
eine furchtbare Ueberschwemmung. Während des österreichischen Successionskrieges wurde Krumau sowohl von den nach Böhmen eindringenden
französischen und bairischen Truppen, als auch von den aus Ungarn und
Oesterreich vorrückenden kaiserlichen Heeresabtheilungen häufig durchzogen.
Im Jahre 1744 standen die Preußen schon bei Dumrowitz (Tuberovice)
½ Stunde von Krumau, besetzten aber nicht die Stadt, da König Friedrich II. bald darauf gezwungen wurde, jenen Rückzug aus Böhmen anzutreten, den er sein Lehrgeld zu nennen pflegte. Im J. 1772 herrschte
das Faulfieber. Gleichwohl stellte die Stadt, von patriotischem Eifer
erfüllt, 1796 im französischen Revolutionskriege 34 wohlausgerüstete
bürgerliche Schützen ins Feld, und 1800 einen Lieutenant und 22 Frei-
willige zur böhmischen Legion, die sich heldenmüthig bei Budweis schaarte.
Im Jahre 1830 richtete der Eisgang gräulichen Schaden an. Im J. 1836
brach die Cholera aus und raffte an 300 Opfer dahin. Im Jahre 1846
ließen die Elemente ihre Macht die schon mehrmals heimgesuchte Stadt

Arundel.

von neuem fühlen. Schon am 23. Januar weckte eine ungemein linde Temperatur, begleitet von Sturmwind und Regengüssen, die Besorgniß nahenden Unheils. Wirklich begannen die aufgethürmten Schneemassen in dem Gebirge der Umgegend zu schmelzen, und die sich um die Stadt schlingende Moldau mit solcher Gewalt zu füllen, daß der Fluß seine Ufer in einer nicht gedenkbaren Höhe überstieg und in der Nacht vom 26. auf den 27. den größten Theil der an den Ufern gelegenen Häuser, Wirthschaftsgebäude, Fabriken, Mühlen, Felder und Wiesen überfluthete, Furcht und Schrecken verbreitend. Das Wasser stieg fort und fort, erst in der folgenden Nacht begann es in Folge eines Frostes zu fallen, und nun zeigte sich der angerichtete Schade in seiner ganzen entsetzlichen Größe. Ein neues Unglück traf die Stadt 1847 in der Nacht vom 14. auf den 15. Juli. Da entlud sich über ihr ein Gewitter mit Wolkenbruch, wie sie noch keines erlebt hatte. Das Gewitter begann nach 9 Uhr Abends. Donnerschlag folgte auf Donnerschlag, der Regen goß in Strömen, jedermann verwehrend, aus dem Hause zu treten. Der Hirschgartenbach erreichte eine solche Höhe, daß die Wellen über die dortige hohe steinerne Brücke schlugen. Hierzu trug jedoch auch der Umstand bei, daß drei Brückenbogen gegen die Vorstadt Spitzenberg als Schupfen benützt wurden, folglich das Wasser keinen gehörigen Abzug hatte, bis es sich selbst unter der Mantelbrücke eine Bahn brach. Es fehlte nicht viel, so hätte es die Häuser zwischen den latroner Stadtthoren sammt der budweiser Vorstadt weggeschwemmt. Unbeschreiblich ist der Schaden, welchen der Wolkenbruch anrichtete. In den Vorstädten Spitzenberg, Oberstadt, Flößberg wurden ganze Häuser zerstört oder fortgerissen. An 28 Menschen büßten ihr Leben ein. Solchen Gefahren sind Bewohner von Gebirgsorten bei allem Reiz und Zauber der Natur ausgesetzt! Und dennoch trotz allen diesen Unglücksfällen gedieh Krumau unter der weisen und väterlichen Verwaltung der edlen Fürsten von Schwarzenberg zu Wohlstand und Bedeutung. Ein Ereigniß versetzte ihm aber eine unheilbare, ja so zu sagen, letale Wunde. Nach dem Jahre 1848 geruhte Se. Durchlaucht Johann Adolf seine Sommerhofhaltung von Krumau nach dem in märchenhafter Pracht emporblühenden Frauenberg zu verlegen, und auch sämmtliche Kunst- und Alterthumsschätze Krumau's dorthin übertragen zu lassen. Wie einst Rosenberg dem umfangreichen Krumau, so mußte Krumau dem neuen Schoßkind, dem lieblicheren, freier gelegenen Frauenberg weichen. Dennoch ist und bleibt Krumau interessant genug, und in einem wird Frauenberg mit all seinen Wundern stets hinter Krumau zurückstehen, nämlich in der Bedeutung, welche einem Orte die Richterin der Welt, die Geschichte, zu verleihen vermag.

In Krumau findet man in dem Gasthofe zur goldenen Traube auf dem großen Ringplatz eine durch Güte und Billigkeit empfehlenswerthe Aufnahme. Ist man in Krumau, so weiß man in der That nicht, was man zuerst thun soll: ob die herrlichen Kirchenbauten in Augen= schein nehmen; oder die Stadt durchstreifen, um die alterthümliche Bauart der Häuser zu betrachten; oder auf der Moldaubrücke sich an einem ähnlichen Anblicke weiden, wie auf der in Rosenberg; oder die riesige, majestätische Burg besuchen, die aus massivem Kalkgestein immer höher und höher in die Luft empor zu wachsen scheint; oder den weithin gebietenden Gipfel des grünbewaldeten Schöningers ersteigen. Das Letzte ist bei günstigem Wetter vor allem anzurathen; denn des Wetters Gunst ist veränderlich und, einmal verscherzt, ist sie oft Tage lang nicht wieder zu gewinnen.

Aussicht vom Schöninger. (S. 87, 91.)

Wie bequem der Weg auf den Schöninger, erhellt daraus, daß man ihn bis zum höchsten Punkte zu Wagen zurücklegen kann. Er führt über den fürstlichen Meierhof Neuhof, hinter welchem der Wanderer später rechts vom Fahrwege ablenken und den kürzeren Fußpfad über die soge= nannten Bärenstände einschlagen kann. In drei Stunden ist das Ziel zu Fuß erreicht. Oben auf der Bergplatte befindet sich ein sehr geräu= miger, eilf Klaftern hoher, runder Thurm, der Josephsthurm ge= heißen, weil ihn 1825 Se. Durchlaucht der verstorbene menschenfreund= lich Fürst Joseph erbauen ließ. Der Thurm wird im Sommer von einem Wächter bewohnt, bei dem man Milch und Bier, Brod, Butter und Käse, selbst Kaffee zur Erfrischung erhalten und allenfalls auch über= nachten kann. Von der Zinne dieses Thurmes nun, zu welcher man auf einer wohlbeschaffenen Holztreppe gelangt, eröffnet sich dem überraschten Auge eine Aussicht, die an Ausdehnung, schöner Mannigfaltigkeit und bedeutungsvollem Inhalt von keiner anderen des Landes übertroffen wird. Südlich tief zu den Füßen des Schauenden breitet sich die moldauum= gürtete herzogliche Stadt Krumau aus. Aber indem das Auge den Weg gegen Rosenberg verfolgt, stellen sich ihm im äußersten Hintergrunde die Alpen Steiermarks, Ober=Oesterreichs und Salzburgs dar, von denen es die vorderen Ketten, die grotesken Kalkalpen vom Schneeberg in Nie= der=Oesterreich bis über den Watzmann an den Gränzen Tirols in ihrem ganzen Zusammenhange übersieht. Es unterscheidet den Schneeberg, den Oetscher, den kleinen und großen Priel, den Traunstein, Dachstein, den Kranabitsattel, Hochbrunnkogel, Grünalmkogel am Höllengebirge, das Tän= nengebirge, die Wetterwand, den hohen Göhl, das steinerne Meer, den ewi= gen Schneeberg, das Breithorn, den Watzmann, Hochkater, das Birnhorn, die Reitalpen und das Breithorn bei Lofer. Bei besonders heiterem Wetter er=

scheinen hinter ihnen die mit ewigem Schnee und Eis bedeckten Gipfel der Centralalpen an der Gränze von Kärnthen, der Ankogel und der Großglockner. Indessen muß, damit man sich an solchem Anblick ergötzen könne, das Wetter, wie gesagt, besonders gut gelaunt sein, und wir möchten überhaupt nicht das Alpenpanorama für das Charakteristische der Schöninger-Aussicht erkennen, da dasselbe auch andere Punkte des Böhmerwaldes, wie vornehmlich der Hohenstein und das St. Thomasgebirge bieten; das, was die Schöninger-Aussicht besonders charakterisirt, ist die Menge stattlicher und interessanter Ortschaften, die ringsum wie ausgesäet daliegen. Es seien z. B. genannt: Rechts von Krumau gegen Südwest das fürstl. Lustschloß Rothenhof (Červený dvůr) nahe bei dem Marktflecken Kalsching (Chvalšiny), durch welchen ein an schönen Landschaftsbildern reicher Weg nach dem schon bekannten Prachatic und dem gleichfalls historisch merkwürdigen Netolic führt; weiter hinten zwischen Rothenhof und Krumau das lieblich gelegene Dorf Gojau (Kájov) mit einer großartigen Kirche in römischem Styl, noch weiter hinten das Dorf Ruben (Rovné) mit einer Burgruine, und noch weiter der Marktflecken Höritz (Hořice), Geburtsort des Thomas Pöschl, welcher 1816 durch Stiftung der religiösen, längst wieder verschollenen Sekte der Pöschlianer zu Gallneukirchen in Ober-Oesterreich eine ephemere Berühmtheit erlangte — gegen Osten und Nordosten das Dorf Goldenkron (Zlatá koruna) in einer von der Moldau durchströmten Bergmulde, eine krippenspielartige Erscheinung, mit der herrlichen von König Otakar II. zum Gedächtniß an seinen großen Sieg über die Ungarn erbauten Stiftskirche; weiter hinab an der Moldau die romantische Burg Maidstein (Dívčí kámen), wo einst der gebeugte Ulrich II. von Rosenberg seine letzten Lebenstage in Zurückgezogenheit von dem Lärm der Welt zubrachte; und könnte das Auge den Lauf der Moldau noch weiter verfolgen, so würde es auch die Ruine Chotek, den Stammsitz der Ahnen des unvergeßlichen Oberstburggrafen Karl Grafen von Chotek entdecken; doch dafür erblickt es die volkreiche, ausgedehnte Kreisstadt Budweis (Budějovice) mit ihren ansehnlichen Gebäuden und Thürmen, und in der Nähe von Budweis hier das zauberhafte, weiß herschimmernde Frauenberg (Hluboká), dort die Bergstadt Rudolstadt, und über Budweis hinaus die Stadt Wittingau (Třeboň), wo Peter Wok, der letzte der Rosenberge, endete, mit dem ungeheuren, seeähnlichen Rosenberger Teiche, und mehr gegen Süden die Stadt Gratzen (Nové Hrady) mit einem prächtigen gräflich Buquoy'schen Schloß und Park und berühmten Glasfabriken in der Nachbarschaft — gegen Norden die schon bekannte Gegend von Wälisch-Birken, Helfenburg, Barau, Netolic und Wodňan, zwischen welchen letzteren Städten und Budweis zahlreiche Teiche, die Zierden Südböhmens, im Sonnengolde flimmern.

Gleichwie am Himmel immer mehr Sterne auftauchen, je länger man
in ihn hineinsieht: so gewahrt man immer mehr Gegenstände, je länger
man das Land umher betrachtet, das einst ganz von den Rosenbergen
beherrscht wurde. Nur gegen Westen ist die Aussicht durch das
Böhmerwaldgebirge begränzt. Von jenen interessanten Ortschaften
seien nun erst Krumau und dann diejenigen geschildert, nach denen sich
von Krumau leicht Ausflüge unternehmen lassen, indem man Krumau
zum Centralpunkte wählt.

Krumau.

Krumau (Krumlov) wird in die eigentliche Stadt Kru=
mau mit dem Parkgraben (Parkán), die Stadt Latron, das Schloß
und die Vorstädte Flößberg, Oberthor, budweiser Vorstadt, Schmelz=
hütte, Spitzenberg und die heil. Geist-Vorstadt eingetheilt. Nur in dieser
Gänze hat es die angegebene Häuser= und Einwohnerzahl. Die eigent=
liche Stadt steht auf einer Insel, welche durch den starfgekrümmten,
beinahe in sich selbst zurückkehrenden Fluß und den Parkmühlgraben ge=
bildet wird. Von der starken Flußkrümmung soll die Burg und nach
ihr die ursprünglich böhmische Stadt ihren deutschen Namen erhalten
haben, da die böhmischen Großen frühzeitig ihren Burgen deutsche Na=
men beizulegen begannen, wie z. B. auch die Namen Sternberg, Riesen=
berg, Winterberg u. a. m. darthun. Daß in Krumau ursprünglich
die böhmische Sprache herrschte, beweist das älteste 1513 beginnende
und bis 1545 reichende Grundbuch), das mit Ausnahme einer einzigen
Beschreibung vom Jahre 1529 Fol. 124 bloß in dieser Sprache verfaßt
ist. Dasselbe gilt von dem zweiten Grundbuch bis 1557. Der Name
der Stadt Latron kommt aus dem lateinischen lateranum, weil sie
zunächst an der Seite der Burg erwuchs. Die beiden Städte sind unter=
einander, mit den Vorstädten und mit dem Schlosse durch zwei stei=
nerne und vier hölzerne Brücken verbunden, und die Vorstädte zum Theil
an die steilen Berggehänge des Flusses angebaut, wodurch das Ganze
einen höchst malerischen Anblick gewährt, dessen Schönheit durch die über
die Städte und Vorstädte mächtig emporragende Herzogsburg ganz
besonders gehoben wird.
     Wir begeben uns von dem Ringplatze, an dem sich noch ein Theil
gothisch gewölbter Laubengänge erhalten hat, in die Erzdechantei=
kirche zum heil. Veit. Sommer gibt als Baumeister 1340 Leonhard
von Aldeberk an. Nach Wocel wurde die Kirche in der ersten Hälfte
des 14. Jahrhunderts bloß angelegt, im Anfange des 15. Jahrhunderts
umgestaltet und in ihrer gegenwärtigen Form ausgeführt. Im krumauer

Archiv befindet sich nämlich eine Urkunde, welche besagt, daß Johann, Sohn des Meisters Staněk (Stanislaw) mit dem Pfarrer zu Krumau einen Vergleich geschlossen, in welchem Ersterer sich verbindlich macht, den Chor nach Art der Kirche im Kloster zu Mühlhausen (Milevsko, zwei Meilen westlich von Tabor) zu wölben, die beiden Kirchenmauern bis unter das Dach auszugleichen, u. s. w. Die Kirche solle er auf acht runde Säulen wölben und auf der einen Seite (gegen die Schule) fünf Fenster, auf der andern (gegen die Stadt) vier Fenster sammt der Kapelle über dem Eingange herstellen und die beiden Seiten zuwölben. Das Gewölbe des Mittelschiffes solle von gehauenen Steinen, das der Seiten von Ziegeln sein. Ueber dem Eingang der Kirche solle er endlich den Chor bauen. Diese Arbeiten sollten binnen drei Jahren vollendet sein. Dafür solle der Baumeister 310 Schock Groschen erhalten, als Darangeld drei Schock. Für die richtige Herstellung des Gebäudes verbürgt sich im Fall des Todes des Baumeisters dessen Bruder, Meister Kříž (altböhmischer Taufname). Auf der Urkunde ist angemerkt, daß sie fünf Jahre vor dem Tode Heinrichs II. von Rosenberg, der 1412 starb, somit 1407 abgefaßt worden, und ferner daß die Kirche von Peter von Rosenberg dem Mönch, Heinrichs II. Großvater, der 1384 starb, angelegt worden. Diese historische Notiz ist von besonderer Wichtigkeit für die Festsetzung der Entstehung und für die Angabe der Kunstrichtung vieler bedeutenden Kirchenbauten im südlichen Böhmen. Von der ältern Anlage Peters von Rosenberg mögen bloß die unteren Partien des Baues herrühren, der bei weitem größere Theil der Kirche stellt sich als Werk Meister Staněks dar. Die Länge des innern Raumes beträgt etwa 125′, von welchen 45′ auf den Chor entfallen; der letztere hat eine Länge von 12½ Schritt und eben so breit ist das Mittelschiff, welches durch acht Pfeiler von den beiden Seitenschiffen, deren jedes die halbe Breite des Mittelschiffes hat, getrennt ist. Der Chor, von dem die Urkunde sagt, daß er nach Art der Kirche im Kloster zu Mühlhausen gewölbt werden solle, ist aus dem Achteck geschlossen und mit einer feingegliederten Sternwölbung überdeckt. Unter der angedeuteten Musterkirche zu Mühlhausen muß aber, wie sich Wocel durch den Augenschein überzeugte, nicht die Basilika des Klosters, sondern die nahe bei derselben befindliche Kirche des heil. Elegius verstanden werden. Das herrliche Sterngewölbe der Skt. Eleginskirche zu Mühlhausen hat dieselben Konstruktionsformen, wie das zu Krumau, nur daß ersteres viel weiter gespannt und kühner ausgeführt ist. Das Mittelschiff der Dechanteikirche zu Krumau ziert jedoch ein schönes und kunstreiches Netzgewölbe, das sich gleichsam als Prototyp der reichgegliederten Netzwölbungen der Rosenberg'schen Kirche darstellt; die Seitenschiffe sind mit einfachen Kreuzgewölben überdeckt, erheben sich jedoch zur Höhe des Mittelschiffes, so daß sich der ganze Bau als eine Hallenkirche darstellt. Zwei Pfeiler in jeder Längenstellung des Langhauses haben achteckige Grundformen, an denen man aber die Eigenthümlichkeit gewahrt, daß sie sich in drei sich immer mehr vereugenden Absätzen darstellen; an den Kern der beiden übrigen Pfeiler schließen sich vier kräftige Halbsäulen an, so daß der Durchschnitt derselben eine aus vier Halbkreisen gefügte Form bildet. Schön und reich gegliedert ist das Gewölbe der Eingangs-halle unter dem Musikchor, von besonders eleganter Ausführung aber die Einfassung der Thür, die zum Chor hinauf leitet. Von der künstlerischen Begabung Meister Staudls geben die zahlreichen Ornamente des Baues, ·vorzüglich das schöne Maßwerk der Fenster ein glänzendes Zeugniß. Endlich darf nicht unerwähnt bleiben, daß auf der Evangelienseite des Hochaltars ein schönes gothisches Sakramenthaus sich erhebt. In der Erzdechanteikirche zu Krumau wurde auch Wilhelm von Rosenberg an der Seite seiner dritten Gemalin Anna Maria von Baden bestattet, und sein Bruder Peter Wok ließ ihm vor dem Hochaltar ein prachtvolles Denkmahl mit einem Aufwand von mehr als 3000 Schock meißnisch errichten. Auf einer mit Reliefs und Ornamenten aus Kupfer und Bronze reich ausgestatteten Tumba erhob sich Wilhelms Reiterstand-bild. Da jedoch das Standbild für seine Unterlage zu schwer und durch den zu befürchtenden Einsturz für Priester und Volk am Hochaltar gefährlich war, wurde es herab genommen. Jetzt befinden sich Wilhelms und Anna Maria's Grabsteine im linken Seitenschiffe zu beiden Seiten der Ka-pelle des heil. Johann von Nepomuk, wo die Herzen der Schwar-zenberge beigesetzt werden.

Einen Besuch verdient auch die Kirche zum Frohnleichnam Christi und zur Verkündung Mariä in der Stadt Latron. Das an ihr von den Söhnen Peters des Mönchs 1357 gestiftete Minoritenkloster besteht noch; das von Jodoka I. Gemalin, Agnes von Wallsee, 1361 gestiftete Klarissinnenkloster ist aufgehoben. Die Kirche ist ein einfacher gothischer Bau, der in späteren Zeiten sehr bedeu-tende Veränderungen erlitten hat. Den Kirchenraum deckt ein massives Tonnengewölbe; die weite Empore, der ehemalige Chor der Klarissinnen, zieht sich an der Westseite hin und setzt sich noch an der Südseite der Kirche fort. Hinter dem Hochaltar dehnt sich der Chor der Minoriten-mönche aus, die gemeinschaftlich mit den Nonnen am Gottesdienst in diesem geweihten Raume Theil nahmen. Die Halle unter dem Chore deckt ein schönes Netzgewölbe. Diese Kirche besitzt ein bisher unbeachtetes Kunst-werk von hohem Werthe, nämlich ein schönes Madonnenbild aus dem 14. Jahrhundert. Es hängt an der nördlichen Mauer nahe an der westlichen Empore. Die Gestalt der heiligen Jungfrau mit dem Christus-kinde ist auf Goldgrund trefflich gemalt. Eine Bordüre umgibt das große Mittelbild; auf derselben ist oben ein Engel mit Spruchband und rings herum sind die Heiligen: Franciskus, Ludovikus, Bonaventura, Antonius und Klara dargestellt. Dieses Bild ist in derselben Weise gemalt, wie das vielbewunderte Madonnenbild zu Hohenfurt, dem es an Kunstwerth wenig nachsteht, und rührt wahrscheinlich von demselben Meister. An die Südseite der Minoritenkirche schließt sich der wohlerhaltene Klosterkreuzgang an, dessen Fenster mit gothischem Maßwerk verziert sind.

Von den übrigen Gebäuden sind merkwürdig: Das **Haus des goldenkroner Abtes** auf dem Ringplatz, das schon 1309 in einer Urkunde Heinrichs I. von Rosenberg erwähnt wird, kraft welcher es von allen Abgaben befreit wurde, jetzt leider dem Privatgebrauche preisgegeben, obwohl sich innen noch manche gothische Wölbungen erhalten haben; — das aufgehobene **Jesuitenkollegium**, wovon ein Theil zu einer Kaserne verwendet wurde, ein Theil die Haupt- und Unterrealschule beherbergt; das von **Peter Wok** erbaute **Zeughaus** in der Stadt Latron, jetzt das herrschaftliche Brauhaus, mit dem gemeinstädtischen Brauhaus in der eigentlichen Stadt nicht zu verwechseln. Uebrigens besitzen noch viele Häuser, besonders **in dem Stadttheile zwischen der Erzdechanteikirche und dem Moldauflusse**, ferner in der Stadt Latron, ein höchst alterthümliches Aussehen, und weisen zum Theil Reste alter Malereien auf.

Aus der Stadt Latron steigt man zur **Burg** empor. Sie ist ein weitläufiges Bauwerk von großartigen Gebäuden aus sehr verschiedenen Zeitaltern, an der Nordseite der Stadt auf einer hohen, felsigen Halbinsel liegend, welche durch die Moldau und den in sie mündenden kalschinger oder Blätterbach gebildet wird. Wie weitläufig die Burg, läßt sich darnach ermessen, daß sie **fünf Höfe** und **mehr als 300 Säle und Gemächer** in sich faßt. Der **erste**, von vielen Nebengebäuden, als der Schloßapotheke, mehreren Beamtenwohnungen, Stallungen und Schüttböden umgebene Hof heißt der **Tummelplatz**, weil hier ehemals die Turniere und Ritterspiele stattfanden. Von ihm führt eine steinerne, über den tiefen in Felsen gesprengten Wallgraben gespannte Brücke (früher Zugbrücke) zum zweiten Hof. Der Graben wird die **Bärengrube** genannt, weil in ihm seit alten Zeiten Bären gehalten werden, gegenwärtig zwei aus Siebenbürgen, nicht mehr aus dem von Bären gesäuberten Böhmerwald, gezähmte, gar possirliche Thiere. Der zweite Hof heißt der **Gardeplatz**; denn hier befindet sich die Hauptwache der 60 Mann starken herzoglichen Grenadier-Leibgarde, welche ein Hauptmann befehligt. Vor der Hauptwache stehen Kanonen, noch aus den Tagen der Rosenberge stammend. Die Wände des Schloßgebäudes sind an der Nord- und Ostseite mit alter, jedoch restaurirter Malerei (Weiß auf Schwarzgrau) verziert, wobei die verschiedenartig geschlungenen Arabesken an den Gesimsen vorzüglich bemerkenswerth. Hier ist die Wohnung des Amtsdirektors und mehrerer Beamten,

der Sitz des Archivs und sämmtlicher Kanzleien der 21³⁄₄ ☐ Meilen ein-
nehmenden Herrschaft Krumau, und hier war auch der Sitz des Instituts,
das 1800 von dem edlen Fürsten Joseph II. zur Bildung von Oekonomie-
und Forstbeamten errichtet wurde, sich eines vortheilhaften Rufes erfreute,
leider aber nicht mehr besteht. An der Südostseite dieses Schloßtheiles,
der für den ältesten gilt, erhebt sich auf einem schroff gegen die Moldau
abfallenden Fels der hohe, runde Wartthurm. Er ist in byzantinischem
Geschmack erbaut, mit Kupfer gedeckt und mit drei Glocken, einer Säulengalerie nebst Wohnung des zur Signalisirung von Feuersgefahr aufge-
stellten Wächters und einer Schlaguhr versehen. Die größte der Glocken,
die Sturmglocke, mit der Jahreszahl 1400, soll ein Stier bei der Kloster-
und Burgruine Kugelweit aufgescharrt haben. Die gemauerte Brüstung
der Säulengalerie ist außen mit kolossalen, aus rothem Thon gebrannten
Menschen- und Löwenköpfen geschmückt, die, von unten betrachtet, in Verbindung mit den Freskomalereien, dem Thurme ein wahrhaft prachtvolles
Aussehen verleihen. Die Mauern des Thurmes haben 10 Schuh Dicke.
Bis zum Dachbodenraume des Schloßgebäudes, aus welchem eine Thür
in das Innere des Riesenthurmes geht, leiten 68 Stufen, bis zu den
drei Glocken 50 Stufen, bis zur Säulengalerie mit der Wohnung des
Wächters 30 Stufen, bis zu dem sehenswerthen Uhrwerk 21 Stufen, bis
zum Thurmdachstuhl 17, endlich bis zur Laterne, wo die Uhrschellen hangen,
18 Stufen, was im Ganzen 204 Stufen macht und einen Begriff von
der Höhe der Warte gibt. Von der Säulengalerie und der Laterne aus
genießt man die umfassendste Uebersicht der Gegend. Im tiefsten Grunde
des Thurmes ist ein Thurmverließ. Ueber eine steile, mit Dielen belegte
Auffahrt (früher eine Zugbrücke) gelangt man aus dem zweiten Hofe
zur eigentlichen Hochburg, welche den dritten und vierten Hof
umschließt. Hier ist die herzogliche Residenz, und es wird dieser Theil
des Schloßgebäudes schon seit Jahrhunderten das neue Schloß genannt.
Aus dem vierten Hofe zum fünften und letzten, dem Theaterplatz,
an welchen der Schloßgarten stößt, führt die Mantelbrücke. Dies ist
ein großartiges, drei Stockwerke hohes, einem antifen Aquädukt gleichendes
Bauwerk, gespannt über jene Kluft, welche die burggekrönte Felsenhalbinsel
westwärts von dem übrigen Lande schied, und wahrscheinlich mit Absicht
in den Fels gesprengt worden war. Noch vor hundert Jahren bestand
hier eine Zugbrücke, bis Fürst Joseph I. 1743 das kühne Werk anlegte.
Es ruht auf mehreren Bogen und oberhalb der Haupteinfahrt, die mit
vier schönen Steinbildsäulen des heil. Anton, Johann von Nepomuk, Franz
Seraphin und Wenzel geziert ist, erheben sich noch drei Stockwerke mit
eben so vielen gedeckten Gängen, von denen die unteren zwei in das Theater
führen, der oberste in den Schloßgarten leitet, von hier an der Südseite
der Burg ostwärts läuft, auf dem Tummelplatze sich nordwärts wendet,

über das erste Burgthor, dann mittelst eines Schwiebbogens über die Gasse östlich geht, und bis in die Minoritenkirche in der Stadt Patron bringt. — Wir wenden uns nun zu dem Innern des neuen Schlosses. Mit Betrübniß gewahrt das Auge, wie viele Räume öde und verlassen stehen, da der Fürst, wie gesagt, nicht mehr in Krumau, sondern in Frauenberg Hof zu halten pflegt. Dorthin sind auch die ausgezeichnete Bildergalerie und die Waffensammlung geschafft, welche letztere allein vier Säle füllte und 4528 Raritäten enthielt. Gleichwohl sind noch manche Sehenswürdigkeiten geblieben. Dazu gehören: 1) die dem heil. Georg geweihte Burgkapelle. Sie bestand schon 1346. An der Spitze des Hochaltars prangt das wahrscheinlich aus Holz geschnitzte Bild des heil. Georg, des Lindwurmtödters. Das werthvolle Altarblatt stellt die Mutter Gottes dar. Der eine Seitenaltar ist mit einem alten Gemälde des heil. Johann von Nepomuk, der andere mit einem Bilde des heil. Anton von Padua geschmückt. Altäre, Kanzel, Seitenwände sind von kostbarem verschiedenfarbigem Marmor. Das vom Schiff durch ein zierliches Geländer getrennte Presbyterium enthält links die Sakristei und oberhalb dieser den Musikchor mit der Orgel. Vier hohe Fenster erleuchten das Gotteshaus nebst seinen fünf Oratorien. An diese Kapelle stößt die uralte kleine Burgkapelle, höchst beachtenswerth wegen ihrer gothischen Wölbung und Glasmalerei. Eine dritte Kapelle, wo für Kranke Messe gelesen wird, befindet sich an dem sogenannten rothen Zimmer. 2) Das reichhaltige, wohlgeordnete Archiv mit schätzbaren Dokumenten über die Geschichte der Burg und Herrschaft Krumau. 3) Der Redoutensaal, einer der größten Säle, die in herrschaftlichen Schlössern vorkommen mögen, mit geräumigem Musikchor. Zwischen den hohen Wandspiegeln ziehen sich lebhafte Freskomalereien hin, die drolligsten Maskengruppen darstellend. 4) Das Theater, das kaum dem Schauspielhause einer Hauptstadt nachsteht, geräumig, zierlich ausgestattet und zweckmäßig eingerichtet. Es enthält eine Bogengalerie und ein in zwei Hälften getheiltes Parterre mit Sperrsitzen. Bemerkenswerth sind auch die Freskomalereien an dem Plafond und den Seitenwänden, so wie die schönen Dekorationen und die Garderobe. 5) Die von dem Architekten Altomonte erbaute prächtige Winterreitschule. Zu den Sehenswürdigkeiten des Schlosses aber, die ihm nur entrissen werden können, wenn es zerstört wird, gehören die wundervollen Aussichten aus seinen Erkern und Fenstern, südlich auf die Stadt, nördlich auf den Hirschgraben, in dem sonst ganze Rudel Wildes fröhlich weideten. — Allein nicht bloß die Oberwelt, auch die Unterwelt der Burg nimmt das Interesse in Anspruch. Labyrinthisch durchkreuzen sich da hohe weite Gänge. Man bemerkt eine Menge geräumiger, zum Theil eingestürzter Zellen, die ehemals zu Gefängnissen verwendet werden mochten, was noch die in der Decke befindlichen Oeffnun-

gen, durch welche man die Gefangenen hinab ließ, bezeugen. Eine stellen-
artige Einfahrt leitet zu der tiefsten Tiefe, wo man durch einen Mauerbruch
in einen in Felsen gebrochenen Abgrund sieht, der wahrscheinlich einst
zum Schloßbrunnen diente. Das Merkwürdigste in dem Felsenlabyrinth
ist das Gemach, in welchem König Wenzel IV. nach seiner Gefangennehmung zu Beraun 1394 unter Heinrich II. von Rosenberg eine Nacht
und einen Tag zugebracht haben soll. Es ist geräumig, hell, trocken und
völlig bewohnbar. Die einzige Fensteröffnung geht in den Hirschgraben.
An ihrer linken, zwei Klaftern starken Brüstung ist ein gemaltes Kreuz
mit einer alten deutschen Umschrift, die kund gibt, daß demjenigen, der
etwas von hier entwendet, die gerechte Strafe auf dem Fuße folgt. Es
mag demnach das Gemach später zu einer Art Schatzkammer verwendet
worden sein. Wocel erkennt dies Gemach gleich der erwähnten uralten
Burgkapelle als wichtig für die komparative Kunstgeschichte. Beide Räume
sind von einem künstlichen Netzgewölbe mit tiefeinschneidenden Kappen bedeckt;
in den Ecken sind, wie in der trebicer Basilika, Gewölbzirkel angebracht,
durch welche der Uebergang von den senkrechten Wänden zur Bedeckung
vermittelt wird. — Noch verdient der an den fünften und letzten Hof
gränzende herrliche Schloßgarten einen Besuch. Er zerfällt in den
Zier- und in den Küchengarten. Der erstere ist in französischem
Geschmacke großartig angelegt; der letztere enthält die heimlichsten Plätzchen,
die zur abermaligen Betrachtung der sich zu den Füßen ausbreitenden
pittoresken Stadt einladen. Eines dieser Plätzchen heißt das Paraplüe,
weil es mit einem paraplüeartigen Dache gedeckt ist. Man versenke sich
aber nicht gar zu tief in den reizenden Anblick, denn durch eine unter-
irdische Maschinerie kann das Paraplüe plötzlich herab gelassen werden und
man sitzt im Finstern.

Wenn man endlich nach Besichtigung alles Merkwürdigen der
Burg durch die vielen Höfe zurück schreitet, versäume man ja nicht, bei
dem dort wohnenden fürstl. Schwarzenberg'schen Bildhauer Herrn Johann
Pták einzukehren, und sowohl seine Erfindungen, als den erfindungsrei-
chen Mann selbst kennen zu lernen. Sein Leben ist zu interessant und
lehrreich, als daß hier nicht eine kurze Skizze desselben geboten werden
sollte. Pták ist der Sohn mittelloser Eltern und wurde 1808 zu Krumau geboren. Er genoß keine andere Bildung als die, welche man
an der Hauptschule erwerben kann. Da er im Zeichnen besondere Fer-
tigkeit erlangt hatte, wünschte er Zeichnungslehrer zu werden. Zu diesem
Zwecke begab er sich nach Wien, wo er den pädagogischen Kurs zu hören
beabsichtigte. Er benützte hier die Gelegenheit, sich Sr. Eminenz dem
Fürsten Friedrich von Schwarzenberg, gegenwärtigem allverehrtem Erzbischof zu Prag, vorzustellen, der ihn von Krumau aus noch aus jenen
Tagen kannte, wo Pták für ihn Schmetterlinge gesammelt und ihm so

manche Zeichnung geliefert hatte. Der Erzbischof nahm ihn liebreich auf, erwies ihm viel Gutes und empfahl ihn als Zeichner an einen gewissen Herrn Herger. In dieser Stelle beschäftigte sich Pták bloß mit Insekten= zeichnen nach der Natur durch ungefähr zwei Jahre. Als die meisten Arbeiten vollendet waren, gerieth er in neue Sorgen wegen seiner Zu= kunst. Damals fühlte er zum ersten Male, wie weh es thue, von Be= geisterung für die Kunst durchglüht und dabei mittellos zu sein. Er verlegte sich auf Musik, spielte im Orchester des Herrn Morelli und brachte es bis zum Koncertisten. Plötzlich faßte er den Entschluß, mit zwei geprüften Schullehrern von Krumau aus eine Reise durch die Welt zu machen. Von den drei Genossen spielte einer die Flöte, der zweite die Guitarre, der dritte die Violine, und da jeder seinem Instrumente gewachsen war, so wurden sie überall bestens aufgenommen. Sie kamen bis Mailand, wo sie sich acht Wochen aufhielten, bis die Trauerkunde erscholl, daß Se. k. k. Majestät Franz I. gestorben sei. Jede Produktion wurde untersagt. Die kleine Genossenschaft sah sich also genöthigt, den Rückweg anzutreten, und bald saß Pták wieder unversorgt zu Krumau. Nicht gewohnt, unthätig zu sein, beschäftigte er sich damit, Blumen und Obst nach der Natur in Wachs zu bossiren. Allein der Gedanke, keinen Dienst zu haben, machte ihm Unruhe. Er wandte sich deßhalb abermals an Se. Eminenz den Fürst=Erzbischof, und wirklich erlangte er durch dessen Vermittlung einen Posten in der Leibgarde des regierenden Fürsten Jo= hann Adolf. Nun fühlte sich Pták beruhigt; er war auch in den Stand gesetzt, seinen theuren Eltern einigermaßen die Wohlthaten zu vergelten, die er von ihnen empfangen. Als Leibgardist verdiente er sich die erste Auszeichnung. Während er nämlich einst zwischen 12 und 2 Uhr Nachts Wache stand, geschah ein Einbruch in die fürstl. Kasse, wo 36.000 fl.K. M. vorräthig lagen. Durch Ptáks Wachsamkeit wurde der Dieb entdeckt und gefangen genommen. Nachdem der Vorfall dem regierenden Fürsten berichtet worden, bekam Pták eine schriftliche Belobung und ein Honorar von zwei Dukaten. Nicht lange darauf wurde er als Schwemm=Auf= sichtsträger zur klanicer Holzschwemme nach Husinec beordert. Da Man= gel an Wasser und Beschäftigung war, schnitt er einen Wachholderstock ab und verkürzte sich die Zeit damit, daß er mit seinem Federmesser Karrikaturen von Thierköpfen und allerlei Einfälle in ihn hineinschnitzte. Ohne weiter auf den Stock einen Werth zu legen, präsentirte er ihn dem Kammerdiener Sr. Durchlaucht. Der Fürst ging einst durch das Vorzimmer, sah den Stock auf dem Tische liegen und fragte, woher er komme. Der Kammerdiener erklärte, daß er ihn von dem Gardisten Pták erhalten, der ihn geschnitzt habe. Der Fürst hatte Freude darüber, legte ein bedeutendes Honorar nieder und behielt den Stock für sich. Dies war für Pták eine neue Auszeichnung; denn es schmeichelte ihm,

daß der Fürst auf seine Arbeit einen Werth gelegt und das Geld kam
ihm erwünscht. Er säumte nicht, einen frischen Wachholderstock, wie den
ersten, zu schnitzen und ihn dem Kammerdiener als Ersatz darzureichen.
So verstrichen einige Wochen; da wurde er auf ein Mal vorgeladen,
sich bei Sr. Durchlaucht dem regierenden Fürsten in Frauenberg einzufinden. Als er erschien, wurde ihm ein Stiegengeländer aus Wien vor-
gelegt, und Se. Durchlaucht fragte ihn, ob er sich getraue, eine ähnliche
Schnitzarbeit herzustellen. Nur mit Befangenheit ging Pták an die Arbeit.
Als er sie mit noch einem Freunde, im Besitz schlechter Werkzeuge, vollendet hatte, wurde von Sr. Durchlaucht, dem Baudirektor und dem
Baukonsulenten über sie konferirt, und siehe da! die Arbeit wurde für
besser befunden, als das wiener Modell selbst. Der Fürst, erfreut, einen
Unterthan zu besitzen, welcher dergleichen Arbeiten selbst leisten könnte,
und diese nicht erst von Wien aus besorgen zu müssen, befahl sogleich,
Pták seines Gardistendienstes zu entheben und ihm die Leitung in dem
neu aufblühenden Frauenberg anzuvertrauen. Zugleich wurde Pták beauftragt, sich Gehilfen zu wählen, welche das Gröbste zu liefern im
Stande wären. So bekam Pták 47 Gehilfen, mit denen er arbeitete,
Tischler, Zimmerleute, Weber, Taglöhner u. s. w. und überzeugte sich
hierbei, daß es unter den Dürstigen eine Menge Talente gebe, die oft
nur deßhalb verkommen, weil sie nicht geweckt werden. Um wenigstens
die erforderlichen Werkzeuge und Kunstgriffe der Bildhauer kennen zu
lernen, bat er den Fürsten, ihn auf einige Zeit nach Wien mitzunehmen.
Es geschah. So brachte Pták sechs Wochen in Wien zu, die Tagesstunden
in der Bildhauerwerkstätte des Herrn Schmidt, die Abendstunden in der
Skt. Anna-Akademie unter Professor Rößner. Es wurde ihm gerathen,
sich im Modelliren zu üben. Prof. Rößner überließ ihm die Wahl eines
Modells. Da er noch nie modelliren gesehen, es jedoch Professor Rößner
zu bekennen scheute, so wendete er sich in dessen Abwesenheit an den
Schuldiener, ihn ersuchend, er möge ihm die zum Modelliren nöthigen
Requisiten leihen und ihm zeigen, wie man vorgehe. Der Schuldiener
schmunzelte, gab ihm jedoch die Requisiten und zeigte ihm das Nöthigste.
Pták stellte nun das Modell vor sich und begann mit dem strengsten
Eifer. Ungefähr nach einer halben Stunde wollte er von der gebeugten
Haltung ausruhen, lehnte sich zurück und stieß an jemand. Es war
Prof. Rößner, der ihm sagte, er habe ihn schon länger in seinem Fleiße
beobachtet, und die Frage an ihn richtete, wie lange er schon modellire.
Da blieb nichts übrig, als die Wahrheit zu gestehen, daß es heut zum
ersten Male sei. Professor Rößner hielt dies anfangs für eine Lüge, er-
klärte, es sei unmöglich, da im benachbarten Zimmer vier-, ja fünfjährige
Schüler säßen, die sich noch an kein solches Modell gewagt, schenkte aber
Pták, nachdem er sich von der Wahrheit der Aussage desselben überzeugt,

von diesem Augenblicke an die größte Aufmerksamkeit. Nach sechs Wochen
war Pták's Lehrzeit vorüber; er erhielt sowohl vom Bildhauer als von
Prof. Rößner die besten Zeugnisse, die er voll Dank Sr. Durchlaucht
vorlegte und noch jetzt in Ehren bewahrt. Im nächsten Jahre kam er
wieder nach Wien; da lernte er auch vergolden, künstlich marmoriren,
restauriren u. s. w. So stellte er allmälig alle Arbeiten her, die im
Schlosse zu Frauenberg vorfindig sind, und war so glücklich, daß keine
einzige zurückgewiesen wurde. Vor fünf Jahren floß ihm durch die Güte
des allenthalben mit Achtung genannten Herrn Lanna eine Wohlthat zu,
die bei seinem Kunstsinn den höchsten Werth für ihn hatte. Hr. Lanna
kam nämlich auf den Gedanken, die Gebirgsleute nächst Krumau mit
der Erzeugung von Holzschuhen nach belgischer Art und Form zu be=
schäftigen. Er dachte an Pták, der ihm der geeignete Mann schien, die=
sen Industriezweig kennen zu lernen und in Böhmen einzuführen, erbat
ihm bei Sr. Durchlaucht dem regierenden Fürsten einen vierwöchentlichen
Urlaub und ließ ihn auf seine Kosten nach Belgien in die Gegend von
Lokeren, St. Nicolas u. s. w. reisen. Welch ein Genuß für Pták! Er
hatte Gelegenheit, so viele Kunstwerke zu sehen, und fühlte sich von
Dank gegen Herrn Lanna um so mehr durchdrungen, als er auf der
Reise keine Noth litt, denn Herr Lanna hatte ihm zwei Anweisungen mit=
gegeben, die eine auf 100 Thaler in Leipzig, die andere auf 1500 Frcs.
in Gold in Brüssel. Pták machte nach erreichtem Zwecke den Rückweg
von Köln den Rhein aufwärts bis Mainz, über Nürnberg, Regensburg
u. s. w., sich überall mit Anschauungen, Kenntnissen und Erfahrungen
bereichernd. Bei seiner Rückkunft hatte er noch an 40 Stück Napoleonsd'or.
Herr Lanna schenkte sie ihm edelmüthig für eine Reise zur münchner
Kunstausstellung. Die Reise nach Belgien trug ihre Früchte. Pták ver=
fertigte gleich nach seiner Rückkehr mehrere Gattungen von Holzschuhen
nach belgischer Manier, die Herr Lanna in die münchner Kunstausstellung
sandte und wofür er eine Ehrenmedaille erhielt. Auch Pták selbst war so
glücklich, mit einer Medaille von dort ausgezeichnet zu werden und zwar
für die Einsendung einer Ampel. Diese Ampel ist ein wahrhaft geniales
Kunstwerk der Idee nach, ein Muster von Berechnung, Fleiß und Geschick
der Ausführung nach. Sie ist nämlich, an vier Ketten hangend, ganz
und gar aus einem einzigen Stück Lindenholz von 4" Dicke, 12" Breite
und 24" Länge geschnitzt, ohne daß sich an den Ketten oder sonst wo
etwas Geleimtes befindet. Sie wurde von München nach Paris geschickt,
von wo der Künstler ein Ehrendiplom erhielt. Gegenwärtig ist sie bei
Pták zu finden, wie auch ein Nebelbildapparat, eine Stereoskopenschau,
Wachsbossirungen nach der Natur u. dgl. m., welche Gegenstände er alle
selbst verfertigte. Hier liegt das Talent sonnenklar am Tage. Wir wün=
schen vom Herzen, daß es mehrere Gönner finde, welche dem wackern

Herrn Lanna gleichen, Gönner, welche es nicht bloß für ihre eigenen Zwecke benützen, sondern welche ihm auch Mittel schaffen, die Kraft auszubilden, die es von Gott empfangen!

Noch ist, bevor die Ausflüge bezeichnet werden, auf z w e i S p a z i e r g ä n g e in der nächsten Nähe von Krumau aufmerksam zu machen. Der eine führt das angenehme Thal der Moldau entlang am rechten Flußufer aufwärts nach dem S c h w a l b e n h o f, einem gewesenen fürstlichen Meierhof, wo jetzt eine sehenswerthe Dampfmaschinen=flachsspinnerei besteht, der andere auf den K r e u z b e r g zur K a p e l l e d e r s c h m e r z h a f t e n M u t t e r G o t t e s, von wo man einen besonders schö=nen Ueberblick Krumau's genießt. An diese Kapelle knüpft sich eine Geschichte, die für den Volksglauben charakteristisch ist. Im Jahre 1400 wohnte nämlich zu Krumau ein Kupferschmied, der von den Juden viel altes Kupfer zu kaufen pflegte. Solches Kupfer brachte er einst in den Schmelzofen. Als es zu schmelzen anfing, gewahrte jedoch der Meister, daß ein Klumpen obenauf schwamm und sich fortwährend im Sude wälzte, ohne der Macht der Gluth zu weichen. Der Meister meinte, er sei betrogen worden, hob den Klumpen mit der Zange heraus, um ihn zu untersuchen, und begann daran zu hämmern. Siehe, da streckte sich der Klumpen nach der Länge und Breite, und es ward der gekreuzigte Heiland sichtbar. Der Meister, hocherfreut, küßte das Kreuz, bewahrte es in seinem Hause auf, und so wurde es als kostbares Kleinod vererbt, bis es 1696 die letzte Hausbesitzerin auf ihrem Todtenbette einem Rathsherrn mit der Bitte übergab, es in einer Kirche zur allgemeinen Verehrung unterzubringen. In Folge dessen wurde 1714 die Kapelle erbaut, das Kreuz darin geborgen und der Berg unter seinem jetzigen Namen zu einem Kalvarienberg mit den erforderlichen Stationen eingerichtet.

A u s f l ü g e :

Nach Gojau und Ruben.

Der Weg nach G o j a u (Kájov) beträgt eine Stunde zu Fuß. Gojau ist nur ein unbedeutendes Dörfchen, aber es liegt in einem rei=zenden Thale am Höritzbach, der in den Kalschingbach mündet, und be=sitzt eine K i r c h e z u r H i m m e l f a h r t M a r i ä, wie sie wohl selten in einem Dorfe zu finden. Die Kirche wurde 1255 als kleines Ge=bäude errichtet, 1404 bis 1434 vergrößert und 1503 vollendet. Sie ist ein großer, in römischem Styl aufgeführter Bau, hat einen schönen Hochaltar von Marmor und ist Pfarr= und Wallfahrtskirche zugleich.

Neben der Kirche stehen noch zwei Kapellen. Verfolgt man südwestwärts die an Gojau vorbeiführende Straße nach Schwarzbach weiter, so gelangt man nach drei Viertelstunden in das Dorf Ruben (Rovné). Hier erheben sich die Ueberreste einer Burg, die im 14. Jahrhundert den Rittern Rowný gehörte. Es sind von ihr noch der Thurm und einige Gewölbe vorhanden.

Nach Rothenhof.

Rothenhof (Čerrený dvůr) ist ein fürstliches Lustschloß, zwei Gehstunden von Krumau, ¼ Stunde von dem Marktflecken Kalsching entfernt. Schon der Weg dahin ist sehr angenehm. Er führt durch eine schattenreiche Allee am linken Ufer des Kalschingbaches aufwärts. Bei dem Wirthshause Wasserkunst, das so heißt, weil vordem das Schloß und der Garten von Krumau durch ein Druckwerk von hier aus mit Wasser versorgt wurden, erblickt man links auf einem Berge einen Tempel in antikem Styl, der zum Andenken an den unsterblichen Sieger von Leipzig errichtet wurde, jedoch unausgebaut ist. Dann kommt man über das Dorf Krenau (Křenov), wozu der fürstliche Meierhof Krenauhof mit einer Schäferei gehört, ferner über das Dorf Losnitz (Lazec), in dessen Nähe sich ein herrschaftlicher Kalbenstand bei ausgedehnten Weideplätzen im Blanskerwald befindet. Rothenhof selbst besteht aus Schloß und Park mit Meierhof, Schäferei, Fasanerie und Bretsägemühle. Der Gründer ist unbekannt. Schon zu den Zeiten der Rosenberge bestand hier ein kleines Lustgebäude mit einem Fasanengarten. Beide wurden in den Jahren 1756 und 1786 vergrößert und verschönert und von den Schwarzenbergen das Ganze zu einem wahrhaft fürstlichen Sommeraufenthalte geschaffen. Das Schloß ist nur einstöckig, aber im Innern auf das geschmackvollste eingerichtet und mit herrlichen Gemälden geschmückt. Die Schloßkapelle enthält Alterthümer, die aus dem nördlichen Fuße des Blanskerwaldes gelegenen Kloster Kugelweit stammen, von welchem, so wie von der dortigen Burg, nur noch Ruinen übrig sind. Wundervoll ist der im englischen Geschmack angelegte Park durch den zarten Sammt, der seine Wiesen überkleidet, und durch den Umstand, daß er von der Umgegend nur durch einen Graben getrennt wird, folglich mit ihr in ein großes, vom Hochgebirg umkränztes Ganzes zusammenzufließen scheint. Springbrunnen, deren silberne Wasserstrahlen in Bassins niederplätschern, worin Schwäne schwimmen, beleben ihn; Pavillons, Eremitagen, Schweizerhäuschen zieren ihn. Labyrinthisch winden sich die Spazierpfade durch Baumpartien und Gebüsche. Stunden lang kann man verweilen, bald sich ergehend, bald auf süßen Ruheplätzen sich dem Spiel der Gedanken hingebend. Der Park umschließt auch ein ernstes Erinnerungsmahl, die Trauerkapelle, wo das Herz des entschlafenen jüngsten Prinzen von Schwarzenberg aufbewahrt wird und wo beständig eine Lampe brennt. Aus dem Park leitet ein Fahrweg zum Schöninger empor.

Kugelweit.

Nach Goldenkron, Maidstein und Chotek.

Es war im Sommer des Jahres 1260, als König Otakar II. von Böhmen auf dem rechten Marchufer und König Bela IV. von Ungarn auf dem linken einander gegenüber lagerten. Otakars Heer

21*

zählte an 100.000 Krieger, unter ihnen 7000 Reiter aus Böhmen, die sammt ihren Rossen vom Kopf bis zum Fuß in Eisen gehüllt waren, Bela's Heer an 140.000 Streiter. Eine Woche lang standen die Heere, sich gegenseitig beobachtend, da keines unter den Augen des andern über den Strom zu setzen wagte. Endlich schickte Otakar den Otto von Meissau mit dem Vorschlage ins ungarische Lager: die Ungarn sollten durch Räumung des Ufers den Böhmen freien Uebergang über die March gestatten, und dann Tag und Ort der entscheidenden Schlacht bestimmen, oder wenn König Bela es vorziehe, sich auf dem Marchfelde zu schlagen, so wolle Otakar seinen Uebergang nicht stören. Bela wählte am 11. Juli das Letztere. Daher wurde für die folgenden zwei Tage Waffenstillstand geschlossen und beiderseits von den Königen und ihren Großen beschworen. Am 12. Juli sollten die Ungarn ihren Uebergang ungehindert vollziehen und ihre Schlachtordnung einrichten, und erst am 13. Juli zu Mittag sollte der Kampf beginnen. Bela's Sohn, Stephan, begann jedoch den Uebergang, dem Vertrage zuwider, schon in der Nacht auf den 12. Juli unweit Schloßhof, und am folgenden Tage Vormittags hatte schon das ganze ungarische Heer über mehrere Furten gesetzt und sich bei Kresenbrunn in Schlachtordnung vereinigt; nur König Bela blieb mit kleinem Gefolge auf dem linken Marchufer im Lager. Während nun die Schaaren der Böhmen und ihrer Verbündeten, im Vertrauen auf den Vertrag, sich sicher wähnten und ordnungslos zerstreut blieben, rückte Stephan mit großer Macht gegen das Centrum vor, in welchem Otakar sich befand, und griff dasselbe im Halbkreise an. In der so unvermutheten furchtbaren Gefahr gebot der König eiligst allen seinen Heerhaufen vorzurücken, sprach den Seinigen Muth zu und ordnete sie zur Schlacht. Die im Sonnenschein plötzlich hell erglänzende Fahne St. Wenzels schien den Böhmen den unmittelbaren Beistand ihres verehrten Landespatrons zu verheißen; mit lautem „Hospodine pomiluj ny" empfingen sie die anrückenden Feinde. Gleich beim ersten Zusammenstoß bewährte sich die Ueberlegenheit der schwergeharnischten böhmischen Reiterei gegen die leichte ungarische; ohne seine Eisenritter wäre Otakar vielleicht verloren gewesen. Diese hielten, unter des Oberstburggrafen Jaroš von Poděhus Anführung, den Anfall des Feindes nicht nur aus, sondern schlugen ihn auch vollständig zurück. Wok von Rosenberg brachte zuerst die kumanischen Horden in Unordnung und zur Flucht, und warf damit einen panischen Schrecken in das ganze feindliche Heer. Stephan, der sich bemühte, die Schlacht herzustellen, wurde schwer verwundet und mußte das Feld räumen. Die Hitze war an diesem Tage sehr groß und der von unzähligen Haufen aufgewühlte dichte Staub bedeckte das ganze Schlachtfeld. Indessen stellten sich nach und nach alle Abtheilungen des böhmischen Heeres auf dem Kampfplatze ein, griffen die schon wankenden Feinde auf allen Punkten muthig an und entschieden einen der größten Siege in der böhmischen Geschichte. Das Feld bedeckten 18.000 erschlagene Feinde und die Flucht der übrigen war so eilig und ordnungslos, daß nicht weniger als 14.000 in den Wellen der March umgekommen sein sollen. Vergebens bot ein Tatarenfürst so viele gute Rosse als Lösegeld an, als er Haare auf dem Scheitel zähle; es wurde seiner so wenig geschont, als der übrigen die nicht entfliehen konnten. Die ungeheure Menge von Menschen- und Pferdeleichen füllte die March an manchen Stellen dermaßen an, daß die Sieger auf ihnen wie auf einer Brücke hinüberseßten. Pores von Riesenburg gelangte so mit den Seinen zuerst ins feindliche Lager, wo glänzende Beute in seine Hände fiel. Ein Theil des böhmischen Heeres verfolgte die Fliehenden bis Presburg. So groß war der Schrecken und die Verwirrung unter den Ungarn, daß König Bela lange nicht er- fahren konnte, was mit seinem Sohne Stephan geschehen sei. Dieser Sieg vermehrte Otakars Macht und Ansehen in Europa ungemein und trug den Ruhm seiner Waffen bis zu den entferntesten Völkern. Die ge- fürchteten Tataren nannten ihn fortan mit Auszeichnung den eisernen König, wahrscheinlich in Bezug auf jene eisernen Ritter, die auf dem Marchfelde den Ausschlag gegeben, während man im Abendlande vorzog, ihn seines Reichthums und seiner Freigebigkeit wegen den goldenen zu preisen. Zwei Denkmahle, gleichbezeichnend für den Geist des Zeitalters, wie für des Königs eigenthümlichen Sinn, sollten die Erin- nerung an die Marchfeldschlacht bei der Nachwelt verewigen: die Stadt Marcheck in Niederösterreich, auf dem Schlachtfelde selbst erbaut, und von dem Könige, dem Städtegründer, mit Gütern und Rechten großmü- thig ausgestattet, und ein neues Cistercienserstift in Böhmen, das Otakar nach einer ihm vom Könige von Frankreich um diese Zeit verehrten Reliquie, einem Stücke aus Christi Dornenkrone „zur Dornenkrone" ge- nannt wissen wollte, das aber seither Goldenkron hieß.

Hier sehen wir in dem Dorfe Goldenkron (Zlatá koruna), das von Krumau nur zwei Gehstunden entfernt ist und am linken Ufer der Moldau, zum Theil an den felsigen Gehängen des Flusses, malerisch schön liegt, hier sehen wir das Stift sammt der Stiftskirche zur Himmelfahrt Mariä, jetzigen Pfarrkirche, vor unseren Augen, freilich bloß einen Schatten früherer alter Herrlichkeit. Denn schwere Schicksale brachen auf Otakars Gründung herein: im Jahre 1420 verheerten die Taboriten das Kloster; später verpfändete Kaiser Sigmund, Georg von Podĕbrad, Wladislaw II. und Ludwig dessen Güter, so daß diese nach und nach größten Theils in die Hände der Rosen- berge kamen, im Jahre 1648 wurde das Kloster von den Schweden geplündert, bis es, einst der Sage nach von 300 Religiosen bewohnt, 1785 aufgehoben wurde. Gleichwohl erwecken Stift und Kirche, zu den

großartigsten Baudenkmahlen Böhmens gehörend, noch heutigen Tags
Staunen und Ehrfurcht. Die Kirche ist ein gothischer Bau von 90
Schritt Länge und 24 Schritt Breite im Schiffe; ein Querschiff trennt das
Presbyterium vom Langhause. Das Presbyterium ist aus dem Zwölfeck
geschlossen und mißt 24' Länge und 22' Breite. Es wurde jedoch im vorigen
Jahrhundert durchaus modernisirt und im Zopfstyle sehr reich ausgeschmückt;
das Langhaus hat sich in seiner imposanten gothischen Struktur unverletzt
erhalten. Achtzehn massive einfach gegliederte Pfeiler sondern das ,sehr
breite und hohe Mittelschiff von den beiden Seitenschiffen ab. Das
Gewölbe des rechten Seitenschiffes ist das ursprüngliche alte Kreuzgewölbe; die Wölbung des Mittelschiffes und die des linken Seitenschiffes
rühren von der Restaurirung im Jahre 1609. In der über den Arkaden des Mittelschiffes sich erhebenden Mauern sind, wie es in frühgothischen Kirchen häufig vorkommt, schmale Fenster paarweise angebracht;
die weite Wandfläche wird überdies durch Halbsäulen, die als Fortsetzung
der Dienste der Arkadenpfeiler sich zu dem Deckengewölbe hoch empor-
strecken, belebt. Ein brillantes Radfenster ziert die rechte Kreuzvorlage;
ein hohes Spitzbogenfenster mit schönem Maßwerk erhebt sich über dem
westlichen Haupteingange. Zu beiden Seiten des Presbyteriums, welches
durch einige die Stiftung und Beschenkung des Klosters darstellende
Freskomalereien verziert ist, ließ der letzte Abt, Gottfried Bilansky, von
dem Bildhauer Feiler zwei Mausoleen von Stucco errichten. Das
des Stifters König Otakar auf der linken Seite zeigt einen Sarg
mit geöffnetem Deckel, zum Zeichen, daß der Todte hier nicht seine Ruhe-
stätte habe, nebst allegorischen Figuren aus der Mythologie; das des
Ritters Bawer von Baworow, welcher 1315 das Kloster reich
beschenkte, auf der rechten Seite zeigt einen geschlossenen Sarg nebst
christlich-allegorischen Gestalten." Aber wie sieht es in dem Klostergebäude aus! Noch findet man da viele Spuren der ehemaligen archi-
tektonischen Pracht. Namentlich haben sich das schöne gothische Bet-
zimmer des Abtes, Reste des Kreuzganges, in dessen Arkaden
die frühgothische Ornamentik sich in reichster Fülle darstellt, und der Kapitelsaal erhalten, der insbesondere geeignet ist, die Aufmerksamkeit
zu fesseln. Derselbe stellt sich als ein oblonger Raum von mäßiger Dimension dar, dessen reichgegliederte gothische Wölbung zwei kannelirte, mit
schön geformten korinthischen Kapitälern gekrönte Säulen stützen. Und in
diesem kostbaren Bau wirthschaftet gegenwärtig eine — Maschinen-Eisen-
gießerei! Das ist das Loos des Schönen auf der Erde! So bildet das
goldenkroner Kloster ein würdiges Seitenstück zur St. Wenzelskapelle bei
Viertel! Als die Taboriten 1420 Goldenkron überfielen, sollen sie die
Mönche an den Linden bei dem Kloster und der Kirche aufgehenkt haben.
Noch stehen mehrere dieser Bäume, durch ihre Größe die malerische

Stift Goldenkron.

Schönheit des Ortes vermehrend, und der fromme Glaube hält dafür, daß sie als Folge der Gräuelthat kapuzenförmige Blätter haben. Eigentlich sind sie eine Varietät der kleinblättrigen Linde, die derartige Blätter erzeugt. Auf einem jetzt beseitigten Steine waren einst folgende lateinische Verse zu lesen:

Siste viam cernens tiliam devote viator,
Quae viget et nullo stat moritura die!
Symbola martyry cappas mirabere natas,
Cum ramus virides induet udus opes.
Talia sed nolens patra miracula Zisska,
Dum perimis sacros reste furente viros!

Teutsch etwa:

Hemme den Schritt, frommgläubiger Wand'rer, und siehe die Linde,
Die aufs herrlichste prangt, ohne zu Grunde zu geb'n!
Staune den Zeichen des Märtyrerthums, den Kapuzen, die sprießen,
Wenn sich der zarte Ast kleidet in neues Gewand.
Aber, sträubst du dich gleich, sieh du auch, Zižka, das Wunder,
Der du mit wüthendem Erz heilige Männer durchbohrst!

In dem Dorfe Goldenkron befinden sich auch ein fürstlich Schwarzenberg'sche Meierhof mit Schäferei, eine Filial-Zündhölzchen-Fabrik der Firma Fürst von Schüttenhofen, eine Bretsägemühle und in der Nachbarschaft Kalkstein- und Serpentinbrüche.

Die Moldau weiter hinab, 1 ½ Stunde von Goldenkron entfernt, nahe bei dem Dorfe Trisau (Trísov) liegt Maidstein (Dívčí kámen), zu den schönsten Ruinen zählend, die wir bisher kennen lernten. Besonders angenehm ist der Weg dahin von dem Dorfe Krems (Kremže), vor Alters Chlum, durch das Thal des Verlaubaches. Gebäude neuen Ursprungs, die zu bedeutenden Hammerwerken gehören, beleben es freundlich. Dem Bach zur Seite, bald links, bald rechts, windet sich der Pfad durch üppige Gebüsche bis zu einer Felsenwand, die das Prachtstück des romantischen Ländchens genannt zu werden verdient. In grotesken Zacken steigt sie senkrecht zu einer Höhe von fast zwanzig Klaftern empor, hier und da mit Sträuchern bewachsen, die Stirn mit einem Fichtenwald gekrönt. Ueberrascht wird man, wenn man die an ihrem Fuße befindliche Höhle betritt, den Ausgang erreicht und nun, wie durch einen Zauberschlag, die lieblichste Gegend vor sich aufgerollt sieht. Die Höhle ward nämlich mit Absicht durch die Felsmasse gesprengt, um das Wasser des Verlaubaches auf ein im Moldauthal von dem industriösen budweiser Schiffmeister Lanna errichtetes Hammerwerk zu leiten. Auf dieser Stelle ist die Felsenwand nur wenige Klaftern breit, ihr Kamm läßt sich auf

keine Weise erklettern und endet in einen länglichen Berg, auf dem sich
die Trümmer der Burg Maidstein erheben. Besser konnte kein Punkt
zur Anlage eines festen Schlosses gewählt werden. Der Berg steigt von
allen Seiten schroff hinan, während seinen Fuß nördlich die Moldau,
östlich, südlich und westlich der Verlaubach bespült. Nur der erwähnte
schmale Felsrücken verbindet ihn mit dem übrigen Lande, und da dieser

Maidstein.

nun auch durch einen Wasserstollen untergraben ist, so kann man den
Berg als vollkommene Insel betrachten. Zu dieser natürlichen Befestigung trug die Kunst alles bei, um den Herrensitz so stark als möglich
zu machen. Oestlich unter den schroffen Felsabhängen leitet jetzt eine
hölzerne Brücke über den Wildbach, und man betritt das erste Thor,
von dem noch die Grundmauern, mit Erlengebüsch bewachsen, vorhanden

sind. An dieses Thor schloß sich die äußerste Ringmauer, die links am Ufer des Baches fortlief und so den Burgweg schirmte. Ungefähr fünfzig Schritte weiter westlich findet man Merkmahle des zweiten Thores. Beide Eingänge konnten von dem rechts senkrecht emporragenden Felsen, der gleichsam die östliche Bastion bildete, beschützt und vertheidigt werden. Der Fahrweg selbst wurde, nachdem man das zweite Thor passirt hatte, durch eine starke viereckige Schanze bestrichen, die rechter Hand auf steilem Felsen drohte, jetzt aber mit Wald bewachsen ist. An ihr vorbei gelangt man zu dem Ende der westlichen Vorwerke, die ehemals durch eine Zug-brücke mit den Ringmauern der Burg verbunden waren. Jetzt steht da-selbst ein Schupfen und man muß über eingerollte Terrassen klettern, um das dritte Thor zu erreichen. Hier wendet sich der Weg plötzlich morgen-wärts. Links steigt der Fels hoch hinan, auf seinem Gipfel ragt die Hochburg, und terrassenförmig erheben sich Verschanzungen über einander, die sonst ein feindliches Vordringen unmöglich machten, da von ihnen aus die Anstürmenden mit einem Steinregen furchtbar überschüttet werden konnten. Eine noch ziemlich erhaltene, 90 Schritte lange, steinerne Brust-wehr verbindet das dritte Thor mit dem vierten, von denen beiden die Seitenwände noch bestehen. Der Weg, der sich hier den südlichen Ab-hang des Berges schnurgerade hinauf zieht, ist bedeutend steil, mit Schlingkraut bedeckt, und vom vierten Thore an, das bereits der innern Burg angehörte, muß man noch über einen verschütteten Graben, um das fünfte und letzte Thor zu erreichen, zu dem ehemals eine Zug-brücke führte. Diese weite Pforte ist noch ziemlich erhalten und ein Stockwerk hoch, gegen die Hofseite zu aber offen und mit losem Gestein verengt. Der Burghof, den man nun betritt, ist mit Schutt, Gerölle, hohem Gras und alten Fichten und Tannen bedeckt. Rechts am Thore befand sich die Wohnung des Thorwächters, an sie schlossen sich die Pferde-ställe; den westlichen Punkt bildete ein hohes, basteiförmiges Felsen-plateau, von dem aus, wie schon erwähnt wurde, das erste und zweite Thor vertheidigt werden konnte. Die Nordseite des Hofes begränzt eine hohe Ringmauer, an die sich ebenfalls einige Nebengebäude anlehnten, von denen noch Ueberreste vorhanden sind. Eine kleine Pforte führt zu dem mitternächtlichen Außenwerk, das aus zwei, durch eine Brustwehr verbundenen viereckigen Bastionen bestand und die schroffen Abhänge gegen das Moldauthal zu beschützen hatte. Auf den Abhängen ist ein dichter Nadelwald empor geschossen, der die Aussicht auf die pittoreske Landschaft hindert. Auf dem höchsten westlichen Gipfel des Berges erhebt sich die Hochburg. Noch steht der größte Theil des weitläufigen Baues mit zier-lichen Fenstern, aber die alte Pracht ist verschwunden, Schlehengebüsche und Disteln wuchern überall. Ueber Schutt und Gestein muß man klet-tern, um den Gipfel zu erreichen. Eine lange, gewölbte Durchfahrt, durch

Balken gestützt, leitet in den innern Raum des Gebäudes, das einen
viereckigen Hof einschließt. Es war ursprünglich zwei Stockwerke hoch.
Westlich befinden sich drei durch Quermauern von einander geschiedene
Gemächer ohne Dach und Fach, mit auffallend dichtem Kieferwald gefüllt.
Vergebens forscht man nach einer Antiquität; die regelmäßigen Fenster-
öffnungen sind das Einzige, was die Aufmerksamkeit des Architekten auf
sich ziehen dürfte. Wie nördlich, so umschloßen die Hochburg auch westlich
starke Bastionen. Die südliche Schanze bestrich sowohl das dritte und
vierte Burgthor, als den langen schmalen Zwinger, der beide verband.
Die obere Burg konnte für sich allein vertheidigt werden, wenn auch alle
Vorwerke vom Feinde bereits genommen waren. Uebrigens findet sich
in Maidstein weder ein Brunnen, noch ein Wartthurm; den Brunnen
machte vielleicht die jederzeit mögliche Benützung der Moldau oder des
Wildbaches überflüssig; ein Wartthurm war bei der versteckten, an die
„Gans" erinnernden Lage der Veste unnöthig. Die umwohnenden Landleute behaupten, der Wartthurm habe sich jenseits des Baches auf der
südöstlichen Anhöhe erhoben, wo man noch heutigen Tags einen großen
Steinwall antrifft. Dieser soll ein Außenwerk der Burg gewesen sein;
doch ist es wahrscheinlicher, daß er einer von den in Böhmen zerstreut
vorkommenden Wällen, über welche die Geschichte keinen rechten Aufschluß
zu geben weiß, und welche Einige für Avarenringe halten.

Der Erbauer Maidsteins war Jodok I. von Rosenberg unter
der Regierung Karls IV. In der zu Mainz am 23. Juni 1349 ausge-
fertigten, in der Museumszeitschrift (Aprilheft 1827) abgedruckten Urkunde,
worin ihm Karl IV. die Erlaubniß zu dem Bau ertheilt, heißt es von
Maidstein ausdrücklich: Castrum quoddam in regno Bohemiae, Diewci
kamen in vulgari bohemico nuncupatum. Der deutsche Name ist eine
Uebersetzung des böhmischen. Er rührt, wenn der Fels nicht etwa schon
früher aus einem andern Grunde so genannt ward, wahrscheinlich daher,
daß die Burg zum Wohnsitze der fünf Schwestern Jodoks bestimmt war,
bevor diese verheiratet wurden. „Meidstein" statt „Maidstein" zu schreiben und den Namen von „meiden" abzuleiten, widerspricht der böhmischen
Benennung, obgleich die Burg freilich recht wohl demjenigen zum Aufenthalt dienen konnte, der die Welt zu meiden wünschte. Als die Taboriten Goldenkron verheerten, wurde auch Maidstein von ihnen be-
stürmt, doch nicht erobert. Ulrich II. von Rosenberg zog sich, nachdem er alle Schrecken des Husitenkrieges überlebt hatte und des öffentlichen Wirkens müde geworden, hierher zurück, obwohl er nicht zu Maidstein,
sondern zu Krumau starb, wohin er sich zuletzt bei wachsender Gefahr
seines Siechthums hatte schaffen lassen. Sein Sohn und Nachfolger
Johann I. befestigte Maidstein von neuem. Weiter aber ist von den
Schicksalen der Burg, wie imposant und mächtig sie auch noch als Ruine

rasteht, nichts bekannt. Vielleicht fand sie im dreißigjährigen Kriege ihren Untergang bei der Gelegenheit, wo die Schweden das benachbarte Goldenkron plünderten und verwüsteten.

Wir fanden, von Krumau ausgehend, Goldenkron an der Moldau, weiter abwärts Mairstein. Wandern wir noch eine Stunde weiter an der Moldau hinab, so finden wir, aber nicht auf dem linken, sondern auf dem rechten Ufer, unweit von dem Dorfe Steinkirchen (ťjezd kamenný) die Burg Chotek. Sie wurde schon 1433, als die Waisen unter Johann Capek von Sán wider Ulrich von Rosenberg, der damals Chotek besaß, zu Felde zogen und bis Weledin vordrangen, in eine Ruine verwandelt und seitdem nicht wieder aufgebaut. Wenig mehr ist von ihr übrig, dem Stammsitz des altböhmischen Adelsgeschlechtes der Chotek; nur ein thorähnliches Mauerstück, hin und wieder aufgewühlte Schutthügel, niedrige Grundmauern und ein breiter, begraster Wallgraben gegen die Landseite bezeichnen noch die Stelle, wo sie einst gethront, bis sie, erst von den Husiten zerstört, zuletzt dem Vandalismus der sogenannten Oekonomie in die Hände fallend, allmälig von dem Angesicht der Erde verschwand. Aber es sei uns vergönnt, hier dem hochedlen Grafen Karl Chotek, dessen Obhut Böhmen noch vor nicht langen Jahren anvertraut war, einen Gruß des Dankes, der Verehrung zu senden! Wer zählt das alles auf, was er als Oberstburggraf für Prag, für das ganze Land geleistet! Gewerbe und Handel, Kunst und Wissenschaft hoben sich unter ihm ungewöhnlich; die Armuth hatte an ihm den eifrigsten Unterstützer. Selbst als Beispiel rastloser Thätigkeit voranleuchtend, forderte er sie auch von seinen Organen, und wußte sie durch eine so zu sagen allgegenwärtige, jederzeit rege und prüfungsfertige Wachsamkeit im Gange zu erhalten. Wie der Blitz fuhr er überall umher, um zur Arbeit anzutreiben. Doch bei aller sich zur Energie gern hinzu gesellenden Strenge besaß er das reichste, gefühlvollste Herz, wenn man nur gerad' und offen daran klopfte. Und Prag, wohin kann man sich wenden, ohne nicht an Graf Karl Chotek erinnert zu werden? Erzählen nicht der Volksgarten, die Kettenbrücke mit dem Quai, die Spaziergänge auf den Basteien, die Kleinkinderbewahranstalten, die frühere k. ständ. Realschule und so viele andere zweckmäßige Einrichtungen von ihm? Schon mehrmals wurde vorgeschlagen, ihm ein Denkmahl zu setzen; immer noch ist ihm keins gesetzt. Nun, er bedarf keines, er setzte sich deren selbst genug; er kann übrigens mit Cato sagen: „Es ist besser, wenn man einst fragt, warum man mir keins, als warum man mir eins setzte."

Nach Frauenberg. Rückweg.

Der Weg nach Frauenberg ist der Rückweg aus den Regionen des Böhmerwaldes. Er führt über Budweis, zwischen welcher Stadt und Krumau eine tägliche Stellwagenverbindung besteht. Man erreicht Budweis in drei Fahrstunden über Dumrowitz (Tuberovice), Prißnitz (Přísečná), Rojau (Rájov), Kossau (Kosov) Steinkirchen (Ujezd kamenný), Strobenitz (Rožnov). Da die Ruine Chotek unweit von Steinkirchen liegt, so ließe sich allenfalls schon von Chotek aus über Steinkirchen nach Budweis steuern. Budweis (Budějovice) zu schildern, wäre überflüssig, da diese im Ganzen über 800 Häuser und 10.000 Einwohner zählende Kreisstadt und Residenz eines Bischofs mit ihrem großen, quadratförmigen, rings von Arkaden umgebenen öffentlichen Plätze, ihrem lebhaften, durch die Pferdeeisenbahn begünstigten Handel, ihren angenehmen, sich rings um sie schlingenden Spaziergängen und ihrer äußerst fruchtbaren Umgegend genugsam bekannt ist. Alterthümliches bietet sie wenig, obwohl sie schon 1265 von König Otakar II. gegründet wurde, und die prager Vorstadt, gewöhnlich die Altstadt genannt, noch früher bestanden haben soll. Beachtung verdient jedoch die Kirche des ehemaligen Dominikanerklosters, die Otakar II. erbaute. Das Presbyterium der Kirche hat sich in seiner ursprünglichen Form erhalten; das dreischiffige Langhaus aber ist in seinen oberen Partien im Renaissancestyl überbaut. Auf dem Hochaltar befindet sich ein altes, trefflich ausgeführtes Marienbild von etwa 2' Höhe. Im Antlitze der Madonna, welche innigfromm die Hände faltet, spiegelt sich hohe Anmuth und Würde. Auf einem Seitenaltare steht ferner eine Art von Reliquiar, auf dem zwei Heiligengestalten auf Goldgrund dargestellt sind, deren strenger byzantinischer Typus auf das hohe Alter des Bildes hinweist. An die Kirche gränzt der Kreuzgang des Klosters, dessen schönes, auf ornamentirten Tragsteinen ruhendes Gewölbe, wie das reiche Maßwerk in zwei Arkadenöffnungen, der Restaurationswuth entgangen ist. In der im sechzehnten Jahrhundert durchaus modernisirten Kathedralkirche wird ein Graduale bewahrt, dessen Miniaturbilder bis auf zwei ausgeschnitten sind, die bei ihrer Trefflichkeit die Vernichtung der übrigen sehr bedauern lassen. Es lohnt der Mühe, den Glockenthurm an der Kathedralkirche zu besteigen, da man von oben das Land ringsum meilenweit überschauen kann, wobei ein für den Thurmwächter vorgerichtetes Visirbret die Orientirung erleichtert. In der Geschichte ist Budweis durch seine Anhänglichkeit an das habsburgische Kaiserhaus charakterisirt, wofür es mit Privilegien reichlich ausgestattet ward, und den Titel einer jederzeit getreuen Stadt erhielt. Im schmalkaldischen Kriege weigerte es sich keineswegs, Ferdinand I. zu unterstützen. In der ersten Periode des dreißigjährigen Krieges vertheidigte es sich unter dem Bürger und Salz-amtmann Hans Aulner und nach dessen Tode unter dem Freiherrn Zdenek Lew Liebsteinsky von Kolowrat wacker gegen den Grafen Thurn. Im Jahre 1744 gab die Kaiserin Maria Theresia der Stadt Budweis für die während des österreichischen Successionskrieges bewiesene Treue und Anhänglichkeit ihr Wohlwollen zu erkennen. Zwar wurde Budweis noch in demselben Jahre von preußischen Truppen besetzt und genöthigt, dem Churfürsten von Baiern zu huldigen, doch durch die kai-serlichen Truppen bald wieder befreit. Im Jahre 1808 erhielt der Bür-germeister Franz Daublebsky von Sternek für seine während der französischen Invasion erworbenen Verdienste die große goldene Ehren-medaille. Unter den um Kunst und Wissenschaft sehr verdienten Männern, die Budweis hervorbrachte, waren in der letzten Zeit auch der Cistercienser-Ordenspriester Max. Millauer, dem wir die Abhandlungen über Ho-henfurt und Maidstein verdanken, und der allseitig thätige Ritter Ma-thias Kalina von Jätenstein.

Um von Budweis nach Frauenberg zu gelangen, kann man sich entweder eine eigene Gelegenheit dingen, oder die tägliche Postboten-fahrt benützen, die in dem Gasthofe zur goldenen Sonne zu erfragen ist, oder den ebenen Weg leicht in zwei Stunden zu Fuß zurücklegen. Als frühester Besitzer von Frauenberg (Hluboká) ist ein gewisser Cec bekannt. Weil er in den königlichen Wäldern von Budweis Jagdfrevel geübt, nahm ihm König Otakar II. die Burg und schenkte sie der Familie Budiwoj's von Krumau. Budiwoj's ältester Sohn war jener berühmte Zawis, der 1290, wie schon erzählt wurde, vor Frauenberg sein Haupt unter dem Fallbeil verlor. Noch jetzt heißt die Stelle, wo dies geschah, Po-kutní Louka (Strafgerichtswiese). Frauenberg wurde hierauf ein Eigen-thum der Krone. Um 1317 kommt Wilhelm von Landstein als Eigenthümer vor. Im Jahre 1452 erscheint Johann Popel von Lobkowic als Besitzer, wahrscheinlich aber nur in der Eigenschaft eines Pfandinhabers. Er weigerte sich, Georg von Podebrad als Reichsver-weser anzuerkennen. Daher zog dieser vor die Veste, belagerte sie, und erzwang sich die Anerkennung. Im Jahre 1490 verpfändete Wladislaw II. Frauenberg an Wilhelm von Pernstein, Oberstmarschall des Kö-nigreiches. Im Jahre 1540 gehörte es dem Herrn Andreas Ungnad von Sonneck, der es 1554 an Wilhelm von Rosenberg ver-kaufte, von dem es 1562 an Joachim von Neuhaus gelangte. Im Jahre 1584 war Adam von Neuhaus Besitzer. Beim Ausbruche des dreißigjährigen Krieges gehörte Frauenberg den Malowec, die es, als Theilnehmer an dem Aufstande, nach der Schlacht auf dem weißen

Berge an den Fiskus verloren, worauf es durch Kauf an den kaiserlichen
General Don Balthasar von Marabas, Grafen von Salent,
gelangte. Sein Nachfolger Don Francisco verkaufte es 1661 an den
Reichsgrafen Adolf von Schwarzenberg, der später von Kaiser
Leopold I. in den Reichsfürstenstand erhoben wurde, und seit dieser Zeit
blieb er ununterbrochen bei dem Schwarzenberg'schen Hause. Im öster-

Frauenberg.

reichischen Successionskriege wurde Frauenberg am 8. December
1741 von einer Abtheilung französischer Truppen besetzt. Die
kaiserlichen Truppen unter Prinz Karl von Lothringen bezogen in
Budweis die Winterquartiere und verhielten sich möglichst ruhig, um die
Franzosen in Frauenberg in den Wahn der Sicherheit einzuwiegen. Als
die Absicht erreicht war, versuchten sie in der Nacht vom 30. auf den

31. März 1742 das Schloß zu überrumpeln, was jedoch bei der Wachsamkeit der Besatzung nicht gelang. Am 17. Mai wurde nun zu einer
förmlichen Belagerung geschritten. Sogleich eilte ein französisches Heer
von etwa 10.000 Mann zum Entsatz herbei, und es kam am 25. Mai
bei dem Dorfe Zahaj zu einer Schlacht, worin die Franzosen zwar sieg-
ten, jedoch, selbst geschwächt, die unter Fürst Lobkowic sich gegen
Budweis zurückziehenden Oesterreicher nicht verfolgten, so daß diese sich
mit dem Hauptheere unter Prinz Karl vereinigen konnten. Beide Feld-
herren gingen kurz darauf gemeinschaftlich über die Moldau und eroberten
am 8. Juni Pisek, während der französische Marschall Broglio sich mit
großem Verluste nach Prag zurückzog. So mußte sich Frauenberg, das
eng eingeschlossen wurde und auf keinen Entsatz rechnen konnte, am 28. Juli
ergeben.

　　Hoch ragt Frauenberg auf steilem Fels am linken Moldauufer, den an 180 Häuser und 1900 Einwohner zählenden Marktflecken
Podhrad zu seinen Füßen. Dieser mit einer schönen neuen Kirche zum
heil. Johann von Nepomuk, Sitz des fürstlich Schwarzenberg'schen Ober-
forstamtes, dessen Vorstand gegenwärtig der verdienstvolle, durch den k. sächsischen Albrechtsorden ausgezeichnete Oberforstmeister Hejrowský, besteht
aus drei Abtheilungen: Podskal, Hammer und Zámost. Die beiden
ersten liegen am linken Moldauufer, zunächst unter dem Schloßberge,
Zámost am rechten, wohin eine Brücke führt. Aber man glaube nicht,
das alte Frauenberg zu finden! Das alte ist bis auf einen geringen
Theil ganz weggeschafft, und an seiner Stelle hat sich, nach dem Vor-
bilde des englischen Königslustschlosses Windsor erbaut, ein neues, fabel-
haft prächtiges Frauenberg erhoben. Von einem auf das geschmackvollste
angelegten Ziergarten halbmondförmig umgeben, die schneeweißen Mauern
und Thürme stolz empor streckend, ruht es gleich einem vielhalsigen
Schwane auf grünem Rasenpolster, weit dahinschimmernd über das pa-
radiesisch schöne Land. Ein gedeckter Gang verbindet das Schloß mit
einem Glassalon, worin Flora's ausgewählte Kinder ihren Reiz entfalten,
und durch den Glassalon mit der geräumigen Winterreitschule, die mit
Hirschgeweihen und Waffenstücken ausgeschmückt ist, und an die ein Mar-
stall für etwa 60 Rosse stößt. Allein das Innere des Zauberschlosses zu
beschreiben, daran schreiten wir hier nicht, unterlassen es darum, weil
jede Schilderung, die ihren Gegenstand nur einigermaßen erschöpfen wollte,
ein eigenes Werk beanspruchen würde. Bystřic im Angelthal verschwindet
gegen Frauenberg, auch Rosenberg muß weichen, Krumau hat seine
Schätze nach Frauenberg geliefert, und eine zahllose Menge neuer, von
einheimischen und fremden Künstlerhänden gefertigt, ist hinzugekommen.
Hier sind auch Pták's Leistungen, hier die Resultate zu schauen, die durch
den Schloßkustos Herrn Zenker erzielt wurden. Man braucht bloß den

imposanten Schloßhof zu betreten und durch die gegenüberstehende
Glasthür den mit dem mannigfaltigsten Prunk ausgestatteten Aufgang
zu betrachten, der zum ersten Stockwerk leitet, und man wird außer
Zweifel darüber sein, daß das Innere des Prachtbaues von irdischer
Herrlichkeit strotzen müsse. Da reihen sich in der That Gemächer an
Gemächer, Säle an Säle, Korridore an Korridore, die mit einander
wetteifern in meisterhaftem Schnitzwerk, reicher Vergoldung, erlesenem
Geräth, ausgezeichneten Gemälden, Sammlungen von Kostbarkeiten und
Raritäten aller Art. Es herrscht überall eine Fülle des Glanzes, die an
Verschwendung und Ueberladung streift. Das ist ein wahrhaft fürstlicher
Wohnsitz, eine Residenz, in der kein König zu weilen Anstand nehmen
dürfte. Wird man, wenn man sich Frauenberg von Budweis aus nähert,
unwillkürlich an die ersten Verse aus dem morlackischen Gesang „von
der edlen Frauen des Asan-Aga" erinnert:

> „Was ist Weißes dort am grünen Walde?
> Ist es Schnee wohl oder sind es Schwäne?
> Wär' es Schnee, er wäre weggeschmolzen —
> Wären's Schwäne, wären weggeflogen —"

so paßt auf das Innere des Schlosses, was Čelakowský in seinem „Ilja"
von den Wonnegärten der Mutter Wolga singt:

> „Wer's nicht sah, der kann es schwerlich denken,
> Wer es denkt, der kann es schwerlich glauben."

Wir versuchen keine Schilderung, weil sie, wie gesagt, um nur einiger
Maßen zu entsprechen, die Gränzen dieses Werkes bei weitem überschreiten
müßte. Wohl aber erlauben wir uns den Wunsch zu äußern, es möchte
Se. Durchlaucht der regierende Fürst eine ausführliche, auf Studien basirte
Schilderung zu veranstalten geruhen, da eine solche nicht bloß die Neu-
gierde befriedigen würde, sondern unstreitig auch für Kunst und Wissenschaft von hohem Interesse wäre. Am besten wird es sein, lieber Leser,
Du kommst selbst, und siehst und überzeugst Dich. Hast Du Dich jedoch an
dem bewunderns- und staunenswerthen Schlosse, das seines Gleichen in
ganz Böhmen sucht, satt gewundert und satt gestaunt, so versäume auch
nicht, die lohnenden Spaziergänge zu genießen, die Frauenbergs nächste
Umgebung bietet. Ein angenehmer Weg führt unterhalb des Schlosses
am linken Moldauufer dahin bis zu einem Kreuze, wo sich ein
Fußpfad den Schloßberg hinanzieht. Dieser Pfad ist voll idyllischer
Schönheit, zeigt von einem in dem Felsen angebrachten Ruhesitze Budweis mit seiner Ebene in entzückender Perspektive und bringt zuletzt in
den großen Park, der sich westlich vom Schlosse auf dem breiten Land-
rücken ausdehnt. Hier entfaltet sich, vom westlichen Punkte des Parkes

aus, ein Bild von alpinischer Schönheit. Man blickt über eine weite, fruchtbare Landstrecke, die mit großen, von zahlreichem wildem Geflügel, besonders Wildenten und Wildgänsen, besuchten Fischteichen bedeckt ist und in deren Hintergrunde sich eine ganze Reihe von Kuppen des Böhmerwaldes erhebt. Die Felder unten wimmeln von Hasen und Repphühnern und Tausende von Staaren beleben die Gebüsche mit ihrer Schwatzlust. — Man kann auch am linken Moldauufer weiter nördlich hinabgehen, bis man zu der im gegenwärtigen Thiergarten gelegenen Ruine Hrádek gelangt. Dies von Karl IV. erbaute Jagdschloß, jetzt auch Karlshaus genannt, durch den Oberforstmeister Hejrowsky vom Schutte befreit und zugänglich gemacht, soll von Žižka zerstört worden sein. Gegenüber auf dem rechten Ufer liegt das Dorf Poněšic, dessen Bewohner starke Obstbaum- und Bienenzucht treiben, noch weiter hinab am linken Ufer das Dorf Burgholz (Purkarec), das vor dem dreißigjährigen Kriege ein ansehnlicher Marktflecken mit eigener Gerichtsbarkeit war. Man kann ferner die Moldau überschreiten und gelangt südöstlich von Frauenberg nach dem Dorfe Hosin zwischen der Moldau und der prager Straße und weiter nach dem Dorfe Libnič zwischen der prager und wiener Straße. Bei Hosin zeigt man einen Acker, auf welchem der russische Kaiser Alexander I., als er sich 1815 auf seiner Rückreise aus Paris einige Zeit in Frauenberg bei der fürstlich Schwarzenberg'schen Familie aufhielt und am 19. Oktober in der Gegend lustwandelte, mit dem Pfluge nach der ganzen Länge des Ackers eine Furche zog, worauf er den Besitzer, einen Bauer, mit sechs Louisd'or beschenkte. Der Pflug wird zum Andenken noch im Schlosse Frauenberg aufbewahrt. Bei Libnič ist eine 1681 entdeckte Heilquelle. Sie entspringt in einem anmuthigen Waldthal aus einem Hügel in beträchtlicher Stärke, wirft häufig Blasen auf und friert im strengsten Winter nicht zu. Die Quelle enthält Eisen, Natron und viel kohlensaures und geschwefeltes Gas. Dabei befindet sich ein geräumiges Badehaus. — Ferner kann man in südwestlicher Richtung von Frauenberg das Jagdschloß Wohrad und weiter das Dorf Cejkowic besuchen. Das Jagdschloß Wohrad ist äußerst sehenswerth, da es ein großartiges Forstmuseum in sich schließt, durch welches hauptsächlich die weiten Besitzungen des fürstlichen Hauses repräsentirt werden. Die Geweihsammlung gewährt nicht nur dem Jagdliebhaber, sondern auch dem Naturfreunde überhaupt durch die Anschauung der mannigfaltigsten Formen und Abnormitäten der Geweihe einen ungewöhnlichen Genuß. Gleich beim Eintritte in das Stiegenhaus des Museums erblickt man längs den beiden Wänden herrliche Hirschköpfe. Unter diesen begegnet das Auge dem in seiner Art einzigen Zufalle, wo zwei der Edelthiere durch wechselseitige Verflechtung ihrer Geweihe im Kampfe sich selbst aufrieben. Darum ehrt die Nachwelt ihren Heldenmuth und setzte auf ihr

Denkmahl die Worte: „Im Kampfe geblieben." Weiter findet man in dem langen Gange und in allen Gemächern und Sälen in schön geordneten Reihen viele ausgezeichnete Exemplare. Die seltensten in Rücksicht des Alters und der Formen dürften die im großen Saale sein. Ihre riesigen und wahrhaft majestätischen Formen lassen auf die ungeheure Größe und Stärke der Thiere schließen, denen sie einst Dienste leisteten, und erfüllen mit Staunen über diese stattlichen Bewohner der Forste. Noch viel reichhaltiger ist der Vorrath an Rehgeweihen, die in den zwei ersten Sälen und im Bibliothekzimmer in Doppelreihen an den Wänden hinlaufen. Man trifft daruter die wunderbarsten Naturspiele und die seltensten Auswüchse, die hinreichenden Stoff bieten, über die Mannigfaltigkeit der Schöpfung und die Reproduktionskraft der Natur nachzudenken. In mehreren Sälen breitet sich eine Vögel- und Quadrupeden-Sammlung aus. Die Thiere, namentlich die Vögel, sind mit solchem Geschick ausgestopft und in den ihnen eigenthümlichen Situationen mit solcher Accuratesse aufgestellt, daß man sie lebend vor sich wähnt. Unter den Quadrupeden präsentirt sich auch ganz ruhig und friedlich der letzte der Böhmerwaldbären, der im Jahre 1856 erlegt wurde. Manche der seltenen Vögelarten, wie der graue Geier, der Trappe, der Seidenschwanz, der Eisvogel u. a. m. sind wohl in den Gegenden des Böhmerwaldes nicht heimisch, allein sie wurden auf ihren Wanderungen hier erlegt, weßhalb ihnen mit Recht ein Ehrenplatz in der Sammlung angewiesen ist. Die Forstbibliothek enthält sowohl in der Forstwissenschaft, als in deren Hilfswissenschaften ausgezeichnete Werke, Bilder, Zeichnungen und Radirungen. Die vielen hier deponirten Schußlisten geben eine interessante Uebersicht des Wildstandes. An der Wand sind einige kunstvolle Schnitzwerke, als die Parforcejagd, die Bärenhetze, der erlegte Hirsch und ein Schwarzstück bemerkenswerth. Ein aus Rehläufen kunstsinnig zusammengesetzter runder Tisch, in dessen Mitte man die einzelnen Theile des fürstlichen Wappens in Elfenbein erblickt, ein großartiges Sopha aus Hirschgeweihen mit basreliefartigem Schnitzwerk und mehrere derartig gearbeitete Lehnsessel, dann ein großer, ovaler, mit Hirschgeweihen geschmackvoll eingefaßter Spiegel bilden das Meublement des Zimmers. Das Forstkabinet enthält ein Waldherbarium, eine Holzbibliothek, mittelst welcher man sich die Naturgeschichte einzelner Holzarten durch Anschauung aneignen kann (in bücherförmigen mit Baumrinde überzogenen Etuis findet man nämlich die Zweige und Blätter, die Blüthe, die Frucht, den Samen, die einjährige Pflanze, den durchschnittenen Stamm und dessen Struktur, die Wurzelsprossen u. s. w. aller hier vorkommenden Holzarten), eine Knospensammlung, eine Sammlung schädlicher und nützlicher Käfer, Schmetterlinge, Wespen, Motten u. s. w. Hierher gehören auch Proben der Riesenstämme aus dem Urwald, die aber ihrer Wucht wegen in der Einfahrt des Jagdschlosses,

22*

aufgestellt sind. Der sogenannte große Saal gewährt einen überraschenden Anblick. Das Auge weiß nicht, ob es früher die schönen Fresken am Plafond oder die großartigen Oelgemälde an der Wand oder die sinnvoll aus Hirschgeweihen verfertigten Möbel betrachten soll. Die größte Zierde des Saales sind unstreitig die schönen Thierstücke vom Maler Hamilton. Die Schloßkapelle ist in freundlichem Styl gehalten und mit Fresken verziert. Das Altarbild des heiligen Eustachius stammt aus guter Schule. Die Idee des Museums ging von Seiner Durchlaucht dem regierenden Fürsten Johann Adolf aus. Um die Ausstopfung und Aufstellung der Thiere hat sich der Museumskustos Herr Spatny anerkennenswerthe Verdienste erworben. Bei dem Jagdschlosse befindet sich auch eine Baumschule und eine Fasanerie. Weiter südwestlich liegt das Dorf Cejtowic, bei dem einst die Burg Machowic ragte, von der jedoch nur noch einige Schutthügel sichtbar sind. Sie soll dem weltbekannten Taboritenführer Žiška von Trocnow gehört haben. — Ein anderer Spaziergang bringt nordwestlich von Frauenberg nach dem Dorfe Zliw, in dessen Nähe auf einer waldigen Insel des Teiches Bestrew das Jägerhaus Künigelberg (Kaninchenberg, Králíčkový vršek) liegt, so geheißen von den zahlreichen Kaninchen, die auf der Insel unterhalten werden. Weiter gelangt man nach dem Dorfe Zahaj, in dessen Gegend am 25. Mai 1742 die früher erwähnte Schlacht zwischen den Franzosen und Oesterreichern vorfiel, wobei das ganze Dorf sammt der Kirche mit Ausnahme eines einzigen Hauses in Asche verwandelt wurde. — Noch verdient einen Besuch das rechts von der Straße nach Moldautein gelegene fürstliche Gestüt. Es ist mit edlen Hengsten arabischer und englischer Race versehen. Gar lieblich anzuschauen sind die nach ihrem Alter untergebrachten Füllen. Für die fürstliche Familie ist ein eigener Salon hergerichtet, von dem aus mit den schönen Thieren verkehrt werden kann, wenn sie in den Hofraum gelassen werden, welcher den Salon umgibt. An das Gestüt stößt der Thiergarten, der sich nördlich von Frauenberg ausdehnt, mehrere Stunden im Umfang hat, von der Moldau durchflossen wird und die früher genannte Ruine Hrádek oder Karlshaus enthält. Wenn man die Fütterung der Wildschweine und der Hirsche beobachten will, kann man sich an den Heger wenden, der unweit vom Gestüte wohnt.

Kurz, Frauenberg und seine Umgebung ist unerschöpflich an Genüssen. Allein die flüchtige Zeit verstreicht, eine andere Bestimmung ruft mit gebieterischem Tone, und — wir müssen die Rückreise nach Prag antreten. Dieselbe läßt sich auf zweierlei Art bewerkstelligen, auf der Moldau und zu Lande. Die Moldaufahrt, die auf den Salz, Holz und andere Artikel nach Prag führenden Schiffen schon von Budweis beginnen kann, hat von Moldautein an der geschätzte böhmische Schriftsteller K.

Winařický in den **Pražské Noviny** sehr anziehend geschildert und wir
würden den Aufsatz gern in deutscher Uebersetzung geben, wenn dies nicht
außer dem Bereiche dieses Werkes läge. Die Fahrt zu Lande vermittelt

Strakonic.

der Stellwagen des Herrn Achaz von Budweis aus entweder über Tabor
oder über Pisek. Wer die Tour über Pisek wählt, dem sei gerathen,
von Wodňan einen Abstecher nach Strakonic zu machen. Strakonic

(Strakonice), in die große Stadt am linken, und in die kleine Stadt am rechten Ufer der Wotawa zerfallend und über 280 Häuser mit etwa 2600 Einwohnern zählend, ist in mehrfacher Hinsicht interessant. Hier werden in Massen rothe Strümpfe verfertigt, mit denen nicht bloß nach Böhmen, sondern auch nach Tirol, Krain und der Schweiz Handel getrieben wird, so wie auch eine bedeutende Fabrik für orientalische rothe Kappen besteht. Hier wurde 1797 der geistreiche böhmische Dichter und Gelehrte F. L. Čelakowský geboren, dessen poetische Erzeugnisse in den Kränzen aus dem böhmischen Dichtergarten 1856 zu Leipzig in deutscher Uebersetzung erschienen. Hier war in alter Zeit die Heimat Swanda's, welcher das serbische Blasinstrument Moldánky durch Hinzufügung des sogenannten Corpus in den böhmischen Dudelsack umschuf, und mit diesem neuerfundenen Tonwerkzeuge überall nicht nur großen Beifall errang, sondern auch bis in die neueste Zeit eine Menge Nachahmer weckte, so daß die strakonicer Dudelsackpfeifer in ganz Böhmen berühmt geworden sind. Eine diesen Swanda betreffende Volkserzählung steht deutsch in dem 1857 zu Leipzig herausgekommenen westslawischen Märchenschatze. Strakonic hat ferner eine merkwürdige Geschichte. Ihre Entstehung verdankt die Stadt wahrscheinlich den Goldwäschereien, die in uralten Tagen hier an der Wotawa betrieben wurden. Wie sie an das mehrmals erwähnte Geschlecht Bawor kam, das von ihr den Namen „von Strakonic" führte, läßt sich urkundlich nicht nachweisen. Schon vor dem Jahre 1243 hatten sich Malteser-Geistliche in Strakonic niedergelassen. Im Jahre 1243 stiftete Bawor I., Herr auf Strakonic, Horažďowic, Blatná, Barau und Sedliz, bei der Kirche zum heiligen Prokop in Strakonic ein förmliches Konvent des ritterlichen Malteser-Ordens und bestimmte viele Ortschaften zum Unterhalte desselben. Přemysl Otakar II. bestätigte noch als Markgraf von Mähren 1251 diese Schenkung und vermehrte sie. Auf Bawor I. folgte um 1254 dessen Sohn Bawor II., welcher Generalprior (der Name Grand- oder Großprior kam später auf) des genannten Ordens war. Er vererbte die Herrschaft 1290 auf seinen Sohn Bawor III., der um das Jahr 1306 ebenfalls als Generalprior des Ordens erscheint, die St. Wenzelskirche in Strakonic erbaute und der Stadt in Hinsicht der Freiheit der Personen und des Eigenthums dieselben Rechte verlieh, wie sie die Altstadt Prag und die Stadt Horažďowic besaßen. Es beerbte ihn 1318 sein Bruder Wilhelm, der 1336 ohne Leibeserben starb und durch letztwillige Anordnung die Herrschaft dem Grandpriorat des ritterlichen Malteser-Ordens für immer als Eigenthum vermachte. Johann II. von Rosenberg, der 1517 zur Generalpriorswürde gelangte, umgab die Stadt mit einer steinernen Mauer, und vom Generalprior Wenzel Žajic von Hasenburg erhielt sie 1576 das

Recht zu jagen und zu fischen. Beim Ausbruche des dreißigjährigen Krieges blieben die Strakonicer dem Kaiser nicht nur treu, sondern unterstützten auch dessen Heer mit Mannschaft bei der Belagerung von Tabor, leisteten bei der Befestigung des strakonicer Schlosses und der Stadt Pisek hilfreiche Hand und nahmen selbst kaiserliche Truppen in die Stadt auf, die jedoch nicht verhindern konnten, daß Graf Mansfeld sich der Stadt bemächtigte und sie ausplünderte. Im Jahre 1648 überfielen Strakonic die Schweden, verheerten die ganze Stadt und erpreßten von den Bürgern durch die Drohung, das Schloß in Brand zu stecken, eine beträchtliche Summe Geldes. Der 1754 verstorbene Großprior Wenzel Joachim Reichsgraf Czejka von Olbramowic machte sich um die Stadt verdient, indem er die hiesigen Strumpf-Wirker und Stricker durch einen auf seine Kosten berufenen auswärtigen Schönfärber in der Behandlung der rothen Farbe unterrichten ließ. Die Fabrikation der orientalischen Kappen wurde erst 1807 durch den Strumpfwirkermeister J. Fialka eingeführt. Die alte Herrlichkeit von Strakonic bezeugt besonders noch die Dechanteikirche zum heiligen Prokop, ehemalige Priorats-Konventual-Kirche, ein schönes Gebäude. Sie bestand schon vor der Gründung des Malteser-Konvents durch Bawor I. 1243. Die ehemaligen Vorsteher der Kirche und Prioren des Konvents hatten bis zu der Zeit, wo das Priorat nach Prag verlegt wurde, das Recht, sich bei öffentlichen Kirchenfunktionen der Insel und des Stabes zu bedienen. Die Kirche enthält die Grabstätten der Generalprioren Johann Freiherrn von Schwamberg † 1516, Johann des ältern Freiherrn von Wartenberg † 1542, Christoph Freiherrn von Wartenberg † 1590, Emanuel Wenzel Kajetan Krakowský Reichsgrafen von Kolowrat † 1769, so wie mehrere treffliche Gemälde des böhmischen Malers K. Skreta. Der Glockenthurm hat sechs schöne Glocken. Endlich liegt Strakonic in reizender Gegend, der Kubani, einer der Riesensöhne des Böhmerwaldgebirges, der am weitesten in das Flachland hervortritt, gewährt hier einen imposanten Anblick, und so kann man in Strakonic, indem man die geschauten Bilder der Reise noch einmal im Geiste an sich vorüber schweben läßt, dem Böhmerwalde an geeigneter Stelle ein Lebewohl zurufen.

Rückblick auf den Menschen im Böhmerwald.

Es wird noch von Interesse sein, auf die zweite Abtheilung dieses Werkes, in welcher bloß ein an einem Reisefaden fortschreitendes Ganzes geboten ward, einen zusammenfassenden Blick zurück zu werfen. Viele der mitgetheilten Notizen sind ganz neu, so namentlich die über die Skt. Wenzels-kapelle bei Viertel, die Choden bei Tauß, den Ausflug nach Außergefield, über Leonorenhain, den Weg von Kuschwarta nach Oberplan, den Grafensteig, über Reif in Kuschwarta, Ptál in Krumau. Manche sind wohl dem böhmischen, aber nicht dem deutschen Lesepublikum bekannt, so namentlich die über die Grafen von Bogen, den Ausflug nach der Rusl in Baiern, über Burg Rabi, Burg Karlsberg, Stadt Prachatic, den goldenen Steig. Uebrigens benützten wir gelungene Einzeldarstellungen Anderer so, wie wir sie eben brauchen konnten, indem wir meist überall selbstthätig eingriffen. Allein es handelte sich nicht so wohl um Einzelnheiten, als vielmehr darum, ein Gesammtbild zu liefern, das Einzelne zu einem Totaleindruck zu koncentriren und zu allgemeinen Resultaten zu gelangen, was bisher von Niemanden versucht wurde.

Das erste Resultat betrifft die Verschiedenheit der Volks-stämme, von denen der Böhmerwald bewohnt wird. Wir haben gesehen, daß das Hochgebirge und seine Thäler deutsche, die Vorberge slawische Böhmen bewohnen und daß die deutsche Bevölkerung von Tauß bis etwa Leonorenhain mehr den bairischen, die von Leonorenhain hinab mehr den österreichischen Charakter an sich trägt. Wie läßt sich diese Verschiedenheit erklären? Unsere Ansicht hierüber ist folgende: Das Böhmerwaldgebirge ist durchaus mit ungeheuren Wäldern, zum Theil noch mit Urwald, nicht bloßem Hochwald, bedeckt. Diese Wälder reichten sonst viel weiter ins Land hinein. Der heil. Günther führte ja bei Gutwasser, oberhalb Schüttenhofens, noch im 11. Jahrhundert ein tief zurückgezogenes Eremitenleben; der goldene Steig wand sich durch lauter Wald bis Prachatic, wo man Abends die Glocke läutete, um den Säumern ein Zeichen zu geben, damit sie sich nicht verirrten; in einer Urkunde Johanns von Luxemburg kommt die Gegend von Außer- und Innergefield noch im 14. Jahrhundert unter dem Namen Gwilda (Gewild, Wildniß) vor; wo jetzt Leonorenhain fröhlich gedeiht, da war noch vor wenigen Jahren Urwald, und ein benachbartes Dorf heißt Wolfsgrub, das benachbarte Kuschwarta hieß vordem Bärenloch; die großen Filze, die auf untergegangene Wälder hindeuten, ziehen sich noch jetzt bis in das Moldauthal herab. Diese Wälder waren königliche Wälder, weßhalb die dortigen Freibauern sich böhmisch Kralováci, deutsch die Kühnischen nennen. Den Königen Böhmens lag an der Erhaltung der Wälder, sie waren heiliges, unantastbares königliches Eigenthum; Otakar II. nahm Ece dessen Burg Frauenberg, weil derselbe in den königlichen Wäldern bei Budweis Jagdfrevel geübt. Diese Wälder bildeten nämlich eine natürliche Schutz-wehr gegen feindliche Angriffe von außen, durch welch Böhmen Jahr-hunderte lang zu leiden hatte. Um daher das Bollwerk von Bergen und Wäldern zu verstärken, siedelte Herzog Bretislaw im 11. Jahrhundert bei dem Cerchow-Osserthor die Choden als stets schlagfertige Gränzwächter an, und am Rande der Wälder nach innen erhob sich eine ganze Reihe fester Burgen und Städte: Tauß, Riesenberg, Klenau, Welhartic, Schütten-hofen, Rabi, Karlsberg, Winterberg, die Helfenburg, Prachatic, Wornau, Frauenberg, Krumau, Rosenberg, Wittinghausen u. a. m. Es ist daher kaum anzunehmen, daß von den Deutschen, die vor den Slawen Böhmen bewohnten, im Böhmerwalde Reste von nur einiger Bedeutung sitzen geblieben sein sollten. Theils eigneten sich jene Gegenden ihrer natürlichen Beschaffenheit wegen nicht dazu, wie sie noch jetzt nicht dicht bevöllert sind, theils würden solche Ansiedler von den gerade dort so sehr bedrohten slawischen Böhmen nicht geduldet worden sein. Palacký leitet die Namen Moldau, Rip, Beraun von den Kelten her; so können sich auch im Böh-merwalde einzelne Ortsnamen aus vorslawischer Zeit erhalten haben. Allein die Slawen besetzten allmälig alles Land bis an den Böhmerwald und beherrschten diesen selbst. Dies bezeugen auch viele Ortsnamen, die wohl im Böhmischen, nicht aber im Deutschen einen Sinn haben, die also durch Mundgerechtmachung aus dem Böhmischen entstanden, wie Bremirschen (Brnírov), Dessernik ((Debrnik), Zwislau (Světlá), Lupenz (Sloupenec), Podwurst (Podvoři) u. a. m. Manche Namen sind offenbar Uebersetzungen aus dem Böhmischen, wie Maidstein (Divci kámen), von dem es in der bezüglichen Urkunde Karls IV. vom 23. Juni 1349 aus-drücklich heißt: Castrum quoddam in regno Bohemiae Dievci kamen in vulgari bohemico nuncupatum. Deutsche Namen, wie Riesenberg, Karls-berg, Winterberg, Frauenberg, Rosenberg dürfen nicht beirren, da es bekannt ist, daß die böhmischen Großen in Folge ihrer Verbindung mit dem deutschen Reiche frühzeitig deutsch zu benennen anfingen. Im Verlaufe der Zeit jedoch wandte sich die Strömung deutscher Bevöl-lerung wieder zurück nach Böhmen. Dazu mochte der Handel auf dem goldenen Steig zwischen Passau und Prachatic, die längere Herrschaft der

deutschen Grafen von Bogen über bedeutende Strecken Böhmens, die Besetzung der Klöster mit Priestern aus Deutschland, die Eröffnung der
Bergwerke von Bergreichenstein, wahrscheinlich durch deutsche Bergleute,
beitragen. Dazu mochte auch die Vereinigung Böhmens und Oesterreichs
unter habsburgischem Scepter und die friedliche Gestaltung der Verhältnisse Böhmens zum deutschen Reiche helfen, dessen Krone die Habsburger
trugen. Krumau begann, wie aus den bis 1557 böhmisch geführten Grund-
büchern erhellt, erst gegen den dreißigjährigen Krieg hin deutsch zu werden.
Der dreißigjährige Krieg hatte die entscheidendsten Folgen. Nachdem er aus-
gewüthet, war die Bevölkerung Böhmens überhaupt von mehr als drei
Millionen unter eine Million herabgesunken. Er tobte in der ersten
Periode besonders im südwestlichen Böhmen bei Budweis, Rosenberg,
Prachatic, Wodnan, Pisek bis Riesenberg hinauf. Später drangen die
Schweden auch in den Böhmerwald, die in Böhmen nicht minder arg
hausten, als die Hussiten. Rühmte sich doch der schwedische Feldherr Pful,
daß er allein 800 Ortschaften niedergebrannt! In Folge des Krieges
wurden ganze Herrschaften an Fremde verkauft oder verschenkt, welche
fremde Beamte und Diener mit ins Land brachten. Man suchte die verlassenen Ortschaften neu zu bevölkern. Da wurden Kolonisten aus Baiern
und Oesterreich herbei gezogen; unter den Eggenbergen wanderten auch
Steierer ein. Die deutsche Glasindustrie rückte mächtig vorwärts, die
Wälder wurden gelichtet, ganz neue Ortschaften mit fremden Einwohnern
entstanden. Es ging im Böhmerwalde, wie in den Bezirken des Erzgebirges, nur daß in diesen bei geringeren Naturhindernissen das deutsche
Element noch breiteren Boden gewann. So scheint sich die Verschiedenheit
der beiden Volksstämme, die gegenwärtig den Böhmerwald bewohnen,
gebildet zu haben, nicht sowohl durch Germanisirung, obschon das von
Kaiser Joseph II. eingeführte deutsche Hauptschulsystem ihr förderlich war,
als vielmehr und hauptsächlich durch Entpopularisirung und nachfolgende
Kolonisirung.

Fürs Zweite resultirt die hohe Bedeutung des Böhmerwaldes
in historischer Hinsicht. Schon in grauen Tagen wurde bei Tauß
die große Schlacht geschlagen, in welcher Samo, der erste Bändiger
der für ganz Europa gefährlichen Avarenmacht und Gründer des ersten
ausgedehnten slawischen Staates, den Angriff der übermüthigen Franken
siegreich zurückwies. Schon in grauen Tagen verknüpfte der goldene
Steig, der älteste Handelsweg Böhmens von höchster Einträglichkeit,
die Deutschen und Slawen friedlich mit einander, als wollte er sie von
den blutigen Kämpfen, in denen sie sich wechselseitig schadeten, zur wechsel-
seitigen heilsamen Verträglichkeit anleiten. Im 11. Jahrhundert erschienen
im Böhmerwalde die merkwürdigen Gestalten des deutschen Eremiten,
des heil. Günther, und des böhmischen Achilles, Herzog Breti-

slaw I. Břetislaw schlug den deutschen Kaiser Heinrich III. bei Neugedein am Cerchow-Osserthor, der landeskundige Günther half die
Trümmer des deutschen Heeres retten; Heinrich brach zum zweiten Mal
durch den Paß am Arber über Böhmisch-Eisenstein in Böhmen ein,
Günther führte ihn, daß er bis vor Prag gelangte, wo er sich mit Břetislaw

Horaždowic.

verglich und versöhnte, und zuletzt starb Günther bei Gutwasser in
Břetislaws Armen, und Břetislaw ließ den Leichnam des Heiligen nach
dessen Wunsch in das břewnower (St. Margarethen-) Kloster bei Prag
unter Ehrengeleit schaffen. Im 12. Jahrhunderte entwickelte sich durch
Heirat mit dem Hause der Přemysliden die Herrschaft der bairischen Grafen

von Bogen über bedeutende Strecken Böhmens im nördlichen Theil des Böhmerwaldes; aber es entwickelte sich auch im südlichen die Herr= schaft der gewaltigen, sich an Reichthum und Macht mit souverainen Häuptern messenden Rosenberge. Ein Rosenberg half König Otakar II. den entscheidenden Sieg über König Bela IV. auf dem Marchfeld erringen, worauf Otakar aus frommer Dankbarkeit gegen den Himmel das noch heutigen Tages bewunderungswürdige Stift Goldenkron gründete; ein Regent des Rosenberg'schen Hauses war es aber auch, der, nachdem Otakar auf demselben Marchfelde gegen Rudolf von Habsburg gefallen, sich mit Otakars Witwe vermälte und den Herren über Otakar's Sohn, Wenzel II., spielte, bis er endlich vor Frauenberg das Haupt unter dem Fallbeil verlor. Bei der Belagerung von Horazdowic, worin Bawor III., von Strakonic Widerstand leistete, und wo jetzt in der Wotawa, wie bei Rosenberg in der Moldau, Perlen gefischt werden, die sich an Glanz und Schönheit zuweilen mit den orientalischen messen, starb Rudolf I. 1307, der nach dem Erlöschen des Mannesstammes der Przemysliden zum Könige Böhmens gewählte Sohn Kaiser Albrechts I. von Habsburg. Nachdem die Goldwäscherei im Böhmerwalde schon von Alters her mit Erfolg betrieben worden, so daß sie ganzen Städten, wie Schüttenhofen, Horazdowic, Strakonic, Pisek, Ursprung, Namen und Blüthe verlieh: entwickelte sich dort zu Bergreichenstein unter den Luxembur= gern der ergiebigste Goldbergbau, der Böhmerwald ward zum böhmi= schen Kalifornien und Karl IV., nach welchem das Karolinum, der Karls= platz, die Karlsbrücke, der Karlshof, Karlstein und Karlsbad heißen, hinter= ließ auch im Böhmerwald ein Andenken, das seinen Namen trägt, das einst großartige Karlsberg. Der Reformator Hus erblickte in Husinec das Licht der Welt; in dem durch Handel und Lehranstalten blühenden Prachatic soll er mit Zizka in die Schule gegangen sein. Vielleicht, daß sich schon damals ein freundschaftliches Verhältniß zwischen beiden entspann. Wie Husens Lehre an Niklas von Husinec und Pribik von Klenau die eifrigsten Vertheidiger fand, so fand sie an den Rosen= bergen die entschiedensten Gegner. Schwer fühlten die widerspänstigen Burgen, Klöster und Städte des Böhmerwaldes den fanatischen Zorn des Taboritenführers, es empfand ihn selbst Prachatic; allein bei Rabi war es, wo Zizka auch sein zweites Auge einbüßte und zum sprichwört= lichen blinden Zizka wurde. Zizka schied von hinnen, Prokop der Große trat an seine Stelle. Da bot die Gegend um Tauß noch ein Mal das Schauspiel einer denkwürdigen Schlacht, in welcher das deutsche Kreuz= heer, von panischem Schrecken erfaßt, beim bloßen Herannahen der Hussiten die Flucht ergriff und in sein Verderben rannte. Gebar aber der Böhmer= wald in seinen Vorbergen zu Husinec den Mann, dessen Tod ganz Europa in Kriegsflammen setzte, so beherbergte er auch unweit davon zu Chelcic bei Wodňan einen andern, der allen Krieg verabscheute und der geistige Vater der wissenschaftlich gebildeten böhmischen Brüder wurde, einen Peter Chelčický. Zu Strakonic bildete sich gegen Georgs von Poděbrad wachsende Macht der mächtige Bund, an dessen Spitze die Herren von Rosenberg, von Neuhaus, von Schwamberg, die Swihowský, Kolowrat, Lobkowic u. a. m. standen, bis sich Georg endlich dennoch die Krone Böhmens errang. Unter seiner Regierung wurde bei Neuern und Milawec siegreich gegen die deutschen Kreuzfahrer gefochten. In den verderb-lichen, die gesammte Monarchie gefährdenden Türkenkriegen fand das Haus Habsburg bei den Rosenbergen kräftige Unterstützung, gleichwie sich Wodňan durch seine Opferwilligkeit hervor that. Von der Furie des dreißigjährigen Krieges wurde der Böhmerwald, wie schon gesagt worden, in seiner ganzen Ausdehnung durchtobt. Gleich im Jahre 1618 war Budweis der Platz, um welchen sich die Kriegswolken la-gerten. Im Jahre 1619 wurde der im Dienste der Aufständischen ope-rirende Graf Mansfeld von dem kaiserlichen General Grafen Buquoy bei Záblat dermaßen aufs Haupt geschlagen, daß er sein ganzes Ge-päck verlor und selbst mit genauer Noth entrann, worauf Buquoy die Gegend mit Feuer und Schwert verwüstete. Im Jahre 1620 begann der Zug des kaiserlichen Heeres unter Buquoy und Herzog Maximi-lian von Baiern über Prachatic, Wodňan, Pisek, die unter schrecklichem Blutvergießen erstürmt wurden, während Teufenbach Wallern und Winterberg besetzte, Don Balthasar de Marabas Wolin, Bergreichenstein, Schüttenhofen, Riesenberg und Tauß nahm, bis endlich die verhängnißvolle Schlacht auf dem weißen Berge stattfand. Im weitern Verlaufe des entsetzlichen Kampfes waren es die Schweden, von denen beinahe kein bedeutenderer Ort des Böhmer-waldes verschont blieb, obwohl ihnen manches zur Last gelegt werden mag, was sie nicht verschuldeten. Auch Scenen des österreichischen Successionskrieges spielten im Böhmerwalde. Frauenberg ward von den Franzosen besetzt, von den Oesterreichern belagert; den Belagerten eilte ein französisches Heer zu Hilfe, es erfolgte die Schlacht bei Zahaj, in welcher die Franzosen gegen Fürst Lobkowic zwar Sieger blieben, jedoch äußerst geschwächt wurden, bis sich zuletzt das eingeschlossene Frauen-berg ergeben mußte. Im französischen Revolutionskriege sammelte sich bei Budweis ein Korps von Freiwilligen, das bis zu einer Stärke von 30.000 Mann anschwoll, entschlossen, Blut und Leben für Kaiser und Vaterland zu opfern. Wer wollte bloß nach diesen übersichtlichen Andeu-tungen nicht zugestehen, daß dem Böhmerwalde eine hohe historische Be-deutung zukomme, besonders, wenn man die Geschichte der einflußreichen Ge-schlechter Swihowský, Klenau, Kaplíř, Malowec, Bawor, Rosenberg, Buquoy, Schwarzenberg u. a. m. mit einbegriffen

wird! Und er besitzt nicht nur eine politisch= sondern auch eine kultur=
historische Bedeutung, und zwar eine solche, die nicht erst von heut
oder gestern, sondern die schon von alten Tagen herstammt. Dies über=
rascht um so mehr, als man sich häufig noch jetzt unter dem Böhmer=
walde nicht mehr vorstellt, denn das, was sein Name aussagt, wie so
viele Bücher und Landkarten darthun, die über ihn wenig oder nichts
enthalten. Ob in ihm die zur Erringung einer kulturhistorischen Bedeu=
tung nöthigen Mittel vorhanden waren, daran wird man nicht zweifeln,
wenn man erwägt, welche Vortheile ihm einst durch den Handel auf dem
goldenen Steig, durch die Goldwäschereien und durch den nicht bloß zu
Bergreichenstein, sondern auch bei Krumau und anderen Orten betriebenen
Bergbau zuflossen. Die kulturgeschichtliche Bedeutung selbst aber wird nie=
mand in Abrede stellen, der die Kirchen, Kapellen und Klöster von
Prachatic, Hohenfurt, Rosenberg, Krumau, Gojau, Gol=
denkron, die Gemälde und die anderen Kunstschätze, die noch in
ihnen aufbewahrt werden, die Privathäuser zu Prachatic und
Krumau und all die kühnen und gewaltigen Burgen betrachtet, womit
der Böhmerwald geschmückt ist. Wenn wir daher bei der Schilderung
dieser alten Denkmäler ausführlicher vorgingen, so werden wir gerecht=
fertigt sein. Diese Denkmäler werfen auf manches ein neues Licht und
bestätigen anderes. Sie werfen ein neues Licht auf die Rosenberge,
deren Herrschaft sich über einen so bedeutenden Theil des Böhmerwaldes
erstreckte. Wie viel sich auch gegen mehrere von ihnen, gegen den hoch=
müthigen Zawiš, den zweideutigen Ulrich II., den verschwenderischen Wil=
helm, den freigeisterischen Peter Wok, einwenden läßt, dies zeigt sich doch,
daß sie, gleichwie sie die Armen mit Wohlthaten überschütteten, die Kultur
mächtig hoben, und nicht bloß Krösuse, sondern auch wahre Mäcene der
Kunst und Wissenschaft waren. Ferner erhellt aus jenen Denkmälern bei
ihrer großen Zahl und dem eigenen Charakter, der sich in ihnen aus=
prägt, daß, wenn sich an ihrer Fertigung auch ausländische Kräfte bethei=
ligen mochten, es doch viele einheimische Kräfte gegeben haben mußte,
die zu solchen Leistungen Fähigkeit und Geschick besaßen. Meister Veit
Hedwábný erbaute 1356 das herrliche Karlsberg. Nach der im Werke
citirten Urkunde von 1407 gab es damals zu Krumau mehrere böhmische
Baumeister, Meister Staněk sammt Sohn Johann und Meister
Kříž, von welchen der erstere den bei weitem größern Theil der herr=
lichen Dekanalkirche in der That herstellte. Wir lesen, daß nach Meister
Wenzla's von Kloster=Neuburg Tode Meister Johann von Prachatic
den Bau des berühmten St. Stephansdomes zu Wien fortsetzte. Darf
dies wundern, da er aus Prachatic, aus dem Böhmerwalde war, der im
15. Jahrhunderte bereits mit so vielen schönen Kunstwerken prangte?
Diese Denkmäler bestätigen, was ein kompetenter und unverdächtiger

Richter seiner Zeit, Aeneas Sylvius (Papst Pius II.), in Hist. Boh.
Kap. 36 ausdrücklich behauptet, nämlich, daß damals kein Land Europa's
sich mit Böhmen an Zahl, Großartigkeit und Schmuck der gottesdienst=
lichen Gebäude habe messen können: himmelanstrebende Kirchen mit Stein=
wölbungen bedeckt, von bewundernswerther Länge und Größe; hochem=
porgehobene Altäre, beschwert mit Gold und Silber, worin die Heiligen=
reliquien eingefaßt waren; Priesterornate, mit Perlen durchwebt, reiche
Zier überall und das kostbarste Geräthe; hohe und geräumige Fenster
mit ausgezeichnetem Glas von wunderbarer Arbeit, und dies alles habe
man nicht allein in Städten und Märkten, sondern auch in Dörfern
bewundern können. Die Denkmähler des Böhmerwaldes helfen bewahr=
heiten, daß schon die Zeit der letzten Premysliden eine Blüthenzeit der
Kultur Böhmens war, die sich nicht auf ein Mal aus nichts gemacht
haben konnte, und daß es Thorheit sei, einem Volke, bei dem sich Archi=
tektur, Skulptur, Plastik, Malerei so schön entwickelten, das sich von
jeher durch seine Anlagen zur Musik auszeichnete, seine alten poetischen
Literaturdenkmähler abzusprechen. Risum teneatis amici!

Fürs Dritte ergibt sich, daß der Böhmerwald Wichtigkeit hat nicht
nur durch das, was der Mensch vormals in ihm gewesen, sondern auch
durch das, was er noch gegenwärtig in ihm ist und leistet.
Die Bewohner besitzen einen gesunden, kräftigen Körper und bei heiterem,
fröhlichem Temperament einen geraden, offenen, unverdorbenen Charakter.
Verbrechen werden selten begangen. Man kann überall sicher reisen und
wird auf das freundlichste empfangen. In Sprache, Sitten und Gebräu=
chen findet sich noch viel Ursprüngliches, wie bei den deutschen Wallin=
gern und den böhmischen Choden, bei den deutschen und böhmischen
Freibauern. Ueberhaupt gibt sich Naturwüchsigkeit kund, mitunter wohl
in Derbheit übergehend. Bettler sind eine seltene Erscheinung. In Ge=
werbe, Industrie und Handel herrscht große Rührigkeit und Streb=
samkeit. Die Mineralgewinnung spielt nicht mehr die Rolle früherer
Tage. Von Erheblichkeit sind die Graphitwerke von Schwarzbach
und dem benachbarten Mugrau, die jährlich 35 — 40,000 Ctr. liefern;
doch wird nur ein kleiner Theil des Graphits zur Bleistiftfabrikation im
Inlande verwendet, der bei weitem beträchtlichere kommt zur Ausfuhr
nach dem Zollverein und England. Bausteine, Kalk und Thon für
Ziegel und Töpfereien werden an vielen Orten gewonnen. Eisengru=
ben bestehen zu Kohlheim, Bezirksamt Neuern, Eisenwerke zu
Franzensthal bei Schwarzbach an der Gränze von Oesterreich und
zu Adolfsthal am Fuße des Blanskers. Ocher wird bei Zahaj
in der Gegend von Frauenberg gewonnen, Kohle wohl an mehreren
Orten, z. B. bei Cechnic, Bezirksamt Stralonic, und bei Steinkir=
chen zwischen Krumau und Budweis, doch im Ganzen wenig, eben so

Torf, obschon die Filze, von welchen die sogenannte todte Au zwischen dem Zusammenflusse der warmen und kalten Moldau an 700 Joch bedeckt, daran reich sind. Einzig in ihrer Art ist im Böhmerwalde die **Ausbeutung des ungeheuern Holzreichthums**, daher wir diesem Gegenstande in unserem Werke einen eigenen Abschnitt gewidmet. Man kann in manchen Gegenden Tage lang wandern, ohne etwas anderes zu treffen als Wald und Holzhauer, von welchen ganze Kolonien bestehen. Der Absatz des Holzes geht auf der Moldau bis nach Prag und wird durch den **großartigen fürstlich Schwarzenberg'schen Kanal** bis nach Wien vermittelt. Das Holz wird aber nicht bloß in die Ferne abgesetzt, sondern auch im Böhmerwalde selbst, besonders von den äußerst zahlreichen Glasfabriken, verbraucht und auf das mannigfaltigste benützt und verarbeitet: zu **Balken, Bretern, Siebreifen, Falz- und Stoßschindeln, Schuhen, Trögen, Bilderrahmen, Schlitten, Parquettafeln, Möbeln und allerlei Geräthschaften, Zündhölzchen und Büchsen, Schusterspänen**, dem kostbaren **Resonanzboden- und Klaviaturholz.** Die Erzeugung des **Zarg- und Bretelholzes** ernährt einen großen Theil der Bewohner um **Winterberg, Groß-Zdikau, Stubenbach, Langendorf und Krumau**, die das Holz in kleinen Partien an die größeren Unternehmer abliefern, welche es weiter, besonders nach Hamburg und England, versenden. Die Holzverarbeitung ist an manchen Orten, die wir weiter unten aufzählen werden, bis zur industriellen Vollkommenheit gediehen. Von der fürstlich Schwarzenberg'schen Besitzung Krumau allein werden jährlich an 75.000 Klaftern in den Verkehr gebracht. Die Oekonomie vermag sich in den hochgelegenen Theilen bei dem rauhen Klima, das aus den unermeßlichen Waldungen und der nordöstlichen Abdachung folgt, nicht zu entwickeln. Selbst die Viehzucht kann keine glänzenden Fortschritte machen, obwohl sie an einzelnen Orten z. B. in **Wallern** mit Erfolg betrieben wird. Dafür entfaltet sich die Oekonomie in den **Vorbergen**, um welche sich die gesegneten Bezirke von **Klatau, Pisek und Budweis** wie ein Fruchtgürtel schlingen, um desto schöner, und die **fürstlich Schwarzenberg'schen Herrschaften** stehen hier durch ihre treffliche Verwaltung voran. Die Jagd ist seit 1848 erst wieder im Aufschwung. Unter den Gewerben blüht besonders die **Bierbrauerei**, die an vielen Orten, wie zu **Klatau, Kaut, Dešenic, Böhmisch-Eisenstein, Schüttenhofen, Winterberg, Krumau, Budweis** ein ausgezeichnetes Getränk, meist nach bairischer Art, erzeugt. Die **Branntwein-Erzeugung** ist im Abnehmen begriffen; früher hatte der sogenannte **Prachaticer** einen weitverbreiteten Ruf. Außerordentlich ist, was der Böhmerwald in der **Glas- und Spiegelfabrikation** leistet, deren Waaren in alle Welttheile abgesetzt werden. Die **Glashütten,**

Spiegelfabriken und Spiegelschleifen ziehen sich, die industriöse Gegend von Tauß und Klentsch nicht einbezogen, in langer Kette von Norden bis zum Süden herab, als: Osserhütte, Angelwöhr, Hammer, Elisenthal, Deffernik, Ferdinandsthal, Neuhurkenthal, Höhal, Pampferhütte, Holzschlag, Gerlhütte, Neubrunst, Haidl, Annathal, Klostermühl, Vogelsang, Stachau, Adolfshütte, Kaltenbach, Scherau, Franzensthal, Leonorenhain, Ernstbrunn, Josephsthal. Eine Zinnfolienfabrik befindet sich zu Seewiesen. Das Glas der Firma „Meyers Neffen" und die Spiegel Herrn Zieglers gehören zu den ausgezeichnetsten Produkten dieser Art in Europa. Resonanzbodenfabriken bestehen zu Mader, Tusset und Außergefild, Zündrequisitenfabriken zu Kollautschen, Schüttenhofen, Kruman, Goldenkron und Budweis, eine Parquettafelfabrik zu Budweis, und in der Umgebung von Krumau werden Pantoffeln nach belgischer Art verfertigt, wofür sich eine Niederlage zu Budweis befindet. Nächstdem ist die Zahl der Papierfabriken beträchtlich. Es gibt ihrer zu Wolenau, Janowic, Neuern, Stubenbach, Welhartic, Liebelhof, Winterberg, Cernetic, Barau, Krumau. Steingutfabriken sind zu Neumark, Freihöls, Vajreck und Budweis. Leder wird zu Klatau, Swihau, Wolin und Strakonic erzeugt. Noch verdienen Hervorhebung die Schafwollfabriken zu Neugedein und Krumau, die Verfertigung orientalischer Kappen in und bei Strakonic, die Flachsröstanstalt bei Salnau, die Maschinenflachsspinnerei zu Schwalbenhof bei Krumau, die Rübenzuckerfabrik zu Mochtin, die Kartoffelstärkefabrik zu Weseli bei Klatau, die Bleistiftfabrik und Verfertigung elastischer Rechentafeln zu Budweis, die Maschinenfabrik zu Goldenkron. Im Ganzen ist der Böhmerwald bezüglich seiner Industrie gegen das Erz- und Riesengebirge dadurch im Vortheil, daß dieselbe, indem sie fast ausschließlich nur das benützt und verarbeitet, was an Ort und Stelle selbst vorräthig ist, auf ganz natürlichem Boden fußt, hinsichtlich des Stoffes selbständig, von äußeren Chancen unabhängig dasteht, und daß daher dort Erwerblosigkeit mit ihrem Gefolge nicht so leicht einreißen kann, um so weniger, als keine Uebervölkerung stattfindet.

Durch die Verschmelzung des Einzelnen zum Ganzen, welche wir in diesem Werke versuchten, werden aber auch die Lücken erst recht sichtbar, die besonders, was Ethnographie und Geschichte betrifft, in der Kenntniß des Böhmerwaldes noch bestehen. Und dies läßt sich als das vierte und letzte, nicht unbedeutende Resultat bezeichnen. Wir trugen zur Ausfüllung der Lücken nach Möglichkeit das Unsrige bei,

Mögen Andere nach uns ein Gleiches thun, damit der Nebel immer mehr dort schwinde, wo es so viel Interessantes und Merkwürdiges zu erfahren gibt. Möge übrigens der Böhmerwald auch von Seite der Zeichner und Maler die Beachtung finden, die er verdient, da er Stoff zu Studien und Darstellungen bietet, der noch frisch, der noch wenig verbraucht ist!

Inhalts-Verzeichniß.

Verzeichniß der Abbildungen.

In demselben Verlage und von denselben Verfassern ist erschienen:

Die Umgebungen Prags.

Orographisch, pittoresk und historisch geschildert.

Mit zwanzig physiognomischen Landschafts-Skizzen und einer Karte.

Komplet in 5 Lieferungen à 16 Ngr. = 80 kr. ö. W.

Beurtheilungen der ausländischen Presse von den „Umgebungen Prags".

Die Heidelberger Jahrbücher haben schon wiederholt Anlaß gehabt, auf die namhaften Verdienste aufmerksam zu machen, welche sich der k. k. Schulrath Joseph Wenzig durch seine unausgesetzten Bemühungen, die Kenntniß böhmischer Literatur in Deutschland zu vermitteln, erwirbt, und so scheint es gewissermaßen Pflicht, hier mit wenigen Worten auch einer neuern Leistung zu gedenken, woran sich dieser Gelehrte betheiligt hat. Das vorliegende Werk bringt uns zuerst, S. 9—42, eine orographische Schilderung aus der Feder des Herrn Johann Kreici. Zwanzig physiognomische Landschaftsskizzen und eine Uebersichtskarte der Umgebungen von Prag dienen dem Texte zur Erläuterung und bilden überdies eine große Zierde des in Rede stehenden Buches. Den zweiten Theil des letzteren füllen „pittoreske und historische Schilderungen von J. W." und zwar 1) vom Laurenberg bei Prag, 2) vom Hradesinerberg, 3) von Prag auf den Damil und zurück. 4) vom Winaricerberg. Diese Schilderungen geben dem Verfasser vielfache Gelegenheit, auf den Reichthum der böhmischen Literatur hinzuweisen, und so versäumt er es denn auch nicht, durch ausgewählte Stücke zu eingehendem Studium einzuladen. Den Schluß des Ganzen bilden „Vaterländische Blumen von J. W.", wodurch wir den gewandten Uebersetzer auch als selbständigen Dichter kennen lernen. — Die Ausstattung des Werkes muß eine vorzügliche genannt werden.

(Heidelberger Jahrbücher der Literatur. 1858, Nr. 23.)

Ein treffliches Buch, nach jeder Seite hin der hundertthürmigen Metropole würdig, die in malerischer Hinsicht von einem Humboldt nach Konstantinopel, Neapel und Lissabon die vierte Stadt Europa's genannt wird.

Freilich auch, wenn der Gegenstand an sich schon ein so überaus dankbarer ist, und wenn dann, von wärmster patriotischer Begeisterung geleitet, die Feder so namhafter schriftstellerischer Persönlichkeiten demselben sich widmet, dann kann der Erfolg kaum ein anderer, als der günstigste sein. So schwebt nun über dem ganzen Werke ein wahrhaft poetischer Hauch, in hohem Grade geeignet, das Interesse des Lesers immer von neuem zu fesseln. Das Terrain, auf dem die Verfasser sich bewegen, ist durch ein beigefügtes Kärtchen genau abgegränzt. Zuerst nun sehen wir den Erdboden der betreffenden „Umgebungen" gleichsam vor uns wieder entstehen, indem die Formen, Bestandtheile, Beschaffenheit, kurz die orographische Bedeutung desselben in allgemeinen Umrissen näher ins Auge gefaßt wird. Dann suchen die Verfasser luftige Höhenpunkte aus (den Laurenberg, den

Hradešinerberg, den Damil und den Minařicerberg), wo sich ein weiter Horizont erschließt, und von denen aus all das Schöne „gekostet" wird, das sich dort dem unberschweifenden Blicke darstellt. Weiter werden auch die Blätter der Geschichte (Sage und Dichtung nicht verschmähend) aufgerollt, und der Umkreis, den man eben überschaut, mit merkwürdigen Gestalten und Begebenheiten der Vor- und Neuzeit belebt. Endlich aber werden unter dem Namen „Vaterländische Blumen" gar herrliche Dichtungen in großer Zahl angereiht und zu einem Kranze gewunden, der das Werk schmückt, ähnlich dem Blumenschmucke, den der Zimmermann nach vollendeter Arbeit freudig auf den Giebel des Hauses setzt.

Die beigegebenen bildlichen Darstellungen, obschon sie hauptsächlich einen orographischen Zweck haben, dienen gleichwohl auch dem pittoreskten und historischen Zwecke, so trefflich sind dieselben dem Künstler gelungen. Uebrigens soll das Werk, wenn dieser sein erster Band geneigte Aufnahme findet, später auf ganz Böhmen ausgedehnt werden. (Hallesche Zeitung 1838, Nr. 22.)

Dieses Werk, wozu sich mit Herrn Wenzig ein Kollege, Herr Johann Krejčí, vereinigt hat, verdient ein **typographisches Prachtstück** genannt zu werden, und ist dabei ein Werk von wissenschaftlichem Charakter und Gehalte, nicht etwa bloß poetische Landschaftsmalerei. Das wissenschaftliche Gepräge hat ihm Herr Krejčí durch die ihm verdankte orographische Schilderung verliehen, welche, wie sie den Nichtgelehrten Natur und Boden des schönen Böhmens veranschaulicht, so gewißlich auch dem Wissenschaftsmanne von Fach erwünscht sein wird, deren Werth nächstdem durch zwanzig physiognomische Landschaftsskizzen (achtzehn derselben sind von dem Landschaftsmaler Eduard Herold nach der Natur gezeichnet und in Stein ausgeführt) wesentlich erhöht wird. Am Schlusse des Werkes steht eine Uebersicht der in den Skizzen zur Anschauung gebrachten tellurischen Verhältnisse, beispielsweise Numero 15 der Umgebung der in Böhmens Geschichte so berühmt gewordenen Burg Karlstein. Die Uebersichtskarte von Prags näheren und entfernteren Umgebungen an der Spitze des Buches ist mit äußerster Genauigkeit und in die Augen springender Schärfe gearbeitet. Sie aber dient nicht nur den Zwecken der orographischen Schilderungen des Herrn Krejčí, sondern insbesondere der bequemeren Orientirung in den pittoresken, historischen und mythologischen Schilderungen aus Herrn Wenzigs Feder, dessen Theil überhaupt der umfänglichere ist. Von ihm kommt auch die Einleitung und zum Beschluß des Ganzen ein Anhang vaterländischer Blumen, d. h. Poesien, worunter besonders auf die „Daliborka" oder die Sagen von dem böhmischen Recken Dalibor aufmerksam gemacht werden mag.

In den Schilderungen, worin sich um das jedesmalige Landschaftsbild, wie um ihren Mittelpunkt, Historie und Volkssage schwesterlich gruppiren, bewährt sich Herr Wenzig aufs neue als gefühlvollen Poeten und anmuthigen Landschaftszeichner. Das rein Geschichtliche ist aus Palacký entlehnt. Daß er seine Schildereien, gleichfalls gewohnter Maßen, mit poetischen Beiläufern aus Böhmens Dichtergarten durchwebt und besäumt, wie ein bildsches Kleid mit niedlicher Stickerei, darf ihm nicht verübelt werden. Cicero hat in weit ernsteren Angelegenheiten so gethan, Plutarch hat so gethan, die englischen Parlaments-Redner verbrämen oder illustriren fort und fort das Pondus ihrer Rede mit klassischen Dichtersprüchen, und Walter Scott schreibt kein Kapitel ohne ein poetisches Motto.

(Berliner Magazin f. d. Literat. des Auslandes 1837, Nr. 135.)

Der Böhmerwald

geschildert von

J. Wenzig und J. Krejčí.

Carl Bellmann's Verlag in Prag. 1860.